工程薄壳稳定性
（设计卷）
Stability of Engineering Thin Shells
Volume II: Design

王 博 郝 鹏 田 阔 著

科学出版社

北 京

内 容 简 介

薄壳是工程领域的关键承载部件，对其开展轻量化设计是高端装备研制的永恒主题。随着尺寸大型化、构型复杂化、承载重型化的发展趋势，薄壳结构模型规模、变量数目及非线性程度均大幅提升，导致其结构设计同时面临模型、分析与优化三重复杂度挑战，被认为是最复杂的结构优化难题之一。本书作者及其团队长期从事工程薄壳稳定性设计理论与方法研究，相关成果已应用于多型航空航天装备结构强度与轻量化设计。本书介绍了作者及其团队近年在工程薄壳创新构型优化设计方法、工程薄壳代理模型优化方法、曲筋变刚度结构优化设计方法、考虑缺陷的工程薄壳鲁棒性优化设计方法、后屈曲可靠度优化设计方法、工程薄壳稳定性分析与优化软件等研究成果，包含拓扑优化、代理模型优化、可靠性优化等方面的相关工作，并介绍了数据驱动的工程薄壳智能设计、工程薄壳等几何优化等前沿进展。

本书适用于高等院校力学、飞行器设计、机械设计相关专业教师及研究生、航空航天工程研制单位结构设计人员阅读使用。

图书在版编目(CIP)数据

工程薄壳稳定性. 设计卷/王博，郝鹏，田阔著. —北京: 科学出版社，2023.10
ISBN 978-7-03-076568-0

Ⅰ.①工… Ⅱ.①王… ②郝… ③田… Ⅲ.①薄壳结构-结构稳定性-结构设计 Ⅳ.①TU33

中国国家版本馆 CIP 数据核字(2023)第 191624 号

责任编辑: 刘信力 杨 然/责任校对: 邹慧卿
责任印制: 张 伟/封面设计: 无极书装

科学出版社 出版
北京东黄城根北街 16 号
邮政编码: 100717
http://www.sciencep.com
北京捷迅佳彩印刷有限公司印刷
科学出版社发行 各地新华书店经销

*

2023 年 10 月第 一 版 开本: 720×1000 1/16
2023 年 10 月第一次印刷 印张: 21
字数: 420 000
定价: 198.00 元
(如有印装质量问题，我社负责调换)

序

薄壳稳定性是固体力学的一个传统的重要研究方向，一批著名的中外力学家在这一方向上有很多经典的研究成果。近年来，新材料、高新技术装备、计算机等领域的迅猛发展，对薄壳稳定性的研究提出了大量的新需求，也为研究工作提供了很多新的手段，使得该方向的研究再次受到广泛重视。尤为突出的是，航空航天装备正朝着超大运力、宽速域飞行等方向发展，给工程薄壳精细分析与设计带来诸多挑战。发展工程薄壳高精度数值方法，构建稳定性分析设计技术体系，是实现我国航天航空装备精细化设计与轻量化水平跃升及弯道超车的重要途径。

王博教授带领团队针对航空航天装备研制中存在的实际问题与需求，深挖力学问题，建立了工程薄壳稳定性的高精度快速后屈曲数值分析与优化设计的理论和方法，完成了一批具有创新性的设计。该书系统总结了王博教授及团队十余年来在该领域辛勤耕耘获得的丰硕成果，全书具有三大特点：一是形成了"分析理论、设计方法、实验技术"的全方面总结，逻辑严密，形成了完整的学术链条；二是基础理论与工程实际问题高度结合，所研究的问题与案例来源于航空航天装备型号研制过程中的实际任务，具有很强的工程背景；三是兼顾了经典理论与创新方法、理论推导与软件工具，既可供相关专业人员作为理论学习参考，也可作为工程人员案头工具书。内容深入浅出，丰富详实，兼顾了不同学科读者的阅读习惯。

期望该书能够吸引更多的对于工程薄壳稳定性这一方向的关注，面向新材料、高新技术装备、计算机等领域迅猛发展的新需求，开展材料-结构一体化的创新研究，为我国先进装备设计制造高质量发展提供坚实的科技支撑。同时，相关技术的发展也能服务我国经济主战场，可推广至如商用客机、航空发动机、高铁和列车等系列民用重大装备的研制，这也是技术研发升级带动国民经济进步的有效手段。

程耿东

中国科学院院士

大连理工大学教授

前　言

　　壳体稳定性是力学和机械设计领域的重要研究课题。自 1891 年 Brain 提出平板面内受压屈曲问题开始，众多知名力学家如 Lorenz、Timoshenko、von Mises 等都为其发展做出了重要贡献。早期实验研究表明：薄壳轴压屈曲临界载荷的实验值远小于理论值。仅这一问题就长期困扰着学术界，并引发了长达半个多世纪的板壳稳定性研究浪潮，涌现出一批重要理论，如 von Kármán 和钱学森提出了圆柱壳非线性稳定理论，Donnell 进一步发展了非线性大挠度理论，Koiter 引入初始缺陷敏感度概念并提出了初始后屈曲理论，Stein 提出了非线性前屈曲一致理论等。从文献来看，20 世纪 70 年代，结构稳定性研究到达了高峰，正如 Hutchinson 和 Budiansky 在 1979 年所言，"人人都热衷屈曲稳定性问题（Everyone loves a buckling problem.）"。国内众多力学前辈，如钱伟长、张维、钱令希、叶开沅、胡海昌、黄克智、刘人怀、郑晓静、周又和等力学家也为推动结构稳定性理论发展做出了贡献。

　　近二十年来，各国在探索深空、深海需求牵动下竞相提出了大量工程计划，相应的航空、航天、航海装备大型化、结构设计精细化需求加大，装备受压承力结构大量使用了蒙皮桁条、网格加筋、泡沫夹层等相对于光壳复杂得多的工程薄壳结构，所采用的新材料体系应接不暇，壁面刚度、强度增强的薄壳结构方案更是复杂多样。这使得面向工程薄壳结构的稳定性研究又重新得到学术界和工程界的共同关注——老问题开新花，尤其是数值计算和结构实验技术的快速发展，更加丰富了这一领域的研究内涵和研究手段。

　　2007 年我在程耿东院士指导下博士毕业，工作后作为高校教师有幸参与了如"长征 5 号"运载火箭等几个重要的新一代航天装备研制项目。当时，多位航天老专家和我讲，新型号火箭对轻质高承载提出的设计要求之高前所未有，不仅缺少新型高效的承力薄壳结构方案，更缺少有效的精细化设计手段。正是在这样的背景下，我和我后来指导的一批学生一起，在开展航天结构优化设计的十几年过程中，越来越深地走进了工程薄壳结构稳定性分析与设计理论和方法的研究，渐渐地在结构稳定性数值分析模型、折减因子精准确定、后屈曲优化设计、高精度稳定性实验、可靠性优化设计等方面取得了一些成果，国内外学者也开始关注我们的工作，一些重要的科研机构，如德国宇航中心、美国密歇根大学、美国南卡罗来纳大学等也主动与我们开展了合作。我们团队在这个方向上的研究特点是能够相对综合地在数值分析优化、实验分析验证和自主软件工具研发等多个角度开展工作，很多研究成果不仅在学术界产生了影响，更重要的是在航空航天领域得到了实际应用，帮助我们国家航天、航空总体设计单位解决了型号研制过程中的大量难题。

为了更好地向读者分享我们的研究成果，团队将十余年成果进行系统性的整理与提炼，分卷出版。主要内容涵盖了工程薄壳稳定性数值分析、高效后屈曲分析、缺陷敏感性分析、考虑缺陷的结构稳定性设计、可靠性优化设计、高精度稳定性实验及相关设计软件等。除了两名主要助手郝鹏教授、田阔副教授做了较大贡献外，马祥涛副教授、杜凯繁高级工程师、毕祥军教授等，以及我指导的很多博士生、硕士生也为本书内容做出了贡献。另外，为呈现更多有前景的研究方向，我与李锐教授合作的基于辛力学框架的屈曲响应高效数值解、与天津科技大学李建宇教授合作的缺陷在失稳过程中的不确定性定量化等内容，也在书中以专门章节呈现。未来，我们将结合更新的研究成果，尤其是工程设计遇到的实际问题，继续推出综合卷。希望本书能起到抛砖引玉的作用，为从事工程薄壳结构分析与设计的科技工作者提供有益参考。

在此，要特别感谢国家杰出青年科学基金 (11825202)、基金委联合基金项目 (U21A20429) 和 "科学探索奖" 的资助，以及共同参与这项工作的航空航天结构工程师朋友们长期以来的鼎力支持。同时，衷心感谢我的导师程耿东院士对我 25 年来的培养和指导，并感谢他为本书作序。

由于作者水平有限，不少内容还有待完善和深入研究，书中难免存在不妥之处，恳请广大读者不吝指正。

王　博

2023 年 9 月于大连理工大学

目　　录

第 1 章　工程薄壳创新构型优化设计方法

1.1　引　言

拓扑优化方法是充分挖掘工程薄壳结构轻量化设计空间，获得工程薄壳创新构型的有效途径。最早的薄壳结构拓扑优化研究可以追溯到程耿东和 Olhoff[1] 关于矩形板厚度分布优化的研究工作，这也是引发拓扑优化方法研究的先驱工作。后来，随着拓扑优化方法的发展，学者们致力于将拓扑优化方法应用于加筋板壳结构设计中，以获得具有最优布局、满足工艺可达需求的加筋创新构型。例如，周明等 [2] 在拓扑优化当中引入了拔模约束，以获得最优的加筋布局构型。Gersborg 和 Andreasen[3] 以及朱继宏等 [4] 提出了不同拔模约束施加方式，开展了加筋板壳拓扑优化设计。另外，还可以通过引入不可设计区域和最大尺寸控制约束 [5] 来保证加筋板壳拓扑优化设计方案的工艺可达性。刘书田等 [6] 和李取浩 [7] 为了给出清晰的加筋构型，提出了一种基于赫维赛德 (Heaviside) 函数的加筋布局与高度协同拓扑优化方法。Aage 等 [8] 采用大规模拓扑优化方法，开展了具有数十亿自由度的机翼拓扑优化，获得了全尺寸机翼的加筋创新构型设计。王博等 [9] 提出了一种基于亥姆霍兹 (Helmholtz) 各向异性过滤函数的加筋拓扑优化方法。Oberndorfer 等 [10] 和孙宇等 [11] 使用基结构方法获得了加筋板壳结构设计。丁晓红等 [12] 提出了一种薄板结构的加强筋自适应生长设计法。此外，拓扑优化方法还在航空航天结构设计中获得了实际应用，代表性成果包括空客 380 飞机隔板加筋优化 [13]、客机前缘加筋优化 [14]、火箭贮箱短壳放射状加筋集中力扩散优化 [15]，如图 1.1 所示。上述的拓扑优化方法能够充分地挖掘设计空间，从而获得新颖的创新构型设计方案。但拓扑优化结果一般需要进行后处理，在拓扑结果的基础上进行构型提取，并进行形状、尺寸优化，才能获得最终的工程薄壳创新构型结构设计。

近年来，随着数控机铣、增材制造等先进制造技术的发展，变刚度加筋板壳结构设计成为可能。相比于传统常刚度设计，变刚度设计有更大的设计空间，其可通过结构刚度的自适应剪裁，有效地改善结构的传力路径，以大幅提升结构的刚度、强度、屈曲载荷等力学性能。因此，相关的设计方法受到学者们的关注，如图 1.2 所示变刚度加筋板壳[16] 在航空、航天、汽车、船舶等工业领域的应用也越来越多 [17]。其中，一些学者直接使用形状优化方法进行变刚度加筋板壳结构的设计，通过对筋条路径描述函数的参数进行优化，获得可以满足制造工艺约束的变刚度板壳结构设计。例如，Bojczuk 和 Szteleblak[18] 开展了二维加筋板的布局和形状优化。郝鹏等 [19] 面向含开口的圆柱壳结构，提出了一种基于样条函数的曲筋开口补强优化框架。Hirschler 等 [20] 开展了面向多分区加筋板壳结构的等几何形状优化方法研究。王丹等 [21] 基于均匀化提出了一种筋条角度可线性变化的曲筋复合材料板结构优化方法。赵伟和 Kapania[22] 开展了任意形状曲筋增强复合材料板结构的有限元屈曲分析研究。此外，郝鹏等 [23,24] 还针对变刚度加筋壁板构建了曲筋族的 PCHIP(piecewise cubic Hermite interpolating polynomial) 插值格式与设计模型，并建立了基于图像特征识别的曲筋布局深度学习模型，实现了轻质变刚度结构建模、分析与优化的一体化高效智能设计，可在保证全局优化能力的前提下大幅减少设计总耗时。王丹 [25,26] 提出了一种基于流线加筋路径的曲筋板壳优化方法。Liu 和 Shimoda[27] 以振动特性为目标，开展了加筋板壳的无参数形状优化方法研究。另外，Slemp 等 [28] 还通过实验对比验证了曲筋设计的优势。

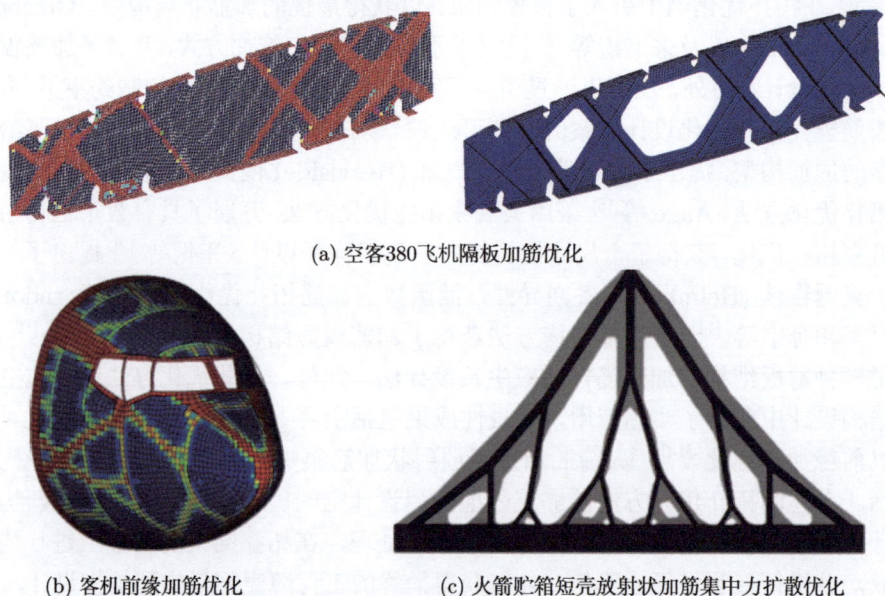

(a) 空客380飞机隔板加筋优化

(b) 客机前缘加筋优化   (c) 火箭贮箱短壳放射状加筋集中力扩散优化

图 1.1　加筋拓扑优化在航空航天结构设计中的应用 [13−15]

为了获得兼具轻质与高承载特点的工程薄壳结构创新构型，作者充分利用拓扑优化可充分挖掘结构设计空间的特点，开展了一系列工程薄壳创新构型正向设计方法的研究，包括变刚度加筋壁板拓扑优化设计方法、加筋单胞构型拓扑优化设计方法、多层级加筋壁板结构拓扑优化方法以及考虑工艺可达要求的加筋拓扑优化方法，下面将分别进行介绍。

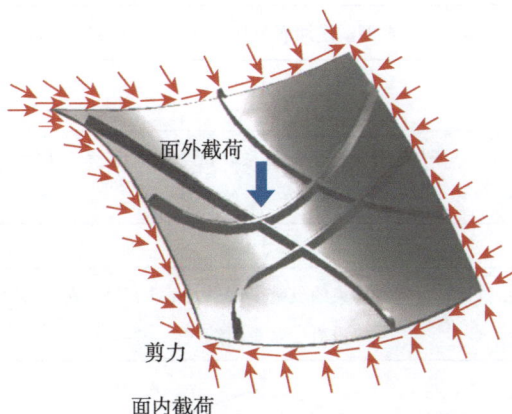

面外载荷

剪力

面内载荷

图 1.2　变刚度加筋板壳结构设计 [16]

1.2　变刚度加筋壁板拓扑优化设计方法

拓扑优化设计获得的筋条布局，常常无法满足实际工程中的工艺可达需求，例如筋条连续、等厚、等高等条件。因此，有必要开展集拓扑、形状、尺寸优化于一体的加筋壁板优化设计方法研究，在获得创新加筋布局构型的同时，满足上述工艺可达设计需求，并且获得的优化结果可以直接生成最终设计方案的 CAD/CAE 模型，从而完成最终设计的验证校核。为实现上述目标，本节针对工程薄壳创新构型的正向设计问题，提出一种集拓扑、形状和尺寸优化于一体的变刚度加筋壁板拓扑优化设计方法，可获得具有优异力学性能的变刚度加筋壁板结构设计方案，并提供最终设计的有限元模型。

1.2.1　变刚度加筋壁板拓扑优化设计框架

本节所提出的变刚度加筋壁板拓扑优化设计方法主要分为三部分，流程说明如图 1.3 所示。

第一部分：从加筋壁板中提取典型的蒙皮加筋单胞，使用均匀化等方法获得加筋单胞的等效材料属性。本节中将十字交叉蒙皮加筋单胞作为加筋壁板的典型胞元结构，如图 1.4 所示，然后使用均匀化、代表体元等方法获得该单胞的等效材料属性。加筋单胞可以被视为一种等效的各向异性材料，因此结构加筋布局的拓扑优化问题就可以转化为材料/结构主方向的调控设计问题，不需要在拓扑优化中引入额外的约束条件。本节采用程耿东等 [29] 和蔡园武等 [30] 提出的渐近均匀化方法计算获得加筋单胞的等效材料属性，相关方法介绍可参考《工程薄壳稳定性: 分析卷》(简称《分析卷》) 3.3 节。

第一步：建立典型蒙皮加筋单胞并获取其等效刚度系数

第二步：基于加筋单胞等效刚度系数和设计变量进行有限元分析
计算目标和约束等力学响应

第三步：计算目标和约束的灵敏度信息并基于MMA梯度类求解器
进行变量更新迭代

收敛或
达到最大迭代步数？

否

筋条布局
拓扑优化

是

第四步：获得最优的加筋单胞角度分布

第五步：基于最优加筋单胞的角度分布提取筋条路径描述函数并建立加
筋壁板的精细有限元模型

第六步：计算精细模型的力学响应并基于精细模型开展优化

收敛并且满足约束条件？

否

基于精细结构的
形状和尺寸优化

是

最终设计

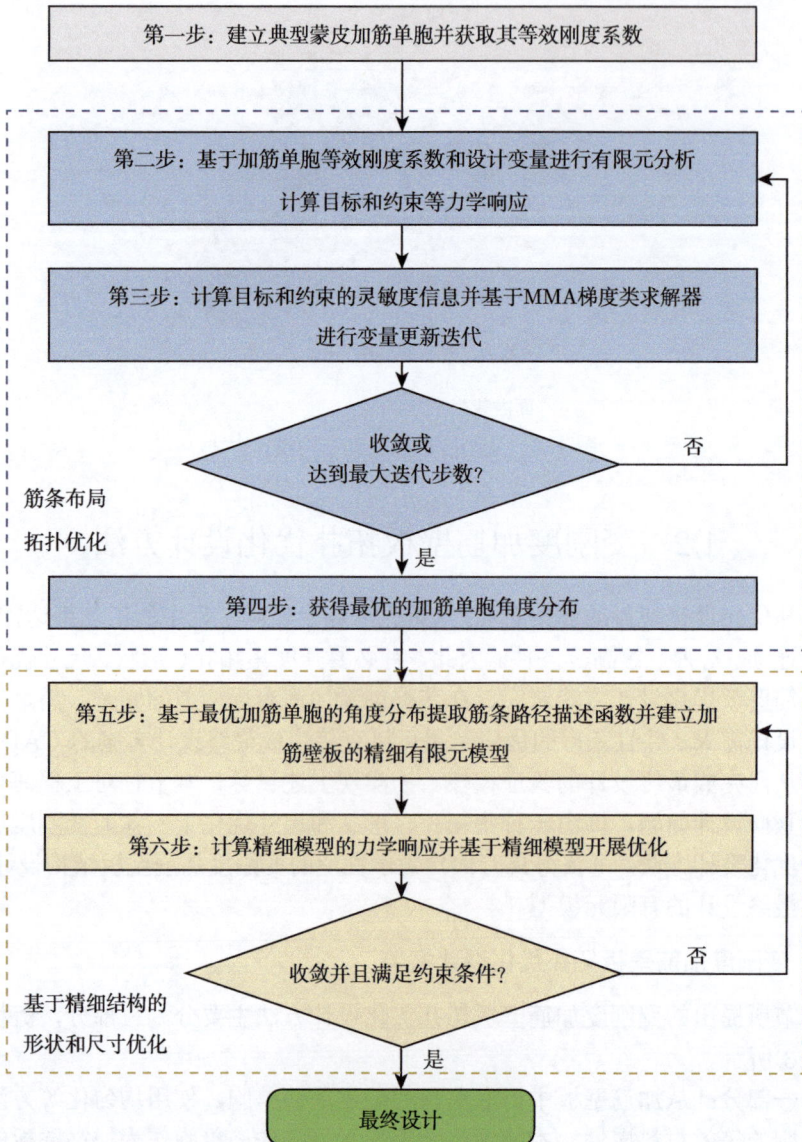

图 1.3 变刚度加筋壁板拓扑优化设计方法

第二部分：基于加筋单胞的等效材料属性，开展加筋布局拓扑优化，通过材料/结构主方向的自适应调控，获得加筋单胞角度的最优分布，从而获得加筋布局创新构型。将带有不同角度的加筋单胞作为不同的备选材料，使用离散材料优化方法开展材料/结构主方向的调控设计，为每个单元选择合适的加筋单胞角度，获得加筋单胞角度的最优分布。

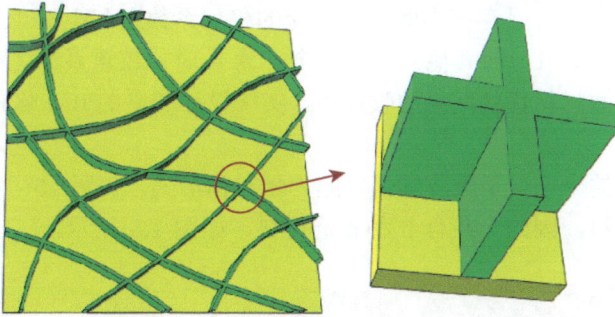

图 1.4 十字交叉蒙皮加筋单胞

　　离散材料优化 (discrete material optimization, DMO) 是一种多相材料拓扑优化方法,其采取了离散变量连续化的思路,通过带有惩罚的材料插值格式驱动离散材料的优化迭代,可对设计变量进行解析的灵敏度求导,采用基于梯度的优化求解器,通过对结构刚度的自适应剪裁,在备选材料库中为有限元模型中每一个单元或分区选择一种最优的材料,从而实现多相离散材料的最优选择。在离散材料优化方法中,每一个单元的材料属性都通过对所有的备选材料进行加权求和计算获得,其材料插值格式如式 (1-1) 所示:

$$C_i^e = \sum_{l=1}^{n^c} w_{il} C_l = w_{i1} C_1 + w_{i2} C_2 + \cdots + w_{in^c} C_{n^c}, \quad 0 \leqslant w_{il} \leqslant 1 \qquad (1\text{-}1)$$

式中, C_i^e 是第 i 个单元的弹性矩阵, n^c 是备选材料的总数, C_l 是第 l 种备选材料的弹性矩阵, w_{il} 是第 i 个单元对应第 l 个备选材料的权重系数,其中所有权重系数都应在 0 和 1 之间取值。离散材料优化的目标就是使得每一个单元或分区对应的备选材料权重中只有一个为 1,而其他剩余的权重系数全部为 0,这样就实现了离散材料的最优选择。

　　为了能够获得清晰的材料选择,每个单元或分区的每一个备选材料都被赋予一个人工密度,其中备选材料的权重系数为对应人工密度的函数,通过引入带有惩罚的插值函数,弱化具有中间密度单元 (灰度单元) 的刚度,驱使权重系数朝向非 0 即 1 的方向前进。本节采用的惩罚插值函数为广义的 SIMP 形式,如式 (1-2) 所示:

$$w_{il} = (x_{il})^p \prod_{k=1; k \neq l}^{n^c} (1 - (x_{ik})^p), \quad l = 1, \cdots, n^c \qquad (1\text{-}2)$$

式中, x_{il} 和 x_{ik} 分别为第 i 个单元对应第 l 个和第 k 个备选材料的人工密度, p 为刚度矩阵的惩罚参数。该惩罚函数使得单元内某一人工密度增加时,其他的权重系数全部减小，并且存在中间密度单元的权重系数之和小于 1。只有当单元内某一个人工密度为 1，而其他人工密度全部为 0 时，权重系数之和才等于 1，这有助于提高离散材料优化结果的收敛率，实现设计变量的 0/1 化和离散材料的最终选取。

本节选取的十字交叉蒙皮加筋单胞为轴对称形式，每隔 15° 将单胞作为一种独立的备选材料，因此一共有 6 种备选材料，如图 1.5 所示。

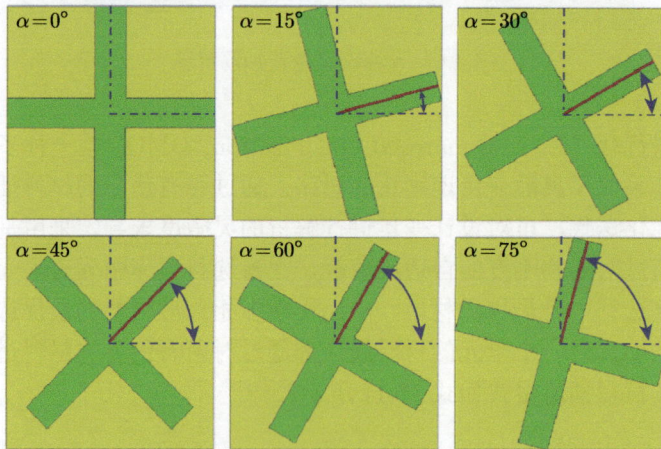

图 1.5　十字交叉蒙皮加筋单胞六种角度的备选材料

第三部分：基于获得的加筋布局构型拓扑优化结果，给出筋条路径的数学描述，建立精细的有限元模型，进而针对筋条数量、筋条高度、筋条厚度、蒙皮厚度等参数开展形状和尺寸优化，以获得最终的加筋壁板创新构型，并输出有限元模型。其中，对筋条路径的提取可采用人工建模或基于加筋单胞角度梯度信息的路径函数自动拟合两种方式，具体步骤见下文算例部分。需要注意的是在第二部分中，模型质量不会随着加筋单胞角度的变化而改变，而在基于精细模型的形状和尺寸优化过程中，模型的质量会随着筋条位置的变化而轻微变化。因此，第三部分不仅完成了加筋壁板结构的形状和尺寸优化，也消除了基于等效单胞优化结果对力学性能评估精度不足的影响，并提供了最终设计的精细有限元模型，实现了变刚度加筋壁板的拓扑优化正向设计。为了验证方法的有效性，本节分别以柔顺性最小和屈曲载荷最大为目标，开展变刚度加筋壁板的拓扑优化设计。

1.2.2　考虑柔顺性最小化目标的加筋板优化算例

本节以柔顺性最小化为目标、质量为约束，开展矩形平板的变刚度加筋拓扑优化设计。矩形平板长度 a 为 300 mm，宽度 b 为 100 mm，边界条件为左端固定，载荷为施加在平板上边界的均布载荷，载荷大小为 10 N/m。模型被划分为 850 个四节点壳单元，其模型如图 1.6 所示。材料为铝合金，其弹性模量为 7×10^4 MPa，密度为 2.7×10^{-6} kg/mm^3，泊松比为 0.3。

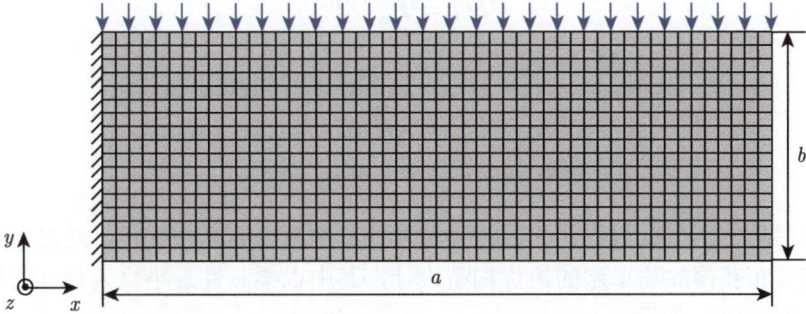

图 1.6　矩形平板模型网格、边界和载荷示意图

首先建立十字交叉蒙皮加筋单胞的实体有限元模型，单胞的边长为 5 mm，其中蒙皮和筋条的厚度为 1 mm，筋条的高度为 4 mm，实体单元的尺寸为 0.125 mm，单胞共包含 64000 个六节点实体单元。为了便于施加周期性边界条件，单胞的单元可以分为实心和空心两部分，实心单元表示单胞中有材料的蒙皮和加筋部分，其尺寸如图 1.7 所示。通过《分析卷》3.3 节中所述的渐近均匀化方法可获得该加筋单胞的等效材料属性。

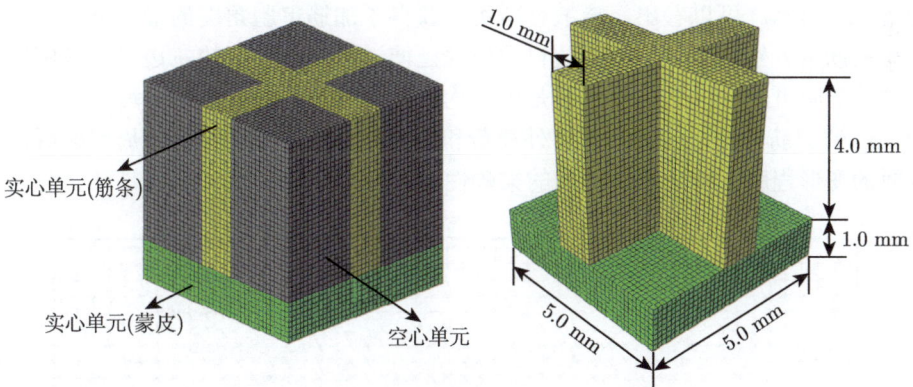

图 1.7　十字交叉蒙皮加筋单胞的尺寸和网格

然后将单胞中的十字加筋分别逆时针旋转 15°、30°、45°、60°、75°。将获得的等效刚度系数按照式 (1-3) 和式 (1-4) 进行坐标变换，即可获得不同角度加筋

单胞的等效刚度系数矩阵，从而组建备选材料库。

$$
\begin{aligned}
\boldsymbol{A}_\alpha &= \boldsymbol{T}_\alpha^{\mathrm{T}} \boldsymbol{A} \boldsymbol{T}_\alpha \\
\boldsymbol{B}_\alpha &= \boldsymbol{T}_\alpha^{\mathrm{T}} \boldsymbol{B} \boldsymbol{T}_\alpha \\
\boldsymbol{D}_\alpha &= \boldsymbol{T}_\alpha^{\mathrm{T}} \boldsymbol{D} \boldsymbol{T}_\alpha
\end{aligned}
\tag{1-3}
$$

$$
\boldsymbol{T}_\alpha = \begin{bmatrix}
\cos^2\alpha & \sin^2\alpha & 2\cos\alpha\sin\alpha \\
\sin^2\alpha & \cos^2\alpha & -2\cos\alpha\sin\alpha \\
-\cos\alpha\sin\alpha & \cos\alpha\sin\alpha & \cos^2\alpha - \sin^2\alpha
\end{bmatrix}
\tag{1-4}
$$

然后，使用离散材料优化方法开展加筋单胞角度的拓扑优化，通过自适应调控刚度分布获得加筋单胞的最优构型设计，其中以柔顺性最小化为目标的离散材料优化列式如下所示：

$$
\begin{aligned}
\text{Objective:} \quad & \min_{x_{il}} \boldsymbol{F}^{\mathrm{T}} \boldsymbol{U} = \boldsymbol{U}^{\mathrm{T}} \boldsymbol{K} \boldsymbol{U} \\
\text{Subject to:} \quad & \boldsymbol{K} \boldsymbol{U} = \boldsymbol{F} \\
& \underline{x_{il}} \leqslant x_{il} \leqslant \overline{x_{il}}, \quad i = 1, \cdots, n^p, \quad l = 1, \cdots, n^c
\end{aligned}
\tag{1-5}
$$

式中，$\boldsymbol{F}$ 为载荷向量，$\boldsymbol{U}$ 为位移向量，$\boldsymbol{K}$ 为结构的全局刚度矩阵。

离散材料优化中共包含 5100 个优化变量，为了找到全局最优解，减少优化问题的非线性程度，本节中将离散材料优化的罚值设为 $p = 1$。经过离散材料优化，可以获得加筋单胞最优的离散角度分布如图 1.8 所示，其优化迭代历程曲线如图 1.9 所示。可以看出，离散材料优化获得了加筋单胞角度的最优分布，优化结果的筋条分别从上、右、下边自适应地延伸过渡到被固定的左边界。在施加载荷边界的附近区域，筋条角度都是沿着均布载荷的方向，并且设计域的中部大多为 45° 的加筋单胞，这有利于将外载荷和板内的应力尽可能传导到周围区域，减少板的变形程度，降低整体结构的柔顺性。

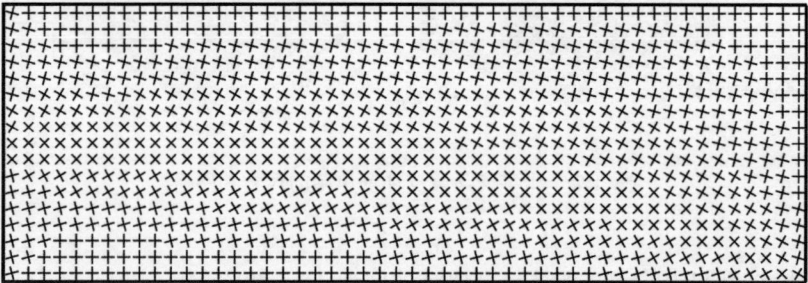

图 1.8　面向矩形平板柔顺性最小化的加筋单胞离散角度最优分布结果

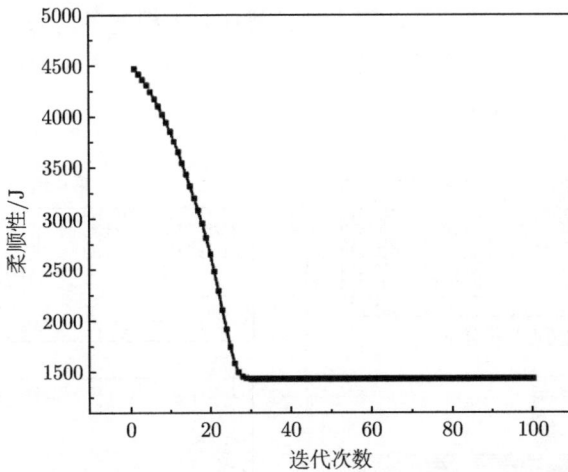

图 1.9 面向矩形板柔顺性最小化的加筋单胞离散材料优化迭代曲线

然后，基于获得的加筋单胞角度最优分布结果，进行筋条路径的提取，建立加筋板创新构型的精细有限元模型。本节基于加筋单胞角度梯度信息进行路径函数拟合，具体流程如图 1.10 所示。首先，将获得的加筋单胞最优角度分布拆分成两组，由于加筋单胞中的筋条是互相垂直的，所以拆分后两组的筋条角度分布场是互相正交的。然后计算两组筋条角度分布场对应的梯度信息，并通过函数拟合的方式分别获得两组筋条路径的描述函数，本节使用流线函数对筋条路径进行描述。具体来说，先在边界均匀布置一些流线种子点作为筋条生长的起点，然后根据式 (1-6)~ 式 (1-9) 就可以获得从种子点出发，顺着离散角度方向延伸到其他边界的筋条路径：

$$(x_0^i, y_0^i) = (sx^i, sy^i), \quad i = 1, 2, \cdots, k \tag{1-6}$$

$$\bar{y}_{n+1}^i = y_n^i + hf'(x_n^i, y_n^i) \tag{1-7}$$

$$y_{n+1}^i = y_n^i + \frac{h}{2}[f'(x_n^i, y_n^i) + f'(x_{n+1}^i, \bar{y}_{n+1}^i)], \quad y_n^i \in [y_{\min}, y_{\max}] \tag{1-8}$$

$$x_{n+1}^i = x_n^i + h, \quad x_n^i \in [x_{\min}, x_{\max}] \tag{1-9}$$

式中，sx^i 和 sy^i 是第 i 个种子的横纵坐标，k 是种子的数量，x_n^i 和 y_n^i 是起源于第 i 个种子的筋条路径上第 n 个节点的坐标，$\bar{y}_{n+1}^i$ 为 y_n^i 的预测值，f' 是离散角度的梯度场，h 是计算筋条路径的迭代步长，$x_{\min}$、$x_{\max}$、$y_{\min}$ 和 $y_{\max}$ 分别是横纵坐标的上下界。

最后把两组筋条路径合并，就可以得到最终的筋条路径。然后使用商用有限元软件对获得的加筋板创新构型进行建模和分析，其中筋条可以使用样条曲线进行精细化建模。需要注意的是，每个种子就代表一根筋条，为了避免加筋单胞角度分布信息不足导致筋条路径重构的失败，每个边上的种子数不应超过离散材料优化中每条边上的单元数。

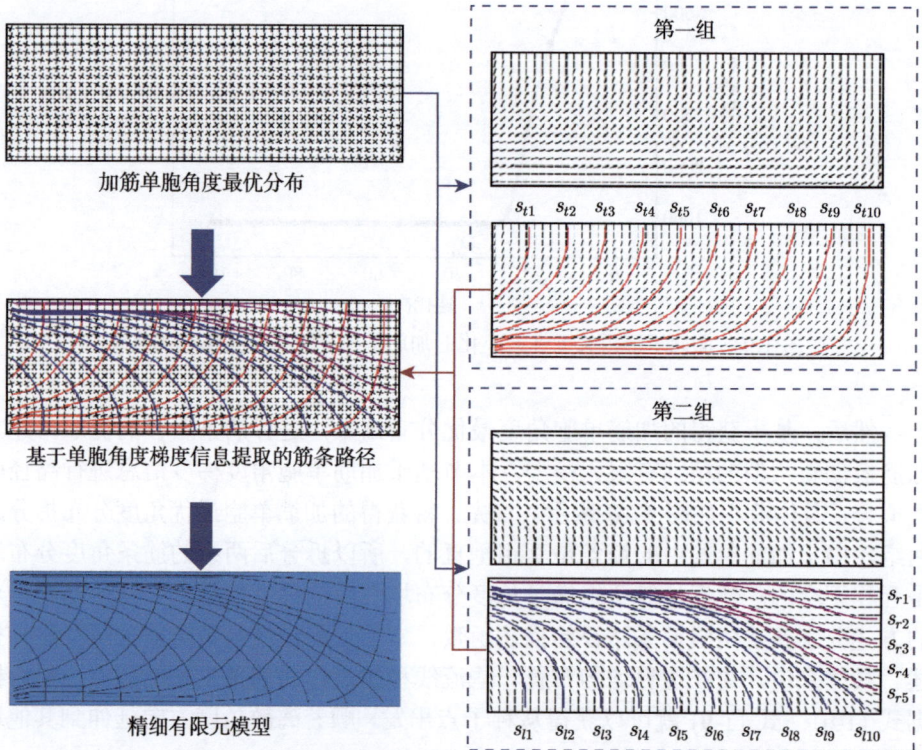

图 1.10　筋条路径提取和加筋板创新构型精细有限元模型示意图

　　本节使用商业有限元软件 ABAQUS 中的三维壳单元对加筋板进行精细化的有限元建模和分析，考虑变刚度加筋板壳网格划分的困难，单元类型选择 S3，单元尺寸为 0.5 mm，使用线性静力分析计算结构的应变能来评估加筋板的整体柔顺性指标。然后，基于所建立的精细有限元模型开展加筋板的形状和尺寸优化。作为对比，将传统正置正交加筋构型设计作为初始设计。优化过程中，设计变量包括描述筋条形状和布局的离散变量 X_d 以及描述筋条、蒙皮尺寸的连续变量 X_c。对于获得的变刚度加筋壁板创新构型，有三个离散的布局形状变量 s_t、s_r 和 s_l，分别代表上、右、下三条边上的种子数量；对于传统的正置正交加筋构型，有两个离散的布局形状变量 n_{ts} 和 n_{ls}，分别代表横向和纵向筋条数量。另外，两类加筋构型都包含筋条高度 $h_{stiffener}$ 和筋条厚度 $t_{stiffener}$ 这两个连续的尺寸变量，为了关注筋条布局对结构柔顺性的影响，本节中蒙皮的厚度 t_{skin} 被固定为 1 mm，不作为优化变量。加筋板形状和尺寸的优化列式如下所示：

$$\text{Objective}: \quad \min_{X} \boldsymbol{F}^{\mathrm{T}}\boldsymbol{U} = \boldsymbol{U}^{\mathrm{T}}\boldsymbol{K}\boldsymbol{U}$$

$$\text{Subject to}: \quad \boldsymbol{KU} = \boldsymbol{F}$$

$$M \leqslant \overline{M} \tag{1-10}$$

$$\underline{X_d} \leqslant X_d \leqslant \overline{X_d}$$

$$\underline{X_c} \leqslant X_c \leqslant \overline{X_c}$$

式中，X_d 代表离散变量，包括 s_t、s_r、s_l、n_{ts} 和 n_{ls}。X_c 代表连续变量，包括 $h_{\text{stiffener}}$、$t_{\text{stiffener}}$ 和 t_{skin}。M 为加筋板的总质量，$\overline{M}$ 为给定的质量约束。

为了尽可能找到全局最优解，本节采用混杂优化策略进行寻优，即先使用多岛遗传算法，再使用序列二次规划梯度类算法。优化过程中，结构的质量约束上限为 0.13 kg。最后，可得两类加筋构型设计的优化结果如表 1.1 和表 1.2 所示，两个优化结果的模型及均布载荷下的位移结果如图 1.11 所示。

表 1.1 变刚度加筋壁板创新构型变量上下限和优化结果

	s_t	s_r	s_l	t_{skin}/mm	$h_{\text{stiffener}}$/mm	$t_{\text{stiffener}}$/mm	M/kg	应变能/J
下限	0	0	0	1.00	2.00	0.50	—	—
上限	20	6	20	1.00	10.00	2.00	0.13	—
优化结果	20	3	17	1.00	2.00	1.17	0.13	791.24

表 1.2 正置正交加筋构型变量上下限和优化结果

	n_{ts}	n_{ls}	t_{skin}/mm	$h_{\text{stiffener}}$/mm	$t_{\text{stiffener}}$/mm	M/kg	应变能/J
下限	2	2	1.00	2.00	0.50	—	—
上限	45	45	1.00	10.00	2.00	0.13	—
优化结果	17	2	1.00	2.00	1.75	0.13	925.79

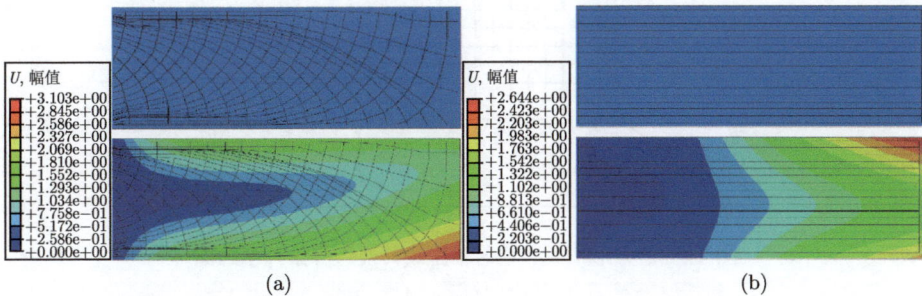

(a)　　　　　　　　　　　(b)

图 1.11　优化结果模型和均布载荷下的位移结果

从两个构型的优化结果可以看出，本节方法获得的变刚度加筋壁板创新构型设计相比传统正置正交加筋构型设计的柔顺性降低了 14.53%，刚度提升了 17.36%。从位移云图可以看出，变刚度加筋壁板创新构型明显地改善了结构的传力路径。此外，对于正置正交加筋构型来说，优化结果的纵向筋条数目到达下限，即中部没有任何纵向的加筋，这说明在上边界均布载荷作用下，纵向筋条几乎不为矩形板的刚度提供贡献。另外可以发现，每个构型设计中筋条高度也都取到了下限，这说明对于只考虑面内载荷作用下结构刚度的壁板设计问题，筋条对结构的刚度几乎没有贡献，最优的结构设计应该是仅包含蒙皮的光板结构，这和文献 [31] 中的结论是一致的。尽管如此，若仅考虑筋条对结构刚度的影响，该算例说明了所提出的变刚度加筋壁板拓扑优化设计方法能获得具有清晰加筋路径并满足筋条连续、等高、等厚等工艺可达需求的加筋构型，其通过对加筋单胞角度分布的自适应调控，可实现在同等质量下结构柔顺性指标的明显提升。

1.2.3   考虑屈曲载荷最大化目标的加筋板优化算例

本节以屈曲载荷最大化为目标，质量为约束，开展非均匀轴压载荷下的变刚度加筋壁板拓扑优化设计。使用的平板模型长宽均为 1000 mm，载荷为上下边界分别施加 1 N/mm 的均匀轴压，左右边界施加如图 1.12 所示的非均匀轴压载荷，其表达式如式 (1-11) 和式 (1-12) 所示。加筋板的材料为铝合金，其弹性模量为 7×10^4 MPa，密度为 2.7×10^{-6} kg/mm^3，泊松比为 0.3。

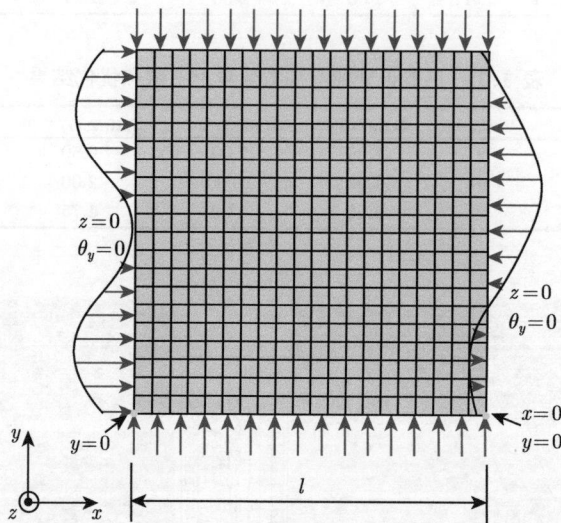

图 1.12   方形平板非均匀轴压载荷及边界条件示意图

$$F_{\text{left}} = \sin\left(3\pi\frac{y}{l}\right) + 1 \tag{1-11}$$

$$F_{\text{right}} = -2\sin\left(2\pi\frac{y}{l} + \frac{\pi}{4}\right) + 1 \tag{1-12}$$

此处针对十字交叉蒙皮加筋单胞开展研究，单胞边长为 50 mm，通过渐近均匀化方法可获得该加筋单胞的等效材料属性。组建包含 6 个不同角度加筋单胞的备选材料库后，使用离散材料优化方法开展加筋单胞角度的拓扑优化，可得到最优的加筋单胞角度分布，如图 1.13 所示。

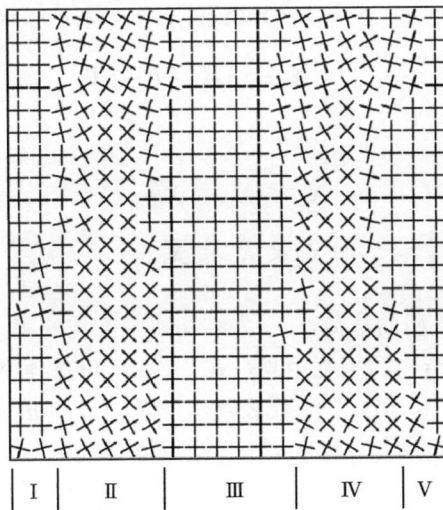

图 1.13　面向方形板屈曲载荷最大化优化的加筋单胞离散角度最优分布结果

可以看出，筋条单胞离散角度的分布可以沿着 x 轴大致分为五个部分，其中第 I、第 III、第 V 部分的加筋单胞角度主要为 0°，起到直接承受上下边界外部载荷的作用，而第 II 和第 IV 部分的加筋单胞角度主要为 45°，起到传递载荷和内力的作用。下面基于获得的加筋单胞角度最优分布，进行筋条路径的提取，以建立所获得加筋板创新构型的精细有限元模型。本节使用人工提取的方式，并且考虑到曲筋加工制备的难度，用直筋来描述所获得的创新加筋构型，其保留了加筋单胞角度分布的主要趋势，如图 1.14 所示，其中筋条由沿 y 向均匀分布的加筋组元和中部的若干纵向筋条共同组成，其具体的描述参数如图 1.14 所示。

本节使用商业有限元软件 ABAQUS 中的三维壳单元对加筋板进行精细化的有限元建模和分析，其中单元类型为 S3，单元尺寸为 5 mm，使用线性屈曲分析计算结构的屈曲载荷。随后，基于所建立的精细有限元模型和分析结果开展加筋板的形状和尺寸优化。为了方便对比，同样以传统正置正交加筋构型设计作为初始设计。优化过程中，获得的创新构型，有两个离散和一个连续的形状、布局变量，分别代表筋条路径描述中筋条组元的数目 n_u，中部纵向筋条的数目 n_{ls}^m 和筋条组元中上下两根筋条的间距 d_u。对于传统的正置正交加筋构型，有两个离散的布局形状变量 n_{ts} 和 n_{ls}，分别代表横向和纵向筋条数量。另外，两类加筋构型都包含筋条高度 $h_{\text{stiffener}}$、筋条厚度 $t_{\text{stiffener}}$ 和蒙皮厚度 t_{skin} 三个连续的尺寸变量。以最大屈曲载荷为目标的加筋板形状和尺寸优化列式如下所示：

$$
\begin{aligned}
&\text{Objective}: \ \max_{X} \ P \\
&\text{Subject to}: \ P = \min(\lambda_j), \quad j = 1, \cdots, n_{\text{dof}} \\
&\qquad\qquad\quad \{\boldsymbol{K} + \lambda_j \boldsymbol{K_\sigma}\}\boldsymbol{\Phi}_j = 0 \\
&\qquad\qquad\quad M \leqslant \overline{M} \\
&\qquad\qquad\quad \underline{X_d} \leqslant X_d \leqslant \overline{X_d} \\
&\qquad\qquad\quad \underline{X_c} \leqslant X_c \leqslant \overline{X_c}
\end{aligned}
\tag{1-13}
$$

式中，P 为结构的线性屈曲载荷，λ_j 为结构屈曲方程的第 j 个特征值，$\boldsymbol{\Phi}_j$ 为对应的特征向量，$\boldsymbol{K}$ 为结构的刚度矩阵，$\boldsymbol{K_\sigma}$ 为结构的几何刚度矩阵，X_d 代表离散变量，包括 n_u、n_{ls} 和 n_{ls}^m，X_c 代表连续变量，包括 d_u、$h_{\text{stiffener}}$、$t_{\text{stiffener}}$ 和 t_{skin}，M 为加筋板的总质量，$\overline{M}$ 为给定的质量约束。

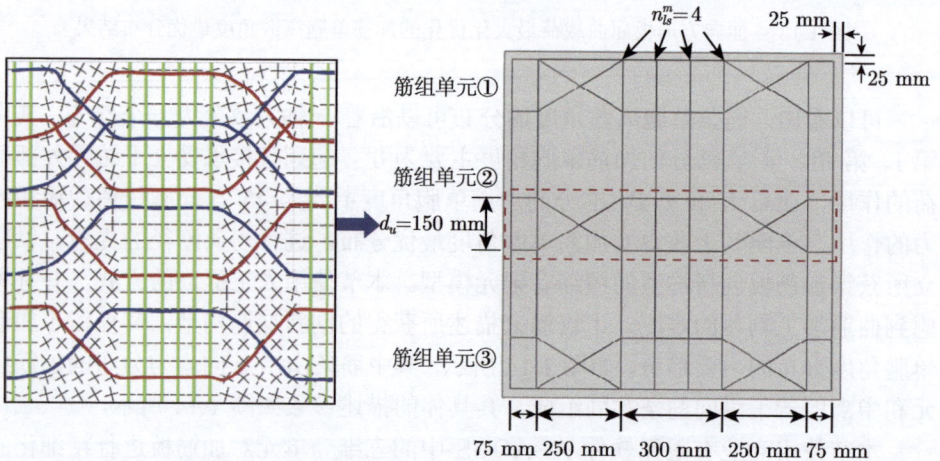

图 1.14　特征简化后的直筋形式筋条路径提取结果

优化过程中，结构的质量约束上限为 8.0 kg，使用混杂优化策略。最后，可得两类加筋构型设计的优化结果如表 1.3 和表 1.4 所示，两个优化结果最终设计的模型和非均匀载荷下相应的屈曲波形如图 1.15 所示。

表 1.3   创新加筋构型变量上下限和优化结果

	n_u	n_{ls}^m	d_u/mm	t_{skin}/mm	$h_{stiffener}$/mm	$t_{stiffener}$/mm	M/kg	屈曲载荷因子
下限	1	2	50.00	2.20	11.00	1.30	—	—
上限	30	30	300.00	3.00	16.00	1.90	8.00	—
优化结果	10	3	147.00	2.20	16.00	1.69	8.00	21.4

表 1.4   正置正交加筋构型变量上下限和优化结果

	n_{ts}	n_{ls}	t_{skin}/mm	$h_{stiffener}$/mm	$t_{stiffener}$/mm	M/kg	屈曲载荷因子
下限	2	2	2.20	11.00	1.30	—	—
上限	50	50	3.00	16.00	1.90	8.00	—
优化结果	20	15	2.20	16.00	1.43	8.00	15.8

可以看出，相比传统正置正交加筋构型，本方法获得的加筋创新构型设计的屈曲载荷提升了 35.44%。另外，每个构型设计中筋条的高度都达到了上限，这说明对于屈曲载荷最大化的壁板设计问题，增加筋条高度能有效增加结构的截面惯性矩，从而增加结构的屈曲载荷。

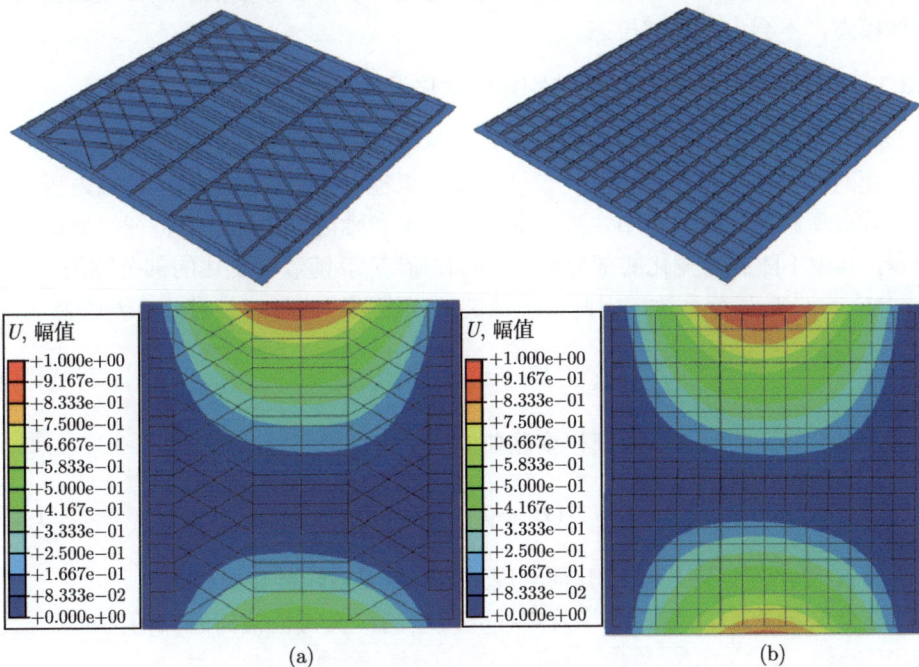

(a)   (b)

图 1.15   优化结果模型和非均匀载荷下的屈曲波形

综上，上述两个算例都说明了所提出变刚度加筋壁板拓扑优化设计方法的有效性。能够为航空航天等领域的主承力薄壳结构提供力学性能明显提升的创新构型优化设计。其可通过刚度的自适应分配获得加筋单胞角度的最优分布，然后通过基于精细模型的形状和尺寸优化获得满足给定质量约束的变刚度加筋壁板创新构型设计，所提出的方法有效地集拓扑、形状和尺寸优化于一体，所获得的创新构型设计在具有清晰加筋路径的同时还能满足筋条连续，筋条等高、等厚等工艺可达需求，并可直接生成最终设计方案的有限元模型。

1.3　考虑结构稳定性的加筋单胞拓扑优化方法

基于给定加筋构型的网格加筋圆柱壳优化设计极大地限制了结构的设计空间，为了获得新颖的高承载加筋构型，本节将通过连续体拓扑优化方法开展双尺度的网格加筋圆柱壳设计，提高网格加筋圆柱壳的临界屈曲载荷。双尺度的网格加筋圆柱壳分析主要包括网格加筋圆柱壳单胞等效刚度系数计算和壳体稳定性分析。其中，大直径网格加筋圆柱壳由于径厚比很大，周期性加筋单胞的曲率很小，因此可以将周期性加筋单胞等效为平板结构，通过均匀化方法获得网格加筋单胞的等效刚度系数，建立网格加筋圆柱壳的等效圆柱壳模型，从而大幅度提升网格加筋圆柱壳的计算效率。此外，由于采用密肋加筋，可假设低阶屈曲模态仅出现整体模态，不会出现局部模态。

1.3.1　考虑结构稳定性的加筋单胞拓扑优化设计框架

本节通过有限元特征值屈曲分析来计算等效圆柱壳模型的临界屈曲载荷，进而搭建网格加筋单胞的拓扑优化设计框架。工程薄壳主要承受轴压、轴内压、轴外压等典型载荷工况，本节主要考虑轴压工况和轴内压工况下的特征值屈曲优化问题，其中不随载荷变化的部分称为"死载荷"F_d，随载荷变化的部分称为"活载荷"PF_a，P 是载荷系数。因此，等效圆柱壳模型屈曲时的总载荷可表达为

$$F = F_d + PF_a \tag{1-14}$$

不包含 F_d 的等效圆柱壳模型屈曲的广义特征值问题表达为

$$(K + PG)\phi = 0 \tag{1-15}$$

式中，K 是刚度矩阵，G 是几何刚度矩阵，ϕ 是对应的屈曲模态。

在此基础上，含 F_d 的等效圆柱壳模型的广义特征值问题改写为如下表达形式：

$$(K + G_d(u_d) + PG_a(u_a))\phi = 0 \tag{1-16}$$

式中，G_d、G_a 为 F_d 和 PF_a 对应的几何刚度矩阵，几何刚度矩阵所依赖的位移 u_d 和 u_a 可以分别通过关于 F_d 和 PF_a 的线性有限元分析获得

$$
\begin{aligned}
Ku_d &= F_d \\
Ku_a &= F_a
\end{aligned}
\tag{1-17}
$$

其逆广义特征值问题表达为

$$
-G_a\phi = \lambda(K + G_d)\phi \tag{1-18}
$$

式中逆特征值为 $\lambda = 1/P$。

本节采用由四节点平面应力单元与离散基尔霍夫 (Kirchhoff) 薄板单元[32] 构成的平板壳单元 (Q4-DKQ) 来进行圆柱壳的有限元特征值屈曲分析。基于基尔霍夫–勒夫 (Kirchhoff-Love) 薄板假设，平板壳单元内任意点的位移可以通过中面位移 $(\bar{u}, \bar{v}, \bar{w})$ 和对应转角 $(\bar{\theta}_x, \bar{\theta}_y)$ 表达为

$$
\begin{cases}
u(x,y,z) = \bar{u}(x,y) + z\bar{\theta}_y(x,y) \\
v(x,y,z) = \bar{v}(x,y) - z\bar{\theta}_x(x,y) \\
w(x,y,z) = \bar{w}(x,y)
\end{cases}
\tag{1-19}
$$

薄板假设下，出平面位移满足 $\varepsilon_z = \varepsilon_{xz} = \varepsilon_{yz} = 0$。

其他应变项按冯·卡门 (von Kármán) 大挠度理论可以表达为

$$
\begin{bmatrix} \varepsilon_x \\ \varepsilon_y \\ \varepsilon_{xy} \end{bmatrix} = \begin{bmatrix} \dfrac{\partial \bar{u}}{\partial x} + z\dfrac{\partial \bar{\theta}_y}{\partial x} \\[2mm] \dfrac{\partial \bar{v}}{\partial y} - z\dfrac{\partial \bar{\theta}_x}{\partial y} \\[2mm] \dfrac{1}{2}\left(\dfrac{\partial \bar{v}}{\partial x} + \dfrac{\partial \bar{u}}{\partial y} - z\dfrac{\partial \bar{\theta}_x}{\partial x} + z\dfrac{\partial \bar{\theta}_y}{\partial y} \right) \end{bmatrix} + \begin{bmatrix} \dfrac{1}{2}\left(\dfrac{\partial \bar{w}}{\partial x} \right)^2 \\[2mm] \dfrac{1}{2}\left(\dfrac{\partial \bar{w}}{\partial y} \right)^2 \\[2mm] \dfrac{1}{2}\dfrac{\partial \bar{w}}{\partial x}\dfrac{\partial \bar{w}}{\partial y} \end{bmatrix} \tag{1-20}
$$

式中，右端项的第一项为线性应变，第二项为非线性应变。

线性应变分为两个部分，第一部分为膜应变：

$$
\begin{aligned}
e_x &= \frac{\partial \bar{u}}{\partial x} \\
e_y &= \frac{\partial \bar{v}}{\partial y} \\
e_{xy} &= \frac{\partial \bar{v}}{\partial x} + \frac{\partial \bar{u}}{\partial y}
\end{aligned}
\tag{1-21}
$$

第二部分为弯曲应变:

$$\kappa_x = \frac{\partial \bar{\theta}_y}{\partial x}$$

$$\kappa_y = -\frac{\partial \bar{\theta}_x}{\partial y} \tag{1-22}$$

$$\kappa_{xy} = -\frac{\partial \bar{\theta}_x}{\partial x} + \frac{\partial \bar{\theta}_y}{\partial y}$$

平板壳的本构方程可以通过板壳截面内力项 $\boldsymbol{N} = [N_x, N_y, N_{xy}]^{\mathrm{T}}$、截面弯矩项 $\boldsymbol{M} = [M_x, M_y, M_{xy}]^{\mathrm{T}}$ 与板壳膜应变 $\boldsymbol{e} = [e_x, e_y, e_{xy}]^{\mathrm{T}}$、弯曲应变 $\boldsymbol{\kappa} = [\kappa_x, \kappa_y, \kappa_{xy}]^{\mathrm{T}}$ 之间的关系进行表达:

$$\begin{bmatrix} \boldsymbol{N} \\ \boldsymbol{M} \end{bmatrix} = \begin{bmatrix} \boldsymbol{A}_m & \boldsymbol{B}_m \\ \boldsymbol{B}_m^{\mathrm{T}} & \boldsymbol{D}_m \end{bmatrix} \begin{bmatrix} \boldsymbol{e} \\ \boldsymbol{\kappa} \end{bmatrix} \tag{1-23}$$

式中, 对应的膜刚度、膜弯耦合刚度和弯曲刚度可以分别表示为 $\boldsymbol{A}_m = \boldsymbol{T}_m \boldsymbol{A} \boldsymbol{T}_m^{\mathrm{T}}$, $\boldsymbol{B}_m = \boldsymbol{T}_m \boldsymbol{B} \boldsymbol{T}_m^{\mathrm{T}}$, $\boldsymbol{D}_m = \boldsymbol{T}_m \boldsymbol{D} \boldsymbol{T}_m^{\mathrm{T}}$。$\boldsymbol{T}_m$ 是材料转换矩阵, 其作用是使等效刚度系数的材料方向与局部坐标系下平板壳的材料方向一致, 具体表达为

$$\boldsymbol{T}_m = \begin{bmatrix} \cos^2 \alpha & \sin^2 \alpha & -\cos\alpha\sin\alpha \\ \sin^2 \alpha & \cos^2 \alpha & \cos\alpha\sin\alpha \\ 2\cos\alpha\sin\alpha & -2\cos\alpha\sin\alpha & \cos^2\alpha - \sin^2\alpha \end{bmatrix} \tag{1-24}$$

式中 α 是等效刚度系数的材料主方向与局部坐标系下平板壳的材料主方向的夹角。

平板壳的单元刚度阵为

$$\boldsymbol{K}_e = \boldsymbol{T}_l^{\mathrm{T}} \left(\int_{\Omega_e} \boldsymbol{B}_L^{\mathrm{T}} \begin{bmatrix} \boldsymbol{A}_m & \boldsymbol{B}_m \\ \boldsymbol{B}_m^{\mathrm{T}} & \boldsymbol{D}_m \end{bmatrix} \boldsymbol{B}_L \mathrm{d}\Omega_e \right) \boldsymbol{T}_l \tag{1-25}$$

式中, $\boldsymbol{B}_L$ 为应变位移矩阵, $\boldsymbol{T}_l$ 是全局坐标系到单元局部坐标系的转换矩阵。

单元的几何刚度矩阵 $\boldsymbol{G}_e$ 表示为

$$\boldsymbol{G}_e = \boldsymbol{T}_l^{\mathrm{T}} \left(\int_{\Omega_e} \boldsymbol{B}_{NL}^{\mathrm{T}} \begin{bmatrix} N_x & N_{xy} \\ N_{xy} & N_y \end{bmatrix} \boldsymbol{B}_{NL} \mathrm{d}\Omega_e \right) \boldsymbol{T}_l \tag{1-26}$$

式中，$\boldsymbol{B}_{NL}$ 是非线性应变位移矩阵，可以通过形函数 $\tilde{\boldsymbol{N}}$ 表示

$$\boldsymbol{B}_{NL} = \begin{bmatrix} 0 & 0 & \dfrac{\partial \tilde{\boldsymbol{N}}}{\partial x} & 0 & 0 & 0 \\[3mm] 0 & 0 & \dfrac{\partial \tilde{\boldsymbol{N}}}{\partial y} & 0 & 0 & 0 \end{bmatrix} \tag{1-27}$$

接下来求解临界屈曲载荷对设计变量的灵敏度。圆柱壳的前几阶屈曲载荷往往十分相近，为了防止优化过程中屈曲模态间发生交换，需要考虑重特征值问题来求解圆柱壳屈曲的优化问题，从而有效地抑制单特征值灵敏度分析造成的数值震荡现象 [32,33]。在正交归一化条件 $\boldsymbol{\phi}^{\mathrm{T}} \boldsymbol{K} \boldsymbol{\phi} = \boldsymbol{I}$ 情况下，考虑重特征值后的广义梯度向量 f_{kl} 为

$$f_{kl} = \boldsymbol{\phi}_k^{\mathrm{T}} \left(-\frac{\mathrm{d}\boldsymbol{G}}{\mathrm{d}x} - \lambda \frac{\mathrm{d}\boldsymbol{K}}{\mathrm{d}x} \right) \boldsymbol{\phi}_l, \quad k,l \in \{r_m, r_m+1, r_m+2, \cdots, R_m\} \tag{1-28}$$

式中，x 为需要求导的设计变量，这里设计变量对应圆柱壳的等效刚度系数 A_{ij}、B_{ij}、D_{ij}，下标 k、l 表示特征向量的序号，r_m、R_m 代表第 m 个重特征值对应特征向量的最小、最大序号。

几何刚度阵 $\boldsymbol{G}$ 对设计变量 x 的导数包含两部分：

$$\frac{\mathrm{d}\boldsymbol{G}}{\mathrm{d}x} = \frac{\partial \boldsymbol{G}}{\partial x} + \frac{\partial \boldsymbol{G}}{\partial \boldsymbol{u}} \frac{\partial \boldsymbol{u}}{\partial x} \tag{1-29}$$

通过伴随法可以消去 $\partial \boldsymbol{u}/\partial x$，然后得到基于伴随向量的广义梯度向量：

$$f_{kl} = \boldsymbol{\phi}_k^{\mathrm{T}} \left(-\frac{\partial \boldsymbol{G}}{\partial x} - \lambda \frac{\mathrm{d}\boldsymbol{K}}{\mathrm{d}x} \right) \boldsymbol{\phi}_l + (\boldsymbol{v}^{kl})^{\mathrm{T}} \frac{\mathrm{d}\boldsymbol{K}}{\mathrm{d}x} \boldsymbol{u}, \quad k,l \in \{r_m, r_m+1, r_m+2, \cdots, R_m\} \tag{1-30}$$

伴随向量 $\boldsymbol{v}^{ij}$ 通过以下伴随方程求解：

$$\boldsymbol{K}\boldsymbol{v}^{ij} = \boldsymbol{\phi}_i^{\mathrm{T}} \frac{\partial \boldsymbol{G}}{\partial \boldsymbol{u}} \boldsymbol{\phi}_j \tag{1-31}$$

在此基础上，对于含 $\boldsymbol{F}_d$ 的情况，正交归一化条件为 $\boldsymbol{\phi}^{\mathrm{T}} (\boldsymbol{K} + \boldsymbol{G}_d) \boldsymbol{\phi} = \boldsymbol{I}$，考虑重特征值的广义梯度向量 f_{kl} 表达为

$$f_{kl} = \boldsymbol{\phi}_k^{\mathrm{T}} \left(-\frac{\mathrm{d}\boldsymbol{G}_a}{\mathrm{d}x} - \lambda \frac{\partial \boldsymbol{G}_d}{\partial x} - \lambda \frac{\mathrm{d}\boldsymbol{K}}{\mathrm{d}x} \right) \boldsymbol{\phi}_l + (\boldsymbol{v}^{kl})^{\mathrm{T}} \frac{\mathrm{d}\boldsymbol{K}}{\mathrm{d}x} (\boldsymbol{u}_a + \lambda \boldsymbol{u}_d) \tag{1-32}$$

广义梯度向量中各项的导数通过在单元层级上求导后累加得到

$$\boldsymbol{\phi}^{\mathrm{T}}\frac{\partial \boldsymbol{G}}{\partial x}\boldsymbol{\phi} = \sum_e \boldsymbol{\phi}_e^{\mathrm{T}}\frac{\partial \boldsymbol{G}_e}{\partial x}\boldsymbol{\phi}_e$$

$$\boldsymbol{\phi}^{\mathrm{T}}\frac{\mathrm{d} \boldsymbol{K}}{\mathrm{d} x}\boldsymbol{\phi} = \sum_e \boldsymbol{\phi}_e^{\mathrm{T}}\frac{\mathrm{d} \boldsymbol{K}_e}{\mathrm{d} x}\boldsymbol{\phi}_e$$

$$\boldsymbol{v}^{\mathrm{T}}\frac{\mathrm{d} \boldsymbol{K}}{\mathrm{d} x}\boldsymbol{u} = \sum_e \boldsymbol{v}_e^{\mathrm{T}}\frac{\mathrm{d} \boldsymbol{K}_e}{\mathrm{d} x}\boldsymbol{u}_e \qquad (1\text{-}33)$$

$$\boldsymbol{\phi}^{\mathrm{T}}\frac{\mathrm{d} \boldsymbol{G}}{\mathrm{d} u}\boldsymbol{\phi} = \sum_e \boldsymbol{\phi}_e^{\mathrm{T}}\frac{\mathrm{d} \boldsymbol{G}_e}{\mathrm{d} u_e}\boldsymbol{\phi}_e$$

式中

$$\frac{\partial \boldsymbol{K}_e}{\partial x} = \boldsymbol{T}_l^{\mathrm{T}}\left(\int_{\Omega_e} \boldsymbol{B}_L^{\mathrm{T}}\frac{\partial}{\partial x}\begin{bmatrix} \boldsymbol{T}_m \boldsymbol{A}\boldsymbol{T}_m^{\mathrm{T}} & \boldsymbol{T}_m \boldsymbol{B}\boldsymbol{T}_m^{\mathrm{T}} \\ \boldsymbol{T}_m^{\mathrm{T}}\boldsymbol{B}^{\mathrm{T}}\boldsymbol{T}_m & \boldsymbol{T}_m \boldsymbol{D}\boldsymbol{T}_m^{\mathrm{T}} \end{bmatrix}\boldsymbol{B}_L \mathrm{d}\Omega_e\right)\boldsymbol{T}_l$$

$$\frac{\partial \boldsymbol{G}_e}{\partial x} = \boldsymbol{T}_l^{\mathrm{T}}\left(\int_{\Omega_e} \boldsymbol{B}_{NL}^{\mathrm{T}}\frac{\partial}{\partial x}\begin{bmatrix} \boldsymbol{N}_x & \boldsymbol{N}_{xy} \\ \boldsymbol{N}_{xy} & \boldsymbol{N}_y \end{bmatrix}\boldsymbol{B}_{NL}\mathrm{d}\Omega_e\right)\boldsymbol{T}_l \qquad (1\text{-}34)$$

$$\frac{\partial \boldsymbol{G}_e}{\partial u_e} = \boldsymbol{T}_l^{\mathrm{T}}\left(\int_{\Omega_e} \boldsymbol{B}_{NL}^{\mathrm{T}}\frac{\partial}{\partial u_e}\begin{bmatrix} \boldsymbol{N}_x & \boldsymbol{N}_{xy} \\ \boldsymbol{N}_{xy} & \boldsymbol{N}_y \end{bmatrix}\boldsymbol{B}_{NL}\mathrm{d}\Omega_e\right)\boldsymbol{T}_l$$

截面内力矩阵为 $\boldsymbol{N} = [\boldsymbol{A}_m, \boldsymbol{B}_m]\,\boldsymbol{B}_L\boldsymbol{T}_l\boldsymbol{u}_e$，其导数为

$$\frac{\partial \boldsymbol{N}}{\partial u_e} = \left[\boldsymbol{T}_m \boldsymbol{A}\boldsymbol{T}_m^{\mathrm{T}}, \boldsymbol{T}_m \boldsymbol{B}\boldsymbol{T}_m^{\mathrm{T}}\right]\boldsymbol{B}_L\boldsymbol{T}_l\boldsymbol{I}$$

$$\frac{\partial \boldsymbol{N}}{\partial x} = \frac{\partial}{\partial x}\left[\boldsymbol{T}_m \boldsymbol{A}\boldsymbol{T}_m^{\mathrm{T}}, \boldsymbol{T}_m \boldsymbol{B}\boldsymbol{T}_m^{\mathrm{T}}\right]\boldsymbol{B}_L\boldsymbol{T}_l\boldsymbol{u}_e \qquad (1\text{-}35)$$

式中 $\boldsymbol{I}$ 为单位矩阵。

综上可以求得广义梯度向量 f_{kl} 对 A_{ij}、B_{ij}、D_{ij} 的导数 $\partial f_{kl}/\partial A_{ij}$、$\partial f_{kl}/\partial B_{ij}$、$\partial f_{kl}/\partial D_{ij}$。等效刚度系数 A_{ij}、B_{ij}、D_{ij} 一共有 21 个独立变量，其中在单元层级上 $\partial \boldsymbol{K}_e/\partial x$ 需要计算 21 次。同样 $\partial \boldsymbol{G}_e/\partial x$ 对每个单元需要计算 15 次。采用 Q4-DKQ 平板壳单元，一个单元共 24 个自由度，因此 $\partial \boldsymbol{G}_e/\partial u_e$ 需要计算 24 次。每次敏度分析的时间相较单刚计算时间要高一个量级，而这些单元层级的计算是独立不耦合的。因此可以通过并行计算的方式提高求解效率，减少计算时长。

等效刚度系数 A_{ij}、B_{ij}、D_{ij} 相对伪密度 ρ 的导数为

$$\frac{\partial A_{ij}}{\partial \rho} = \frac{1}{|\Omega|} \left(\boldsymbol{\chi}_i^0 - \boldsymbol{a}_i^*\right)^{\mathrm{T}} \frac{\partial \boldsymbol{K}_{\mathrm{micro}}}{\partial \rho} \left(\boldsymbol{\chi}_j^0 - \boldsymbol{a}_j^*\right)$$

$$\frac{\partial B_{ij}}{\partial \rho} = \frac{1}{|\Omega|} \left(\boldsymbol{\chi}_i^0 - \boldsymbol{a}_i^*\right)^{\mathrm{T}} \frac{\partial \boldsymbol{K}_{\mathrm{micro}}}{\partial \rho} \left(\bar{\boldsymbol{\chi}}_j^0 - \bar{\boldsymbol{a}}_j^*\right) \qquad (1\text{-}36)$$

$$\frac{\partial D_{ij}}{\partial \rho} = \frac{1}{|\Omega|} \left(\bar{\boldsymbol{\chi}}_i^0 - \bar{\boldsymbol{a}}_i^*\right)^{\mathrm{T}} \frac{\partial \boldsymbol{K}_{\mathrm{micro}}}{\partial \rho} \left(\bar{\boldsymbol{\chi}}_j^0 - \bar{\boldsymbol{a}}_j^*\right)$$

式中 $\boldsymbol{K}_{\mathrm{micro}}$ 是加筋单胞的有限元刚度阵。

因此,广义特征向量 f_{kl} 相对伪密度 ρ 的导数可以通过链式法则获得

$$\frac{\partial f_{kl}}{\partial \rho} = \sum \left(\frac{\partial f_{kl}}{\partial A_{ij}}\frac{\partial A_{ij}}{\partial \rho} + \frac{\partial f_{kl}}{\partial B_{ij}}\frac{\partial B_{ij}}{\partial \rho} + \frac{\partial f_{kl}}{\partial D_{ij}}\frac{\partial D_{ij}}{\partial \rho}\right) \qquad (1\text{-}37)$$

基于上述敏度推导,网格加筋圆柱壳的拓扑优化列式如下:

$$\operatorname*{minimax}_{\rho} \quad \lambda$$

$$\begin{aligned} \text{s.t.} \quad &- \boldsymbol{G}_a(A_{ij}, B_{ij}, D_{ij}, \boldsymbol{u}_a)\boldsymbol{\phi} = \lambda(\boldsymbol{K}_{\mathrm{macro}}(A_{ij}, B_{ij}, D_{ij}) + \boldsymbol{G}_d(A_{ij}, B_{ij}, D_{ij}, \boldsymbol{u}_d))\boldsymbol{\phi}\\ &\boldsymbol{K}_{\mathrm{marco}}(\rho)\boldsymbol{u}_a = \boldsymbol{F}_a, \quad \boldsymbol{K}_{\mathrm{macro}}(\rho)\boldsymbol{u}_d = \boldsymbol{F}_d\\ &\int \rho \mathrm{d}\Omega - V_f \int \mathrm{d}\Omega \leqslant 0, \quad \rho \in \rho_{ad} \end{aligned}$$
$$(1\text{-}38)$$

式中,ρ 是加筋单胞的材料伪密度,ρ_{ad} 是其可行域,$\boldsymbol{K}_{\mathrm{marco}}$ 是等效后圆柱壳的有限元刚度阵,V_f 是体积约束分数。

由于重特征值情况下特征值不可微,需要通过摄动方法进行灵敏度分析,因此不能直接采用通用的非线性优化求解器进行优化。接下来通过构建基于移动渐近线法 (method moving asymptotes, MMA) 的子问题来求解考虑重特征值的广义特征值优化问题。通过设计变量的一阶摄动可以获得重特征值的增量:

$$\left|\boldsymbol{f}_{kl}^{\mathrm{T}}\Delta\boldsymbol{x} - \Delta\lambda\right| = 0 \qquad (1\text{-}39)$$

式中,$\Delta\boldsymbol{x}$ 为设计变量的增量,$\Delta\lambda$ 为特征值的增量。

在此基础上,Krog 等 [34] 建立了基于增量格式的重特征值优化列式,将原问

题转换为一系列可分离的线性摄动子问题：

$$\min_{\xi, \Delta x} \quad -\xi$$

$$\text{s.t.} \quad -\lambda_i(\boldsymbol{x}) - \boldsymbol{f}_{ii}^{\mathrm{T}}(\boldsymbol{x})\Delta \boldsymbol{x} + \xi \leqslant 0, \quad i = r_m, \cdots, R_m$$

$$\boldsymbol{f}_{sk}^{\mathrm{T}}(\boldsymbol{x})\Delta \boldsymbol{x} = 0, \quad s > k, \quad s, k = r_m, \cdots, R_m, \quad m = 1, \cdots, M \tag{1-40}$$

$$g(\boldsymbol{x}) + \nabla^{\mathrm{T}} g(\boldsymbol{x})\Delta \boldsymbol{x} \leqslant 0$$

$$\boldsymbol{x}^{lb} \leqslant \boldsymbol{x} + \Delta \boldsymbol{x} \leqslant \boldsymbol{x}^{ub}, \quad \xi \geqslant 0$$

式中，M 是第 m 阶单特征值或者重特征值的特征值重数，$\boldsymbol{x}$ 是当前设计点的设计变量向量，ξ 是一个放松变量，$\Delta \boldsymbol{x}$ 和 ξ 在子问题中作为设计变量，而 $\boldsymbol{x}$ 在子问题中是不变的。这里通过 $\boldsymbol{f}_{sk}^{\mathrm{T}}(\boldsymbol{x})\Delta \boldsymbol{x} = 0(s \neq k)$，可以确保 $\boldsymbol{f}_{ii}^{\mathrm{T}}(\boldsymbol{x})\Delta \boldsymbol{x}$ 为重特征值增量 $\Delta \lambda$。

在此基础上，可以将式中的线性近似替换为 MMA 的凸近似，但其中等式约束 $\boldsymbol{f}_{sk}^{\mathrm{T}}(\boldsymbol{x})\Delta \boldsymbol{x} = 0$ 仍采用线性近似，从而将线性规划子问题转换为部分采用凸近似的一种新子问题。这种基于 MMA 的子问题可以表示为以下形式：

$$\min_{\xi, \Delta x} \quad -\xi + \sum_p c_p \varsigma_p + c_g \zeta$$

$$\text{s.t.} \quad -\tilde{\lambda}_p(\Delta \boldsymbol{x}) + \xi - \varsigma_p \leqslant 0, \quad p = r_m, \cdots, R_m$$

$$\boldsymbol{f}_{sk}^{\mathrm{T}}(\boldsymbol{x})\Delta \boldsymbol{x} = 0, \quad s > k, \quad s, k = r_m, \cdots, R_m, \quad m = 1, \cdots, M \tag{1-41}$$

$$\tilde{g}(\Delta \boldsymbol{x}) - \zeta \leqslant 0$$

$$\alpha_i - x_i \leqslant \Delta x_i \leqslant \beta_i - x_i, \quad i = 1, \cdots, n$$

$$\xi \geqslant 0, \quad \varsigma_p \geqslant 0, \quad \zeta \geqslant 0$$

式中，ς_p、ζ 是约束的放松变量，c 是约束的外罚系数。

α 和 β 是子问题设计变量上下界：

$$\alpha_i = \max\{x_i^{lb}, l_i + 0.1(x_i - l_i), x_i - 0.5(x_i^{ub} - x_i^{lb})\}$$
$$\beta_i = \min\{x_i^{ub}, u_i - 0.1(u_i - x_i), x_i + 0.5(x_i^{ub} - x_i^{lb})\} \tag{1-42}$$

式中，u 和 l 为凸近似中的上渐近线和下渐近线，渐近线通过设计变量在迭代步之间的震荡情况来确定靠近还是远离中心设计点。特征值函数的凸近似 $\tilde{\lambda}_p$ 形式为

$$\tilde{\lambda}_p(\Delta\boldsymbol{x}) = \sum_i \left(\frac{p_{pi}}{(u_i - x_i) - \Delta x_i} + \frac{q_{pi}}{\Delta x_i - (x_i - l_i)} \right) + r_p,$$
$$p = r_m, \cdots, R_m, \quad i = 1, \cdots, n$$

$$p_{pi} = ((u_i - x_i) - \Delta x_i)^2 \left(1.001(\boldsymbol{f}_{ppi})^+ + 0.001(\boldsymbol{f}_{ppi})^- + \frac{\rho_p^v}{x_i^{\max} - x_i^{\min}} \right)$$

$$q_{pi} = (\Delta x_i - (x_i - l_i))^2 \left(0.001(\boldsymbol{f}_{ppi})^+ + 1.001(\boldsymbol{f}_{ppi})^- + \frac{\rho_p^v}{x_i^{\max} - x_i^{\min}} \right)$$

$$r_p = \lambda_p(x) - \sum_i \left(\frac{p_{pi}}{u_i - x_i} + \frac{q_{pi}}{x_i - l_i} \right)$$

$$(1\text{-}43)$$

式中，$(\boldsymbol{f}_{ppi})^+$ 表示 f_{ppi} 和 0 中的最大值，$(\boldsymbol{f}_{ppi})^-$ 表示 $-f_{ppi}$ 和 0 中的最大值。ρ_p^v 是 GCMMA (globally convergent version of MMA)[35] 中引入的参数，需要通过额外的内层优化来确定。当 $v = 0$ 时，初值 ρ_p^0 取为

$$\rho_p^0 = \max \left\{ 10^{-6}, \frac{0.1}{n} \sum_{i=1}^{n} |f_{ppi}| \left(x_i^{ub} - x_i^{lb} \right) \right\} \qquad (1\text{-}44)$$

在内层优化中 ρ_p^v 按照以下准则进行更新：

$$\begin{aligned} \rho_p^{v+1} &= \min \left\{ 1.1 \left(\rho_p^v + \delta_p^v \right), 10\rho_p^v \right\}, & \delta_p^v > 0 \\ \rho_p^{v+1} &= \rho_p^v, & \delta_p^v \leqslant 0 \end{aligned} \qquad (1\text{-}45)$$

式中

$$\begin{aligned} \delta_p^v &= \frac{\lambda_p(\boldsymbol{x} + \Delta\boldsymbol{x}^v) - \tilde{\lambda}_p(\Delta\boldsymbol{x}^v)}{d(\Delta\boldsymbol{x}^v)} \\ d(\Delta\boldsymbol{x}^v) &= \sum_{i=1}^{n} \frac{(u_i - l_i)(\Delta x_i)^2}{(u_i - x_i)(x_i - l_i)(x_i^{ub} - x_i^{lb})} \end{aligned} \qquad (1\text{-}46)$$

同样，约束函数的凸近似 $\tilde{g}$ 可以表示成式 (1-43) 的形式，需要将式中的 f_{ppi} 替换为 $\partial g / \partial x_i$。

在此基础上，本节搭建了网格加筋单胞拓扑优化的双尺度优化框架，如图 1.16 所示，具体流程如下：

步骤 1：建立双尺度有限元分析模型，初始化模型参数和优化参数；

步骤 2：基于渐近均匀化方法求解加筋单胞的等效刚度系数，并计算等效刚度系数对设计变量的导数；

步骤 3：基于有限元特征值屈曲分析计算等效模型的临界屈曲载荷，并计算临界屈曲载荷对等效刚度系数的导数，最后通过链式法则连接双尺度分析的导数；

步骤 4：计算加筋单胞的体积约束和加筋单胞体积约束对设计变量的导数；

步骤 5：构建基于 MMA 算法的双尺度加筋单胞拓扑优化子问题，求解优化子问题并更新设计变量，如果满足收敛准则则结束优化，不满足则返回步骤 2；

步骤 6：获得优化后的加筋单胞构型。

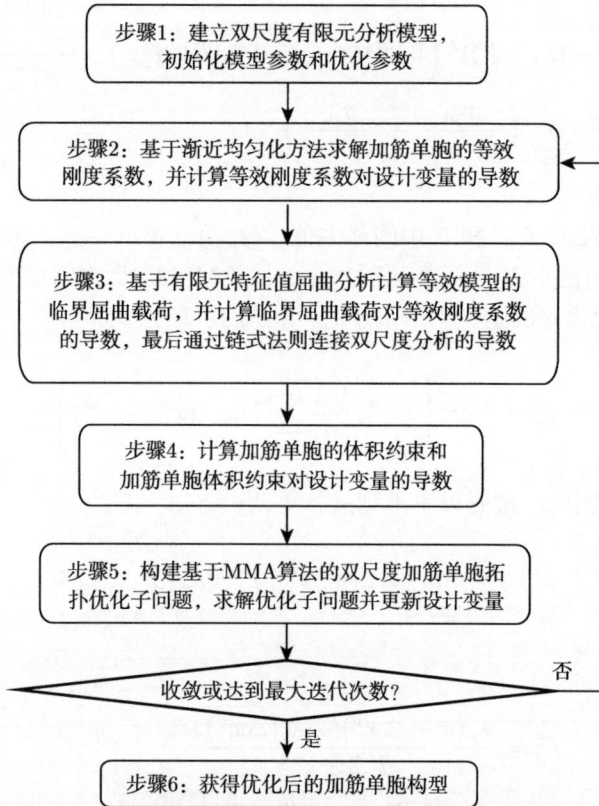

图 1.16　考虑稳定性的双尺度加筋单胞拓扑优化设计框架

1.3.2　加筋单胞拓扑优化算例

网格加筋圆柱壳模型的设计域如图 1.17 所示，圆柱壳直径 D 为 9000 mm，高度 L 为 6000 mm，蒙皮厚度 $t_s = 6$ mm。网格加筋圆柱壳等效后的圆柱壳模型采用 Q4-DKQ 平板壳单元进行网格划分，网格尺寸为 30 mm，单元总数为 17040。网格加筋圆柱壳材料为铝锂合金，其材料弹性模量 $E = 70.0$ GPa，泊松比 $\mu = 0.33$，密度 $\rho = 2.7 \times 10^{-6}$ kg/mm³。圆柱壳模型上端施加均匀的轴向载荷。在有限元模型中，为了考虑上下端框的作用，将上下边先进行刚性耦合然后施加边界条件，耦合三个平动自由度模拟简支边界条件，圆柱壳模型下端耦合点固支，上端耦合点固定除轴向位移以外的平动自由度。在优化中选取的格栅单胞面内为矩形，且保证单胞构型沿横竖中心线镜像对称，加筋单胞长宽高为 150 mm×150 mm×40 mm，蒙皮被包含在加筋单胞几何模型内。在计算等效刚度系数时，等效壳体的中性面设置在蒙皮的中面。蒙皮和筋条材料分别占加筋单胞设计域总体积的 15% 和 5%。加筋单胞的有限元模型剖分为 100×100×20 个六面体非协调元。由于加筋单胞为周期性结构，拓扑优化中的过滤采用面内周期性过滤，过滤半径为 2.25 mm。优化初始值选用 Inverse Target 型 [36] 密度分布。为了提高分析效率，在特征值分析中采用兰乔斯 (Lanczos) 方法计算，选取 20 个子空间基向量求解 8 个最大特征值，范数收敛误差为 10^{-8}。

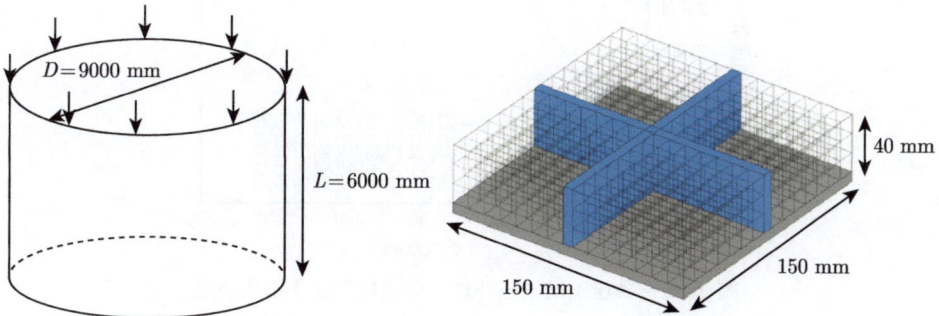

图 1.17   等效圆柱壳模型和加筋单胞几何尺寸

首先，本节考虑仅有轴压工况作用下的加筋单胞拓扑优化设计。优化后的拓扑加筋单胞构型如图 1.18(a) 所示，图 1.18(b) 给出加筋单胞的三维结构形式，拓扑加筋单胞构型非常清晰，结构形式可以看作由两个六边形蜂窝嵌套而成。图 1.19

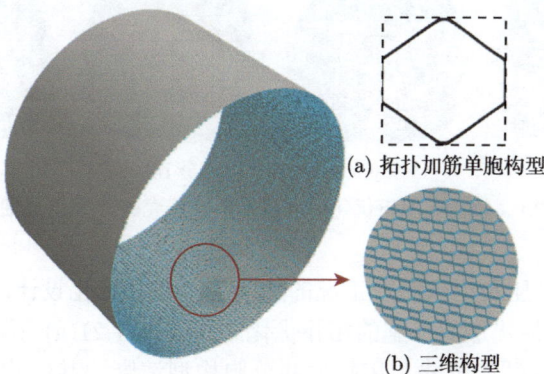

(a) 拓扑加筋单胞构型

(b) 三维构型

图 1.18   轴压载荷下拓扑优化结果

给出了相应的优化迭代历史，临界屈曲载荷在优化过程中显著提升，并在 150 步左右逐渐收敛，拓扑优化结果的临界屈曲载荷为 3.03×10^4 kN。图 1.20 给出了优化后网格加筋圆柱壳的前 8 阶屈曲模态，表 1.5 给出了对应的屈曲载荷。优化结果的前 4 阶特征值完全相同，优化过程中出现了重特征值情况，因此在考虑稳定性的双尺度加筋单胞拓扑优化过程中需要考虑重特征值问题。

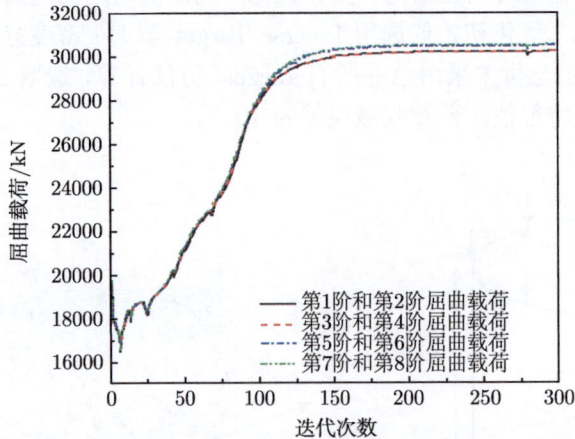

图 1.19   轴压工况下拓扑加筋单胞构型优化迭代曲线

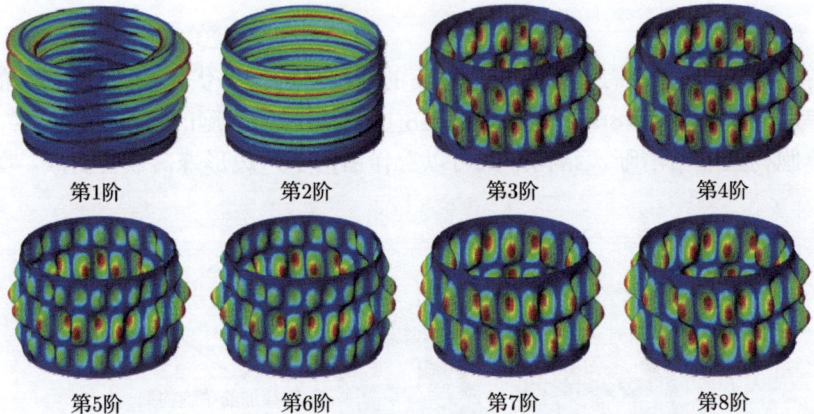

第1阶   第2阶   第3阶   第4阶

第5阶   第6阶   第7阶   第8阶

图 1.20   轴压工况下优化后网格加筋圆柱壳的前 8 阶屈曲模态

然后，考虑轴压和内压组合工况的加筋单胞拓扑优化设计，其中内压工况固定为 0.15 MPa。最优加筋单胞的拓扑优化结果如图 1.21(a) 所示，图 1.21(b) 给出加筋单胞的三维结构形式，拓扑加筋单胞构型清晰，其结构形式为轴向桁条。优化后网格加筋圆柱壳的临界屈曲载荷为 4.58×10^4 kN。组合工况下的拓扑加筋

单胞构型优化迭代曲线如图 1.22 所示。图 1.23 列出了组合工况下优化后网格加筋

表 1.5　轴压工况下优化后网格加筋圆柱壳的前 8 阶屈曲载荷

阶次	屈曲载荷/kN
第 1 阶	3.03×10^4
第 2 阶	3.03×10^4
第 3 阶	3.03×10^4
第 4 阶	3.03×10^4
第 5 阶	3.05×10^4
第 6 阶	3.05×10^4
第 7 阶	3.06×10^4
第 8 阶	3.06×10^4

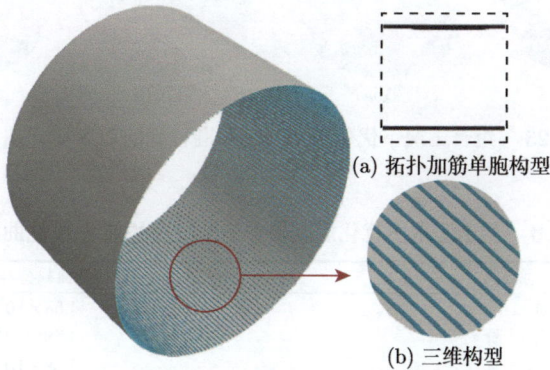

(a) 拓扑加筋单胞构型

(b) 三维构型

图 1.21　组合载荷下拓扑优化结果

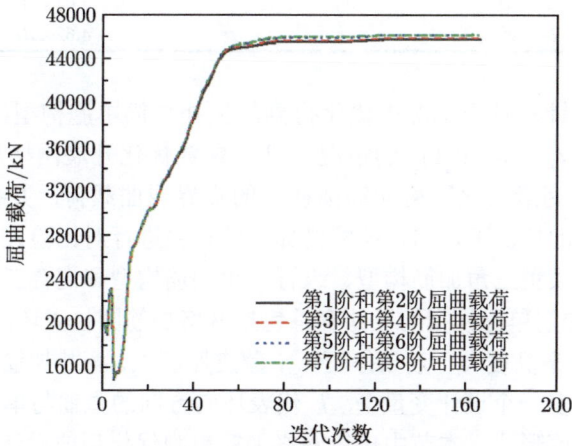

图 1.22　组合工况下的拓扑加筋单胞构型优化迭代曲线

圆柱壳的前 8 阶屈曲模态，表 1.6 给出了对应的屈曲载荷。优化结果表明本节提出的考虑稳定性的双尺度加筋拓扑优化框架适用于轴压工况和轴内压组合工况的网格加筋圆柱壳创新构型设计。

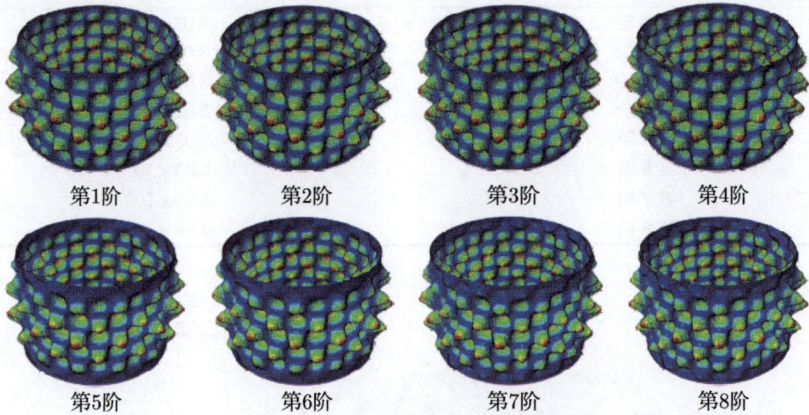

第1阶　　　　　第2阶　　　　　第3阶　　　　　第4阶

第5阶　　　　　第6阶　　　　　第7阶　　　　　第8阶

图 1.23　组合工况下优化后网格加筋圆柱壳的前 8 阶屈曲模态

表 1.6　组合工况下优化后网格加筋圆柱壳的前 8 阶屈曲载荷

阶次	屈曲载荷/kN
第 1 阶	4.58×10^4
第 2 阶	4.58×10^4
第 3 阶	4.58×10^4
第 4 阶	4.58×10^4
第 5 阶	4.62×10^4
第 6 阶	4.62×10^4
第 7 阶	4.62×10^4
第 8 阶	4.62×10^4

接下来本节针对轴压工况下优化得到的拓扑加筋单胞构型，参照文献 [37]，在质量约束 $W \leqslant 3647.0$ kg 的情况下基于参数优化开展网格加筋圆柱壳精细设计，优化目标为最大化网格加筋圆柱壳的临界屈曲载荷，并在保证约束条件和设计空间一致的情况下，与传统网格加筋圆柱壳进行对比验证，具体包括正置正交加筋构型、横置三角加筋构型、纵置三角加筋构型和混合三角加筋构型，如图 1.24 所示。加筋单胞构型的设计变量包括网格加筋圆柱壳环向单胞数 N_c，轴向单胞数 N_a，筋条高度 h_r，筋条厚度 h_s，蒙皮厚度 t_s。拓扑加筋单胞构型相比传统加筋单胞构型多一个设计变量 k，k 代表环向方向的直筋与单胞环向尺寸的比值，以确定其加筋形式。本节中传统网格加筋单胞优化后的设计变量由文献 [37] 给出，临界屈曲载荷通过精细有限元模型计算获得。

(a) 拓扑优化加筋构型

(b) 正置正交加筋构型

(c) 横置三角加筋构型

(d) 纵置三角加筋构型

(e) 混合三角加筋构型

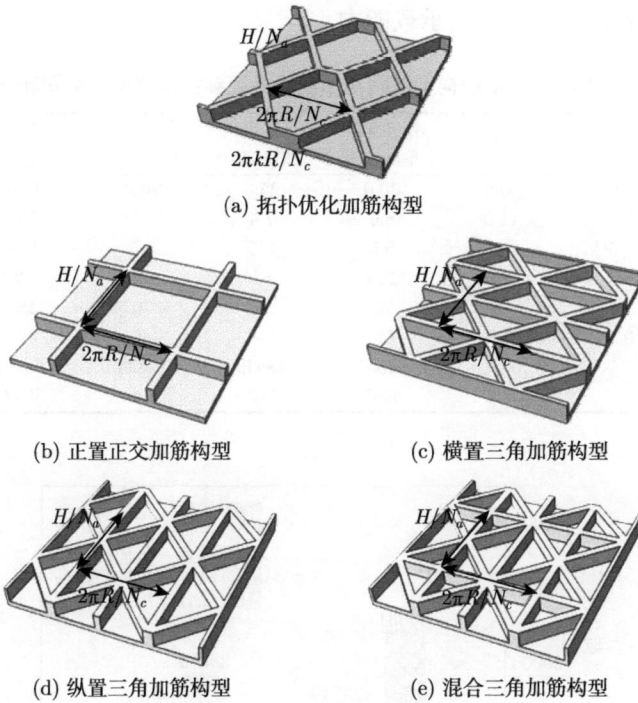

图 1.24   加筋单胞结构示意图

由于直接优化网格加筋圆柱壳的精细有限元模型耗时过长，本节采用代理模型优化方法进行拓扑加筋单胞构型的精细优化设计。首先，本节采用拉丁超立方方法在设计空间内采样 200 个样本点，基于径向基函数神经网络建立设计变量与结构整体质量和临界屈曲载荷关系的代理模型。在样本点内随机选择 30 个样本点，通过交叉验证的方式验证代理模型精度。质量和临界屈曲载荷代理模型的 R^2 估计值均为 0.92，满足精度需求。然后，考虑到代理模型单次计算效率高，采用多岛遗传算法开展全局寻优。其中关键参数设置如下：交叉率为 1.0，变异率为 0.05，迁徙率为 0.5，岛数为 5，每个岛的种群数为 50，进化代数为 30。在此基础上，基于序列二次规划算法开展进一步的精细优化设计，序列二次规划算法的最大迭代步数设置为 200。拓扑加筋单胞构型精细优化结果对应的设计变量如表 1.7 所示，临界屈曲载荷为 34531 kN。不同类型网格加筋圆柱壳临界屈曲载荷值如图 1.25 所示，对应的一阶屈曲模态如图 1.26 所示。相比传统的加筋单胞构型，拓扑加筋单胞构型的临界屈曲载荷提升明显，相比正置正交加筋构型提高了 46%，相比横置三角加筋构型提高了 74%，相比纵置三角加筋构型提高了 21%，相比混合三角加筋构型提高了 53%。综上，相较于在传统加筋构型基础上采用参数优化得到的精细设计，在拓扑加筋单胞构型基础上开展精细优化能够更进一步挖掘结构设计潜力，提升网格加筋圆柱壳的承载能力。

表 1.7　不同加筋单胞构型的网格加筋圆柱壳参数优化设计空间和优化解

	下限值	上限值	拓扑加筋单胞构型	正置正交加筋构型	横置三角加筋构型	纵置三角加筋构型	混合三角加筋构型
h_r/mm	8.0	30.0	30.0	25.3	20.9	19.6	15.2
t_r/mm	7.0	11.0	8.6	7.4	7.1	7.0	7.1
t_s/mm	5.5	6.5	5.5	5.5	5.5	5.6	5.5
N_a	80	100	100	85	100	82	91
N_c	20	30	20	21	20	29	20
k	0.2	0.8	0.3	—	—	—	—
P_{cr}/kN	—	—	34531	23649	19844	28379	22553
W/kg	—	3647	3647	3647	3644	3647	3641

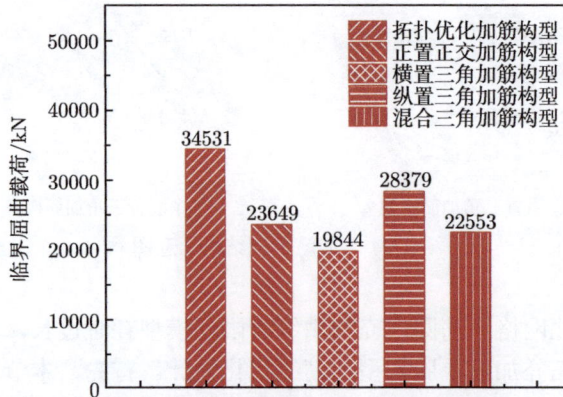

图 1.25　不同加筋单胞构型的网格加筋圆柱壳临界屈曲载荷对比

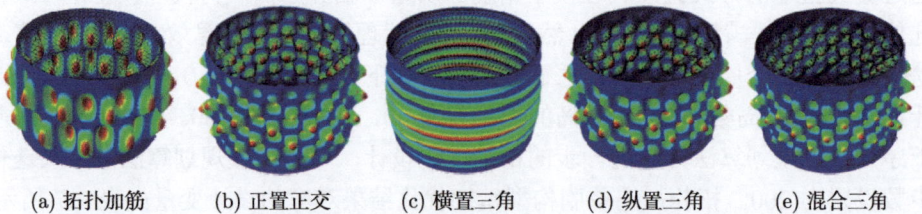

(a) 拓扑加筋　　(b) 正置正交　　(c) 横置三角　　(d) 纵置三角　　(e) 混合三角

图 1.26　不同加筋单胞构型的网格加筋圆柱壳的一阶屈曲模态对比

本节针对大直径网格加筋圆柱壳稳定性设计问题，通过连续体拓扑优化方法开展双尺度的网格加筋圆柱壳设计。首先，通过渐近均匀化方法计算加筋单胞的等效刚度系数，然后，采用有限元特征值屈曲分析方法计算等效后圆柱壳模型的临界屈曲载荷。其次，给出了双尺度加筋单胞构型设计的解析灵敏度详细推导过程。最后,搭建了考虑稳定性的双尺度网格加筋圆柱壳拓扑优化框架。本节考虑一个大直径网格加筋圆柱壳算例,分别获得了轴压工况和轴内压工况下的高承载拓扑优化加筋构型。在此基础上,本节针对轴压工况下得到的拓扑优化加筋构型基于参数优化开展了精细设计。参数优化结果表明,在相同的约束空间和设计空间下,本节提出的方法能够充分挖掘网格加筋圆柱壳的设计潜力,获得新颖的拓扑加筋单胞构型,且相比传统加筋单胞构型其承载能力大幅度提升。

1.4 复杂加筋壁板多层级拓扑优化设计方法

多层级结构是一类自然界常见的材料结构形式,其层级化的材料结构特点表现出高刚度、抗屈曲和抗缺陷等各种优异的力学性能 [40]。这种通过丰富材料的结构层级来增强其力学性能的方法,为工程薄壳的创新构型设计提供了新的设计思路 [38,39]。本节面向工程薄壳的高刚度和抗失稳设计需求,建立一种多层级加筋拓扑优化设计方法,可同时给出主层级筋条布局形式和次层级点阵单胞构型,构成层级化的加筋结构形式。通过不同层级的加筋设计来满足如整体承载和局部抗屈曲等不同层级的承载需求,可有效扩展优化设计空间,有助于充分挖掘结构承载潜力,获得轻质高承载的加筋壁板创新构型。

该多层级加筋拓扑优化设计方法主要基于多尺度设计思路 [41]:将整体结构优化称为"宏观设计",并在其中增加一组单元内的设计变量以表征材料属性,称为"微观设计"[图 1.27 (a)],即用一种"弱材料"替代实心材料,或先获取多种材料属性的整体布局,再通过逆均匀化设计对材料属性进行逆均匀化设计 [42],实现了格栅点阵的构型-布局协同设计 [43]。该思路的代表工作可以参考带惩罚的多孔各向异性材料法 (porous anisotropic material with penalty, PAMP) [44] 的涂层-点阵填充优化,利用逆均匀化方法获得了二维涂层点阵设计 [45] [图 1.27 (b)]。面向三维问题的差异化构型设计,Wang 等 [46] 提出了实体-格栅并发优化设计 [图 1.27 (c)],通过两步骤优化策略,实现了典型航天设备的加筋-微桁架布局设计,较传统单层级结构有极大性能提升。这些设计方法可以提供优异的结构设计潜力,但仍面临以下挑战:现有工作普遍处理平面或小规模问题,而受限于优化计算成本,对高自由度的三维问题适用性较差;现有工作主要采用单元尺度表述微结构,造成优化结果易约束于单元内,优化构型在微结构的设计变量尺度内变化,导致层级设计不显著;现有工作针对整体布局和微结构分别进行设计,人为干预性较强。

针对上述挑战,为建立一种适用于大规模模型的多层级加筋拓扑优化设计方法,需要解决现有研究难以进行主次层级加筋构型清晰表征并优化的问题,并突破三维问题下的多层级协同优化技术,从而实现加筋壁板多层级优化设计。

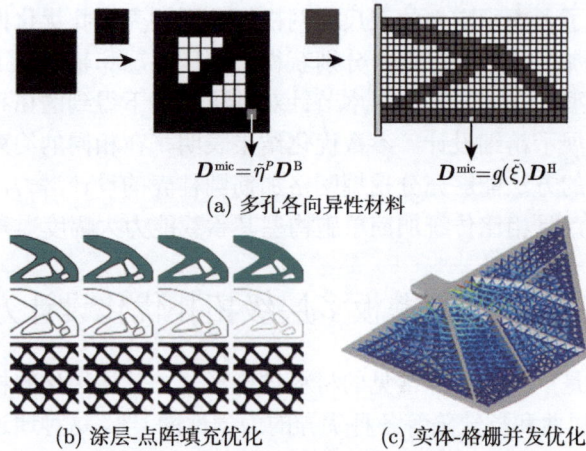

$$\boldsymbol{D}^{\mathrm{mic}}=\bar{\eta}^{P}\boldsymbol{D}^{\mathrm{B}} \qquad \boldsymbol{D}^{\mathrm{mic}}=g(\bar{\xi})\boldsymbol{D}^{\mathrm{H}}$$

(a) 多孔各向异性材料

(b) 涂层-点阵填充优化　　　　(c) 实体-格栅并发优化

图 1.27　多尺度协同设计方法

1.4.1　复杂加筋壁板多层级拓扑优化设计框架

为实现主层级加筋与次层级点阵的多层级优化，需要对两种结构形式的构型进行统一描述,建立二者间等效刚度传递关系,并在每一次迭代中同步开展两个层级的优化设计。本节建立的多层级加筋拓扑优化设计方法实施流程如下 (图 1.28)：第一步，同时构建主层级筋条和次层级点阵的有限元分析模型，并根据设计需求初始化两个层级的过滤和映射矩阵；第二步，初始化或更新不同层级的设计变量，对于次层级点阵模型，计算其等效刚度系数，并传递至主层级优化进程中，对于主层级模型，利用刚度和密度插值构建整体有限元分析模型；第三步，计算获得响应函数，同步获得响应函数对各层级设计变量的灵敏度，并将上述主、次层级分析结果代入优化求解器进行求解。重复上述优化过程直至满足收敛条件，最终获得多层级加筋壁板结构优化方案。

上述步骤的关键在于，需要对周期性次层级结构进行等效表征，避免大规模的次层级分析造成优化迭代耗时急剧倍增。此外，还需要对主、次层级设计域施加筋条几何约束，使优化结果呈现出清晰的加筋形式。

多层级加筋拓扑优化框架对主层级稀疏加筋和次层级点阵构型进行同时设计并优化迭代。其中，主层级模型包含主层级加筋和次层级模型等效获得的等效材料，二者通过插值确定最终的刚度和密度。基于该思想，优化列式表示如下：

$$\min_{\boldsymbol{\rho},\boldsymbol{x}}\quad f(\boldsymbol{\rho},\boldsymbol{x},\boldsymbol{D}_M)$$

$$\mathrm{s.t.}\quad h(\boldsymbol{\rho},\boldsymbol{x})\leqslant 0$$

$$v_m(\boldsymbol{\rho},\boldsymbol{x})\leqslant 0 \tag{1-47}$$

$$\boldsymbol{D}_M = \boldsymbol{D}_M(\boldsymbol{\rho}, \boldsymbol{D}_s^{\mathrm{H}}(\boldsymbol{x}))$$

$$\boldsymbol{\rho} \in \boldsymbol{\rho}_{ad}, \boldsymbol{x} \in \boldsymbol{x}_{ad}$$

式中，$\boldsymbol{\rho}$ 为插值前的主层级有限元模型单元的伪密度，$\boldsymbol{x}$ 为次层级点阵有限元模型单元的伪密度或几何模型的控制参数，$\boldsymbol{\rho}$ 和 $\boldsymbol{x}$ 分别代表主层级加筋和次层级点阵的设计变量，$\boldsymbol{\rho}_{ad}$ 和 $\boldsymbol{x}_{ad}$ 为其可行域。f 为目标函数，h 为约束函数，v_m 为体分比约束。$\boldsymbol{D}_M$ 为主层级加筋和次层级点阵插值获得的等效刚度，插值函数有多种表达形式，这里采用如下的刚度插值函数 [47]：

$$\boldsymbol{D}_M = \boldsymbol{P}(1 - g(\boldsymbol{\rho}))\boldsymbol{D}_s^{\mathrm{H}}(\boldsymbol{x}) + g(\boldsymbol{\rho})\boldsymbol{D}_m \tag{1-48}$$

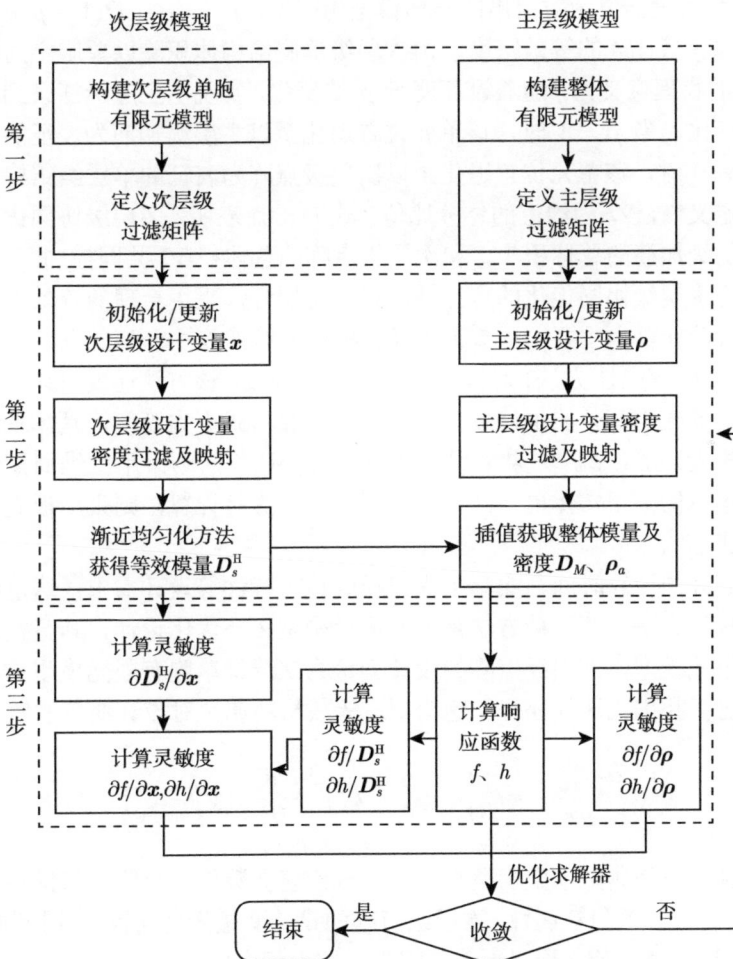

图 1.28 多层级加筋拓扑优化流程图

式中，D_m 为实体材料的刚度，$D_s^{\mathrm{H}}(x)$ 为次层级点阵的等效刚度，P 为次层级点阵的逻辑矩阵，当该单元位置存在次层级点阵结构时值为 1，否则为 0，$g(\rho)$ 为材料插值模型，这里选用多项式插值模型 [48] 为

$$g(\rho) = \alpha\rho^p + (1 - \alpha)\rho \tag{1-49}$$

式中，$\alpha = 15/16$ 为比例因子，$p = 3$ 为惩罚因子。

体分比约束 v_m 的表达式为

$$\int \rho_a(\rho, x)\mathrm{d}\Omega - V_f \int \mathrm{d}\Omega \leqslant 0 \tag{1-50}$$

式中，ρ_a 为密度插值函数得出的整体模型伪密度，$\rho_a = \rho + P(1 - \rho)\rho_s^{\mathrm{H}}$，$\rho_s^{\mathrm{H}}$ 为次层级单胞变量计算的等效密度，由次层级单胞结构体积除以单胞空间体积计算获得。ρ_a 的物理意义为，随着设计变量 ρ 的变化，实现从主层级筋条到次层级点阵的构型变化，当 $\rho = 1$ 时，该单元位置退化至以主层级加筋为表征的单层级结构；当 $\rho = 0$ 时，该单元位置退化至以次层级点阵为表征的单层级结构。Ω 为主层级单元定义域，V_f 为约束的体分比值。式 (1-50) 表明，多层级协同优化的体积约束由主层级加筋的总体积 V_m 和次层级点阵的总体积 V_s 共同控制。

为保证多层级协同优化的可行性和设计可用性，采用合理的等效手段将周期性点阵进行简化极为重要。本节采用《分析卷》第 3 章中介绍的渐近均匀化快速数值实现方法 (NIAH 方法) 对次层级点阵进行等效。该方法通过将均匀化计算中的单位应变场改为等效的位移场，使均匀化计算格式更为简便，具体求解步骤可参见《分析卷》3.3 节。如果采用实体单元进行计算，则采用三维周期性 NIAH 方法，后续算例采用实体单元。如果采用壳单元进行计算，则采用板壳的周期性 NIAH 方法 [49]。

根据容许的计算时间、实际工程建模制造可行性等设计需求，这里给出两种单胞结构设计方法。第一种方法是单胞概念构型拓扑优化设计，其直接建立完整的单胞有限元模型，次层级点阵的设计变量为次层级单胞有限元模型单元的伪密度，并通过拓扑优化迭代获得单胞构型。等效材料属性对设计变量的敏度为

$$\frac{\partial D_{s(ij)}^{\mathrm{H}}}{\partial x} = \frac{1}{|\Omega_s|} \left(\chi_i^0 - \zeta_i^0\right)^{\mathrm{T}} \frac{\partial K_s}{\partial x} \left(\chi_j^0 - \zeta_j^0\right) \tag{1-51}$$

第二种方法是典型单胞构型设计，通过构建参数化的单胞几何模型并进行有限元离散，获取等效材料属性，次层级点阵的设计变量为几何模型的控制参数。利用该方法，可以直接使次层级点阵表现为一些工程中常见的构型 (如三角形、六边形)。为获得参数化构型等效材料属性设计变量的敏度，如果采用差分法，则需要

在每次优化迭代中进行多次计算，计算成本远超出可接受范围。构建数值插值模型能够有效在优化迭代之前一次性完成所有计算，从而在后续迭代步骤中大幅减少该步骤计算时间[49]。本节介绍一种基于径向基插值函数 (radial basis function, RBF)[50] 的次层级单胞快速等效流程。径向基模型的表达式为

$$F_\phi = \sum_{i=1}^{N} \eta_i \phi(r) \tag{1-52}$$

式中，$\phi(r)$ 为基函数，$r = \|\boldsymbol{X} - \boldsymbol{X}_i\|$，$\eta_i$ 为权函数，RBF 模型对样本点基函数求解加权系数，并将其加权和作为拟合值。考虑到这类优化问题线性程度较高，选择简单的基函数均容易实现拟合，例如高斯分布函数：

$$\phi(r) = \mathrm{e}^{-cr^2} \tag{1-53}$$

式中 c 为基函数的控制参数。目标函数对变量的敏度可以根据表达式显式地计算。改变模型参数建立多个有限元模型，获得等效刚度中的所有独立变量，就可以构建多个独立变量对参数的径向基函数，并采用拟合精度评判标准对代理模型的精度进行评判。于部分工程构型，也可以参考其等效刚度解析表达式的研究[49]。为保证单胞的几何特征，在选取周期性结构的单胞形状时需要尽量选择其代表胞元，并且控制单胞尺寸，使其周期阵列与宏观整体结构的设计域相匹配。由于 NIAH 方法计算的周期性边界条件施加在单胞上，对单胞单元的数值处理均需要施加周期性条件。

变密度法拓扑优化需要通过过滤和映射方法处理棋盘格、灰度单元、网格依赖性等数值问题，多层级协同拓扑优化方法还需要处理薄壁结构中多层级加筋表征问题。基于偏微分方程的 Helmholtz 过滤方法由于不依赖单元邻域搜索，在大规模模型上表现出较大优势[51]，并可以通过修改其过滤半径，仅通过单元法向就可以实现大部分结构的加筋特征约束表征，具体如 1.5 节所示。

对于结构化网格，其单元编号规律简单可循，可以直接设置变量连接以实现加筋特征约束，该线性映射表示为

$$\boldsymbol{\rho}_e = \boldsymbol{L}\boldsymbol{\rho}_d \tag{1-54}$$

式中，$\boldsymbol{\rho}_e$ 为次层级单胞的伪密度，$\boldsymbol{\rho}_d$ 为设置了变量连接后优化问题的实际设计变量，$\boldsymbol{L}$ 为映射矩阵，该矩阵的构建方法为其第 i 列的第 j 行为 1，使第 j 个单元的密度等于第 i 个单元的密度。

为解决灰度单元的问题，采用如式 (1-55) 所示的 Heaviside 密度映射：

$$\boldsymbol{\rho}_f = \frac{\tanh(\beta\eta) + \tanh(\beta(\boldsymbol{\rho}_b - \eta))}{\tanh(\beta\eta) + \tanh(\beta(1-\eta))} \tag{1-55}$$

式中，β 为 Heaviside 阶跃函数的光滑参数，$\eta \in [0, 1]$ 表示阶跃点。

基于上述数值处理方法，任意响应函数对设计变量的灵敏度都按照链式法则进行修正。

1.4.2　考虑最小化柔顺性的多层级加筋壁板优化算例

本节以方形板为例，验证本方法在优化复合载荷条件下加筋壁板最小化柔顺度问题上的有效性，并与传统单层级加筋优化方法进行对比。如图 1.29 所示，方板板长 $a = 1000 \text{ mm}$，板厚 $t_s = 20 \text{ mm}$，主层级加筋筋高 $h_m = 280 \text{ mm}$，次层级点阵高度 $h_s = 130 \text{ mm}$。材料选用铝，弹性模量 $E = 71000 \text{ MPa}$，泊松比 $\nu = 0.3$。底面的四个顶点沿三个方向固定，使板处于简支状态，施加两个载荷，载荷 $N_1 = 10000 \text{ N}$ 为板中心垂直朝向面内的集中力，载荷 $N_2 = 1000 \text{ N}$ 为面内对边双向垂直的均布压力。模型采用 $100 \text{ mm} \times 100 \text{ mm} \times 11 \text{ mm}$ 的 8 节点六面体单元进行离散，其中板厚划分为 3 层单元，为不可设计域，主层级加筋设计域包含 8 层单元，次层级点阵包含设计域的下 4 层单元。主层级加筋沿板厚度方向设置变量连接约束条件，并对整体模型设置沿板边垂直平分线对称的变量连接约束。因此，主层级设计变量个数为 $100 \times 100/4 = 2500$。结构整体的体积约束设为 15%。优化算例通过移动渐近线方法 (MMA) 优化器求解，优化求解器设置为当最大变化小于 0.001 或迭代次数达到 320 次时停止，为了确保优化获得清晰的 0-1 结构，Heaviside 光滑参数 β 在优化进程中从 2 线性变化至 32，阶跃点 $\eta = 0.5$。

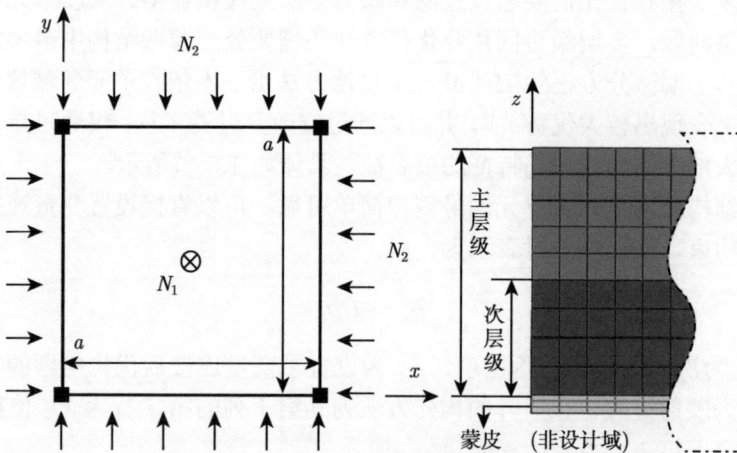

图 1.29　四边简支方板模型

本算例优化列式采用式 (1-47)，其中，目标函数 f 为结构柔顺性 C，其表

达式为

$$C = \boldsymbol{u}^{\mathrm{T}} \int_{\Omega} \boldsymbol{B}^{\mathrm{T}} \boldsymbol{D}_M \boldsymbol{B} \mathrm{d}\Omega \boldsymbol{u}$$
$$= \sum_k \boldsymbol{u}_k^{\mathrm{T}} \boldsymbol{K}_k \boldsymbol{u}_k \tag{1-56}$$

式中，$\boldsymbol{D}_M$ 为主层级加筋和次层级点阵插值获得的等效刚度，由设计变量 $\boldsymbol{\rho}$、$\boldsymbol{x}$ 决定，$\boldsymbol{K}_k$ 为整体模型单元刚度阵，$\boldsymbol{u}_k$ 为有限元求解的单元位移。多层级协同拓扑优化的敏度推导分为两部分：对主层级加筋设计变量的导数和对次层级点阵设计变量的导数。对于本问题，目标函数对主层级加筋的敏度推导与传统拓扑优化方法类似，即基于伴随法进行推导，其表达式为

$$\frac{\partial C}{\partial \rho_i} = -\sum_{k=1}^{M} \boldsymbol{u}_k^{\mathrm{T}} \frac{\partial \boldsymbol{K}_k}{\partial \rho_i} \boldsymbol{u}_k$$
$$= -\sum_{k=1}^{M} \boldsymbol{u}_k^{\mathrm{T}} \int_{\Omega_e} \boldsymbol{B}^{\mathrm{T}} g'(\boldsymbol{\rho}) (\boldsymbol{D}_m - P_k \boldsymbol{D}_s^{\mathrm{H}}) \boldsymbol{B} \mathrm{d}\Omega_e \boldsymbol{u}_k \tag{1-57}$$

式中，$g'(\boldsymbol{\rho})$ 为材料插值函数对宏观设计变量的敏度，对于选取的式 (1-49) 插值函数 $g'(\boldsymbol{\rho}) = p\alpha\rho(p-1) - \alpha$，在实际处理中，可以首先计算刚度相同单元的应变能，然后再将 $g'(\boldsymbol{\rho})$ 作为系数相乘以减少重复计算。

目标函数对次层级点阵等效材料的敏度表达式为

$$\frac{\partial C}{\partial D_{s(ij)}^{\mathrm{H}}} = -\sum_{k=1}^{M} \boldsymbol{u}_k^{\mathrm{T}} \frac{\partial \boldsymbol{K}_k}{\partial D_{s(ij)}^{\mathrm{H}}} \boldsymbol{u}_k$$
$$= -\sum_{k=1}^{M} P_k (1 - g(\boldsymbol{\rho})) \boldsymbol{u}_k^{\mathrm{T}} \int_{\Omega_e} \boldsymbol{B}^{\mathrm{T}} \frac{\partial \boldsymbol{D}_s^{\mathrm{H}}}{\partial D_{s(ij)}^{\mathrm{H}}} \boldsymbol{B} \mathrm{d}\Omega_e \boldsymbol{u}_k \tag{1-58}$$

由于等效刚度系数含 21 个独立变量，因此对每个单元需要计算 21 次，为提升计算效率，可以按照同样的方法减少重复计算，同时由于单元层级内每个计算之间没有耦合效应，可以采用并行计算技术加快求解效率。获取目标函数对次层级点阵单胞材料系数的灵敏度后，再根据链式法则就可以求得目标函数对微观设计变量的敏度。约束函数 h 为最大尺寸约束，通过控制半径内的总材料密度，使优化结果呈现为加筋形式，这里采用如下的表达形式 [52,53]：

$$\left(\sum_e \rho_e^{p_n}\right)^{1/p_n} - \left(\sum_e \gamma^{p_n}\right)^{1/p_n} \leqslant 0 \tag{1-59}$$

式中，p_n 为 p 范数参数，γ 为局部尺寸约束上限。

　　为充分显示多层级加筋拓扑优化设计方法的优势，并与传统单层级加筋优化方法进行对比，本节共开展三个优化设计，优化 1 为传统单层级优化，优化 2 为基于典型单胞构型设计的多层级协同优化，优化 3 为单胞概念构型拓扑优化设计的多层级协同优化。在实际处理上，三个优化问题的区别在于其次层级模型处理上的不同：优化 1 等价于多层级协同优化中直接令次层级刚度为 0；优化 2 采用正置正交的加筋形式，并利用前述方法进行等效。为准确描述材料的性能，提供大量不同尺寸的模型进行拟合，由于参数化建模和有限元分析的处理不进入优化迭代循环，因此对整体计算时间没有显著影响；优化 3 构建次层级单胞网格为 100×100×10，并沿厚度方向设置变量连接，因此次层级设计变量为 100×100＝10000 个。

　　优化结果如图 1.30 所示。为更清晰地展示优化结果，通过后处理将次层级点阵构型完整展示在整体模型上。三个优化结果的柔顺性依次为 2564.8J、2363.7J、

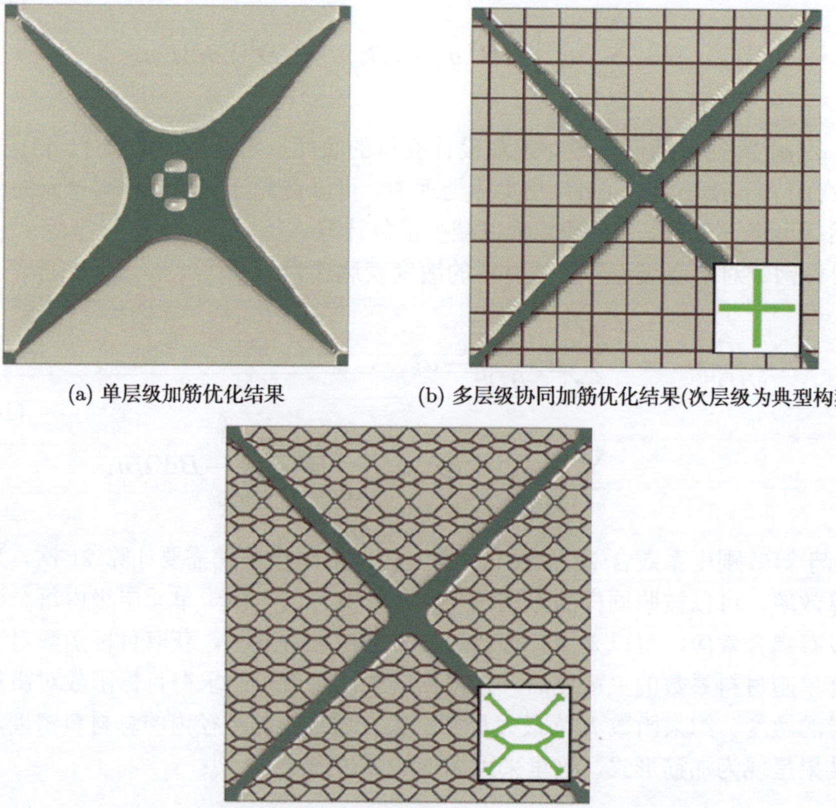

(a) 单层级加筋优化结果　　　　　　　(b) 多层级协同加筋优化结果(次层级为典型构型)

(c) 多层级协同加筋优化结果(次层级为拓扑构型)

图 1.30　方板拓扑优化结果

2355.3J。典型构型次层级点阵的多层级协同拓扑优化结果中，主层级加筋与次层级点阵的材料体积比例为 $V_M{:}V_S = 70.9\%{:}29.1\%$，拓扑构型次层级点阵的多层级协同拓扑优化结果中，主层级加筋与次层级点阵的材料体积比例为 $V_M{:}V_S = 70.8\%{:}29.2\%$。

将优化结果总结至图 1.31，结果显示，多层级协同优化获得了主层级稀疏加筋和次层级点阵的层级化结构形式，与单层级加筋优化的结构形式区别显著。多层级加筋拓扑优化设计方法刚度较单层级优化刚度有较大提升，两个多层级优化结果相对于单层级优化结果，柔顺性分别减小了 7.8% 和 8.2%。该结果表明，通过多层级协同拓扑优化方法，获得的多层级加筋构型结构刚度优于单层级加筋构型。

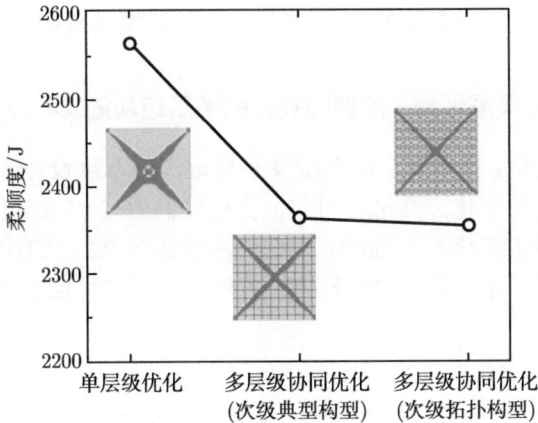

图 1.31　方板优化结果对比

为进一步讨论载荷边界对优化结果的影响，修改本算例的载荷大小，分别令 $N_1 = 0$ 或 $N_2 = 0$，开展两个新的优化算例。优化结果如图 1.32 所示。从图 1.32 可见，对于仅存在面外集中力 N_1 的载荷工况，最终的优化结果仅包含主层级稀疏加筋，呈现为斜十字形加筋形式，而次层级点阵体积约为零，这一结果与该问题的一般解 [54-56] 相同；而对于只有对边压力 N_2 的载荷工况，其结果仅包含次层级点阵构型，主层级筋条体积约为零，呈现为非均匀的正置正交构型。

上述结果表明，尽管多层级加筋结构形式拓展了加筋壁板的初始设计空间，但优化结果的层级化程度与载荷边界具有强相关性，单一载荷边界下的优化结果可能不呈现为多层级构型。具体而言，对于单一的集中载荷工况，优化结果往往呈现为稀疏的主层级加筋形式，且主层级筋条布局接近当前工况下的最优传力路径，从而实现结构整体柔顺性最小化；对于单一的均布载荷边界，优化结果往往呈现为密集的周期性加筋构型，均匀地增强结构整体刚度，从而抵抗均匀的载荷；对于兼具集中载荷与均布载荷的复杂载荷边界，此时优化结果呈现为多层级加筋构型，通过主层级筋条和次层级点阵的协同作用，获得更高刚度的优化结果。

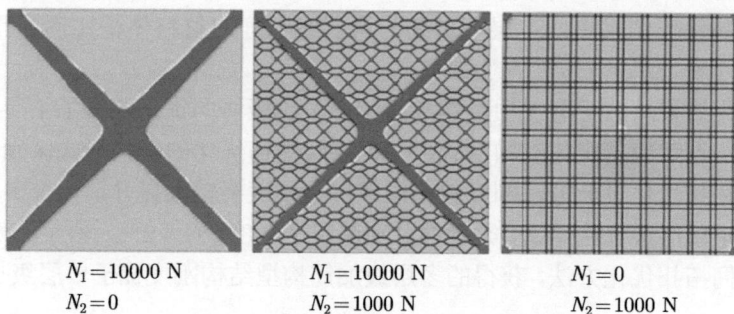

| $N_1 = 10000$ N | $N_1 = 10000$ N | $N_1 = 0$ |
| $N_2 = 0$ | $N_2 = 1000$ N | $N_2 = 1000$ N |

图 1.32　修改承载条件下的多层级优化结果

1.4.3　考虑最小化柔顺性和一阶屈曲载荷的多层级加筋圆柱壳优化算例

本节以曲壳为例，展示本方法在刚度和稳定性的双重设计需求下的优化效果。并与传统单层级加筋优化方法进行对比，优化算例通过 MMA 优化器求解，优化求解器设置为当最大变化小于 0.001 或迭代次数达到 320 次时停止，为了确保构成清晰的 0-1 结构，Heaviside 光滑参数 β 在优化进程中从 2 线性变化至 32，阶跃点 $\eta = 0.5$。

加筋曲壳几何模型如图 1.33 所示，为一个 1/6 圆柱壳，其直边长 $d = 500$ mm，外径 $r = 250$ mm，壳厚 $t_s = 2$ mm，筋高 $h_r = 8$ mm，次层级点阵的高度为主层级筋条的一半，材料选用钢，弹性模量 $E = 210$ GPa，泊松比 $\nu = 0.37$。曲壳两端约束垂直于曲壳方向的两个自由度，并施加朝向曲壳内的均匀轴压 $N = 800$ N。

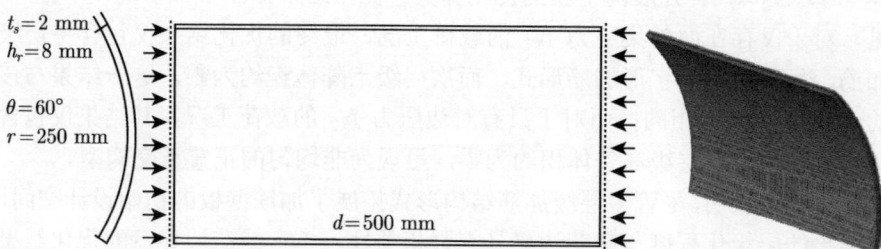

图 1.33　曲壳模型及设计域示意图

模型共划分 48384 个六面体单元，其中壳厚为 3 层单元。加筋约束采用前述的各向异性过滤方法生成加筋，设置加筋方向过滤半径 $r_n = 1500$。体分比约束为 30%，主层级设计变量为 48384 个。优化目标为在保证结构一阶线性临界失稳

系数大于 1 的前提下最小化结构柔顺性。对于该问题，需要对次层级等效材料的主方向进行设置，弹性矩阵的转换矩阵表达式为

$$D_s^{\mathrm{H}} = T_c^{\mathrm{T}} D_s^{\mathrm{H}'} T_c \tag{1-60}$$

式中，T_c 为坐标转换矩阵，$D_s^{\mathrm{H}'}$ 转换后的弹性矩阵。

本算例的优化列式采用式 (1-47)。其中，目标函数 f 为结构柔顺性 C，其表达式和敏度推导与 1.4.2 节相同。约束函数 h 为结构一阶线性临界失稳载荷，其计算及其敏度计算推导如下。一般而言，求解结构临界屈曲载荷的特征值问题可转化为求解其逆特征值问题：

$$-K_{\sigma M} \phi = \lambda K_M \phi \tag{1-61}$$

式中，$\lambda = 1/P_{\mathrm{cr}}$ 为临界载荷系数的倒数，ϕ 为特征向量，$K_{\sigma M}$ 为初应力矩阵 (几何刚度阵)，K_M 为结构刚度阵，二者均通过主层级加筋和次层级点阵刚度插值并组合。单元的初应力矩阵表示为

$$K_{\sigma M} = \int_{\Omega_e} G^{\mathrm{T}} S G \mathrm{d}\Omega_e \tag{1-62}$$

式中，G 为排序后的形函数微分项，S 为结构应力矩阵，可表达为

$$S = \begin{bmatrix} s & 0 & 0 \\ 0 & s & 0 \\ 0 & 0 & s \end{bmatrix}, \quad s = \begin{bmatrix} \sigma_x & \tau_{xy} & \tau_{xz} \\ \tau_{xy} & \sigma_y & \tau_{yz} \\ \tau_{xz} & \tau_{yz} & \sigma_z \end{bmatrix} \tag{1-63}$$

约束函数对主层级加筋变量的敏度对方程 (1-61) 求微分，并令特征向量 ϕ 满足正交归一化条件，整理得

$$\frac{\partial \lambda}{\partial x} = \phi^{\mathrm{T}} \left(-\frac{\mathrm{d}K_{\sigma M}}{\mathrm{d}x} - \lambda_j \frac{\mathrm{d}K_M}{\mathrm{d}x} \right) \phi \tag{1-64}$$

K_M 的相关计算见 1.4.2 节。$K_{\sigma M}$ 对任意设计变量的导数为

$$\frac{\mathrm{d}K_{\sigma M}}{\mathrm{d}x} = \frac{\partial K_{\sigma M}}{\partial x} + \frac{\partial K_{\sigma M}}{\partial u} \frac{\partial u}{\partial x} \tag{1-65}$$

为避免计算 $\partial u/\partial x$，利用伴随法计算如下：

$$\frac{\partial \lambda}{\partial x} = \phi^{\mathrm{T}} \left(-\frac{\partial K_{\sigma M}}{\partial x} - \lambda_j \frac{\partial K_M}{\partial x} \right) \phi + v^{\mathrm{T}} \frac{\mathrm{d}K_M}{\mathrm{d}x} u \tag{1-66}$$

式中伴随向量 $\boldsymbol{v}$ 根据以下伴随方程求解:

$$\boldsymbol{K}\boldsymbol{v} = \boldsymbol{\phi}^{\mathrm{T}}\frac{\partial \boldsymbol{K}_{\sigma M}}{\partial \boldsymbol{u}}\boldsymbol{\phi} \tag{1-67}$$

式中, $\boldsymbol{K}_{\sigma M}$ 的偏导数计算只需要计算其中结构应力矩阵 $\boldsymbol{S}$ 的偏导数, 关于其分项 s 的计算表达式为

$$\begin{aligned}
\frac{\partial s}{\partial \boldsymbol{u}} &= \boldsymbol{D}_M \boldsymbol{B} \boldsymbol{I} \\
\frac{\partial s}{\partial x} &= g'(\boldsymbol{\rho})(\boldsymbol{D}_m - \boldsymbol{D}_s^{\mathrm{H}})\boldsymbol{B}\boldsymbol{u} \\
\frac{\partial s}{\partial \boldsymbol{D}_{s(ij)}^{\mathrm{H}}} &= \boldsymbol{P}(1 - g(\boldsymbol{\rho}))\frac{\partial(\boldsymbol{D}_s^{\mathrm{H}})}{\partial \boldsymbol{D}_{s(ij)}^{\mathrm{H}}}\boldsymbol{B}\boldsymbol{u}
\end{aligned} \tag{1-68}$$

式中 $\boldsymbol{I}$ 为单位矩阵。对次层级单胞设计变量的敏度同样利用链式法则计算获得。

本节构建与 1.4.2 节相似的三个优化问题, 其中, 优化 2 采用正三角加筋形式, 并利用前述方法进行等效; 优化 3 构建次层级单胞网格为 $80 \times 80 \times 20$, 并沿厚度方向设置变量连接, 沿板边垂直平分线设置对称约束, 因此次层级设计变量为 $80 \times 80 \div 4 = 1600$ 个。

优化结果如图 1.34 所示, 三个优化结果的一阶失稳系数依次为 1.52、1.28、1.36, 满足稳定性约束, 三者的柔顺性依次为 506.88 kJ、432.19 kJ、372.08 kJ。典型构型次层级点阵的多层级协同优化结果中, 主层级加筋与次层级点阵的材料体积比例为 $V_M : V_S = 60.1\% : 39.9\%$, 拓扑构型次层级点阵的多层级协同优化结果中, 主层级加筋与次层级点阵的材料体积比例为 $V_M : V_S = 66.5\% : 33.5\%$。将优化结果总结至图 1.35, 并展示了三个优化结构的一阶失稳模态。结果显示, 两个多层级优化结果图 1.34(b) 与图 1.34(c) 相对于单层级优化结果图 1.34(a), 柔顺性分别减小了 14.7% 和 26.6%, 多层级协同优化的刚度相对于单层级优化有显著的提升。

本节算例的多层级加筋优化构型同样呈现出与单层级加筋优化的明显区别。在双重设计目标的复杂约束下, 单层级加筋结构为提升结构抗失稳能力, 将部分材料布置于非直接传力路径, 导致结构整体刚度下降, 而多层级加筋构型通过主次层级筋条共同作用, 在保证结构整体承载能力的同时, 同步增强薄壳整体和局部抗弯刚度, 改变结构失稳模态, 提升结构抗屈曲能力。上述算例中, 在相同的屈曲约束下, 拓扑点阵优化构型的结构承载力明显优于预设的正三角点阵优化构型, 前者的柔顺性降低程度是后者的 1.8 倍。这说明, 相比传统单层级加筋和典型次层级点阵的多层级加筋设计, 主层级筋条布局和次层级点阵构型的共同设计可给出更优的兼具刚度和抗屈曲承载能力的加筋壁板设计。

(a) 单层级加筋优化结果

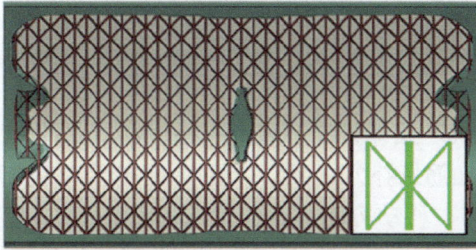

(b) 多层级协同加筋优化结果(次层级为典型构型)

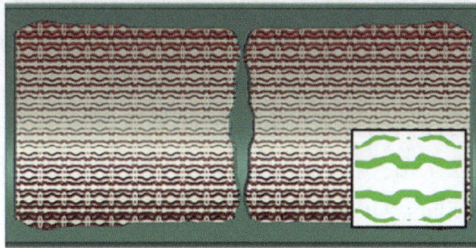

(c) 多层级协同加筋优化结果(次层级为拓扑构型)

图 1.34　曲壳优化结果

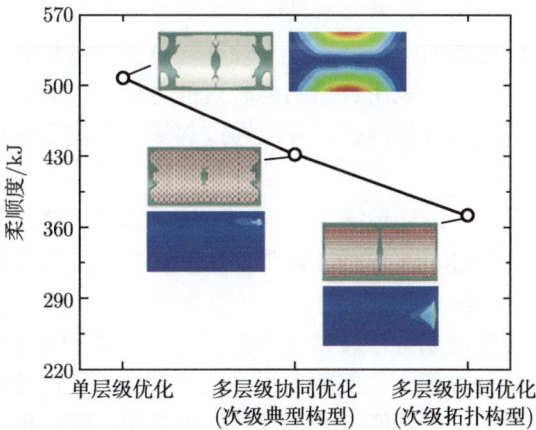

图 1.35　曲壳优化结果对比

综上所述，本节介绍的复杂加筋壁板多层级加筋拓扑优化设计方法，可同时获得优化的主层级稀疏加筋布局和次层级周期性点阵构型，有效扩展了薄壁结构加筋设计的初始设计域。通过层级化的筋条构型有针对性地承载不同类型的载荷，有利于提升加筋壁板在复杂载荷下的结构承载效率，为工程薄壳轻质高承载设计提供了更先进的结构优化手段。

1.5 考虑工艺可达要求的加筋拓扑优化设计方法

早期的加筋布局设计方法主要为变厚度法 [57-59]，即研究弹性板的最优厚度分布问题，这种方法也成功地应用于飞机部件的加强筋优化。另一种在工程中广泛应用的方法是对三维连续体设计域进行拓扑优化，通过施加挤压或者拔模这类工艺制造约束，得到加筋拓扑方案 [60]。同时，许多学者也开展了基于基结构 [61]、加筋自适应生长 [62,63]、移动可变形组件 [64] 等探索性的加筋布局优化方法研究。相对于最优厚度分布，基于三维连续体设计域的拓扑优化结果在结构分析模型上更加贴近真实设计结构，结构响应计算更为准确，因此更容易被工程设计人员所接受。本节将讨论基于三维连续体拓扑优化薄壁加筋结构的具体优化方法。另外，在拓扑优化的工业应用中，需要基于铣削、滚弯、挤压、铸造、锻造等多种制造工艺，抽象出一些共性的几何约束形式和其数学描述方法。为了获得典型的加筋结构特征，通常可以通过在拓扑优化过程中施加挤压约束来实现，其关键是沿挤压路径需保持相同的横截面。如图 1.36 (b) 和图 1.36(c) 所示，冲压和铣削工艺具有与挤压制造技术相似的结构特征，均在特定方向上都具有相同的横截面。因此，针对实际制造中采用挤压、冲压、铣削等工艺制造的加筋结构，都可以通过在拓扑优化中考虑挤压约束的方式生成典型加筋特征。拓扑优化中挤压约束可以通过变量映射方法 [60] 来实现，将单元密度映射到相对应的独立设计变量上，这种方法需要对用于拓扑优化的网格模型进行预处理。对于难以施加伪密度约束的非结构化网格有限元模型，可以采用背景网格映射的方法 [65] 来实现挤压约束，但在优化前需要事先定义映射背景网格，并应通过邻域搜索建立分析模型的单元与背景网格的映射关系。

针对现有方法存在的预处理操作烦琐、网格类型适用性差等挑战，本节提出一种基于各向异性 Helmholtz 过滤的新型挤压约束方法，来保证加筋拓扑优化结果的工艺可达性。Lazarov 等 [66] 提出了一种基于 Helmholtz 偏微分方程的过滤方法，该方法将传统的过滤方法转换成求解具有齐次诺伊曼 (Neumann) 边界条件的 Helmholtz 偏微分方程。传统的过滤方法需要搜索被过滤单元周围的邻域单元，随着过滤半径变大，邻域搜索的计算规模也变大，同时也需要耗费更多内存存储过滤范围内单元的权值信息。而对于 Helmholtz 密度过滤方法，计算规模并不随过滤半径变大而改变。另一方面对于大规模并行拓扑优化，Helmholtz 密度过滤方法避免了在并行分割网格区域后传统过滤方法无法跨区域过滤的问题。同时，Helmholtz 密度过滤仅需要调整部分参数，就能够快速实现各向异性过滤，因此非常适用于实现挤压约束。

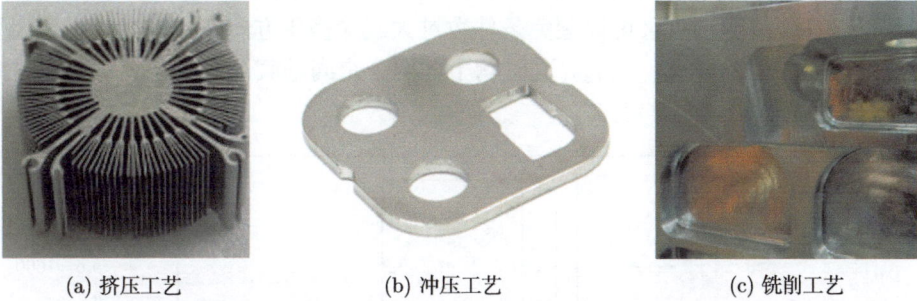

(a) 挤压工艺　　　　　　　(b) 冲压工艺　　　　　　　(c) 铣削工艺

图 1.36　挤压、冲压、铣削等工艺表现出相似的结构特征

1.5.1　考虑工艺可达要求的加筋拓扑优化设计框架

1. 基于各向异性过滤的挤压约束实现方法

本节采用 Helmholtz 各向异性过滤方法来实现挤压约束，保证加筋工艺可达性。根据 Lazarov 等 [66] 的工作，基于隐式 Helmholtz 偏微分方程的各向异性过滤方程可表达为

$$\nabla \cdot (-\boldsymbol{c}\nabla\bar{\rho}) + \bar{\rho} = \rho \ \text{on} \ \boldsymbol{\Omega}$$
$$-\boldsymbol{c}\nabla\bar{\rho} \cdot \boldsymbol{n} = 0 \ \text{on} \ \boldsymbol{\Gamma} \tag{1-69}$$

式中，ρ 是过滤前的密度场，$\bar{\rho}$ 是过滤后的密度场，$\boldsymbol{n}$ 是设计域边界 $\boldsymbol{\Gamma}$ 的法向量，$\boldsymbol{c}$ 是一个用以表征扩散效果的 3×3 的二阶正定张量。

首先，根据挤压方向定义一个欧氏空间，空间的三个基底分别为 v_n、v_{t1} 和 v_{t2}，其中 v_n 为挤压方向，三个基底向量互相正交。$\boldsymbol{c}$ 可以通过这三个方向的过滤半径 r_n、r_{t1}、r_{t2} 来定义：

$$\boldsymbol{c} = \boldsymbol{V} \begin{bmatrix} r_n^2 & & \\ & r_{t1}^2 & \\ & & r_{t2}^2 \end{bmatrix} \boldsymbol{V}^{\mathrm{T}}$$
$$\boldsymbol{V} = [v_n, v_{t1}, v_{t2}] \tag{1-70}$$

举例来说，对于给定的一维密度分布 ρ，在不同过滤半径下，Helmholtz 密度过滤后密度分布如图 1.37 所示。可以观察到，随着过滤半径增加，过滤后的密度分布趋于均匀。当过滤半径趋于无穷大时，过滤后密度等于过滤前密度的均值。在这种情况下，如果将沿挤压方向的过滤特征尺寸值设置得足够大，就可以实现挤压约束的特征，使过滤后密度沿挤压方向大致相等。需要注意的是，过大的过滤半径易导致求解 Helmholtz 方程过程中线性方程组的条件数变得过大而影响计算精度，因此建议将挤压方向的过滤半径设置为该方向的结构尺寸的数倍 (图 1.38)，这既可以实现挤压约束又可以避免条件数过大。除挤压方向外的过滤半径建议采用面内各向同性，即 $r_{t1} = r_{t2}$。此时剩下的两个空间基底 v_{t1}、v_{t2} 也可以通过向量 v_n 的零空间向量简单定义。

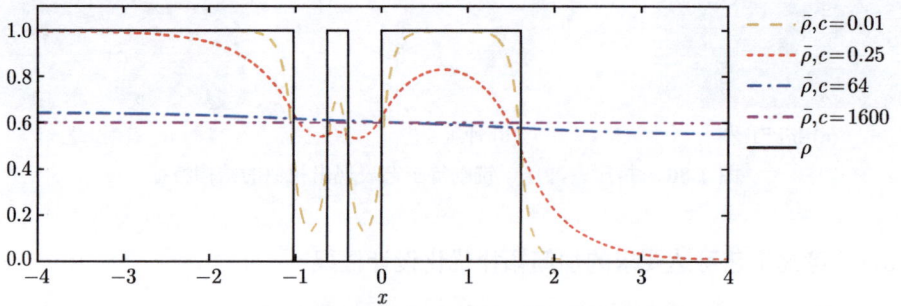

图 1.37　不同过滤半径下 Helmholtz 方程的过滤结果

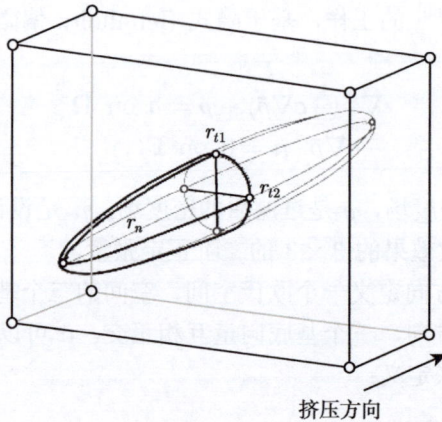

图 1.38　各向异性过滤和挤压约束示意图

采用有限元方法计算 Helmholtz 偏微分方程时需将式 (1-69) 变换为其弱形式：

$$\int \delta\bar{\rho}(\nabla \cdot (-\boldsymbol{c}\nabla\bar{\rho}) + \bar{\rho} - \rho)\mathrm{d}\Omega - \int \delta\bar{\rho}(-\boldsymbol{c}\nabla\bar{\rho} \cdot \boldsymbol{n})\mathrm{d}\Gamma = 0$$

$$\int (\nabla^{\mathrm{T}}\delta\bar{\rho}\boldsymbol{c}\nabla\bar{\rho} + \bar{\rho}\delta\bar{\rho})\mathrm{d}\Omega - \int \rho\delta\bar{\rho}\mathrm{d}\Omega = 0$$

(1-71)

在有限元方法中，任意一处的场变量可通过对节点变量进行形函数插值的方式计算，而所有密度变量在单元中是常量，因此需要建立节点变量与单元变量之间的变换关系。有限元离散后 Helmholtz 方程单元系数阵 $\boldsymbol{H}_e$ 和单元节点右端向量 $\boldsymbol{\rho}_e$ 可以表示为

$$
\begin{aligned}
\boldsymbol{H}_e &= \int \left((\nabla \boldsymbol{N})^{\mathrm{T}} \boldsymbol{c} (\nabla \boldsymbol{N}) + \boldsymbol{N}^{\mathrm{T}} \boldsymbol{N} \right) \mathrm{d}\Omega_e \\
\boldsymbol{\rho}_e &= \int \boldsymbol{N}^{\mathrm{T}} \rho \mathrm{d}\Omega_e
\end{aligned}
\tag{1-72}
$$

式中 $\boldsymbol{N}$ 是单元形函数。

Helmholtz 密度过滤可以通过下式计算：

$$
\overline{\boldsymbol{\rho}} = \boldsymbol{T}^* \boldsymbol{H}^{-1} \boldsymbol{T} \boldsymbol{\rho}
\tag{1-73}
$$

式中，$\boldsymbol{\rho}$ 是过滤前的密度向量，$\overline{\boldsymbol{\rho}}$ 是过滤后的单元密度向量。总系数阵 $\boldsymbol{H}$ 通过单元系数阵 $\boldsymbol{H}_e$ 组装，转换矩阵 $\boldsymbol{T}$、$\boldsymbol{T}^*$ 也分别通过 $\int \boldsymbol{N}^{\mathrm{T}} \mathrm{d}\Omega_e$、$\int \boldsymbol{N} \mathrm{d}\Omega_e / \int \mathrm{d}\Omega_e$ 组装。

2. 优化问题及敏度分析

为了获得特定体分比 V_f 下设计域内 Ω 最优材料分布，最小柔顺性目标下的拓扑优化列式为

$$
\begin{aligned}
\min_{\boldsymbol{\rho}} \quad & f = \boldsymbol{F}^{\mathrm{T}} \boldsymbol{U} \\
\text{s.t.} \quad & \boldsymbol{K}(\tilde{\boldsymbol{\rho}}) \boldsymbol{U} = \boldsymbol{F} \\
& \sum_e \tilde{\rho}_e v_e - V_f \sum_e v_e \leqslant 0 \\
& \boldsymbol{\rho} \in [0, 1]^N
\end{aligned}
\tag{1-74}
$$

式中，$\tilde{\boldsymbol{\rho}}$ 是单元物理密度向量，$\boldsymbol{K}$ 是总体刚度阵，通过物理密度向量 $\tilde{\boldsymbol{\rho}}$ 计算得到，$\boldsymbol{F}$ 为外载荷向量；$\boldsymbol{U}$ 为位移向量。

为了获得清晰的拓扑构型，物理密度 $\tilde{\boldsymbol{\rho}}$ 是过滤后的密度通过 HPM (Heaviside projection method) 得到，如下式所示：

$$
\tilde{\boldsymbol{\rho}} = \frac{\tanh(\beta\eta) + \tanh(\beta(\overline{\boldsymbol{\rho}} - \eta))}{\tanh(\beta\eta) + \tanh(\beta(1 - \eta))}
\tag{1-75}
$$

式中，β 和 η 是 HPM 的两个参数，β 是 Heaviside 阶跃函数的光滑参数，$\eta \in [0, 1]$ 表示阶跃点，这里取 $\eta = 0.5$。

1.5.2   球面框架优化算例

本算例通过一个球面框架的例子，验证提出的优化设计框架获得满足加筋工艺可达性要求创新构型的有效性。球面框架的设计域是半球厚壳，该壳相对于 xz 和 yz 平面对称，半球厚壳外径 R 为 500 mm，厚度 t_s 为 50 mm。为了减少计算时间，建立了球面框架的 1/4 有限元模型，如图 1.39 所示。分别在面 $ABEF$ 和 $CDFE$ 上施加对称边界条件，在 $ABEF$ 面上约束 x 方向位移，在 $CDFE$ 面上约束 y 方向位移。底部 $ABCD$ 面施加固支边界条件，约束全部三个方向自由度。并在球面框架的顶点 F 出施加向下单位载荷。材料杨氏模量为 $E = 70 \, \text{GPa}$，泊松比为 $\nu = 0.3$。

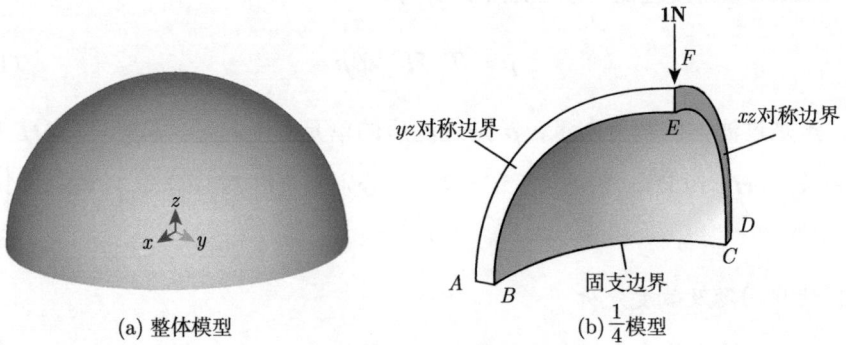

(a) 整体模型   (b) $\frac{1}{4}$模型

图 1.39   球面框架模型

本算例中挤压方向定义为 $v_n = (x, y, z)^{\mathrm{T}}/R$，其中 $R = \sqrt{x^2 + y^2 + z^2}$，即沿球面外法向。对于各向异性过滤，过滤半径为 $r_n^2 = 7500$，$r_{t1}^2 = r_{t2}^2 = 75$；对于各向同性过滤，过滤半径为 $r_n^2 = r_{t1}^2 = r_{t2}^2 = 75$。算例中采用了两种网格剖分形式，一种为规则剖分的六面体网格，另一种为自由剖分的四面体网格，如图 1.40(a) 和 (b) 所示。有限元模型网格分别包含 20905 个六面体单元和 134469 个四面体单元。对于两个优化设计，其体分比约束同样为 30%。对于变量映射方法，需要准备映射网格。为了实现沿球面外方向的挤压约束，这里选择球面 BCE 作为映射面，两个网格模型均采用六面体网格模型在 BCE 面上的四边形网格作为映射网格。由于球面的特殊性，可以通过单元形心到原点的夹角来确定映射关系，这里通过 Matlab 中的函数 knnsearch 和余弦距离进行聚类，获得映射矩阵 L。优化算例采用 MMA 优化器求解，HPM 的参数 β 每 30 次迭代乘 2，逐步从 2 变化到 64。

图 1.41 和图 1.42 给出了采用各向异性过滤在六面体结构化和四面体非结构化网格下球面框架的拓扑结果。图 1.43 给出了六面体结构化和四面体非结构化网

格下变量映射方法的拓扑结果。结果显示，与变量映射方法的优化结果相比，各向异性过滤同样实现了沿曲面法向的挤压约束效果。表 1.8 各个算例的目标函数值为 1.99×10^{-5} mJ(六面体结构化网格，各向异性过滤)，1.98×10^{-5} mJ(六面体结构化网格，各向同性过滤 + 变量映射)，1.57×10^{-5} mJ(四面体非结构化网格，各向异性过滤) 和 1.61×10^{-5} mJ(四面体非结构化网格，各向同性过滤 + 变量映射)。在结构化网格下，各向异性过滤与变量映射方法优化效果相近；而对于四面体非结构化网格模型，变量映射方法中的背景网格与非结构四面体网格不匹配，导致其优化结果较各向异性过滤结果稍差。各向异性过滤方法对于两套不同网格可以采用相同的过滤程序和参数设置，而变量映射方法需要针对各自有限元网格和映射网格事先分别计算映射矩阵。对于复杂网格或者复杂几何结构，需要花费

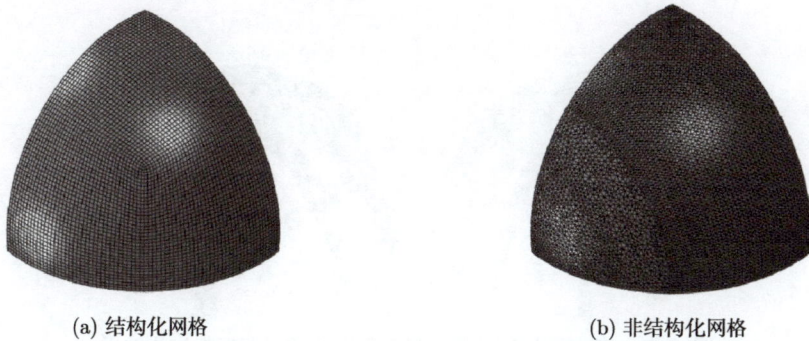

(a) 结构化网格　　　　　　　　　　　　　　(b) 非结构化网格

图 1.40　六面体结构化网格和四面体非结构化网格剖分下的球面框架网格

表 1.8　不同网格和过滤方法的拓扑优化目标函数值对比

拓扑优化挤压约束方法	六面体结构化网格各向异性过滤	四面体非结构化网格各向异性过滤	四面体非结构化网格各向同性过滤 + 变量映射	六面体结构化网格各向同性过滤 + 变量映射
目标函数值	1.99×10^{-5} mJ	1.57×10^{-5} mJ	1.61×10^{-5} mJ	1.98×10^{-5} mJ

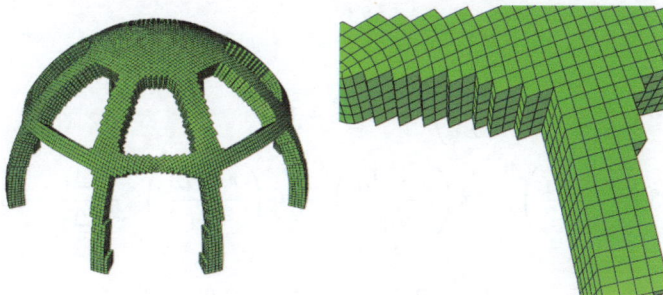

图 1.41　六面体网格球面框架各向异性过滤拓扑优化结果

更多人工精力建立背景网格，同时背景网格的选取也会影响最终优化结果。而各向异性过滤方法无须准备背景网格，这对于复杂曲面结构而言，大大减少了人工干预及额外模型处理时间。

图 1.42　四面体网格球面框架各向异性过滤拓扑优化结果

图 1.43　各向同性过滤及变量映射获得的球面框架拓扑结果

1.5.3　S 弯曲面加筋优化算例

S 弯曲面加筋构型广泛应用于发动机喷管结构，在隐身战斗机中起到防止雷达电磁波反射的作用，同时需要满足轻质高强度设计需求。喷管的基本外形可以通过一系列可变截面沿一条中心线曲线扫掠而成。横截面形状从入口处圆形截面逐渐变化到出口处的圆角矩形。如图 1.44(a) 所示，中心线型采用两段多项曲线构成线 [67]。

$$\begin{cases} \dfrac{y_1(x)}{\Delta_1} = 3\left(\dfrac{x}{L_1}\right)^4 - 4\left(\dfrac{x}{L_1}\right)^3, & 0 \leqslant x \leqslant L_1 \\ \dfrac{y_2(x)}{\Delta_2} = 3\left(\dfrac{x-L_1}{L_2}\right)^4 - 8\left(\dfrac{x-L_1}{L_2}\right)^3 + 6\left(\dfrac{x-L_1}{L_2}\right)^2 - \dfrac{\Delta_1}{\Delta_2}, & L_1 \leqslant x \leqslant L \end{cases}$$

$$(1\text{-}76)$$

式中，$L = 4170$ mm，$L_1/L_2 = 0.66$，$\Delta_1/L_1 = 0.28$，$\Delta_2/L_2 = 0.516$。

(a)

(b)

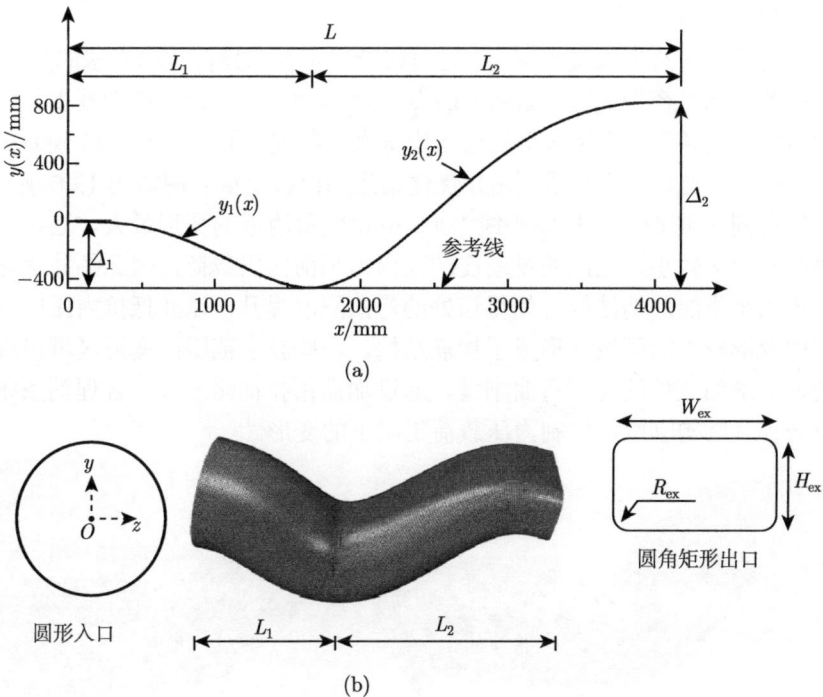

图 1.44 曲面的中心线和截面变量

如图 1.44(b) 所示，圆角矩形出口的宽度 $W_{\text{ex}} = 1500$ mm、高度 $H_{\text{ex}} = 620$ mm 和半径 $R_{\text{ex}} = 130$ mm。圆形入口的截面半径 $R_{\text{in}} = 716$ mm。采用连续变化的出口截面参数可以表征任意中心曲线坐标上的截面形状。这里定义 $\Delta H = H_{\text{ex}} - H_{\text{in}}$，$\Delta W = W_{\text{ex}} - W_{\text{in}}$ 和 $\Delta R = R_{\text{ex}} - R_{\text{in}}$。可变截面的宽度 $w(x)$、高度 $h(x)$ 和半径 $r(x)$ 的函数可以表示为

$$
\begin{aligned}
w(x) &= \Delta W \cdot \left[3(x/L)^2 - 2(x/L)^3\right] + W_{\text{in}} \\
h(x) &= \Delta H \cdot \left[3(x/L)^2 - 2(x/L)^3\right] + H_{\text{in}} \\
r(x) &= \Delta R \cdot \left[3(x/L)^2 - 2(x/L)^3\right] + R_{\text{in}}
\end{aligned}
\tag{1-77}
$$

通过上述表达式，可以获得每个可变截面的节点坐标，进而生成 S 弯曲面结构的有限元模型。同样根据这些参数方程，可以显式地计算出这个复杂曲壳上任意一点的法向作为加筋方向 v_n。S 弯曲面结构被剖分为 280896 个六面体单元，如图 1.44(b) 所示。将 S 弯曲面结构内层 3 mm 作为蒙皮，其在拓扑优化中作为不可设计域，材料体分比约束设置为 20%。材料为高温钛合金，其杨氏模量为 $E = 114$ GPa，泊松比为 $\nu = 0.31$。S 弯曲面结构的两端为固支边界条件，内侧施加

0.12 MPa 的均匀内压。

　　由于不容易生成背景网格，这里仅给出了各向异性过滤方法的加筋优化结果，采用的过滤半径为 $r_n^2 = 62500/3, r_{t1}^2 = r_{t2}^2 = 625/3$。通过施加基于各向异性过滤的挤压约束条件，优化获得的筋条均垂直于蒙皮曲面，如图 1.45 所示，表面优化结果满足工艺可达性要求。拓扑优化结果的位移变形云图如图 1.46 所示，从图中可以看到 S 弯曲面结构中心线 3000 mm 位置附近的变形最大，这是由于此处曲壳曲率变化较小，无法通过蒙皮的膜内力平衡内压载荷，因此拓扑优化结果出现了更为密集的加筋结构，使得该处的弯曲刚度提升，以此抵抗内压的变形。在云图中变形较大的区域均形成了加筋结构，一些较小范围的变形区域出现一些孤立的筋条增加该处的局部弯曲刚度，通过加筋拓扑优化形成了合理筋条布局，能够有效提升结构刚度，抑制内压载荷工况下的变形。

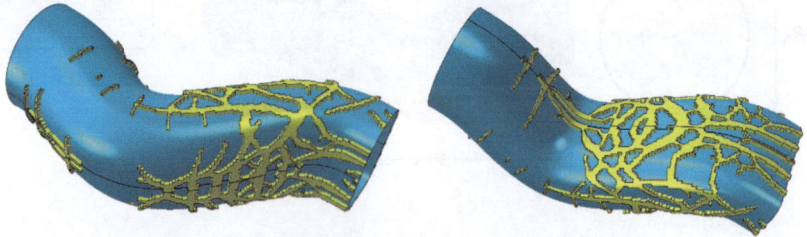

图 1.45　S 弯曲面结构各向异性过滤拓扑优化结果

图 1.46　S 弯曲面结构拓扑优化结果位移云图

参 考 文 献

[1] Cheng K T, Olhoff N. An investigation concerning optimal design of solid elastic plates[J]. International Journal of Solids and Structures, 1981, 17(3): 305-323.

[2] Zhou M, Fleury R, Shyy Y K, et al. Progress in topology optimization with manufacturing constraints[C]//9th AIAA/ISSMO Symposium on Multidisciplinary Analysis and Optimization. American Institute of Aeronautics and Astronautics, 2002.

[3]   Gersborg A R, Andreasen C S. An explicit parameterization for casting constraints in
      gradient driven topology optimization[J]. Structural and Multidisciplinary Optimiza-
      tion, 2011, 44(6): 875-881.

[4]   Zhu J H, Gu X J, Zhang W H, et al. Structural design of aircraft skin stretch-forming
      die using topology optimization[J]. Journal of Computational and Applied Mathematics,
      2013, 246: 278-288.

[5]   Lazarov B S, Wang F. Maximum length scale in density based topology optimization[J].
      Computer Methods in Applied Mechanics and Engineering, 2017, 318: 826-844.

[6]   Liu S T, Li Q H, Chen W J, et al. H-DGTP—a Heaviside-function based directional
      growth topology parameterization for design optimization of stiffener layout and height
      of thin-walled structures[J]. Structural and Multidisciplinary Optimization, 2015, 52(5):
      903-913.

[7]   李取浩. 考虑连通性与结构特征约束的增材制造结构拓扑优化方法 [D]. 大连. 大连理工大
      学, 2017.

[8]   Aage N , Andreassen E , Lazarov B S , et al. Giga-voxel computational morphogenesis
      for structural design[J]. Nature, 2017, 550(7674): 84-86.

[9]   Wang B, Zhou Y, Tian K, et al. Novel implementation of extrusion constraint in
      topology optimization by Helmholtz-type anisotropic filter[J]. Structural and Multidis-
      ciplinary Optimization, 2020.

[10] Oberndorfer J M, Achtziger W, Hörnlein H R E M. Two approaches for truss topology
      optimization: a comparison for practical use[J]. Structural Optimization, 1996, 11(3):
      137-144.

[11] Sun Y, Zhou Y, Ke Z, et al. Stiffener layout optimization framework by isogeometric
      analysis-based stiffness spreading method[J]. Computer Methods in Applied Mechanics
      and Engineering, 2022, 390: 114348.

[12] 丁晓红, 李国杰, 蔡戈坚, 等. 薄板结构的加强筋自适应成长设计法 [J]. 中国机械工程,
      2005, (12): 1057-1060.

[13] Krog L, Tucker A, Rollema G, et al. Application of topology, sizing and shape op-
      timization methods to optimal design of aircraft components[C]//Proceedings of 3rd
      Altair UK HyperWorks Users Conference, 2002.

[14] Zhu J, Zhang W, Yu L. Topology optimization with shape preserving design[C]//Cam-
      bridge: 5th International Conference on Computational Methods, 2014.

[15] Zhang J, Wang B, Niu F, et al. Design optimization of connection section for concentrated force diffusion[J]. Mechanics Based Design of Structures and Machines, Taylor & Francis, 2015, 43(2): 209-231.

[16] Kapania R, Li J, Kapoor H. Optimal design of unitized panels with curvilinear stiffeners[C]// Arlington, Virginia: AIAA 5th ATIO and 16th Lighter-Than-Air Sys. Tech. and Balloon Systems Conferences. American Institute of Aeronautics and Astronautics, 2005.

[17] Lopes C S, Camanho P P, Gurdal Z, et al. Progressive damage analysis of tow-steered composite panels in postbuckling[C]//16th International Conference on Composite Materials (ICCM16), 2007.

[18] Bojczuk D, Szteleblak W. Optimization of layout and shape of stiffeners in 2D structures[J]. Computers & Structures, 2008, 86(13): 1436-1446.

[19] Hao P, Wang B, Tian K, et al. Efficient optimization of cylindrical stiffened shells with reinforced cutouts by curvilinear stiffeners[J]. AIAA Journal, 2016, 54(4): 1350-1363.

[20] Hirschler T, Bouclier R, Duval A, et al. The embedded isogeometric Kirchhoff–Love shell: From design to shape optimization of non-conforming stiffened multipatch structures[J]. Computer Methods in Applied Mechanics and Engineering, 2019, 349: 774-797.

[21] Wang D, Abdalla M M, Zhang W. Sensitivity analysis for optimization design of non-uniform curved grid-stiffened composite (NCGC) structures[J]. Composite Structures, 2018, 193: 224-236.

[22] Zhao W, Kapania R K. Buckling analysis of unitized curvilinearly stiffened composite panels[J]. Composite Structures, 2016, 135: 365-382.

[23] Liu D, Hao P, Zhang K, et al. On the integrated design of curvilinearly grid-stiffened panel with non-uniform distribution and variable stiffener profile[J]. Materials & Design, 2020, 190: 108556.

[24] Hao P, Liu D, Zhang K, et al. Intelligent layout design of curvilinearly stiffened panels via deep learning-based method[J]. Materials & Design, 2021, 197: 109180.

[25] Wang D, Abdalla M M, Wang Z P, et al. Streamline stiffener path optimization (SSPO) for embedded stiffener layout design of non-uniform curved grid-stiffened composite (NCGC) structures[J]. Computer Methods in Applied Mechanics and Engineering, 2019, 344: 1021-1050.

[26] Wang D, Yeo S Y, Su Z, et al. Data-driven streamline stiffener path optimization

(SSPO) for sparse stiffener layout design of non-uniform curved grid-stiffened composite (NCGC) structures[J]. Computer Methods in Applied Mechanics and Engineering, 2020, 365: 113001.

[27] Liu Y, Shimoda M. Non-parametric shape optimization method for natural vibration design of stiffened shells[J]. Computers & Structures, 2015, 146: 20-31.

[28] Slemp W C H, Bird R K, Kapania R K, et al. Design, optimization, and evaluation of integrally stiffened Al-7050 panel with curved stiffeners[J]. Journal of Aircraft, 2011, 48(4): 1163-1175.

[29] Cheng G D, Cai Y W, Xu L. Novel implementation of homogenization method to predict effective properties of periodic materials[J]. Acta Mechanica Sinica, 2013, 29(4): 550-556.

[30] Cai Y W, Xu L, Cheng G D. Novel numerical implementation of asymptotic homogenization method for periodic plate structures[J]. International Journal of Solids & Structures, 2014, 51(1): 284-292.

[31] Yan J, Cheng G, Liu L. A Uniform optimum material based model for concurrent optimization of thermoelastic structures and materials[J]. Int. J. Simul. Multidisci. Des. Optim., 2008, 2(4): 259-266.

[32] Batoz J L, Tahar M B. Evaluation of a new quadrilateral thin plate bending element[J]. International Journal for Numerical Methods in Engineering, 1982, 18(11): 1655-1677.

[33] Seyranian A P, Lund E, Olhoff N. Multiple eigenvalues in structural optimization problems[J]. Structural Optimization, 1994, 8(4): 207-227.

[34] Krog L A, Olhoff N. Optimum topology and reinforcement design of disk and plate structures with multiple stiffness and eigenfrequency objectives[J]. Computers & Structures, 1999, 72(4-5): 535-563.

[35] Svanberg K. A class of globally convergent optimization methods based on conservative convex separable approximations[J]. SIAM journal on optimization, 2002, 12(2): 555-573.

[36] Guest J K, Prevost J. Design of maximum permeability material structures[J]. Computer Methods in Applied Mechanics and Engineering, 2007, 196(4): 1006-1017.

[37] 王博, 田阔, 郑岩冰, 等. 超大直径网格加筋筒壳快速屈曲分析方法 [J]. 航空学报, 2017(2): 220379.

[38] 王博, 郝鹏, 田阔. 加筋薄壳结构分析与优化设计研究进展 [J]. 计算力学学报, 2019, 36(01):

1-12.

[39] 全栋梁，时光辉，关成启，等. 结构优化技术在高速飞行器上的应用与面临的挑战 [J]. 力学与实践, 2019, 41(04): 373-381.

[40] Fratzl P, Weinkamer R. Nature's hierarchical materials[J]. Progress in Materials Science, 2007, 52(8): 1263-1334.

[41] Wu J, Sigmund O, Groen J P. Topology optimization of multi-scale structures: A review[J]. Structural and Multidisciplinary Optimization, 2021, 63(3): 1455-1480.

[42] Rodrigues H, Guedes J M, Bendsoe M P. Hierarchical optimization of material and structure[J]. Structural and Multidisciplinary Optimization, 2002, 24(1): 1-10.

[43] 易斯男. 基于均匀化的周期性梁板结构降阶及拓扑优化 [D]. 大连：大连理工大学, 2015.

[44] 刘岭，阎军，程耿东. 考虑均一微结构的结构/材料两级协同优化 [J]. 计算力学学报, 2008, (01): 29-34.

[45] Wadbro E, Niu B. Multiscale design for additive manufactured structures with solid coating and periodic infill pattern[J]. Computer Methods in Applied Mechanics and Engineering, 2019, 357: 112605.

[46] Wang C, Zhu J, Wu M, et al. Multi-scale design and optimization for solid-lattice hybrid structures and their application to aerospace vehicle components[J]. Chinese Journal of Aeronautics, 2021, 34(5): 386-398.

[47] Sigmund O. Design of multiphysics actuators using topology optimization – Part II: Two-material structures[J]. Computer Methods in Applied Mechanics and Engineering, 2001, 190(49): 6605-6627.

[48] Zhu J, Zhang W, Beckers P. Integrated layout design of multi-component system[J]. International Journal for Numerical Methods in Engineering, 2009, 78(6): 631-651.

[49] Wang C, Gu X, Zhu J, et al. Concurrent design of hierarchical structures with three-dimensional parameterized lattice microstructures for additive manufacturing[J]. Structural and Multidisciplinary Optimization, 2020, 61(3): 869-894.

[50] 艾依斯，张爱莲，吴义忠. 一种改进的 RBF 全局优化方法 [J]. 计算机工程与应用, 2012, 48(15): 43-48.

[51] Lazarov B S, Sigmund O. Filters in topology optimization based on Helmholtz-type differential equations[J]. International Journal for Numerical Methods in Engineering, 2011, 86(6): 765-781.

[52] Guest J K, Préost J H, Belytschko T. Achieving minimum length scale in topology opti-
      mization using nodal design variables and projection functions[J]. International Journal
      for Numerical Methods in Engineering, 2004, 61(2): 238-254.

[53] Guest J K. Imposing maximum length scale in topology optimization[J]. Structural and
      Multidisciplinary Optimization, 2009, 37(5): 463-473.

[54] 崔荣华. 基于拓扑优化框架的薄板加强筋布局优化 [D]. 大连：大连理工大学, 2019.

[55] 钟焕杰. 薄壁加筋结构的拓扑优化方法研究 [D]. 南京：南京航空航天大学, 2015.

[56] 董小虎，丁晓红. 基于自适应成长法的周期性加筋结构拓扑优化设计方法 [J]. 中国机械工
      程, 2018, 29(17): 2045-2051.

[57] Gea H C, Luo J H. Automated optimal stiffener pattern design[J]. Mechanics of Struc-
      tures and Machines, 1999, 27(3): 275-292.

[58] Ansola R, Canales J, Tarrago J A, et al. Combined shape and reinforcement layout
      optimization of shell structures[J]. Structural and Multidisciplinary Optimization, 2004,
      27(4): 219-227.

[59] Lam Y C, Santhikumar S. Automated rib location and optimization for plate struc-
      tures[J]. Structural and Multidisciplinary Optimization, 2003, 25(1): 35-45.

[60] Zhou M, Fleury R, Shyy Y K, et al. Progress in topology optimization with manufac-
      turing constraints[C]//9th AIAA/ISSMO Symposium on Multidisciplinary Analysis &
      Optimization, 2002.

[61] 刘书田，胡瑞，周平，等. 基于筋板式基结构的大口径空间反射镜构型设计的拓扑优化方法
      [J]. 光学精密工程, 2013, 21(7): 1803-1810.

[62] Ding X, Yamazaki K. Stiffener layout design for plate structures by growing and branch-
      ing tree model (application to vibration-proof design)[J]. Structural and Multidisci-
      plinary Optimization, 2004, 26(1-2): 99-110.

[63] Ding X, Yamazaki K. Adaptive growth technique of stiffener layout pattern for plate
      and shell structures to achieve minimum compliance[J]. Engineering Optimization, 2005,
      37(3): 259-276.

[64] Zhang W S, Yuan J, Zhang J, et al. A new topology optimization approach based on
      Moving Morphable Components (MMC) and the ersatz material model[J]. Structural
      and Multidisciplinary Optimization, 2016, 53(6): 1243-1260.

[65] 张卫红，章胜冬，高彤. 薄壁结构的加筋布局优化设计 [J]. 航空学报, 2009, 030(011):
      2126-2131.

[66] Lazarov B S, Wang F. Maximum length scale in density based topology optimization[J]. Computer Methods in Applied Mechanics and Engineering, 2017: 826-844.

[67] Lee C, Boedicker C. Subsonic diffuser design and performance for advanced fighter aircraft[C]//Aircraft Design Systems and Operations Meeting, 1985.

第 2 章　基于代理模型的工程薄壳结构优化方法

2.1　引　　言

工程薄壳结构的优化设计往往需要调用多次数值分析来进行迭代计算。伴随工程薄壳结构大型化、复杂化等发展趋势，单次分析耗时较长，导致大规模迭代的优化设计的计算成本激增，难以满足结构快速设计需求。随着计算机科学的进步，应用代理模型技术 (Surrogate Model 或 Metamodel) 可以通过函数近似描述的方式，代替设计过程中高耗时数值分析，大幅提高设计效率。目前常用的代理模型近似技术包括克里金模型 (Kriging)、响应面模型 (response surface methodology, RSM)、径向基函数模型 (radial basis functions, RBF)、支持向量模型 (support vector regression, SVR)、高斯过程模型 (Gauss process, GP)、神经网络模型 (neural network, NN) 等。近年来，针对代理模型技术的研究工作逐年增加，引起了学者们的广泛研究兴趣，高精度建模与自适应加点更新进化准则等成为了热点研究方向。

图 2.1 展示了典型的代理模型优化流程图。首先，采用实验设计方法在设计空间内进行采样，生成初始样本点集，开展精细分析计算样本点的响应值；然后，基于近似方法构建代理模型，包括 Kriging、RBF 等模型；进而，基于构建好的代理模型，采用优化搜索算法开展优化设计，直至优化收敛；其后，针对优化结果开展精细分析，评估代理模型预测结果精度。若满足精度要求，则优化结束；若不满足，则把精细分析结果加入样本点集进行更新，并重新开展优化设计，直至满足精度需求；最后，优化结束，输出优化结果。

工程薄壳结构设计向着不断精细化的方向发展，导致单次稳定性数值分析耗时激增，同时需要考虑大量的设计变量，导致产生高维问题，而问题维度的增加使得问题的模拟和优化难度成倍增加。设计变量数目的增加，一方面使得代理模型精度急剧下降，构建代理模型所需要的样本数急剧增加，对采样方法的采样效率提出了巨大的挑战；另一方面优化搜索方法的效率和质量也随之变差，甚至造成优化搜索无法进行。因此，亟须针对工程薄壳结构优化设计发展高效高精度代理模型优化技术。

下面将围绕代理模型优化方法进行介绍，涵盖了作者多年来处理工程薄壳问题的研究成果及方法总结。2.2 节 ~2.4 节将详细介绍代理模型方法的抽样、近似、更新准则；2.5 节将介绍高效优化搜索算法；最后 2.6 节将详细介绍代理模型方法处理几种典型工程薄壳优化设计问题的计算流程与应用效果。

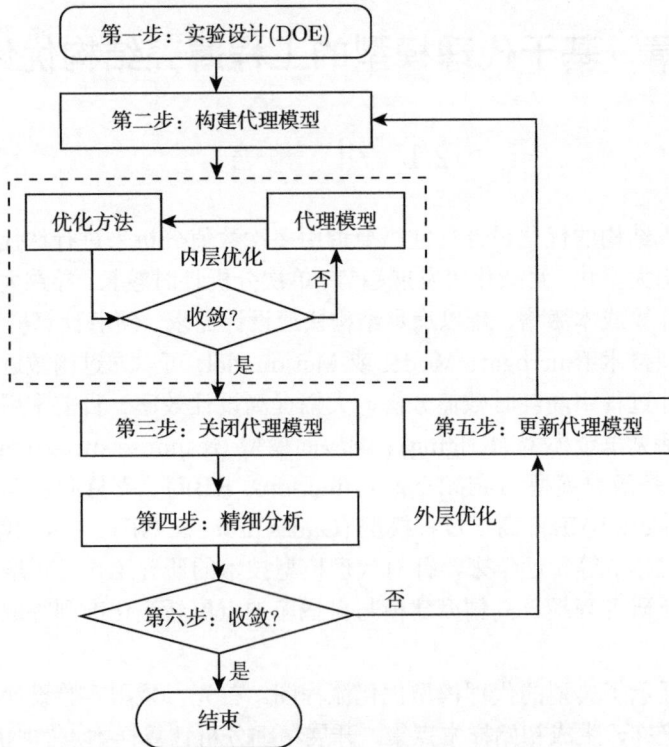

第一步：实验设计(DOE)

第二步：构建代理模型

优化方法 ← 代理模型

内层优化

收敛？　否　是

第三步：关闭代理模型　　第五步：更新代理模型

第四步：精细分析　　外层优化

第六步：收敛？　否

是

结束

图 2.1　典型代理模型优化方法流程图

2.2　实验设计方法

作为构建代理模型的基础，实验设计是在没有先验知识的情况下研究如何高效合理地开展试验以及如何有效地分析处理实验设计结果的技术。实验设计中的样本数量和质量直接影响到代理模型对真实解的逼近程度：样本数量过少或不具代表性，便不能反映出代理模型与真实解间的映射规律；而如果样本数量过多，则又会使模型进入过拟合状态，甚至无法建立正确的映射关系。

实验设计主要分为两大类 [1]：传统实验设计和现代实验设计。传统实验设计主要用于设计仪器实验，并考虑到如何减小实验随机误差的影响。现代实验设计主要采用 "空间填充" 的思想，目前被广泛运用于代理模型初始采样过程中，其中以拉丁超立方和均匀设计方法最为流行。此外，针对研究问题本身的特点，可以开发相应的改进实验设计方法。本节重点介绍了当前代理模型研究领域中较为常用的几种实验设计方法，并针对工程优化问题特性介绍了自适应抽样方法与竞争性抽样方法，总结了它们的优缺点，为实验设计方法的选取提供参考和依据。

2.2.1　经典抽样方法

目前代理模型中常见的实验设计方法包括：全因子设计 (full factorial design, FFD)、均匀抽样 (uniform design, UD)、正交实验抽样 (orthogonal array, OA)、拉丁超立方抽样 (latin hypercube sampling, LHS)、最优拉丁超立方抽样 (optimal LHS, OLHS) 等。不同实验设计方法得到的样本分布不同，导致初始代理模型精度不同。此外，即便是同种实验设计方法，两次抽样得到的样本也不一定重合。由于采样所带来的随机性会造成每次代理模型建模精度不同，Forrester 等 [2] 讨论了样本点对代理模型的影响。对于传统代理模型，初始模型的精度决定了后期优化的成败，因此需要在初始抽样上投入更多计算成本，即初始样本与后期增加样本的比例要在 2:1 以上。而对于 Kriging 代理模型，由于该模型具有更好的全局拟合效果，因此在初始建模阶段只需要少量的样本，可以把大部分计算量投入在后期优化中，一般来说初始样本与后期增加样本控制在 1:2 效果较好 [3]。

(1) FFD 法将所有可能的因素水平组合都取作样本点。假设有 d 个设计变量，每个设计变量选取个数为 $n_i(i = 1, 2, \cdots, d)$，则样本总数为 $N = \prod\limits_{i=1}^{d} n_i$。可以看出，FFD 法仅适用于实验因素和水平较低的实验设计中。

(2) OA 法 (也称为正交设计，orthogonal design)，是根据正交性从全面实验设计中挑选部分具有代表性的样本点进行实验的多实验水平、多实验因素的设计方法。日本统计学家田口玄一将正交实验表格化，即为正交表，可记为 $L_N(n^d)$。其中，N 是实验设计总次数 (表行数)，d 是设计变量的数量 (表列数)，n 是每个实验因素的水平数。OA 法可以用较少的实验次数获得基本能反映全面实验情况的较多信息。但是对于多因素、多水平问题，OA 法所需样本个数会激增，实施起来比较困难，甚至有些正交表其构造方法到目前还未解决。

(3) LHS 法是一种修正的蒙特卡罗方法，由 Mckay 等 [4] 提出，该方法可以将样本点均匀地分布到设计空间中，同时有效避免样本点在小邻域内的重叠问题。例如设计变量为 d，要安排 N 个样本点，LHS 法生成样本点的过程如下：

① 对于每个设计变量，将其设计域划分为 N 个概率相等且互不重叠的子域。

② 为每个设计变量均按均匀分布等概率地从每个子域随机抽取一个值，这样每个设计变量都会抽到 N 个实验水平值。

③ 从 dN 种组合方式中选取 N 种组合，并需保证每个实验因素的每个实验水平在 N 种组合里仅出现一次。

④ 对每个设计变量都从 N 个值里随机抽取一个值进行组合得到系统的一个

样本点。随后再从剩余的 $(N-1)$ 个值里继续抽取并进行组合得到第二个样本点，如此循环即可得到所有样本点分布。

LHS 法的主要优点是对于产生的样本点可确保其代表向量空间的所有部分，采样无需考虑问题的维数，样本数目可为任意整数。但该方法存在随机抽样不稳定的问题 [5]，因此学者们进一步发展了中心化 LHS 法、对称 LHS 法以及 OLHS 法 [6] 等方法。

OLHS 法基于传统 LHS 法，对原设计空间通过优化得到一个新设计空间，优化目标是根据每个实验因素的实验水平的上下限，尽量均匀分布样本点。该方法被认为可以提供含所有实验因素和实验水平的最优样本点分布 [7]。

2.2.2　自适应抽样方法

在工程薄壳优化设计问题中，如果对每个设计变量都直接进行优化，即使采用代理模型优化方法，计算成本也必将十分巨大。基于自适应抽样方法的两步代理模型优化算法，如图 2.2 所示，通过定义合适的变量敏感性指标来实现有效变量的筛选，从而理性地缩减设计空间，可大幅提高优化效率。

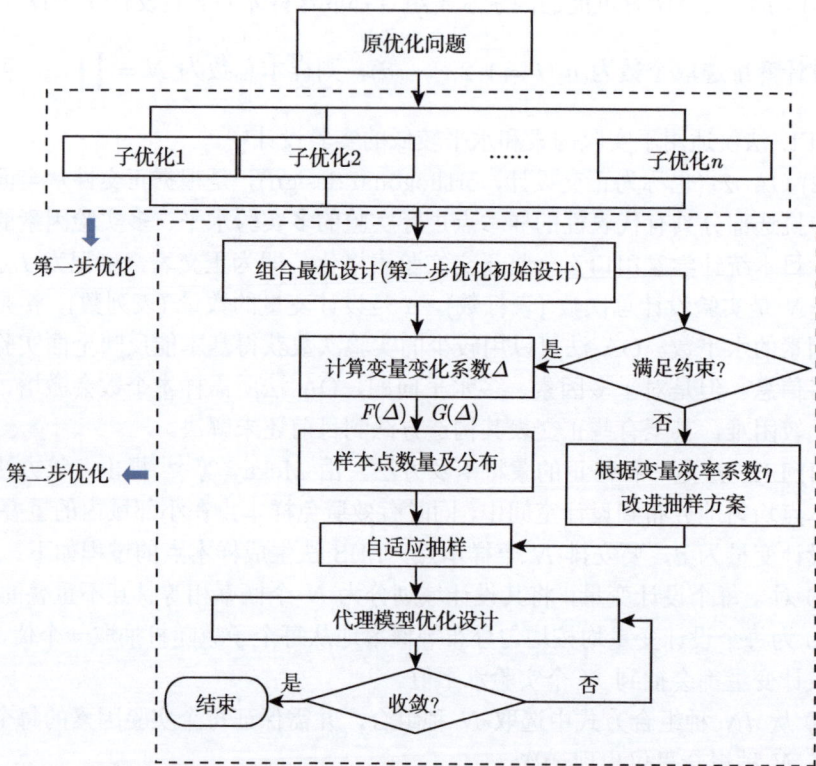

图 2.2　基于自适应抽样方法的代理模型优化流程

在第一步优化中，将原优化问题分解为若干子优化。确定划分子优化问题的原则时，主要有以下几点考虑：如果同时优化所有变量，那么计算成本和优化效率都难以保证；如果对每个变量分别优化后进行组合，那么变量间的耦合效应将被忽略。因此，这里提出一种折中方案，即根据变量类型进行分组，具有相同属性的变量归入同一个子优化中，每个子优化均基于初始设计开展。第一步各子优化结束后，将各优化结果的设计变量进行叠加后生成组合设计，作为第二步优化的初始设计。虽然该组合解与原问题的最优解存在一定距离，但是可以认为已经比较靠近最优解所在的设计域。接下来，基于该组合设计进行自适应抽样，旨在以较小的代理模型保真度损失来合理地缩减变量设计空间。这里定义两个变量指标，首先是无量纲变量变化系数，用于描述变量较初始值的变化程度，其定义如下：

$$\Delta\left(X_i^{\mathrm{opt}}\right) = \frac{\left|X_i^{\mathrm{opt}} - X_i^{\mathrm{int}}\right|}{X_i^{\mathrm{lim}} - X_i^{\mathrm{int}}}, \quad \Delta\left(X_i\right) \in [-1, 1] \tag{2-1}$$

式中，X_i^{int} 是第 i 个设计变量的初始值，X_i^{opt} 是第 i 个设计变量的第一步优化值，X_i^{lim} 是第 i 个设计变量的上 (下) 限 (若变量优化值相比初始值更趋近于上限，则取上限；反之，则取下限)。

第二步优化中的实验设计样本点分布和规模可分别由两个函数 $F\left(\Delta\right)$ 和 $G\left(\Delta\right)$ 确定。采样区间函数 $F\left(\Delta\right)$ 用于表征每个变量自适应抽样的取值区间，其函数形式可体现设计偏好。定义应遵循这样的原则：对于所有变量，令其在自适应抽样中的采样区间应以第一步优化结果的取值为中心并进行合理缩减；对于第一步优化结果中取值靠近上下限的变量，考虑到这类问题变量对结构响应的单调性，令其在自适应抽样中的采样区间应大幅减小甚至不参与采样。简单起见，建议设计时取图 2.3 中实线表示的 $F_1\left(\Delta\right)$，当然，也可采用诸如虚线表示的 $F_n\left(\Delta\right)$ 这类复杂函数形式。第二步优化的第 i 个设计变量的采样区间既可记作 $\left[\max\left(\Delta(X_i^{\mathrm{opt}}) - F\left(\Delta\right), -1.0\right), \min\left(\Delta(X_i^{\mathrm{opt}}) + F\left(\Delta\right), 1.0\right)\right]$，也可简单表述为 $\left[X_i^{\mathrm{low}}, X_i^{\mathrm{up}}\right]$。如图 2.4 所示，组合变量初值位于设计空间中间时，优化区间最大；当组合变量初值靠近设计空间边界时，可以认为该设计变量优化空间已经很小，选择降维处理。

采样规模函数 $G\left(\Delta\right)$ 用于描述每个变量在自适应抽样中的样本点规模。$G\left(\Delta\right)$ 同样可以有多重函数形式，如图 2.5 中实线表示的 $G_1\left(\Delta\right)$，或虚线表示的更为复杂的 $G_n\left(\Delta\right)$，甚至由随机抽样或分层抽样算法确定的形式，如 LHS 方法等。变量在第一步优化后取值趋近于上限或下限，则认为优化目标或约束单调依赖该变量，就可将此类变量在自适应抽样中固化，即其样本规模取为 $0(N_s = 0)$。

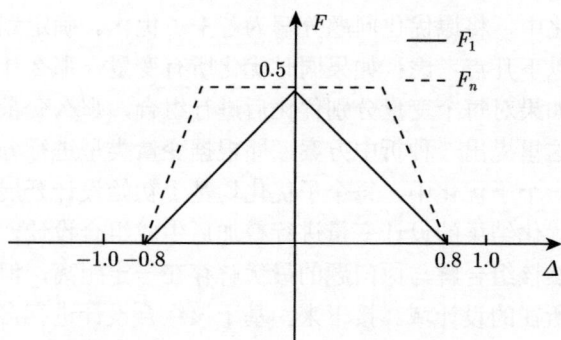

图 2.3　$F(\Delta)$ 采样区间函数示意图

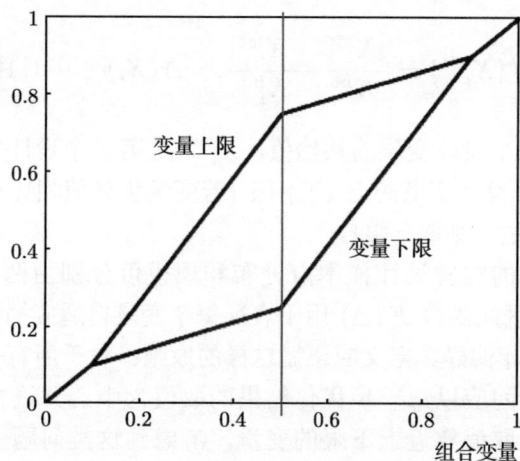

图 2.4　设计变量取值范围示意图

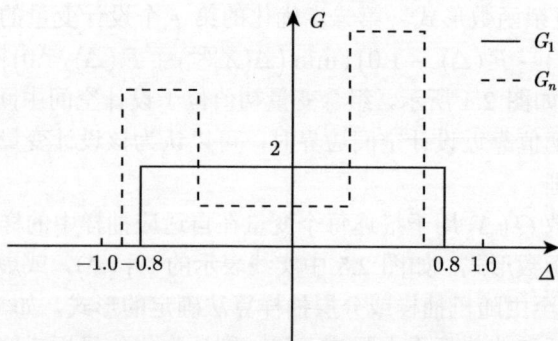

图 2.5　$G(\Delta)$ 采样规模函数示意图

以二维变量为例，假设变量 x_1 自适应抽样规模取 4，x_2 自适应抽样规模取

2，如图 2.6 可知，抽样分布在第一个维度选择得要更为密集。

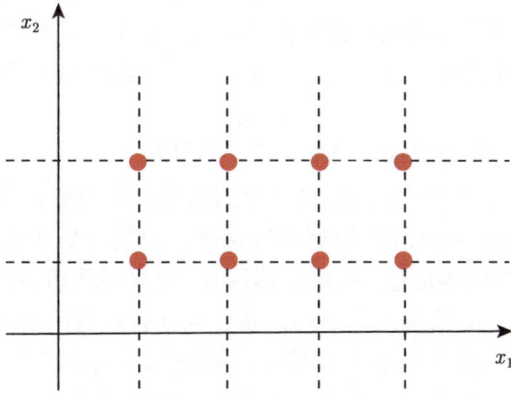

图 2.6 自适应抽样二维问题示意图

与此同时，需要对第一步优化结果叠加生成的组合设计进行结构分析。若该设计不满足约束条件，则定义另一个指标变量效率系数 η，以期进一步改进自适应抽样方案。该系数用于描述变量对优化目标或某些关键约束的贡献，不同设计问题应选用合适的定义方式。η 应定义为结构性能与结构重量的比值，其物理意义为单位重量上的结构性能。另外，对于分区设计问题来讲，应选择发生结构失效 (失稳) 的区域中效率最高的设计变量 (其 η 值最高) 作为增补变量，加入至自适应抽样中。第 i 个增补变量的采样区间可定为 $[(1.0 - X_i^{\mathrm{opt}})/2, 1.0]$。此外，设计者也可适量增加效率最高的设计变量的样本点规模，这将有利于在一定的保真度前提下提高优化效率。

基于以上信息，自适应抽样方案即可确定，得到的样本点信息用于构建第二步优化中的代理模型。与传统优化方法相比，该两步优化方法可有效削减样本点设计空间和规模，从而实现以较少的样本点获取更真实的结构输入-输出关系。该方法的优势还在于，各子优化问题可以并行开展，不同子优化也可根据问题的非线性程度来选择不同的代理模型，这些将进一步提升结构优化的灵活性，并愈发显现出缩短设计周期的内在优势。除此之外，该两步优化方法还能提供诸如变量效率、材料分布规律等信息，以指导下一步的结构设计。

2.2.3 竞争性抽样方法

经典抽样方法 (如 LHS 法) 虽然可以较为均匀地在设计空间内进行抽样，但遇到优化设计空间较大时，大量的抽样点都是违反约束或者响应值较低的设计点。基于这样的样本点建立代理模型将消耗大量计算成本用于低价值设计区域的精确模拟，与设计师使用代理模型的初衷相违背，并进一步加剧全局优化解的求解难度。同时，基于高保真度的精细模型对这些无效设计点进行计算，也会造成计算成本的浪费。因此，在初始采样完成后首先应该对样本进行数据处理，甄别出有价值、值得进一步探索的区域并建立代理模型。基于此，作者提出了可理性地缩减设计空间的竞争性抽样方法，该方法将有助于提高代理模型优化方法的全局寻优能力。

竞争性抽样方法的流程如图 2.7 所示，具体如下：

(1) 基于 LHS 法等抽样方法在设计空间内开展大规模抽样；

(2) 采用等效模型或者降阶模型等低保真度模型，快速计算全部抽样点的响应值，对于一些简单的响应值 (质量、体积等) 可采用解析方法计算；

(3) 定义筛选准则，筛选出满足约束条件且具有高响应值的竞争性抽样点，将竞争性抽样点按照响应值大小进行排序，并根据所需的竞争性抽样点数目进行截断；

(4) 基于高保真度的精细模型计算竞争性抽样点的真实响应值。

和经典抽样方法相比，竞争性抽样方法综合利用了等效模型或者降阶模型等低保真度模型的高效率和精细模型的高精度优势，因此可以以较小的计算成本快速地筛选确定出竞争性抽样点集合，合理地缩减设计空间，保证每一次基于精细模型的抽样点既满足约束条件又具有获得高响应值的潜力，有助于提高抽样点的竞争性。

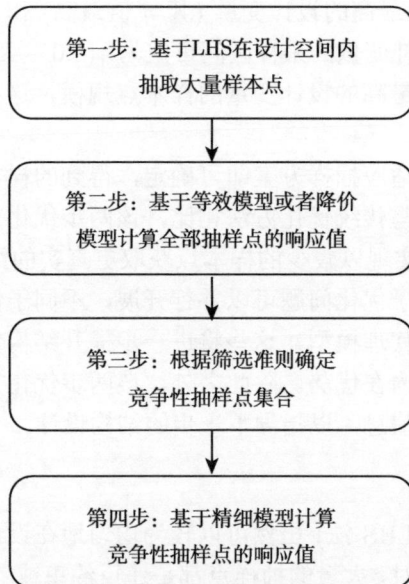

第一步：基于LHS在设计空间内
抽取大量样本点

第二步：基于等效模型或者降阶
模型计算全部抽样点的响应值

第三步：根据筛选准则确定
竞争性抽样点集合

第四步：基于精细模型计算
竞争性抽样点的响应值

图 2.7　竞争性抽样方法流程示意图

2.3 代理模型近似方法

作为一类有监督的机器学习方法，代理模型利用有限样本处的设计变量值与响应值信息构建近似函数，实现对原本复杂且耗时的计算函数的模拟。从广义角度看，数值分析中的插值方法如拉格朗日插值、埃尔米特插值多项式等，以及作为深度学习基础的线性回归模型也属于代理模型。在目前较为常用的代理模型中，克里金 (Kriging) 模型由于其具有样本点处插值性、良好的非线性拟合能力，并且能够提供预测点处预测值的分布信息，逐渐发展为最具有代表性的代理模型方法之一 [8-10]。Nik 等 [11] 综合比较了 RSM、RBF、SVR 和 Kriging 的性能，并且推荐在变量数量较少的情况下使用 Kriging 模型。国际结构与多学科优化协会原主席 Haftka[12-16] 致力于代理模型技术的相关研究，并且给出了关于 Kriging 模型的一系列变体模型、优化准则及使用规范，推广了 Kriging 模型的运用。本节将对 RSM 和 RBF 的基本原理进行简单介绍，并重点围绕 Kriging 模型展开详细介绍。

2.3.1 经典代理模型

1. 响应面模型 (RSM)

RSM 是基于多项式拟合和数学统计的集合模型，它可以用于描述数据集并给出统计意义的预测值。当响应值与设计变量的关系较为明确时，RSM 可以很好地给出预测关系并用于结构优化设计过程中 [1]。

RSM 的数学基础是最佳平方逼近，其建模过程用到了最小二乘拟合。记 $y(\boldsymbol{x})$ 为真实函数，在给定 N 个样本条件下，希望建立对应的 RSM 预测模型，对于在设计域内的线性无关函数族 $\varphi = \mathrm{span}\{\varphi_0(\boldsymbol{x}), \varphi_1(\boldsymbol{x}), \cdots, \varphi_p(\boldsymbol{x})\}(p < N)$ 中找到一个函数 $S(\boldsymbol{x})$，使误差平方和最小，即

$$\mathrm{find} \quad S(\boldsymbol{x}) = a_0\phi_0(\boldsymbol{x}) + a_1\phi_1(\boldsymbol{x}) + \cdots + a_p\phi_p(\boldsymbol{x})$$

$$\min \quad \|\boldsymbol{\delta}\|_2^2 = \sum_{i=0}^{N} \left(S(\boldsymbol{x}^{(i)}) - y_i \right)^2 \tag{2-2}$$

这就是一般的最小二乘逼近，也称为最小二乘法拟合求拟合曲面。根据 $S(\boldsymbol{x})$ 的形式，一般可分为线性、二次与三次多项式响应面。为了更具一般性，通常在最小二乘中加权系数，而如果以其他函数族构建预测模型，将衍生出核函数法 (kernal function)。代理模型的一般过程都是通过优化的手段求待定系数，主要区别在于函数族的选取与相应的补充方程构建。

式 (2-2) 转化为多元函数求极值问题，记为

$$I(a_0, a_1, \cdots, a_p) = (\boldsymbol{\Phi A} - \boldsymbol{Y})^{\mathrm{T}}(\boldsymbol{\Phi A} - \boldsymbol{Y})$$

$$\boldsymbol{\Phi} = \begin{bmatrix} \phi_0(\boldsymbol{x}^{(1)}) & \phi_1(\boldsymbol{x}^{(1)}) & \cdots & \phi_p(\boldsymbol{x}^{(1)}) \\ \phi_0(\boldsymbol{x}^{(2)}) & \phi_1(\boldsymbol{x}^{(2)}) & \cdots & \phi_p(\boldsymbol{x}^{(2)}) \\ \vdots & \vdots & & \vdots \\ \phi_0(\boldsymbol{x}^{(N)}) & \phi_1(\boldsymbol{x}^{(N)}) & \cdots & \phi_p(\boldsymbol{x}^{(N)}) \end{bmatrix}_{N(p+1)} \tag{2-3}$$

式中，$\boldsymbol{A} = [a_0, a_1, \cdots, a_p]^{\mathrm{T}}$，$\boldsymbol{Y} = [y_1, y_2, \cdots, y_N]^{\mathrm{T}}$。根据库恩-塔克条件 (Karush-Kuhn-Tucker condition, KKT 条件)，该多元函数极值的必要条件是

$$\frac{\partial I}{\partial \boldsymbol{A}^{\mathrm{T}}} = 2(\boldsymbol{\Phi}^{\mathrm{T}}\boldsymbol{Y} - \boldsymbol{\Phi}^{\mathrm{T}}\boldsymbol{\Phi A}) = 0$$
$$\Rightarrow \boldsymbol{A} = (\boldsymbol{\Phi}^{\mathrm{T}}\boldsymbol{\Phi})^{-1}\boldsymbol{\Phi}^{\mathrm{T}}\boldsymbol{Y} \tag{2-4}$$

要使得方程有唯一解，就要求矩阵 $\boldsymbol{\Phi}^{\mathrm{T}}\boldsymbol{\Phi}$ 非奇异，必须加上另外的条件。可以证明，若函数族 $\varphi = \{\varphi_0(\boldsymbol{x}), \varphi_1(\boldsymbol{x}), \cdots, \varphi_p(\boldsymbol{x})\}$ 满足哈尔 (Haar) 条件，即在 N 个样本集上至多有 p 个不同的零点，则矩阵 $\boldsymbol{\Phi}^{\mathrm{T}}\boldsymbol{\Phi}$ 非奇异，证明过程不在这里展示，感兴趣的读者可以查阅数值分析相关书目。显然，对于多项式形式函数族 (以一维函数为例)$\{1, x, \cdots, x^p\}$ 满足哈尔条件，即对于样本个数大于函数阶次的条件 $N > p$(无重合样本)，可以构造出满足需求的唯一多项式响应面模型。当 $p \geqslant 3$ 时，往往导致矩阵病态，因此响应面法常用于低阶函数近似。需要注意的是，响应面法往往无法满足样本点处插值性条件，即所建立的预测模型对于自身样本预测也不等于已知响应值。

2. 径向基函数模型 (RBF)

RBF 模型是一类以待测点与样本点间的欧氏距离为自变量的函数为基函数，通过线性加权构造出来的模型 [17]。Jin 等 [18] 基于 14 个不同类型问题的算例详细比较了包括 RSM 法、多变量自适应回归样条法 (multivariate adaptive regression splines, MARS)、Kriging 模型以及 RBF 模型在内的四种方法的性能，结果表明同时考虑模型精度和鲁棒性时，尤其在小样本的情况下，RBF 模型最为可靠。

RBF 可以把一个多维问题转化成为以欧氏距离为自变量的一维问题，其基本形式如下：

$$\hat{y}(\boldsymbol{x}) = \sum_{i=1}^{N} \lambda_i \varphi(r)$$
$$r = \|\boldsymbol{x} - \boldsymbol{x}^{(i)}\| \tag{2-5}$$

式中，$\hat{y}(\boldsymbol{x})$ 为对待测点 $\boldsymbol{x}$ 的预测模型，λ_i 为权系数，r 为第 i 个样本到待测点的欧氏距离，φ 为基函数，N 为样本点个数。在 RBF 中，不同的径向基函数决定了不同的模型特征，但其都有共同的特性，即在待测点 $\boldsymbol{x}$ 与已有样本 $\boldsymbol{x}^{(i)}$ 距离较近时径向基函数趋近于 1；当待测点 $\boldsymbol{x}$ 与已有样本 $\boldsymbol{x}^{(i)}$ 距离较远时径向基函数趋近于 0。径向基函数值反映了待测点附近样本的参与程度。常用的径向基函数有高斯 (Gauss) 函数、多元二次 (multiquandric, MQ) 曲面函数以及逆多元二次曲面函数，其表达式分别为

$$\varphi(r) = \exp\left(-\frac{r^2}{c^2}\right)$$
$$\varphi(r) = \sqrt{r^2 + c^2} \tag{2-6}$$
$$\varphi(r) = \frac{1}{\sqrt{r^2 + c^2}}$$

式中，c 是大于零的常数。Franke[19] 通过对 29 种数据插值方法的研究发现，MQ 函数在精度、稳定性以及计算效率等方面都是最优的。

3. Kriging 模型

Kriging 模型，又称为高斯过程 (Gaussian process, GP) 模型，通过对样本点进行插值的方式构建出设计变量与预测响应值之间的无偏估计，即

$$\hat{y}(\boldsymbol{x}) = \sum_{i=1}^{N} \omega_i y_i = c^{\mathrm{T}} \boldsymbol{Y} \tag{2-7}$$

式中，$\hat{y}(\boldsymbol{x})$ 为关于变量 $\boldsymbol{x}$ 的预测响应值，N 为样本点个数，ω_i 为第 i 个样本点的加权系数，c 为加权系数的向量形式，y_i 为该样本点响应值，$\boldsymbol{Y}$ 为样本响应值向量 $[y_1, y_2, \cdots, y_N]$。只要能给出加权系数的表达式，即可得到整个设计空间内的无偏估计结果。

Kriging 在求解加权系数函数时引入了随机过程的思想，将响应函数看作是全局近似模型与随机过程的叠加，即为

$$y(\boldsymbol{x}) = \sum_{i=0}^{p} \beta_i f_i(\boldsymbol{x}) + z(\boldsymbol{x}) = f^{\mathrm{T}}(\boldsymbol{x})\boldsymbol{\beta} + z(\boldsymbol{x}) \tag{2-8}$$

式中，$\boldsymbol{f}(\boldsymbol{x})$ 为变量的 p 阶多项式函数，$\boldsymbol{\beta}$ 为回归系数，$z(\boldsymbol{x})$ 为均值为 0 的正态函数。$\boldsymbol{f}^{\mathrm{T}}(\boldsymbol{x})\boldsymbol{\beta}$ 提供全局近似模拟，如果不考虑后续随机项 $z(\boldsymbol{x})$，可通过最小二乘法建立多项式回归模型。$z(\boldsymbol{x})$ 的引入保证了预测模型的精确插值特性。在设计空间内，可认为随机函数存在一定的相关性，其协方差矩阵可描述为

$$\text{cov}\left[z(\boldsymbol{s}^{(i)}), z(\boldsymbol{s}^{(j)})\right] = \sigma^2 R(\boldsymbol{s}^{(i)}, \boldsymbol{s}^{(j)}) \tag{2-9}$$

式中，σ^2 是过程方差，$R(\boldsymbol{s}^{(i)}, \boldsymbol{s}^{(j)})$ 是含参数 $\boldsymbol{\theta}$ 的相关函数，表示任意样本点 $\boldsymbol{s}^{(i)}$ 与 $\boldsymbol{s}^{(j)}$ 之间的相关性。样本点距离越近，则相关性越大，当两个样本重合时 $(\boldsymbol{s}^{(i)} = \boldsymbol{s}^{(j)})$，相关函数取 1；样本点距离越远，相关性越小，最小取 0。相关函数形式有多种，实际应用中一般取高斯函数。若 $\boldsymbol{\theta}$ 各个维度变量值不同，则称 $R[\cdot]$ 为各向异性核函数；若 $\boldsymbol{\theta}$ 为标量，则称 $R[\cdot]$ 为各向同性核函数。

此时只需构建出式 (2-7) 与式 (2-8) 的关系，即可得出 Kriging 预测模型表达式。为方便表达，给出 $p = 0$ 情况下的主要推导过程，此时 $\boldsymbol{\beta} = \beta$、$f = 1$ 均为标量。令 $\boldsymbol{Z} = [z_1, z_2, \cdots, z_N]$ 表示样本集各个点的随机项，$\boldsymbol{F} = \underbrace{[1, 1, \cdots, 1]}_{N}^{\text{T}}$ 表示样本回归多项式矩阵。首先，基于样本点位置处的插值要求，可列出无偏估计条件：

$$
\begin{aligned}
&\boldsymbol{E}\left[\hat{y}(\boldsymbol{x}) - y(\boldsymbol{x})\right] = 0 \\
\Rightarrow &\boldsymbol{E}\left[\boldsymbol{c}^{\text{T}}\boldsymbol{Y} - y(\boldsymbol{x})\right] = \boldsymbol{E}\left[\boldsymbol{c}^{\text{T}}(\beta\boldsymbol{F} + \boldsymbol{Z}) - (\beta + z(\boldsymbol{x}))\right] \\
&\qquad\qquad\qquad\quad = \boldsymbol{E}\left[\boldsymbol{c}^{\text{T}}\boldsymbol{Z}\right] - \boldsymbol{E}\left[z(\boldsymbol{x})\right] + \boldsymbol{E}\left[\beta(\boldsymbol{c}^{\text{T}}\boldsymbol{F} - 1)\right] \\
&\qquad\qquad\qquad\quad = 0 + 0 + \beta(\boldsymbol{c}^{\text{T}}\boldsymbol{F} - 1) = 0 \\
\Rightarrow &\boldsymbol{c}^{\text{T}}\boldsymbol{F} = \sum_{i=1}^{N}\omega_i = 1
\end{aligned}
\tag{2-10}
$$

此时有 N 个待定系数，仅 1 个方程尚不能给出每个加权系数的值，需要引入最小均方误差用于补充方程。均方误差 (mean squared error, MSE) 记为

$$
\begin{aligned}
\text{MSE}\,(\boldsymbol{x}) &= \boldsymbol{E}\left[\left(\hat{y}(\boldsymbol{x}) - y(\boldsymbol{x})\right)^2\right] \\
&= \boldsymbol{E}\left[\left(\boldsymbol{c}^{\text{T}}\boldsymbol{Y} - y(\boldsymbol{x})\right)^2\right] \\
&= \boldsymbol{E}\left[\left(\boldsymbol{c}^{\text{T}}\boldsymbol{Z} - z\right)^2\right] \\
&= \boldsymbol{E}\left[z^2 + \boldsymbol{c}^{\text{T}}\boldsymbol{Z}\boldsymbol{Z}^{\text{T}}\boldsymbol{c} - 2\boldsymbol{c}^{\text{T}}\boldsymbol{Z}z\right]
\end{aligned}
\tag{2-11}
$$

将式 (2-9) 与式 (2-10) 代入式 (2-11) 可列出最小均方误差的优化列式：

$$
\begin{aligned}
&\text{find}\quad \boldsymbol{c} = \{\omega_1, \omega_2, \cdots, \omega_N\}^{\text{T}} \\
&\text{min}\quad \text{MSE} = \sigma^2\left(1 + \boldsymbol{c}^{\text{T}}\boldsymbol{R}\boldsymbol{c} - 2\boldsymbol{c}^{\text{T}}\boldsymbol{r}\right) \\
&\text{s.t.}\quad \sum_{i=1}^{N}\omega_i = 1
\end{aligned}
\tag{2-12}
$$

式中,

$$r(x) = \left[R(x, s^{(1)}), R(x, s^{(2)}), \cdots, R(x, s^{(N)}) \right]^{\mathrm{T}}$$

$$R = \begin{bmatrix} R(s^{(1)}, s^{(1)}) & R(s^{(1)}, s^{(2)}) & \cdots & R(s^{(1)}, s^{(N)}) \\ R(s^{(2)}, s^{(1)}) & R(s^{(2)}, s^{(2)}) & \cdots & R(s^{(2)}, s^{(N)}) \\ \vdots & \vdots & & \vdots \\ R(s^{(N)}, s^{(1)}) & R(s^{(N)}, s^{(2)}) & \cdots & R(s^{(N)}, s^{(N)}) \end{bmatrix} \tag{2-13}$$

利用拉格朗日乘子法求解该含约束优化问题,构建拉格朗日函数为

$$L(c, \lambda) = \sigma^2 \left(1 + c^{\mathrm{T}} R c - 2 c^{\mathrm{T}} r \right) - \lambda \left(c^{\mathrm{T}} F - 1 \right) \tag{2-14}$$

根据 KKT 条件,其最优解关于变量的偏导数为 0,即

$$\frac{\partial L(c, \lambda)}{\partial c^{\mathrm{T}}} = 2\sigma^2 (Rc - r) - \lambda F = 0 \tag{2-15}$$

根据式 (2-10) 与式 (2-15) 可以列出同时满足无偏估计与最小均方误差估计的代理模型控制方程,其矩阵形式可表示为

$$\begin{bmatrix} R & F \\ F^{\mathrm{T}} & 0 \end{bmatrix} \begin{bmatrix} c \\ \tilde{\lambda} \end{bmatrix} = \begin{bmatrix} r \\ 1 \end{bmatrix}, \quad \tilde{\lambda} = -\frac{\lambda}{2\sigma^2} \tag{2-16}$$

可以证明,当样本集每个点不重复使用时,式 (2-16) 左端矩阵非奇异,根据矩阵求逆可以很容易地得到

$$c = (\omega_1, \cdots, \omega_N)^{\mathrm{T}} = R^{-1}(r - \tilde{\lambda} F)$$
$$\tilde{\lambda} = (F^{\mathrm{T}} R^{-1} F)^{-1} (F^{\mathrm{T}} R^{-1} r - 1) \tag{2-17}$$

考虑到 R 矩阵对角线为 1,非对角线元素大多接近 0,其矩阵可能会非常病态,计算机求解容易造成误差过大,甚至无法成功求逆,因此一般会在 R 矩阵对角线加上极小正数保障求解精度,并使用楚列斯基 (Cholesky) 分解进行计算。

若系数 θ 已知,可以简单地给出设计空间内的预测模型。而如何合理地估计系数 θ 成为最后关键一步。此时无偏估计与最小均方误差估计方法已经使用过,需要再次补充方程添加更多的信息。由于 Kriging 模型引入了随机过程的思想,可以借助最大似然估计 (maximum likelihood estimation, MLE) 进行建模。由于前期假定随机项 $z(x)$ 服从正态分布,$\hat{y}(x)$ 将服从多维正态分布,其概率密度函数

P 与似然函数 L 为

$$P\left(Y(\boldsymbol{x}) \mid \boldsymbol{\theta}, \sigma^2, \hat{y}(\boldsymbol{x})\right) = L\left(\boldsymbol{\theta}, \sigma^2 \mid \hat{y}(\boldsymbol{x}) = Y(\boldsymbol{x})\right)$$

$$= \frac{1}{(2\pi\sigma^2)^{\frac{N}{2}} |\boldsymbol{R}|^{\frac{1}{2}}} \exp\left[-\frac{(\boldsymbol{Y} - \beta\boldsymbol{F})^{\mathrm{T}} \boldsymbol{R}^{-1} (\boldsymbol{Y} - \beta\boldsymbol{F})}{2\sigma^2}\right]$$

$$\Rightarrow \ln L = -\frac{N}{2}\ln(2\pi) - \frac{N}{2}\ln(\sigma^2) - \frac{1}{2}\ln|\boldsymbol{R}| - \frac{(\boldsymbol{Y} - \beta\boldsymbol{F})^{\mathrm{T}} \boldsymbol{R}^{-1} (\boldsymbol{Y} - \beta\boldsymbol{F})}{2\sigma^2}$$

$$(2\text{-}18)$$

若最大化对数似然 $\ln L$ 问题存在全局最优解，则其对参数的偏导数为 0，即

$$\frac{\partial \ln L}{\partial \beta} = \frac{2\boldsymbol{F}^{\mathrm{T}} \boldsymbol{R}^{-1} (\boldsymbol{Y} - \beta\boldsymbol{F})}{2\sigma^2} = 0$$

$$\Rightarrow \beta = (\boldsymbol{F}^{\mathrm{T}} \boldsymbol{R}^{-1} \boldsymbol{F})^{-1} \boldsymbol{F}^{\mathrm{T}} \boldsymbol{R}^{-1} \boldsymbol{Y}$$

$$\frac{\partial \ln L}{\partial \sigma^2} = \frac{-N\sigma^2 + (\boldsymbol{Y} - \beta\boldsymbol{F})^{\mathrm{T}} \boldsymbol{R}^{-1} (\boldsymbol{Y} - \beta\boldsymbol{F})}{2\sigma^4} = 0$$

$$(2\text{-}19)$$

$$\Rightarrow \sigma^2 = \frac{1}{N}(\boldsymbol{Y} - \beta\boldsymbol{F})^{\mathrm{T}} \boldsymbol{R}^{-1} (\boldsymbol{Y} - \beta\boldsymbol{F})$$

代入式 (2-18) 可得集中对数似然函数 (concertrated log-likelihood) 优化列式：

$$\begin{aligned}
&\text{find}\quad \boldsymbol{\theta} \\
&\max\quad \left[-\frac{N}{2}\ln(\sigma^2) - \frac{1}{2}\ln|\boldsymbol{R}|\right] \\
&\Rightarrow \min\quad \sigma^2 |\boldsymbol{R}|^{\frac{1}{N}} \\
&\text{s.t.}\quad \boldsymbol{\theta} > 0
\end{aligned}$$

$$(2\text{-}20)$$

至此，可以给出 Kriging 模型对于任意设计点处的预测结果，并根据式 (2-11) 提供对应的方差估计，即

$$\hat{y}(\boldsymbol{x}) = \beta + \boldsymbol{r}^{\mathrm{T}} \boldsymbol{R}^{-1} (\boldsymbol{Y} - \beta\boldsymbol{F})$$

$$s^2(\boldsymbol{x}) = \sigma^2 \left(1 + \left(\boldsymbol{F}^{\mathrm{T}} \boldsymbol{R}^{-1} \boldsymbol{F}\right)^{-1} \left(1 - \boldsymbol{F}^{\mathrm{T}} \boldsymbol{R}^{-1} \boldsymbol{r}\right)^2 - \boldsymbol{r}^{\mathrm{T}} \boldsymbol{R}^{-1} \boldsymbol{r}\right)$$

$$(2\text{-}21)$$

$$\beta = \left(\boldsymbol{F}^{\mathrm{T}} \boldsymbol{R}^{-1} \boldsymbol{F}\right)^{-1} \boldsymbol{F}^{\mathrm{T}} \boldsymbol{R}^{-1} \boldsymbol{Y}, \quad \sigma^2 = \frac{1}{N}(\boldsymbol{Y} - \beta\boldsymbol{F})^{\mathrm{T}} \boldsymbol{R}^{-1} (\boldsymbol{Y} - \beta\boldsymbol{F})$$

2.3.2　变保真度代理模型

变保真度代理模型 (variable-fidelity surrogate model, VFSM) 的思想是使用低精度、低计算量的模型拟合目标函数的整体趋势，用高保真、高计算量的模型

对低保真度模型进行校正，提高拟合精度。其中，低保真度模型通常是基于经验公式、解析公式或简化模型所建立的，而高保真度模型是对原问题的高精度仿真分析。高、低保真度模型通过桥函数结合，构成变保真度模型。构建变保真度模型的关键问题之一是如何选取合适的桥函数模型来提高组合模型精度。常用桥函数可分为三类：乘法形式、加法形式以及混合形式 [20]。为了提高 VFSM 的预测精度，宋学官等 [21] 基于 RBF 模型提出了高效的 co-RBF 模型。韩忠华等 [22] 提出了改进的 co-Kriging 策略，并在梯度增强 Kriging 的基础上提出了一种广义混合桥函数模型 [23]。

本节将简述乘法形式、加法形式以及混合形式这三类基础的桥函数及对应的变保真度代理模型建模方法。

1) 乘法桥函数 (multiplicative bridge function)

乘法桥函数模型可定义为

$$\rho(\boldsymbol{x}) = \frac{y_{\mathrm{H}}(\boldsymbol{x})}{y_{\mathrm{L}}(\boldsymbol{x})} \tag{2-22}$$

式中，$y_{\mathrm{H}}(\boldsymbol{x})$ 表示高保真度代理模型，$y_{\mathrm{L}}(\boldsymbol{x})$ 表示低保真度代理模型。

在建模过程中，首先根据低保真度样本 $\{\boldsymbol{S}_{\mathrm{L}}, \boldsymbol{Y}_{\mathrm{L}}\}$ 建立低保真度代理模型 $\hat{y}_{\mathrm{L}}(\boldsymbol{x})$。之后根据高保真度样本点 $\{\boldsymbol{S}_{\mathrm{H}}, \boldsymbol{Y}_{\mathrm{H}}\}$ 处的响应值关系 $\{\boldsymbol{S}_{\mathrm{H}}, \boldsymbol{Y}_{\mathrm{H}}/\hat{y}_{\mathrm{L}}(\boldsymbol{S}_{\mathrm{H}})\}$，构建桥函数代理模型 $\hat{\rho}(\boldsymbol{x})$。最终通过组合得到最终预测模型为

$$\hat{y}_{\mathrm{H}}(\boldsymbol{x}) = \hat{\rho}(\boldsymbol{x})\,\hat{y}_{\mathrm{L}}(\boldsymbol{x}) \tag{2-23}$$

为了使在高保真度样本点处的模型信息尽可能精确，一般令高保真样本为低保真样本的子集，即 $\boldsymbol{S}_{\mathrm{H}} \subseteq \boldsymbol{S}_{\mathrm{L}}$。式 (2-23) 与直接利用高保真度样本建模相比，其低保真度样本数目更多，因此建立的低保真度代理模型 $\hat{y}_{\mathrm{L}}(\boldsymbol{x})$ 理论上对于全局大致趋势预测性能更好。需要注意的是，由于该模型需要通过除法关系进行建模，当低保真样本值接近零时，乘法模型建模将由于无法执行除法操作，或大数除小数带来的计算误差而构建失败。

2) 加法桥函数 (additive bridge function)

为了避免使用乘法桥函数时可能出现的分母为零的问题，Lewis 和 Nash[24] 提出了一种加法桥函数：

$$\delta(\boldsymbol{x}) = y_{\mathrm{H}}(\boldsymbol{x}) - y_{\mathrm{L}}(\boldsymbol{x}) \tag{2-24}$$

与乘法桥函数模型流程相同，首先利用低保真度样本构建模型 $\hat{y}_{\mathrm{L}}(\boldsymbol{x})$，之后在高保真度样本处计算不同保真度模型之间的差值 $\{\boldsymbol{S}_{\mathrm{H}}, \boldsymbol{Y}_{\mathrm{H}} - \hat{y}_{\mathrm{L}}(\boldsymbol{S}_{\mathrm{H}})\}$，建立桥函数 $\hat{\delta}(\boldsymbol{x})$，最终获得预测函数模型为

$$\hat{y}_{\mathrm{H}}(\boldsymbol{x}) = \hat{y}_{\mathrm{L}}(\boldsymbol{x}) + \hat{\delta}(\boldsymbol{x}) \tag{2-25}$$

可以看出，加法桥函数计算更为简单，且避免了由于除零带来的建模困难。特别地，当低保真度模型对于全局预测趋势良好时，加法桥函数能够提供高精度的预测结果。

3) 自适应混合桥函数 (adaptive hybrid bridge function)

Gano 研究发现乘法与加法桥函数两者各有优缺点[25,26]，并不存在一方始终优于另一方的情况，这导致变保真度模型的桥函数选择困难。综合两种模型优势，Gano 等[25,26] 开发了自适应混合桥函数模型，其预测模型可记为

$$\hat{y}(\boldsymbol{x}) = \omega \cdot \hat{\rho}(\boldsymbol{x}) \cdot \hat{y}_{\mathrm{L}}(\boldsymbol{x}) + (1 - \omega) \cdot \left[\hat{y}_{\mathrm{L}}(\boldsymbol{x}) + \hat{\delta}(\boldsymbol{x}) \right] \tag{2-26}$$

式中 ω 为权系数，通过调整权系数的大小可以实现模型的自适应组合。当 ω 取 1 时，该模型退化为乘法桥函数模型；当 ω 取 0 时，该模型退化为加法桥函数模型。

2.4 代理模型更新准则

考虑到代理模型的拟合精度有限，直接使用其预测值替代原优化列式会使得误差严重影响优化进程。因此，目前代理模型优化方法往往将原优化问题转化为代理模型等价准则进行，在准则函数中尽可能同时考虑预测值、精度信息甚至优化成本等，用于提升代理模型优化效率。其中，最为经典的是 Jones 等[27] 提出的高效全局优化方法 (efficient global optimization，EGO)。该方法利用 Kriging 模型预测出的均值和方差，构造了一种期望改进 (expected improvement，EI) 的加点准则。由于 EI 加点准则同时考虑模型的预测值和不确定性，因此它使得优化算法同时具有局部搜索和全局搜索能力。直至目前，EGO 算法是基于代理模型的优化算法中被广泛采用的方法，国内外对该算法进行了大量的改进研究。Schonlau[28] 通过引入参数来调节算法的全局和局部搜索能力，并提出约束处理方法。杜波等[29] 在 EGO 算法优化收敛后以最速下降法进行局部搜索，用于提高代理模型的精度。王红涛等[30] 提出考虑代理模型更新样本值及标准差的改进 EGO 算法。王彦和尹素菊[31] 也以样本均方预测代理模型与真实模型的偏离程度来改进 EGO 算法。

然而 EGO 算法每次迭代过程中仅增加一个样本点 (单点加点方法)，不适合于并行计算。此外，虽然每种单点加点方法各异，但是使用一种方法时其构造思路单一，极易使优化过程陷入局部极值点。多点加点通过在每一步迭代中更新多个且相互独立、互不影响的样本，采用并行计算大幅提高优化效率，可以在一定程

度上克服以上两个问题。国内外许多学者都开展了相关研究,Ginsbourger 等 [32] 提出了 q-EI 多点算法,但该方法在 $q > 2$ 时不存在解析表达式,需要利用蒙特卡罗 (Monte Carlo) 方法求解高维积分和一个复杂的优化问题,计算效率非常低。随后,Ginsbourger 等 [33] 又提出了一种 Kriging 信任法 (Kriging believer),把 EI 最大值点的真实值用 Kriging 模型预测值代替,将该点加入样本集更新 Kriging 模型,重复加点过程获得 p 个新样本点,然而误差也会随着 p 的增加而增加,并逐渐影响多点加点效果。Sóbester 等 [34] 提出了一种选取多个 EI 局部最大值的并行加点方法,该方法的缺点是无法有效控制加点个数。Viana 等 [35] 提出了一种选取多个概率改进 (probability of improvement, PI) 最大值的准则,该方法从代理模型上用 Monte Carlo 方法抽取大量的点,将 PI 值排名前 n 的点作为新样本点,数值算例显示,该方法的优化效果随着 n 的增大而减弱。Chaudhuri 和 Haftka[36] 提出一种基于 PI 的自适应目标的多点加点准则,以数学函数算例验证优化精度和效率都比其他代理模型高。

国内许多学者也发展了有效的多点加点策略。陈霞等 [37] 采用基于垂距的多点加点准则,考虑了代理模型预测不确定性较大的点。高海洋等 [38] 采用混沌邻域搜索多个距离较远的较优解。高月华等 [39] 通过序列优化逼近最优设计,当前最优解和预测标准差较大的点作为每迭代步的更新样本。曾锋 [40] 提出局部采样、全局采样和重要域相结合的多点自适应代理模型方法。李征 [41] 发展了一种基于高斯过程代理模型的 EI&MI 多点加点准则,引入信息论中的交互信息概念作为惩罚函数,在 EI 函数的各个峰值选采样本点并进行并行计算。刘俊 [42] 对每一迭代步根据五种不同的加点准则获得五个新样本点。马洋 [43] 提出了两步加点寻优策略,第一阶段注重在整个设计空间上消除近似模型的不确定性,第二阶段注重在粗略前沿附近加点迭代。作者 [9] 进一步提出了基于高斯距离加点的 EIGD 多点并行加点方法,该方法构造形式简明,具有较强的可解释性,易于推广与开展并行计算,特别适用于多峰优化问题。

本节将首先简要介绍最小化响应面加点准则,考虑到 EGO 算法已经被广泛应用于代理模型优化之中,并且绝大多数加点准则都借鉴了 EGO 的思想并在此基础上做出了一定的改进,本节将重点针对 EGO 加点准则进行介绍,并介绍基于高斯距离的多点并行加点准则 EIGD。

2.4.1 最小化响应面加点准则

最小化响应面加点准则 (minimizing the predictor, MP) 是最简单、最直接也是最早被采用的方法 [44]。该准则假定,当代理模型建立完成后,可以直接使用代理模型提供的预测值替代原本复杂的分析程序。即代理模型建模不改变原优化列式,直接寻找代理模型目标函数的最小值,其优化模型为

$$\text{min} \quad y(\boldsymbol{x}) \qquad\qquad\qquad\qquad \text{min} \quad \hat{y}(\boldsymbol{x})$$

$$\text{s.t.} \begin{cases} g_i(\boldsymbol{x}) \leqslant 0, \quad i=1,2,\cdots,N_c \\ \boldsymbol{x}_l \leqslant \boldsymbol{x} \leqslant \boldsymbol{x}_u \end{cases} \Rightarrow \text{s.t.} \begin{cases} \hat{g}_i(\boldsymbol{x}) \leqslant 0, \quad i=1,2,\cdots,N_c \\ \boldsymbol{x}_l \leqslant \boldsymbol{x} \leqslant \boldsymbol{x}_u \end{cases}$$

(2-27)

式中，$\hat{y}(\boldsymbol{x})$ 和 $\hat{g}_i(\boldsymbol{x})$ 分别是目标函数和约束函数的代理模型，x_u 和 x_l 是设计变量的上下限。采用优化算法等求解上述优化问题，即可得到代理模型当前目标函数最优解 x^*。对 x^* 再进行精确数值模拟分析，并将结果作为新的样本数据，添加到现有样本数据集中，重新建立代理模型，直至整个优化过程收敛。

图 2.8 给出了 MP 加点准则的示意图，左图为四个样本点构建的初始代理模型，红点为当前代理模型最优解，进行数值计算重新构建代理模型如右图所示，通过逐步逼近得到目标函数最优解。一方面，由于 MP 准则未能考虑代理模型预测精度问题，也没有对优化列式进行适应性的改进，因此，它适用于任何代理模型的优化，具有较好的局部收敛性。一般来说，当原优化列式确定后，MP 准则可以直接用于代理模型优化，可以适用于确定性优化问题与不确定性优化问题。另一方面，由于 MP 准则未能考虑代理模型预测误差，很容易出现优化列式精度不足的问题，导致优化陷入代理模型局部最优。

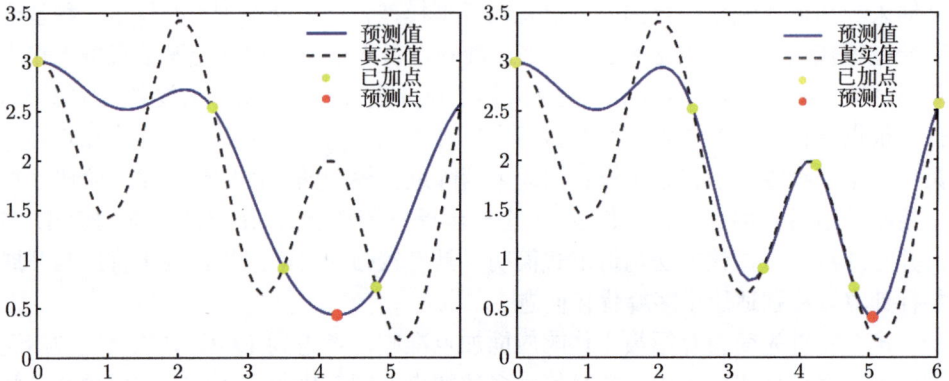

图 2.8　MP 加点准则示意图

2.4.2　最大期望提高加点准则

EI 最大期望提高准则 (也称期望改进准则) 是 EGO 方法的核心。在 Kriging 代理模型中，任意未知点 $\boldsymbol{x}$ 的预测值服从正态分布的特点，即 $y(\boldsymbol{x}) \in N[\hat{y}(\boldsymbol{x}), s^2]$，其概率密度函数为

$$pdf(y(\boldsymbol{x})) = \frac{1}{\sqrt{2\pi}s(\boldsymbol{x})} \exp\left(-\frac{1}{2}\left(\frac{y(\boldsymbol{x})-\hat{y}(\boldsymbol{x})}{s(\boldsymbol{x})}\right)^2\right)$$

(2-28)

Kriging 模型不仅能基于样本点提供预测值,还能提供预测方差,即不确定性信息,如图 2.9 所示。对于样本较为稀疏的部分,其已知信息较少,预测的精度也较小,对应的方差较大;而靠近已有样本附近,预测精度更高,显示为方差较小。EGO 方法综合考量了代理模型预测值与预测精度,给出了期望改进幅度作为优化目标。

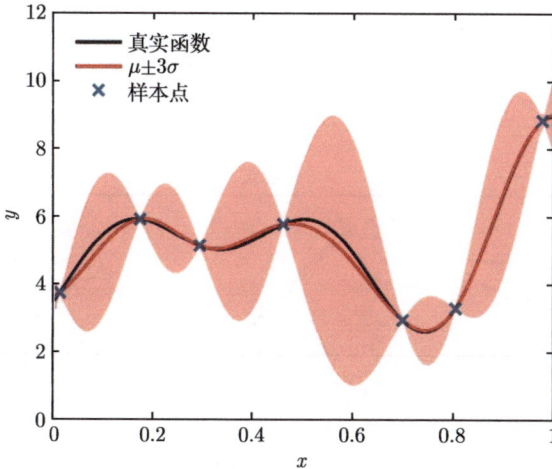

图 2.9　Kriging 以及置信度区间

以最小化真实函数响应值作为优化目标。已知当前所有样本点的最优真实目标响应值为 $y_{\min}$,则任意未知点 $\boldsymbol{x}$ 的预测值 $y(\boldsymbol{x})$ 相对于当前样本最优值 $y_{\min}$ 的改进量可以表示成

$$I(\boldsymbol{x}) = \begin{cases} y_{\min} - y(\boldsymbol{x}), & y(\boldsymbol{x}) < y_{\min} \\ 0, & \text{其他} \end{cases} \tag{2-29}$$

由式 (2-28) 与式 (2-29),可得 $I(\boldsymbol{x})$ 的概率密度为

$$pdf(I(\boldsymbol{x})) = \frac{1}{\sqrt{2\pi}s(\boldsymbol{x})} \exp\left(-\frac{1}{2}\left(\frac{y_{\min} - I(\boldsymbol{x}) - \hat{y}(\boldsymbol{x})}{s(\boldsymbol{x})}\right)^2\right) \tag{2-30}$$

那么,$I(\boldsymbol{x})$ 的期望值可以表示成

$$E[I(\boldsymbol{x})] = \int_0^{+\infty} I(\boldsymbol{x}) \cdot f(I(\boldsymbol{x})) \mathrm{d}I$$

$$= \begin{cases} (y_{\min} - \hat{y})\varPhi\left(\dfrac{y_{\min} - \hat{y}}{s}\right) + s\phi\left(\dfrac{y_{\min} - \hat{y}}{s}\right), & s > 0 \\ 0, & s = 0 \end{cases} \tag{2-31}$$

式中，$\boldsymbol{\Phi}$ 和 ϕ 分别为标准正态分布的累积分布函数和概率密度函数。图 2.10 给出了典型 EI 加点过程，要使 EI 函数的前项增大，需要该位置点的预测响应值要小，同时也需要预测方差 s 要小，体现的是局部搜索能力；要使 EI 函数的后项增大，需要预测方差 s 增加，即该点的不确定性要大，体现的是全局搜索能力。EGO 算法将最小化优化问题转化为 EI 函数的最大化，即

$$
\begin{aligned}
&\text{find} \quad \boldsymbol{x} \\
&\min \quad y(\boldsymbol{x}) \Rightarrow \max \quad E[I(\boldsymbol{x})]
\end{aligned}
\tag{2-32}
$$

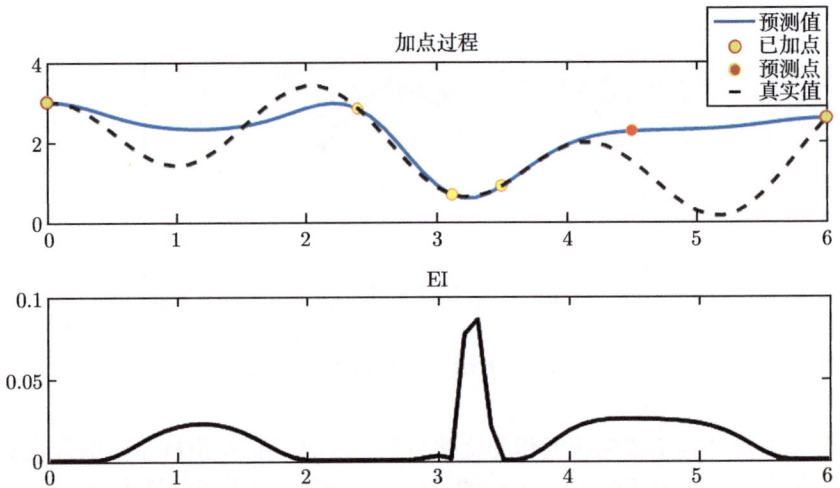

图 2.10　EI 加点

2.4.3　多点并行加点方法

2.4.2 节介绍到，EGO 是待测点位置处的预测值与样本分布两者的组合。随着新样本的增加，预测值与样本分布信息同时变化，驱使 EGO 进行新一轮更新。而在不更新样本与 Kriging 的前提下进行多点优化，就需要对准则函数进行变换。一类方法是根据多种加点准则，每个准则加一个点，由准则之间的差异实现更新一次模型添加多个样本点。此类方法需要研究人员熟练地掌握多种加点准则。同时，由于不同准则可能会得到类似的结论，因此可能会引起加点浪费，甚至造成重复加点。另一类方法是，基于单一准则，引入其他变换函数实现在样本不变的情况下对准则值进行调整。这一类多点方法减轻了研究人员对于加点准则选取的麻烦，并且能够避免重复加点的问题，因此本节将介绍作者基于单一准则改进的 EIGD (EI with Gauss distance) 方法[9]。EIGD 的核心就是构造合适的指标用于描述新增样本引起的总样本分布情况变化。由于样本分布函数仅仅涉及设计变量

值，而不需计算响应值，因此该方法可以在不调用真实函数的前提下实现更新样本分布函数。

具体地，假设在某一轮更新需要加入 n 个新样本，目前已经确定了 $(k-1)$ 个新样本的位置，需要继续确定第 k 个样本位置，定义高斯距离函数用于表示第 k 个待测点与第 $i(1 \leqslant i \leqslant k-1)$ 个已确定样本的相关距离如下：

$$\text{GD} = (1 - \text{Gauss}(\boldsymbol{x}_k, \boldsymbol{x}_i, \alpha))^\rho = \left(1 - \exp(-\alpha \left\|\boldsymbol{x}_k - \boldsymbol{x}_i\right\|_2^2)\right)^\rho \tag{2-33}$$

该函数有两个控制参数 α 和 ρ。考虑到在当前迭代步已经确定的 $(k-1)$ 个新样本，基于 EI 准则构建 EIGD 及对应优化列式如下：

$$\begin{aligned} &\text{find} \quad \boldsymbol{x}_k \\ &\max \quad \text{EIGD}(\boldsymbol{x}_k) = E\left[I(\boldsymbol{x}_k)\right] \left[\prod_{i=1}^{k-1}(1 - \text{Gauss}(\boldsymbol{x}_k, \boldsymbol{x}_i, \alpha))\right]^\rho \\ &\text{s.t.} \quad \boldsymbol{x}_k \in \Omega, \quad k = 1, 2, \cdots, n \end{aligned} \tag{2-34}$$

EIGD 准则用于并行多点优化效果如图 2.11 所示，第一轮迭代过程中借助 EIGD 添加两个样本，且两个样本位于 EI 准则的两个较远的峰值位置。在第二轮迭代时，首先更新样本集，重构 EI 函数，之后根据 EIGD 又可选出两个峰值位置进行加点，避免因加点过于集中造成信息的冗余。

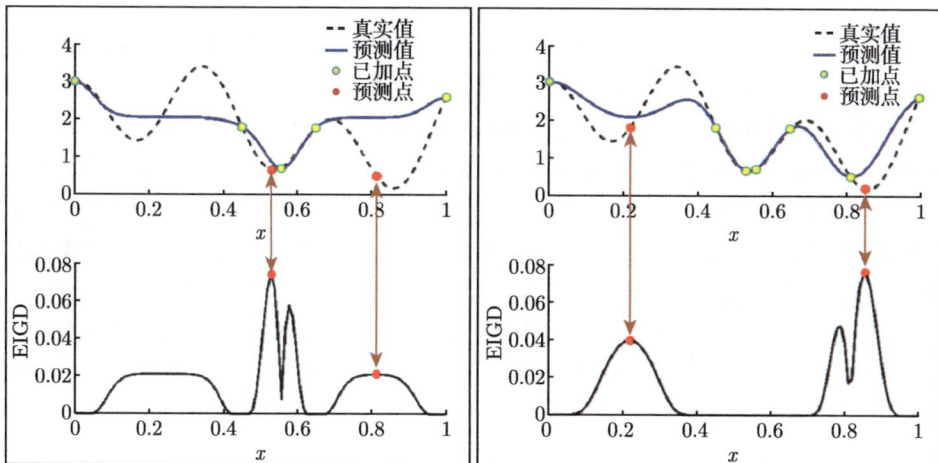

图 2.11　EIGD 多点加点流程 (左图，第一轮迭代添加两个样本；右图，第二轮迭代)

GD 函数性质满足：当第 k 个待测样本与已加样本接近时，GD 函数趋近于 0；当与已加样本距离较远时，GD 函数趋近于 1。这一性质能够保证新增样本能够尽可能地远离已加样本，同时，在距离较远时又能保留 EI 准则的高效全局寻优效果。两个控制参数 α 和 ρ 对最终加点的选取有着较大影响。图 2.12 显示了不同参数对于 GD 准则的影响规律，α 过大、ρ 过小，则容易使得 GD 函数过于陡峭，不利于准则函数的平滑性；而 α 过小、ρ 过大，则 GD 函数难以随着样本距离的增大迅速回归为 1，使得局部加点惩罚因素过重，不利于多峰搜索的实现，因而一般建议 $\alpha = 100, \rho = 0.3$。

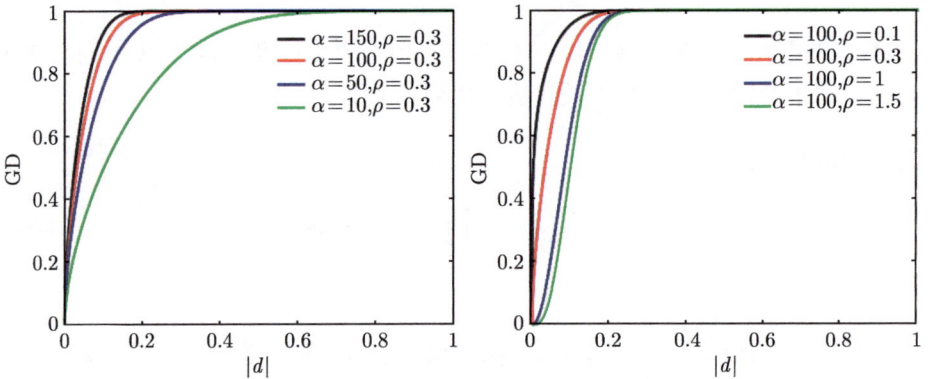

图 2.12　GD 距离函数控制参数影响 ($|d|$ 为两样本间距离)

2.5　优化搜索算法

解决工程薄壳结构优化这类多变量、强非线性、耗时长的优化问题，常用的优化搜索算法主要有两大类：梯度类优化算法以及启发式优化算法。除此之外，还包括一类无需梯度的数学规划方法，如 Hooke-Jeeves 模式搜索法、0.618 法、单纯形法、Powell 算法等。梯度类优化算法使用了目标函数 (即响应值) 及约束函数至少一者的梯度信息，根据当前迭代计算结果对下一个迭代方向、步长进行计算。一般来说，梯度类优化算法比不使用梯度的搜索算法效率更高。对于大多数梯度类算法 (随机梯度下降法等引入了随机因素的方法除外)，当初始设计相同时，每个优化算法计算得到的迭代方向与步长是固定的，因此多次使用同一个优化方法计算得到的优化结果也是相同的，甚至其迭代历程也是相同的。由于实际工程结构优化问题为非凸、多峰、不可微的，给梯度类优化算法带来困难，研究者不断发展合适的新方法，如启发式方法 (heuristic algorithm)。启发式优化算法仅适用于目标函数及约束的分析函数，是根据一定的直观或经验而构造的一类寻优算法，它们通常按照一定的规则并采取随机搜索的方式来模拟生物进化、动物行为、音乐和声等自然现象，如遗传算法、和声搜索算法、模拟退火算法、粒子群算法、禁忌搜索算法等。相比于梯度类优化算法，启发式优化算法较容易达到全局最优设计附近位置，但是由于其局部搜索能力较差，因此难以准确得到全局最优。此外，启发式优化算法计算量远大于梯度类算法，因此很少直接使用启发式算法调用有限元分析进行优化设计，其适合于结合代理模型进行快速、高效优化。

本节将分别选取无梯度优化方法、梯度类算法和启发式算法中的经典算法展开介绍，包括 Hooke-Jeeves 法、序列二次规划算法和遗传算法。为了统一描述，所有优化目标函数均为最小化优化问题。

2.5.1 模式搜索算法

模式搜索法 (也称直接搜索法、Hooke-Jeeves 法) 最早由 Hooke 和 Jeeves 提出 [45]，适用于求解定义域为凸域的无约束优化问题。由于该方法在优化过程中不用计算响应值的导数信息，因此求解相对简单，编程容易实现；相对地，收敛速度也较慢。Hooke-Jeeves 法在求解过程中力图寻找使得函数不断减小的方向，并沿着此方向不断移动迭代点，可分为探测移动和模式移动两个过程。

首先，在探测移动中，Hooke-Jeeves 法从当前迭代点出发，依次对所有坐标方向进行探索，寻找山谷方向。具体地，在第 k 迭代步，要求 $x^{(k+1)}$ 比 $x^{(k)}$ 更接近最优解。对于最小化问题，设目标函数 $f(x)$ 含有 d 个设计变量，坐标方向为

$$e_j = (0, \cdots, 0, 1, 0, \cdots, 0)^{\mathrm{T}}, \quad j = 1, \cdots, d \qquad (2\text{-}35)$$

给定初始步长 δ，加速因子 α。从 $f(x^{(k)})$ 出发，对各个坐标方向进行探索。先沿 e_1 探索，若 $f(x^{(k)} + \delta e_1) < f(x^{(k)})$，则探索成功，并以 $x^{(k)} + \delta e_1$ 为起点继续沿 e_2 探索；否则，沿 e_1 方向探索失败，反向探索 $-e_1$。若 $-e_1$ 方向探索也失败，则保持从 $x^{(k)}$ 出发，探索 e_2。以此类推，当所有方向都探测完成后，得到最终点 $\tilde{x}^{(k)}$，进而转向模式移动。

在模式移动中，由于 $\tilde{x}^{(k)}$ 相较于 $x^{(k)}$ 更接近最优解，因此将两点连线方向视为最优解可能存在的方向进行求解，令下一迭代点 $x^{(k+1)}$ 为

$$x^{(k+1)} = \tilde{x}^{(k)} + \alpha(\tilde{x}^{(k)} - x^{(k)}) \qquad (2\text{-}36)$$

模式移动后，以 $x^{(k+1)}$ 为起点再次执行探索移动，并得到 $\tilde{x}^{(k+1)}$。

若 $f(\tilde{x}^{(k+1)}) < f(\tilde{x}^{(k)})$，则说明上一轮探索成功，继续选择 $\tilde{x}^{(k+1)}$ 进行模式移动；否则，说明从 $\tilde{x}^{(k)}$ 得到 $x^{(k+1)}$ 的模式移动失败，返回 $\tilde{x}^{(k)}$，减小步长 δ 再次执行探测移动，直至寻找到更优点，或满足精度要求 $\delta < \varepsilon$，输出最终结果。

以 Hooke-Jeeves 法为代表的无梯度优化方法利用已知的迭代点计算 "下山" 方向，不断调整步长进而搜索更优解。在实际应用中，有些目标函数的梯度不容易计算，即使使用有限差分等近似算法，也会因为噪声的存在导致结果不精确，此时无梯度优化方法可以提供有效的求解工具。然而其优化效率较低、易陷入局部

最优，且缺乏数学辅助论证，往往需要凭借经验进行人工干预设置参数，因此在结构优化设计领域优先使用其他梯度类或者启发式优化算法。

2.5.2　梯度类优化算法

梯度类算法的核心思想是利用梯度信息，通过迭代的方式朝着最优解逐渐逼近，在每个迭代步力图找到更贴近最优解的位置。其中，序列二次规划算法 (sequential quadratic programming, SQP) 是目前公认的求解非线性优化问题最有效的方法之一，与其他优化算法相比，SQP 的突出优点是收敛性好、效率高、边界搜索能力强，受到了广泛的研究和应用。但其迭代过程的每一步都需要计算一个或者多个二次规划子问题，并且随着问题规模的扩大，其计算精度与效率将无法保证，因此 SQP 一般适用于中小型优化问题。首先给出等式约束的优化问题推导过程，其优化列式为

$$
\begin{aligned}
&\text{find}\quad \boldsymbol{x}\\
&\min\quad f\left(\boldsymbol{x}\right)\\
&\text{s.t.}\quad g_i\left(\boldsymbol{x}\right)=0,\quad i=1,2,\cdots,m
\end{aligned}
\tag{2-37}
$$

式中，m 为约束函数数量。设目标函数与约束函数在设计域内都满足二次连续可微。构建拉格朗日乘子，并根据 KKT 条件得到

$$
\begin{aligned}
&\nabla f\left(\boldsymbol{x}\right)-\sum_{i=1}^{m}\lambda_i\nabla g_i\left(\boldsymbol{x}\right)=0\\
&g_i\left(\boldsymbol{x}\right)=0,\quad i=1,2,\cdots,m
\end{aligned}
\tag{2-38}
$$

记 $L\left(\boldsymbol{x},\boldsymbol{\lambda}\right)=f\left(\boldsymbol{x}\right)-\boldsymbol{\lambda}^{\mathrm{T}}\boldsymbol{g}\left(\boldsymbol{x}\right)$，则全局最优解等价于 $\nabla L\left(\boldsymbol{x},\boldsymbol{\lambda}\right)=0$。采用迭代的方法解该问题，设 $(\boldsymbol{x}^{(k)},\boldsymbol{\lambda}^{(k)})$ 为当前迭代点，则将拉格朗日函数在该位置进行二阶泰勒 (Taylor) 展开，得

$$
\nabla L\left(\boldsymbol{x},\boldsymbol{\lambda}\right)\approx\nabla L(\boldsymbol{x}^{(k)},\boldsymbol{\lambda}^{(k)})+\nabla^2 L(\boldsymbol{x}^{(k)},\boldsymbol{\lambda}^{(k)})\begin{pmatrix}\boldsymbol{x}-\boldsymbol{x}^{(k)}\\\boldsymbol{\lambda}-\boldsymbol{\lambda}^{(k)}\end{pmatrix}
\tag{2-39}
$$

记迭代矢量 $\mathrm{d}\boldsymbol{x}=\boldsymbol{x}-\boldsymbol{x}^{(k)}$，$\mathrm{d}\boldsymbol{\lambda}=\boldsymbol{\lambda}-\boldsymbol{\lambda}^{(k)}$，则 $\nabla L\left(\boldsymbol{x},\boldsymbol{\lambda}\right)=0$ 可记为

$$
\nabla L\left(\boldsymbol{x}^{(k)},\boldsymbol{\lambda}^{(k)}\right)+\nabla^2 L\left(\boldsymbol{x}^{(k)},\boldsymbol{\lambda}^{(k)}\right)\begin{pmatrix}\mathrm{d}\boldsymbol{x}\\\mathrm{d}\boldsymbol{\lambda}\end{pmatrix}=0
\tag{2-40}
$$

根据拉格朗日方程，写出其中各个分项：

$$
\begin{aligned}
\nabla L\left(\boldsymbol{x}, \boldsymbol{\lambda}\right) &= \begin{pmatrix} \nabla f\left(\boldsymbol{x}\right) - \boldsymbol{\lambda}^{\mathrm{T}} \nabla \boldsymbol{g}\left(\boldsymbol{x}\right) \\ -\boldsymbol{g}\left(\boldsymbol{x}\right) \end{pmatrix} \\
\nabla^2 L\left(\boldsymbol{x}, \boldsymbol{\lambda}\right) &= \begin{pmatrix} \nabla^2 f\left(\boldsymbol{x}\right) - \boldsymbol{\lambda}^{\mathrm{T}} \nabla^2 \boldsymbol{g}\left(\boldsymbol{x}\right) & -\nabla \boldsymbol{g}\left(\boldsymbol{x}\right)^{\mathrm{T}} \\ -\nabla \boldsymbol{g}\left(\boldsymbol{x}\right) & 0 \end{pmatrix}
\end{aligned} \tag{2-41}
$$

记 $\boldsymbol{A}\left(\boldsymbol{x}\right) = \nabla \boldsymbol{g}\left(\boldsymbol{x}\right), \boldsymbol{Q}\left(\boldsymbol{x}, \boldsymbol{\lambda}\right) = \nabla f\left(\boldsymbol{x}\right) - \boldsymbol{\lambda}^{\mathrm{T}} \nabla \boldsymbol{g}\left(\boldsymbol{x}\right)$，则式 (2-40) 可改写为

$$
\begin{pmatrix} \boldsymbol{Q}(\boldsymbol{x}^{(k)}, \boldsymbol{\lambda}^{(k)}) & -\boldsymbol{A}(\boldsymbol{x}^{(k)})^{\mathrm{T}} \\ -\boldsymbol{A}(\boldsymbol{x}^{(k)}) & 0 \end{pmatrix} \begin{pmatrix} (\mathrm{d}\boldsymbol{x})^{(k)} \\ (\mathrm{d}\boldsymbol{\lambda})^{(k)} \end{pmatrix} = - \begin{pmatrix} \nabla f(\boldsymbol{x}^{(k)}) - (\boldsymbol{\lambda}^{(k)})^{\mathrm{T}} \boldsymbol{A}(\boldsymbol{x}^{(k)}) \\ -\boldsymbol{g}(\boldsymbol{x}^{(k)}) \end{pmatrix}
\tag{2-42}
$$

定义价值函数 (merit function)：

$$
P\left(\boldsymbol{x}, \boldsymbol{\lambda}\right) = \left\| \nabla f\left(\boldsymbol{x}\right) - \boldsymbol{\lambda}^{\mathrm{T}} \nabla \boldsymbol{g}\left(\boldsymbol{x}\right) \right\|_2^2 + \left\| \boldsymbol{g}\left(\boldsymbol{x}\right) \right\|_2^2 \tag{2-43}
$$

可以代入求得，式 (2-42) 的解满足：

$$
\begin{pmatrix} (\mathrm{d}\boldsymbol{x})^{(k)} \\ (\mathrm{d}\boldsymbol{\lambda})^{(k)} \end{pmatrix}^{\mathrm{T}} \nabla P(\boldsymbol{x}^{(k)}, \boldsymbol{\lambda}^{(k)}) = -2P(\boldsymbol{x}^{(k)}, \boldsymbol{\lambda}^{(k)}) \tag{2-44}
$$

$\begin{pmatrix} (\mathrm{d}\boldsymbol{x})^{(k)} \\ (\mathrm{d}\boldsymbol{\lambda})^{(k)} \end{pmatrix}$ 符合 $P\left(\boldsymbol{x}, \boldsymbol{\lambda}\right)$ 在迭代点的下降方向，在迭代过程中可以引入此判据作为步长调控因子。由此可以给出等式约束下的拉格朗日–牛顿 (Lagrange-Newton) 方法步骤：

(1) 给出初始点 $\boldsymbol{x}^{(1)}$，参数 $\lambda_1, \beta \in (0, 1), k = 1$，以及收敛阈值 $\varepsilon \geqslant 0$。

(2) 计算 $P(\boldsymbol{x}^{(k)}, \boldsymbol{\lambda}^{(k)})$，若 $P(\boldsymbol{x}^{(k)}, \boldsymbol{\lambda}^{(k)}) \leqslant \varepsilon$ 则停止迭代；否则，求解方程 (2-42)，得到迭代矢量 $\begin{pmatrix} (\mathrm{d}\boldsymbol{x})^{(k)} \\ (\mathrm{d}\boldsymbol{\lambda})^{(k)} \end{pmatrix}$，令 $\alpha = 1$。

(3) 对迭代步长进行调整，若：

$$
P\left(\boldsymbol{x}^{(k)} + \alpha(\mathrm{d}\boldsymbol{x})^{(k)}, \boldsymbol{\lambda}^{(k)} + \alpha(\mathrm{d}\boldsymbol{\lambda})^{(k)}\right) \leqslant (1 - \alpha\beta) P(\boldsymbol{x}^{(k)}, \boldsymbol{\lambda}^{(k)}) \tag{2-45}
$$

则到步骤 4；否则，调整 $\alpha = 0.25\alpha$，返回步骤 3。

(4) 更新迭代点，$\boldsymbol{x}^{(k+1)} = \boldsymbol{x}^{(k)} + \alpha\left(\mathrm{d}\boldsymbol{x}\right)^{(k)}, \boldsymbol{\lambda}^{(k+1)} = \boldsymbol{\lambda}^{(k)} + \alpha\left(\mathrm{d}\boldsymbol{\lambda}\right)^{(k)}, k = k+1$，返回步骤 2。

由式 (2-40) 可以看出，$(\mathrm{d}\boldsymbol{x})^{(k)}$ 的求解过程可以转换为二次规划问题，即

$$
\begin{aligned}
&\text{find}\quad \boldsymbol{d} = (\mathrm{d}\boldsymbol{x})^{(k)} \\
&\min\quad \nabla f(\boldsymbol{x}^{(k)})^{\mathrm{T}}\boldsymbol{d} + \frac{1}{2}\boldsymbol{d}^{\mathrm{T}}\bar{\boldsymbol{H}}_k\boldsymbol{d} \\
&\text{s.t.}\quad \boldsymbol{g}(\boldsymbol{x}^{(k)}) + \nabla\boldsymbol{g}(\boldsymbol{x}^{(k)})\boldsymbol{d} = 0
\end{aligned}
\tag{2-46}
$$

式中，$\bar{\boldsymbol{H}}_k$ 为拉格朗日函数 $L(\boldsymbol{x},\boldsymbol{\lambda})$ 的近似二阶梯度海塞 (Hessian) 阵，$(\boldsymbol{\lambda}_k+(\mathrm{d}\boldsymbol{\lambda})_k)$ 是新的拉格朗日乘子。Lagrange-Newton 方法可以理解为逐步求解问题 (2-46)，属于嵌套的优化算法，外层优化设计变量为 $\boldsymbol{x}^{(k)}$，内层优化设计变量为 $(\mathrm{d}\boldsymbol{x})^{(k)}$。

更一般地，对于含不等式约束的优化问题，可以仿照上述过程构建出对应迭代格式的二次规划问题，并在每次迭代过程中考虑发挥作用的不等式约束，这里不做详细展开，更多内容可以参考优化方法的相关书籍[46-48]。以上给出 SQP 方法的基本介绍，实际上对于 SQP 的凸性、全局收敛性、约束处理方法、步长调节机制、内层搜索算法等都有专门的讨论与研究。作为目前公认最有效的非线性优化算法之一，SQP 算法在各个商业软件中都有集成，可以非常方便地调用。

2.5.3　启发式全局优化算法

启发式优化算法按照一定的规则随机生成设计，并比较不同设计的性能来选取最优解，适用于处理多峰、非凸优化问题，主要包括遗传算法、和声搜索算法、模拟退火算法、粒子群算法、禁忌搜索算法等。其中，遗传算法 (genetic algorithm, GA) 借鉴达尔文的遗传学说，最早由密歇根大学的 Holland[49] 提出，之后由 Goldberg[50] 总结、归纳出了遗传算法。GA 通过编码机制将设计变量转化为字符串，即 "染色体" 也称 "个体"。构建染色体选择、交叉、变异过程，根据不同个体的适应度大小进行 "自然选择、优胜劣汰"。首先介绍 GA 算法用到的基本概念。

个体与群体：个体是单个可行解，每个个体蕴含对应的设计变量值；群体表示所有个体组成的解集。个体与群体随着 GA 的进化而不断更新。

编码、基因型与染色体：GA 算法将原问题的设计变量映射到离散编码进行表示，通常选取二进制编码，每种编码可视为一种基因型，当前个体的编码对应其染色体。例如设计域为 $[-2, 10]$，可设置 6 位二进制编码，即 "000000" 到 "111111"，共 $2^6 = 64$ 个不同的基因型，将设计域等分为 63 份，即 GA 计算的最小步长为 $12/63 \approx 0.1905$。二进制编码位数越多，编码精度越高，得到的解也越接近全局最优解。另一方面，随着编码位数的增多，计算耗时也会成倍增加。可以看到，基于编码的 GA 算法本质上是对设计域进行离散，因此，可以巧妙地运用于离散变量优化问题。

适应度函数：用于评价个体优劣程度，一般可由目标函数映射得到。适应度函数越大，则表示该个体越优秀，其被保留并进行遗传的概率越高。对于含约束的优化问题，适应度函数还需考虑满足或违反约束的情况。

交叉操作：交叉算子是 GA 的主要算子，在算法中起到关键作用，是生成新个体的主要方法。根据交叉点的不同可分为单点交叉、两点交叉、多点交叉、均匀交叉、算数交叉等。交叉算子仿照生物学染色体交叉过程，以交叉概率 P_c 对两个父代染色体进行编码交换，生成子代染色体。简单 GA 算法使用单点交叉，其操作如图 2.13 所示。

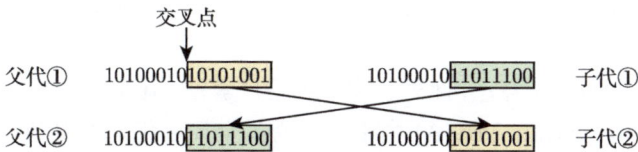

图 2.13　单点交叉操作示意图

变异操作：变异算子模仿了自然界的基因突变，对群体内的每个个体，以变异概率 P_m 将某一个或某些基因值改变为其他值。能够一定程度上弥补由于初始种群数量限制造成基因库的不足。变异操作还可以维持种群多样性、防止早熟。图 2.13 中交叉点左侧基因都一致，单纯使用交叉操作，无论交叉点选择在哪，其子代的前八位编码都不会发生变化。变异算子包括基本位变异、均匀变异、边界变异、非均匀变异、高斯-若尔当变异等。简单 GA 算法使用基本位变异，其操作如图 2.14 所示。

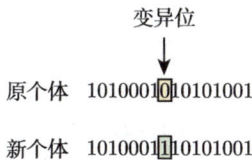

图 2.14　基本位变异操作示意图

选择操作：仿照自然界"优胜劣汰"的机制，GA 算法运用选择算子，从当前代种群中按照一定的概率挑选出适应度高的个体，参与下一代的进化。其中，"轮盘赌"方法是最早提出且最为经典的一种选择方法。轮盘赌基于比例的选择，计算各个个体适应度占总体比例的大小来决定其进行下一代进化的可能性。对于第 i 个个体，其适应度函数值为 F_i，则其被选择的概率 P_i 为

$$P_i = \frac{F_i}{\sum F_j} \tag{2-47}$$

GA 算法的基本步骤如下:

(1) 根据设计变量范围及参数设置,在设计域内生成一系列初始个体构成 "群体",计算每个个体的适应度。

(2) 根据选择操作对每两个子代选择其父代与母代。

(3) 对上一步筛选出的父代与母代,进行交叉操作生成新子代。

(4) 对每个新个体按照一定概率采取变异操作。

(5) 计算新群体的适应度函数。

(6) 判断是否收敛,若收敛则停止计算;若没有收敛,则返回第二步。其中,收敛准则一般包括最大迭代步数、连续几代个体平均适应度函数差异、群体所有个体适应度方差等。

以上为基本的 GA 算法,此外还有各种推广算法。其中,多岛遗传算法 (multi-island genetic algorithm, MIGA) 由于其优秀的全局寻优能力得到了广泛应用。与 GA 算法相比,MIGA 具有多峰搜索能力,并且不容易早熟。MIGA 模拟了岛群内的进化:首先假定有多个岛屿,在各个岛屿上都生活着生物,这些生物相对自由地在岛内繁衍,适应度越高的个体繁衍的概率越大;假设每经过一段时间,不同岛屿之间的生物有机会进行一次迁移,越优秀的个体越容易穿越海峡抵达下一个岛屿,这样使得不同岛屿间基因库可以发生信息交换;等到时间足够长后,从所有个体中筛选出最优秀的个体。

2.6　基于代理模型的工程薄壳结构优化设计

本节通过蒙皮桁条结构减轻孔优化设计、基于竞争性抽样的多级加筋圆柱壳优化设计两个典型工程薄壳结构优化算例,来说明代理模型优化技术的计算流程及应用效果。

2.6.1　蒙皮桁条结构减轻孔代理模型优化设计

面向未来运载器大轴压服役性能和结构轻量化需求,布置于蒙皮桁条结构中间框上的新型长圆减轻孔,可在小幅提高结构轴压极限承载力的前提下,实现结构减重。考虑到后屈曲分析的计算效率,基于 RBF 模型,构造了蒙皮桁条结构减轻孔的后屈曲优化框架。

本节算例来自于文献 [51],结构由上下两个相同的舱段装配组成 (直径 D 为 3000 mm,高度 L 为 5000 mm),每段分别由 40 根桁条、3 个中间框、上下端框和蒙皮组成,如图 2.15 所示。结构采用硬铝合金材料,其弹性模量为 70.0 GPa,泊松比为 0.3,密度为 2.7×10^6 kg/mm³。材料本构为双线性弹塑性材料,桁条端框的屈服应力为 440 MPa,切线模量为 1117 MPa,延伸率为 0.08;蒙皮的屈服应力为 290 MPa，切线模量为 1564 MPa，延伸率为 0.08；中间框屈服应力为 278 MPa，切线模量为 1561 MPa，延伸率为 0.08。对于初始设计，整个模型重量为 103.1 kg。其中，中间框结构的重量为 82.7 kg。

该分析模型的边界条件为一端固支、一端简支，即结构下端固支下边界端框，上边界端框仅放松轴向位移自由度并约束其余自由度。为了减少计算量，取 1/4 模型进行计算，模型两侧施加对称边界条件。显式后屈曲分析采用位移加载，取上端框面为刚性加载面，轴压加载时间取 100 ms，总加载位移取 20 mm。

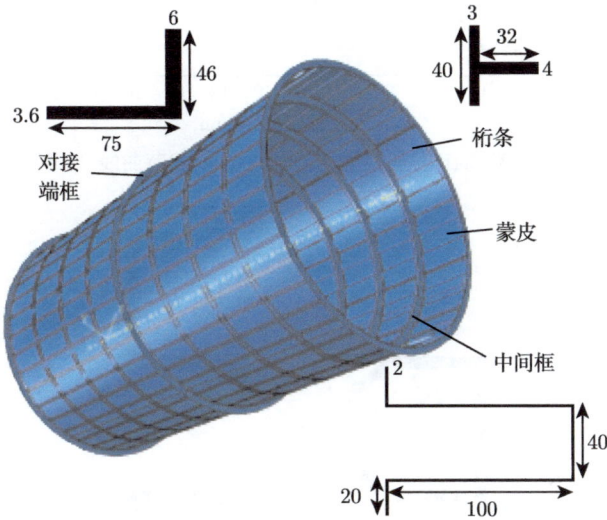

图 2.15　蒙皮桁条结构

对该蒙皮桁条结构进行后屈曲计算的单元尺寸依赖性分析，确定采用尺寸为 25 mm 的单元开展后屈曲分析。计算得到的结构轴压位移-载荷曲线及压溃点对应的冯米泽斯 (von Mises) 应力分布如图 2.16 所示。在轴压位移约为 3.0 mm 时，蒙皮桁条结构发生蒙皮局部失稳。因此，位移-载荷曲线在发生压溃前，呈现出显著的双线性特征。另外，图中显示应力较大处主要集中于上下舱段对接处，而中间框上应力水平并不高。因此，可考虑在中间框上开减轻孔进行减重。

传统的减轻孔一般为圆形开孔，工艺上采用冲压剪切而成。因此，开孔后结构上会形成翻边，如图 2.17 所示。翻边可大幅增加孔边的面外刚度，可间接提高结构的屈曲承载力，同时开孔又能实现轻量化设计。圆形减轻孔可由 3 个变量描述，其中 D_1 为翻边外径，D_2 为翻边内径，D_H 为翻边高度。由于翻边是在原有中间框结构上采用冲压工艺而形成，其厚度不再单独考虑为设计变量。

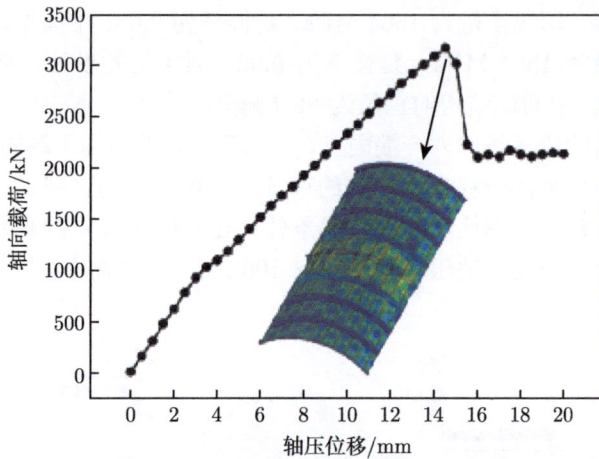

图 2.16　初始设计的轴压位移-载荷曲线

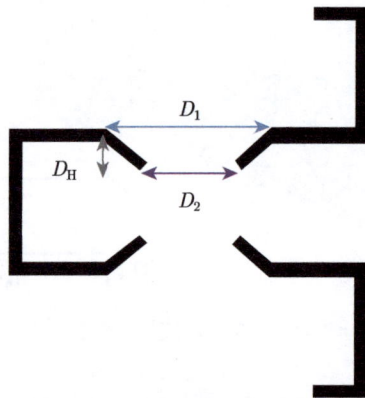

图 2.17　圆形减轻孔剖面示意图

产品初样方案中考虑 $D_1 = 52.0$ mm、$D_2 = 31.9$ mm、$D_H = 9.2$ mm 的圆形减轻孔，每两个相邻桁条间布置一对减轻孔，分别位于中间框的上下框面。对该结构进行显式后屈曲分析后，得到其极限承载力为 3161 kN，此时对应的中间框重量为 81.8 kg。相比初始设计，由于翻边提供了面外刚度，该模型在结构极限承载力小幅提高的前提下，实现了一定的结构减重。由于中间框宽度的影响，传统圆形减轻孔的设计空间受到一定限制。结合冲压工艺特点，算例采用一种新型的长圆减轻孔模型，如图 2.18 所示。相比圆形减轻孔，该模型增加了控制变量 P_X，也使得其可设计性和减重空间显著增大。

考虑 $D_1 = 42.2$ mm、$D_2 = 23.0$ mm、$D_H = 6.8$ mm、$P_X = 34.8$ mm 的长圆减轻孔，每 2 个相邻桁条间布置 1 对减轻孔，分别位于中间框的上下框面。对该

结构进行显式后屈曲分析后，得到其极限承载力为 3170 kN，此时对应的中间框重量为 80.5 kg。不同减轻孔模型与初始设计的性能对比在表 2.1 中给出。可知，长圆减轻孔模型的承载效率更高。

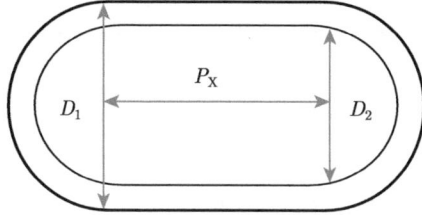

图 2.18 长圆形减轻孔剖面示意图

表 2.1 不同减轻孔模型与初始设计的性能对比

模型	极限承载力/kN	中间框重量/kg
初始设计	3148	82.7
圆形减轻孔模型	3161	81.8
长圆减轻孔模型	3170	80.5

分别对圆形和长圆减轻孔模型进行基于后屈曲分析的孔形优化，考虑到计算成本，这里采用了 RBF 代理模型优化技术。优化列式可写为

$$
\begin{aligned}
&\min \ W \\
&\text{s.t.} \quad P_{\mathrm{co}} \geqslant P_{\mathrm{co0}} \\
&\quad X_i^l \leqslant X_i \leqslant X_i^u, \quad i = 1, 2, \cdots, 9
\end{aligned}
\tag{2-48}
$$

式中，W 为结构重量，P_{co} 为结构轴压极限载荷，P_{co0} 为初始设计的极限载荷，X_i^u 和 X_i^l 分别为第 i 个设计变量 X_i 的上下限值。

一个典型代理模型优化过程可分为内层优化和外层更新环节，如图 2.1 所示。首先，在实验设计中，基于采样方法在设计空间进行采样，进行显式后屈曲分析；然后，针对样本点集构建 RBF 代理模型，并基于该模型开展优化，内层优化迭代收敛后，调用显式后屈曲分析，进行精细分析，并判断：如果精细分析得到的极限载荷与代理模型预测值之间满足收敛条件 (若相对误差小于 0.1%) 则优化结束，内层优化收敛；否则，将精细分析的计算结果加入至原样本点集中，并重新建立代理模型，之后再次进入内层优化环节，直至内外两层的收敛性判断均已满足为止。

表 2.2 给出了 2 种减轻孔模型各变量的优化设计空间。首先，在实验设计环节采用 OLHS 方法在整个设计空间抽取 150 个样本点，然后构建 RBF 模型，训

练历程如图 2.19 所示。根据文献 [52,53] 建议，分别采用均方根误差、平均误差和最大误差来评估代理模型的全局和局部预测精度，其表达式为

$$\%\mathrm{RMSE} = 100\frac{\sqrt{\frac{1}{n}\sum_{i=1}^{n}(y_i-\hat{y}_i)^2}}{\frac{1}{n}\sum_{i=1}^{n}y_i}$$

$$\%\mathrm{AvgErr} = 100\frac{\frac{1}{n}\sum_{i=1}^{n}|y_i-\hat{y}_i|}{\frac{1}{n}\sum_{i=1}^{n}y_i} \qquad (2\text{-}49)$$

$$\%\mathrm{MaxErr} = \mathrm{Max}\left[100\frac{|y_i-\hat{y}_i|}{\frac{1}{n}\sum_{i=1}^{n}y_i}\right]$$

表 2.2　不同减轻孔模型与初始设计的性能对比

模型	D_1/mm	D_2/mm	D_H/mm	P_X/mm
圆形孔模型下限	40.0	20.0	3.0	—
圆形孔模型上限	96.0	86.4	10.0	—
最优圆形孔模型	64.4	58.0	3.1	—
长圆孔模型下限	40.0	20.0	3.0	20.0
长圆孔模型上限	96.0	86.4	10.0	60.0
最优长圆孔模型	65.0	58.5	3.9	25.0

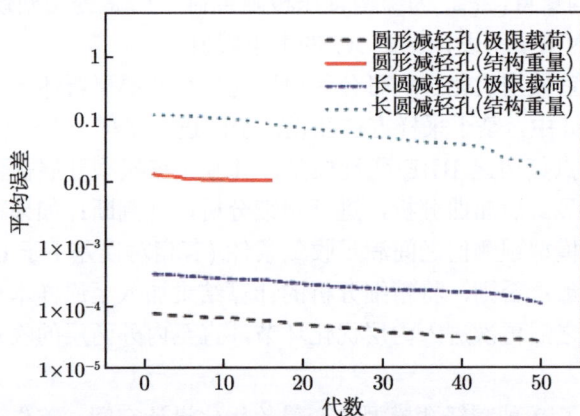

图 2.19　RBF 模型训练历程曲线

接下来，仍采用 OLHS 方法分别对圆形和长圆减轻孔模型随机抽取 18 个样本点，并进行代理模型预测误差估计，得到结构重量和极限载荷的 3 个误差指标分别为 0.001% 和 1.4%、0.001% 和 1.1%、0.003% 和 3.0% 以及 0.04% 和 1.7%、0.03% 和 1.4%、0.06% 和 3.4%。因此，可认为 2 个 RBF 模型均满足精度要求。下面采用多岛遗传算法进行全局寻优，其算法参数设置如下：种群数取 40，岛数取 5，代数取 20。经过 6 次外层更新，2 条迭代曲线逐步收敛，如图 2.20 所示。

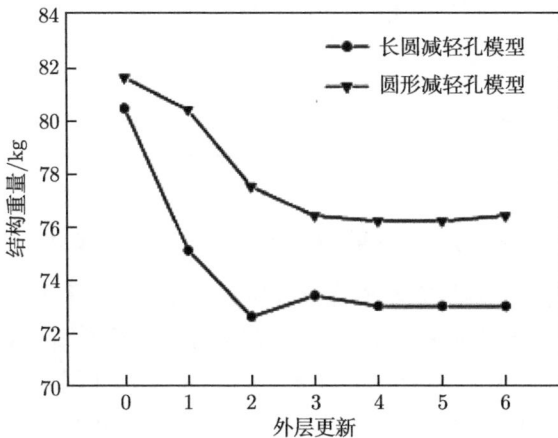

图 2.20　代理模型优化外层更新历程曲线

最优孔形参数列于表 2.2 中，2 个最优减轻孔模型的性能对比在表 2.3 中给出。观察图 2.21 可知，2 个最优模型的翻边外径、内径均比较接近，长圆减轻孔的翻边高于圆形减轻孔，用于补强开孔面积过大造成的刚度损失。最优长圆减轻孔模型在承载能力高于初始设计和最优圆形减轻孔模型的前提下，实现减重 11.7%，优化效益更为显著。

表 2.3　不同最优减轻孔模型与初始设计的性能对比

模型	极限承载力/kN	中间框重量/kg
初始设计	3148	82.7
最优圆形孔模型	3169	76.4
最优长圆孔模型	3171	73.0

通过该算例可以得到以下结论：① 通过对 3 种模型的显式后屈曲分析可知，减轻孔翻边，可在一定程度上提高中间框结构的面外刚度，从而在小幅提高结构轴压极限承载力的前提下，实现结构减重；② 采用代理模型方法，可高效地获得此类结构的最优减轻孔形参数；③ 优化算例结果表明，长圆减轻孔模型较初始设计和圆形减轻孔模型承载效率更高，且可设计性增强。这种新型减轻孔模型有望

应用在未来运载火箭的蒙皮桁条结构设计中。

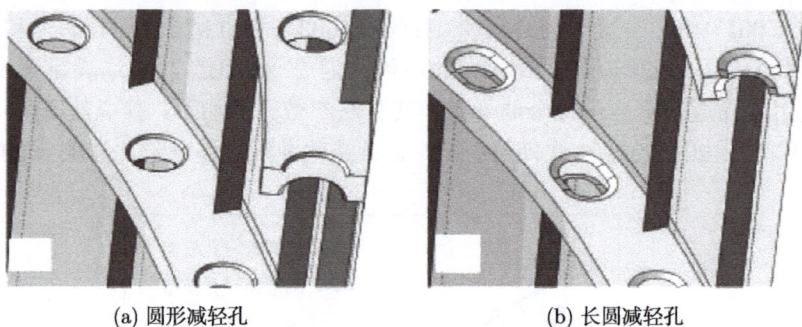

(a) 圆形减轻孔　　　　　　　　　　　　　　(b) 长圆减轻孔

图 2.21　最优减轻孔模型

2.6.2　基于竞争性抽样的多级加筋圆柱壳代理模型优化设计

本节针对多级加筋圆柱壳结构优化开展算例研究，进行代理模型应用效果验证。多级加筋圆柱壳模型如图 2.22 所示。将含有精细模型细节的有限元模型作为多级加筋圆柱壳的高保真度模型 (high-fidelity model, HFM)，其采用显式动力学方法进行后屈曲分析获得极限承载力。低保真度模型 (low-fidelity model, LFM) 的建立方法包括 NSSM(如《分析卷》3.3.1 节介绍) 和自适应等效模型 (如《分析卷》4.2.1 节介绍)。自适应等效模型可预测极限承载力，而 NSSM 只能预测线性屈曲载荷。

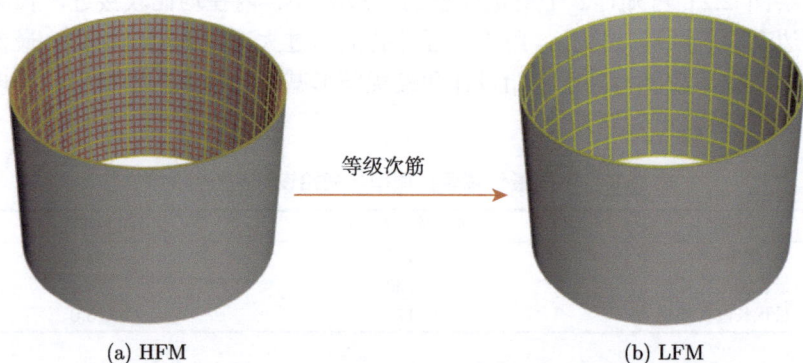

等级次筋

(a) HFM　　　　　　　　　　　　　　　　(b) LFM

图 2.22　多级加筋圆柱壳高保真度模型与低保真度模型

本节算例来自于文献 [54]，模型尺寸、材料属性与《分析卷》3.2.2 节的多级加筋圆柱壳模型保持一致，具体可参考《分析卷》3.2.2 节。多级加筋圆柱壳包含 9 个设计变量：蒙皮厚度 t_s，主筋高度 h_{rj}，主筋厚度 t_{rj}，轴向主筋数目 N_{aj}，环

向主筋数目 N_{cj}, 次筋高度 h_{rn}, 次筋厚度 t_{rn}, 主筋格栅中的轴向次筋数目 N_{an}, 主筋格栅中的环向次筋数目 N_{cn}, 设计空间如表 2.5 所示。边界条件除轴向自由度外, 下端夹支, 上端固定。在多级加筋圆柱壳的上端施加均匀的轴向载荷。优化目标为最大多级加筋圆柱壳极限承载力 P_{co}, 约束条件为质量 W 不超过 355 kg。

优化基于变保真竞争性抽样的代理模型方法展开, 优化框架流程如图 2.23 所示, 具体流程如下:

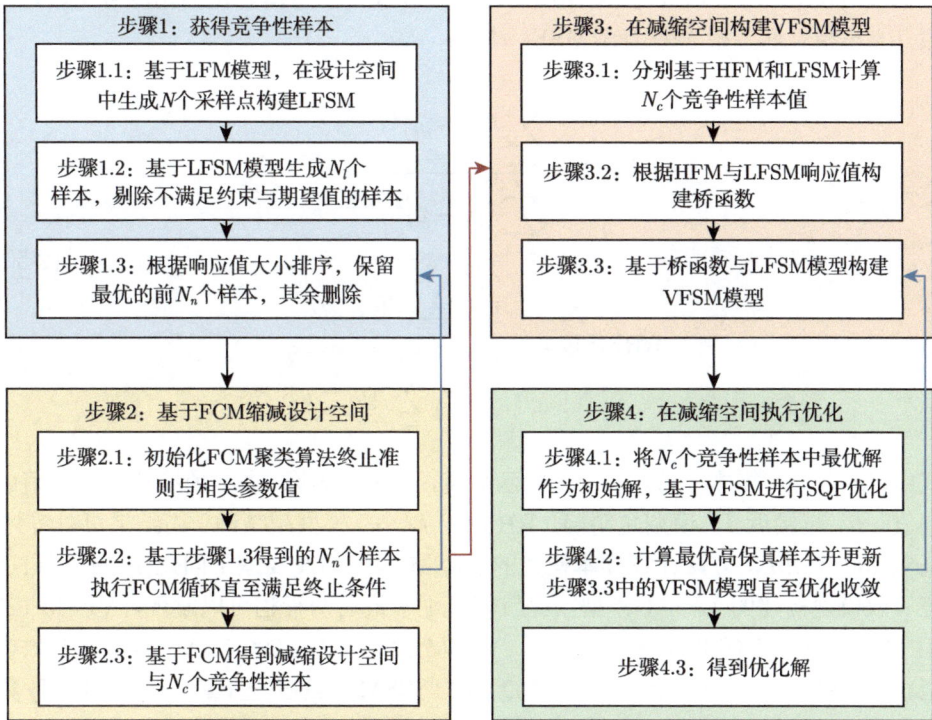

| 步骤1: 获得竞争性样本 |
| 步骤1.1: 基于LFM模型, 在设计空间中生成N个采样点构建LFSM |
| 步骤1.2: 基于LFSM模型生成N_l个样本, 剔除不满足约束与期望值的样本 |
| 步骤1.3: 根据响应值大小排序, 保留最优的前N_n个样本, 其余删除 |

| 步骤3: 在减缩空间构建VFSM模型 |
| 步骤3.1: 分别基于HFM和LFSM计算N_c个竞争性样本值 |
| 步骤3.2: 根据HFM与LFSM响应值构建桥函数 |
| 步骤3.3: 基于桥函数与LFSM模型构建VFSM模型 |

| 步骤2: 基于FCM缩减设计空间 |
| 步骤2.1: 初始化FCM聚类算法终止准则与相关参数值 |
| 步骤2.2: 基于步骤1.3得到的N_n个样本执行FCM循环直至满足终止条件 |
| 步骤2.3: 基于FCM得到减缩设计空间与N_c个竞争性样本 |

| 步骤4: 在减缩空间执行优化 |
| 步骤4.1: 将N_c个竞争性样本中最优解作为初始解, 基于VFSM进行SQP优化 |
| 步骤4.2: 计算最优高保真样本并更新步骤3.3中的VFSM模型直至优化收敛 |
| 步骤4.3: 得到优化解 |

图 2.23 多级加筋圆柱壳变保真度模型优化流程图

(1) 在设计空间中生成 N 个初始样本, 基于 LFM 进行计算, 用 GP 模型建立低保真度代理模型 (low-fidelity surrogate model, LFSM)。基于 LFSM 在设计空间中生成大量的样本点并预测其响应值, 数量记为 N_l(建议 N_l 远大于 N)。从上述样本集中剔除不满足约束条件和响应期望值低的采样点。然后, 根据响应值将采样点从大到小排序, 筛选其中排名最优的 N_n 个样本到竞争采样点的候选集合中, 舍去其余样本点。

(2) 基于模糊 c-均值聚类算法 (fuzzy c-means algorithm, FCM) 方法对 N_n 个样本进行聚类, 确定缩减设计空间和 N_c 个竞争性采样点。

(3) 基于高保真度模型 HFM 计算 N_c 个竞争性采样点的响应值, 并与 LFSM

结合构建变保真度代理模型 VFSM。

(4) 将 N_c 个竞争性采样点中最优解作为优化初始解，基于 VFSM 与 SQP 算法开展优化计算。采用 HFM 对优化得到的设计点进行计算，并不断更新 VFSM 样本集，反复迭代加点直到满足收敛条件，最终得到 VFSM 优化设计结果。

首先，讨论自适应等效模型、NSSM 两种 LFM 对构建 VFSM 精度的影响。HFM 单次分析时间约为 1.5 h，LFM (自适应等效模型) 约为 0.08 h，LFM (NSSM) 仅需要 0.0016 h。VFSM 预测精度比较结果如表 2.4 所示。预测精度可由决定系数 R^2 与相对均方根误差 (RRMSE) 体现：

$$R^2 = 1 - \frac{\sum\limits_{i=1}^{n} (y_i - \hat{y}_i)^2}{\sum\limits_{i=1}^{n} (y_i - \bar{y})^2}$$

$$\mathrm{RRMSE} = \frac{\sqrt{\dfrac{1}{n}\sum\limits_{i=1}^{n} (y_i - \hat{y}_i)^2}}{\sqrt{\dfrac{1}{n-1}\sum\limits_{i=1}^{n} (y_i - \bar{y})^2}}$$

(2-50)

式中，n 为检测样本个数，y 为真实函数值，$\hat{y}$ 为预测值，$\bar{y}$ 为所有样本真实值的均值。R^2 越接近 1，模型越精确。RRMSE 越小，模型越精确。由结果可以看到，基于 200 个 SSM 方法计算样本构建的 LFSM 模型精度要差于同规模下使用自适应等效模型构建的 LFSM 模型。比较表 2.4 中最后两行也可以发现，VFSM (25 HFM+200 LFM (SSM)) 精度要差于 VFSM (25 HFM+200 LFM (自适应等效模型))。特别地，VFSM (25 HFM+200 LFM (SSM)) 精度与 HFSM (25 HFM) 精度几乎一致，这说明 200 个 SSM 计算得到的低保真点几乎没有发挥作用。与之相比，采用自适应等效模型计算的 VFSM 精度明显优于 HFSM，验证了自适应等效模型是一种适用于多级加筋圆柱壳极限承载力预测的有效 LFM。

表 2.4　不同 LFM 模型构建代理模型精度对比

模型	R^2	RRMSE
HFSM (25 HFM)	0.882	0.344
LFSM (200 LFM(自适应等效模型))	0.878	0.349
LFSM (200 LFM (SSM))	0.645	0.596
VFSM (25 HFM+200 LFM(自适应等效模型))	0.926	0.272
VFSM (25 HFM+200 LFM (SSM))	0.885	0.339

然后，按照图 2.23 所示的步骤执行所提出的优化方法。在步骤 1 中，在设计

空间中采样 200 个 LFM 采样点，然后构造 LFSM。然后在设计空间中生成 10000 个采样点，由 LFSM 进行计算。剔除响应值 P_{co} 小于响应期望值 (20000 kN) 和约束值 W 大于响应期望值 (355 kg) 的采样点。然后，根据响应值 P_{co} 将保留的采样点从大到小进行排序。前 100 点进入候选集。步骤 2 中令 FCM 聚类算法最大迭代数设为 20，聚类数为 2。经过这一步，可以确定缩减的设计空间如表 2.5 所示。从空间缩减比的结果来看，该方法的空间缩减效果显著。选取候选竞争性采样点的前 25 个采样点作为竞争性采样点。在步骤 3 中，这 25 个竞争采样点分别用 HFM 和 LFSM 计算。利用 HFM 和 LFSM 的响应值构造桥函数，进而构造 VFSM。在步骤 4 中，从 25 个竞争采样点中选择最佳点作为初始解。进一步，基于 VFSM 在缩小的设计空间内进行基于梯度的 SQP 优化。SQP 优化的最大迭代次数为 400，VFSM 的最大 HFM 点更新个数为 5。最后，在缩小的设计空间下，得到了 VFSM 优化的最优结果。如表 2.5 所列，所提方法的最优结果为 25032 kN，总计算时间为 67 h，与初始结果 (17265 kN) 相比，所提方法的最优结果 (25032 kN) 提高了 45%，具有较强的优化能力。

表 2.5   缩减设计空间条件下多级加筋圆柱壳优化结果

	t_s/mm	t_{rj}/mm	t_{rn}/mm	h_j/mm	h_n/mm	N_{cj}
变量下限	2.5	3.0	3.0	15.0	6.0	3
变量上限	5.5	12.0	12.0	30.0	15.0	9
初始设计	4.0	9.0	9.0	23.0	11.5	6
缩减后下限	2.50	4.25	3.20	24.43	10.63	4
缩减后上限	4.52	11.95	9.30	29.92	15.00	9
空间缩减比	33%	14%	32%	63%	49%	14%
竞争性样本	3.20	10.46	4.43	29.58	12.13	8
优化结果	3.8	9.6	3.2	29.9	10.6	8

	N_{cn}	N_{aj}	N_{an}	W/kg	P_{co}/kN	时间/h
变量下限	1	20	1	—	—	
变量上限	4	50	4	—	—	
初始设计	3	30	2	354.6	17265	—
缩减后下限	1	34	2	—	—	
缩减后上限	4	50	4	—	—	
空间缩减比	0%	45%	25%	—	—	
竞争性样本	1	47	2	350.0	23167	
优化结果	1	47	2	355.0	25032	67

与其他代理模型优化结果的对比如图 2.24 与表 2.6 所示。基于竞争性抽样的优化方法共需要 30 HFM + 200 LFM 个样本，耗时 67 h。仅使用 HFM 或者 LFM 得到的优化提升幅度远小于竞争性方法。此外，在相同计算量下，不采用竞争性抽样得到的优化结果 (21668 kN 与 20256 kN) 均小于竞争性方法。总体来看，基于竞争性抽样的变保真度代理模型优化方法能够提供高效率、高精度优化

结果，适用于多级加筋圆柱壳这类复杂结构。

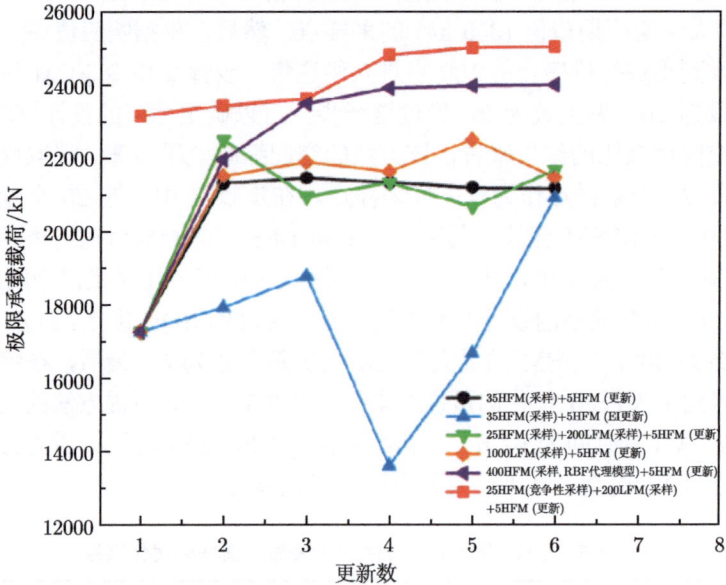

图 2.24　不同代理模型方法优化迭代曲线图

表 2.6　不同代理模型优化结果比较

模型	更新点	W/kg	P_{co}/kN	CPU 时间/h
竞争性方法 25HFM+200LFM	5HFM	355.0	25032	67
400HFM (RBF)	5HFM	355.0	24010	700
35HFM	5HFM	355.3	21171	67
35HFM	5HFM(EI)	345.4	20921	67
1000LFM	5HFM	355.4	21466	92
25HFM+200LFM	5HFM	355.0	21668	67
25HFM+200LFM (SSM)	5HFM	355.0	20256	50

参 考 文 献

[1] Giunta A A, Wojtkiewicz S F, Eldred M S. Overview of modern design of experiments methods for computational simulations[C]// 41st AIAA Aerospace Sciences Meeting and Exhibit, 2003.

[2] Forrester A, Keane A J. Recent advances in surrogate-based optimization[J]. Progress in Aerospace Sciences, 2009, 45(1): 50-79.

[3] 韩忠华. Kriging 模型及代理优化算法研究进展 [J]. 航空学报, 2016, 37(11): 3197-3225.

[4] Mckay M D, Beckman R J, Conover W J. Comparison of three methods for selecting values of input variables in the analysis of output from a computer code[J]. Technometrics, 1979, 21(2): 239-245.

[5]   Kuhnt S, Steinberg D M. Design and analysis of computer experiments[J]. Asta Advances in Statistical Analysis, 2010, 94(4): 307-309.

[6]   Jin R, Wei C, Sudjianto A. An efficient algorithm for constructing optimal design of computer experiments[J]. Journal of Statistical Planning and Inference, 2016, 134(1): 268-287.

[7]   张凯. 基于改进降维法的可靠性算法及其在重载操作机中的应用 [D]. 大连: 大连理工大学, 2012.

[8]   Haftka R T, Villanueva D, Chaudhuri A. Parallel surrogate-assisted global optimization with expensive functions-a survey[J]. Struct Multidiscip Optim, 2016, 54(1): 3-13.

[9]   Hao P, Feng S J, Zhang K, et al. Adaptive gradient-enhanced kriging model for variable-stiffness composite panels using isogeometric analysis[J]. Struct Multidiscip Optim , 2018, 58(1): 1-16.

[10] Li Z, Ruan S, Gu J, et al. Investigation on parallel algorithms in efficient global optimization based on multiple points infill criterion and domain decomposition[J]. Structural and Multidisciplinary Optimization, 2016, 54(4): 747-773.

[11] Nik M A, Fayazbakhsh K, Pasini D, et al. A comparative study of metamodeling methods for the design optimization of variable stiffness composites[J]. Composite Structures, 2014, 107: 494-501.

[12] Ouellet F, Park C, Rollin B, et al. A Kriging surrogate model for computing gas mixture equations of state[J]. Journal of Fluids Engineering, 2019, 141(9): 091301.

[13] Haftka R T, Park C. Gaussian process as complement to test functions for surrogate modeling[J]. Structural and Multidisciplinary Optimization, 2020, 61(3): 855-861.

[14] Zhang Y, Kim N H, Haftka R T. General-surrogate adaptive sampling using interquartile range for design space exploration[J]. Journal of Mechanical Design, 2019, 142(5): 051402.

[15] Fernández-Godino M G, Park C, Kim N H, et al. Issues in deciding whether to use multifidelity surrogates[J]. AIAA Journal, 2019, 57(5): 2039-2054.

[16] Fernández-Godino M G, Balachandar S, Haftka R T. On the use of symmetries in building surrogate models[J]. Journal of Mechanical Design, 2019, 141(6): 061402.

[17] Hardy R L. Multiquadric equations oftopography and other irregular surfaces[J]. Journal of GeophysicaI Research, 1971, 76(8): 1905-1915.

[18] Jin R, Chen W, Simpson T W. Comparative studies ofmetamodeUing techniques under multiple modelling criteria[J]. Structural and Multidisciplinary Optimization, 2001, 23(1): 1-13.

[19] Franke R. Scattered data interpolation: Tests of some methods[J]. Journal of Mathematical Computation, 1982, 38(1-57): 181-200.

[20] Han Z H, Görtz S. Hierarchical kriging model for variable-fidelity surrogate modeling[J]. AIAA Journal, 2012, 50(9): 1885-1896.

[21] Song X G, Lv L Y, Sun W, et al. A radial basis function-based multi-fidelity surrogate model: exploring correlation between high-fidelity and low-fidelity models[J]. Struct

Multidiscip Optim, 2019, 60: 965-981.

[22] Han Z H, Zimmerman R, Görtz S. Alternative cokriging method for variable-fidelity surrogate modeling[J]. AIAA Journal, 2012, 50(5): 1205-1210.

[23] Han Z H, Goertz S, Zimmermann R. Improving variable-fidelity surrogate modeling via gradient-enhanced Kriging and a generalized hybrid bridge function[J]. Aerospace Science & Technology, 2013, 25(1): 177-189.

[24] Lewis R, Nash S. Multigrid approach to the optimization of systems governed by differential equations[C]// Symposium on Multidisciplinary Analysis & Optimization, 2000.

[25] Gano S E, Renaud J E. Variable fidelity optimization using a Kriging based scaling function[C]// 10th AIAA/ISSMO Multidisciplinary Analysis and Optimization Conference, 2004.

[26] Gano S E, Renaud J E, Martin J D, et al. Update strategies for Kriging models used in variable fidelity optimization[J]. Structural & Multidisciplinary Optimization, 2006, 32(4): 287-298.

[27] Jones D R, Schonlau M, Welch W J. Efficient global optimization of expensive black-box functions[J]. Journal of Global Optimization, 1998, 13(4): 455-492.

[28] Schonlau M. Computer experiments and global optimization[J]. Ph.d.thesis University of Waterloo, 1997.

[29] 杜波, 金光, 周经伦, 等. 基于代理模型的武器装备体系优化算法研究 [J]. 计算机工程与科学, 2012, 34(6): 74-78.

[30] 王红涛, 竺晓程, 杜朝辉. 基于 Kriging 代理模型的改进 EGO 算法研究 [J]. 工程设计学报, 2009, 16(4): 266-270.

[31] 王彦, 尹素菊. 基于改进 EGO 算法的黑箱函数全局最优化 [J]. 计算机应用研究, 2015, 32(3): 764-767.

[32] Ginsbourger D, Le Riche R, Carraro L. A multi-points criterion for deterministic parallel global optimization based on kriging[C]// NCP07, 2007.

[33] Ginsbourger D, Le Riche R, Carraro L. Computational Intelligence in Expensive Optimization Problems[M]. Springer Berlin Heidelberg, 2010: 131-162.

[34] Sóbester A, Leary S J, Keane A J. A parallel updating scheme for approximating and optimizing high fidelity computer simulations[J]. Structural & Multidisciplinary Optimization, 2004, 27(5): 371-383.

[35] Viana F, Haftka R T. Surrogate-based optimization with parallel simulations using the probability of improvement[C]// AIAA/ISSMO Multidisciplinary Analysis Optimization Conference, 2013.

[36] Chaudhuri A, Haftka R T. Efficient global optimization with adaptive target setting[J]. AIAA Journal, 2015, 52(7): 1573-1578.

[37] 陈霞, 李磊, 岳珠峰, 等. Kriging 代理模型下基于垂距的多点取样算法 [J]. 机械工程学报, 2015, 51(9): 153-158.

[38] 高海洋, 冯咬齐, 岳志勇, 等. 基于代理模型的航天器振动夹具优化方法 [J]. 航天器环境工程, 2016, 33(1): 65-71.

[39] 高月华, 王希诚. 基于 Kriging 代理模型的稳健优化设计 [J]. 化工学报, 2010, 61(3): 676-681.

[40] 曾锋. 一种自适应代理模型方法及其在反射面天线机电综合优化中的应用 [D]. 西安: 西安电子科技大学, 2015.

[41] 李征. 高聚物成型工艺的系统优化设计及其并行计算 [D]. 大连: 大连理工大学, 2013.

[42] 刘俊. 基于代理模型的高效气动优化设计方法及应用 [D]. 西安: 西北工业大学, 2015.

[43] 马洋. 基于代理模型和 MOEA/D 的飞行器气动外形优化设计研究 [D]. 长沙: 国防科学技术大学, 2015.

[44] Booker A J, Dennis J E, Frank P D, et al. A rigorous framework for optimization of expensive functions by surrogates[J]. Structural Optimization, 1999, 17(1): 1-13.

[45] Hooke R, Jeeves T A. "Direct Search" solution of numerical and statistical problems[J]. Journal of the ACM, 1961, 8(2): 212-229.

[46] 袁亚湘, 孙文瑜. 最优化理论与方法 [M]. 北京: 科学出版社, 1997.

[47] 程耿东. 工程结构优化设计基础 [M]. 北京: 水利电力出版社, 1984.

[48] 杨庆之. 最优化方法 [M]. 北京: 科学出版社, 2015.

[49] Holland J H. Adaptation in Natural and Artificial Systems[M]. Cambridge, MA, USA: MIT Press, 1992.

[50] Goldberg D E . Genetic Algorithm in Search, Optimization, and Machine Learning[M]. Boston, MA, USA: Addison-Wesley Publishing Company, 1989.

[51] 郝鹏, 王博, 邹威任, 等. 基于 RBF 模型的蒙皮桁条结构减轻孔优化 [J]. 固体火箭技术, 2015, 38(5): 717-721.

[52] Hao P, Wang B, Li G. Surrogate-based optimum design for stiffened shells with adaptive sampling[J]. AIAA Journal, 2012, 50(1-1): 2389-2407.

[53] Wang B, Hao P, Li G, et al. Optimum design of hierarchical stiffened shells for low imperfection sensitivity[J]. Acta Mechanica Sinica, 2014, 30(3): 391-402.

[54] Tian K, Li Z, Huang L, et al. Enhanced variable-fidelity surrogate-based optimization framework by Gaussian process regression and fuzzy clustering[J]. Computer Methods in Applied Mechanics and Engineering, 2020, 366: 113045.

第 3 章 工程薄壳结构分步后屈曲优化方法

3.1 引　言

在航空航天工程中，薄壳结构大型化导致刚度降低，加之承载重型化，结构更易发生局部屈曲变形。因此，为实现大型薄壳结构轻量化设计，必须充分挖掘后屈曲承载能力。然而，航天弹箭体主承力结构一般为含开口、蒙皮桁条、加筋锥壳、加筋圆柱壳等具有复杂壁面形式的工程薄壳结构。由于具有丰富的结构细节特征 (图 3.1)，单次后屈曲分析时间长，加之大型复杂舱段的强度与轻量化精细化设计要求，导致优化设计变量数多达近百个。这种设计变量数目的复杂结构 (模型自由度数百万级) 后屈曲承载优化设计问题，极大挑战了优化算法的全局寻优能力和效率。国际结构与多学科优化学会主席 Haftka 等 [1] 认为尽管计算机技术的发展速度以百万倍提高，但由于该问题的分析、模型与优化三者复杂度持续增加 (图 3.2)，在未来彻底解决这个问题仍然几乎是不可能的 (almost impossible target)。

图 3.1　运载火箭复杂舱段设计变量示意图

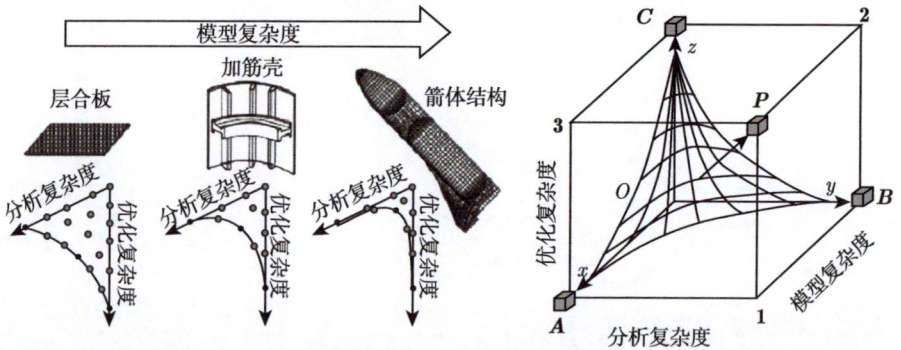

图 3.2　运载火箭复杂舱段优化设计 "三重复杂度" 难题 [1]

　　在实际航天工程薄壳结构设计过程中，如何有效解决上述优化设计难题，快速、高效地获得一个优化设计结果，已经成为航天主承力结构设计领域的关键。作者受胡海昌先生[2]的启发，即"······ 在优化理论中有一个古老的经验：一个大的优化问题，若能分解成一连串的小的优化问题，计算量就能减少许多 ······"，提出了一类面向工程薄壳结构设计的分步后屈曲优化算法[3-7]，其核心思想如图 3.3 所示：通过建立变量分组和子问题试探等算法构建概念，引导复杂问题的连续层次化分解，实现大规模非线性优化问题的分步降维；通过定义变量敏感性、有效性指标，让设计空间智能缩放，从而建立自适应代理模型优化技术，实现连续分步优化的自动实施。该算法可基于低保真度模型和高保真度模型分别、逐级、连续地开展优化设计，在可接受的时效内完成工程薄壳结构的轻量化设计。截至目前，公开文献中鲜有超过 10 个设计变量的复杂板壳后屈曲优化设计研究[3,6-10]，大部分研究仅能处理 5~10 个设计变量的板壳后屈曲优化问题[11-16]，而连续分步类优化算法可处理的模型自由度高达 100 万、设计变量数多达 26 个[6]。下面将采用连续分步类后屈曲优化算法，针对不同的航天薄壳结构优化问题展开研究。

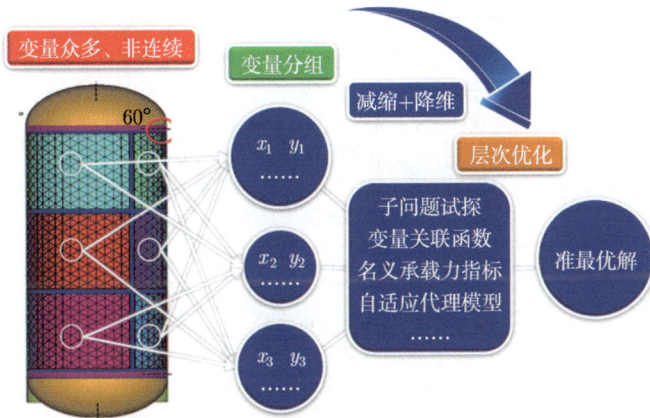

图 3.3　面向工程薄壳结构的后屈曲连续分步类优化策略示意图

3.2　面向加筋圆柱壳的尺寸–布局分步后屈曲优化设计

　　根据 Mazzolani 等[17]的研究结果，均匀轴压下发生弹性和塑性屈曲的薄壳结构到达极限载荷时失稳位置分别主要出现在壳体中部和两端。这启示可在传统加筋柱壳优化的基础上，进一步通过调整结构沿轴向不同位置处抵抗出平面变形的刚度分布来提高结构的承载效率，此时就需要引入布局函数来描述环向筋条的非均匀刚度分布。从《分析卷》3.3 节和 4.2 节的介绍可知，对加筋柱壳结构承载性能的预测来说，等效模型和精细模型有各自的优点和局限性：基于等效模型的方法采用能量原理来求解屈曲临界载荷，该方法假设结构到达临界屈曲状态时的变形以三角级数形式沿轴向均匀分布。显然，等效模型和精细模型预测的变形模式不同。因此，在进行加筋柱壳布局优化时，应采用精细模型来精确捕捉失稳位置并有针对性地开展补强设计。然而，此时若对其余传统设计变量进行尺寸优化时仍采用精细模型，则会大大增加计算成本。

面向运载火箭中常见的加筋舱段结构，本节提出了一种尺寸—布局两步优化模型 [4]。第一步优化中针对筋条高度、宽度、数量及蒙皮厚度等常规设计变量，基于等效模型进行最大化屈曲临界载荷的尺寸优化。一般来讲，对于密肋加筋柱壳，屈曲临界载荷较高的结构设计往往其极限载荷也会相对较高。经过精细的非线性后屈曲分析校核后，第二步优化基于第一步优化结果开展，采用精细模型对环向筋条进行最大化极限载荷的布局优化。具体优化流程如图 3.4 所示。

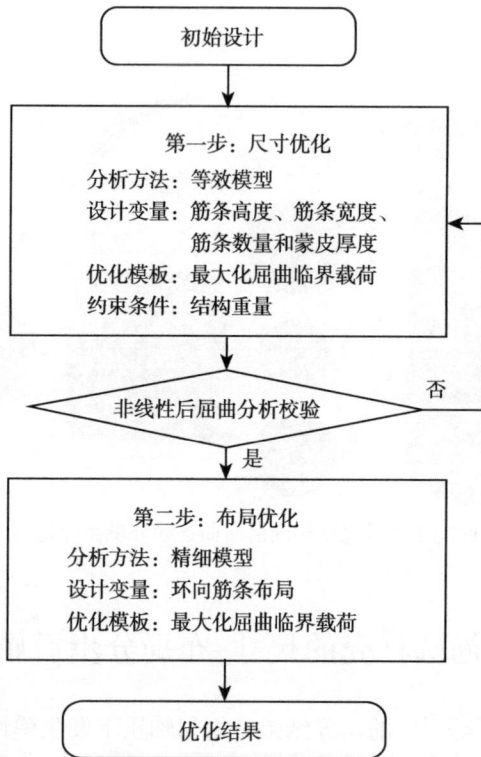

图 3.4 均匀轴压下加筋柱壳尺寸布局两步优化流程图

基于等效模型开展尺寸优化，对应的优化的列式可写为

$$
\begin{aligned}
&\text{Find}:\quad X = [t_s, t_r, h, N_a, N_c]\\
&\text{Maximize}:\quad P_{\text{cr}}\\
&\text{Subject to}:\quad W \leqslant \bar{W}\\
&X_i^l \leqslant X_i \leqslant X_i^u,\quad i = 1, 2, \cdots, 5
\end{aligned}
\tag{3-1}
$$

式中，t_s 是蒙皮厚度，t_r 是筋条宽度，h 是筋条高度，N_a 和 N_c 分别是轴向和环向筋条的数量，P_{cr} 是屈曲临界载荷，W 是初始设计重量，X_i^u 和 X_i^l 分别是设计变量的上下限。由于采用计算效率极高的等效模型，第一步优化可以采用诸如遗传算法、模拟退火、粒子群算法等全局优化算法。

基于精细模型开展布局优化，引入用于描述环向筋条布局的简洁函数，可写为

$$
Z_i =
\begin{cases}
0, & i = 1\\[2mm]
\dfrac{L}{2}\left(\dfrac{2(i-1)}{N_c-1}\right)^{\lambda}, & i = 2, 3, \cdots, \dfrac{N_c}{2}\\[4mm]
L - \dfrac{L}{2}\left(\dfrac{2(N_c-i)}{N_c-1}\right)^{\lambda}, & i = \dfrac{N_c}{2}+1, \cdots, N_c
\end{cases}
\tag{3-2}
$$

式中，Z_i 是第 i 个环向筋条 (自底向上统计) 到下端面的距离，λ 是筋条布局函数中的唯一变量。当 $\lambda = 1$ 时，环向筋条即沿轴向均匀间距分布；当 $\lambda < 1$ 时，壳体中部的筋条较位于两端的相对更加密集，这将有利于提高壳体中部的出平面刚度；当 $\lambda > 1$ 时，情况刚好与前者相反。不同 λ 值对应的筋条位置分布如图 3.5 所示。

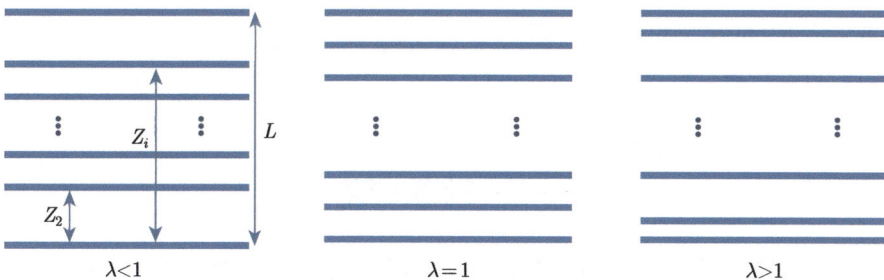

图 3.5　不同 λ 值下的环向筋条位置分布

第二步优化的列式可写为

$$
\begin{aligned}
&\text{Find}:\quad \lambda\\
&\text{Maximize}:\quad P_{\text{co}}\\
&\text{Subject to}:\quad \lambda^l \leqslant \lambda \leqslant \lambda^u
\end{aligned}
\tag{3-3}
$$

式中，P_{co} 是结构的轴压极限载荷，λ^u 和 λ^l 分别是 λ 的上下限。可以看出，第二步优化是一个单变量无约束问题，因此可使用 Hooke-Jeeves 直接搜索法、单纯形法等无约束优化算法进行快速寻优。

通过本节提出的两步优化模型，即可首先快速得到一个环向筋条均匀分布的较优设计，继而可根据结构的失稳类型 (弹性或塑性屈曲) 来调整环向筋条的布局，改善结构沿轴向不同位置抵抗出平面变形的刚度分布，通过连续分步优化最终得到一个更优设计。

本节建立了一个直径 D 为 2428.4 mm，高度 L 为 1828.8 mm 的正置正交加筋柱壳模型，其尺寸与文献 [18] 相同，用以验证尺寸布局两步优化模型的有效性。该结构的设计参数如图 3.6 所示，各变量的初始值及上下限列于表 3.1 中 (N_a 和 N_c 分别为轴向和环向筋条数量)，参数范围与现役运载火箭贮箱相当。需要说明的是，由于文献 [18] 并没有明确给出加筋柱壳的材料属性，因此本节模型采用航天结构常用的 2024 铝合金，其弹性模量为 72 GPa，泊松比为 0.33，密度为 2.8×10^{-6} kg/mm^3，屈服强度为 363 MPa，极限强度为 463 MPa，延伸率为 12%。

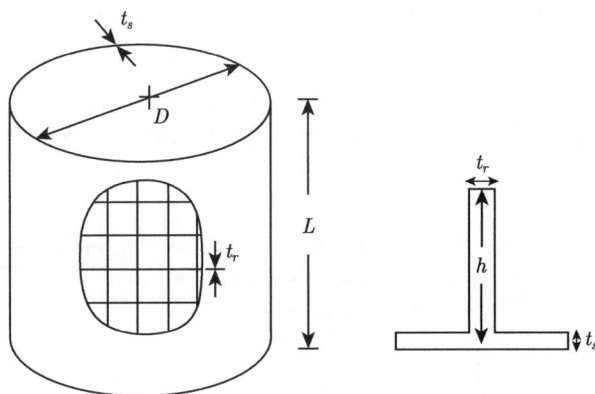

图 3.6　正置正交加筋柱壳参数示意图

加筋柱壳的上下端面 (布置有环向筋条) 通过较刚的端框与其他部段相连，因此边界条件提供的刚度介于简支和固支之间。由于在上下端面处对面 (而非壳边) 进行约束，有限元数值分析结果表明采用固支和简支边界条件得到的结构屈曲临界载荷 (极限载荷) 区别极小。对于该加筋柱壳，采用等效模型计算得到的结构屈曲临界载荷 P_{cr} 为 2791 kN。有限元模型采用 ABAQUS 提供的 S4 单元 (4 节点全积分壳单元)。加筋柱壳下端面约束所有六个自由度，上端面的节点刚性耦合至中心处的参考点，约束该参考点除轴向平动自由度外的其余五个自由度。经过单元依赖性研究，蒙皮处的单元尺寸选为 30 mm，筋条高度方向划分两个单元。采用特征值屈曲分析得到的结构屈曲临界载荷 P_{cr} 为 2816 kN，其对应的失稳波形如图 3.7 所示。

表 3.1   设计变量初始值及上下限

	t_s/mm	t_r/mm	h/mm	N_c	N_a
初始设计	2.5	2.5	7.6	19	75
上限值	4.0	4.0	12.0	24	85
下限值	2.0	2.0	4.0	14	65

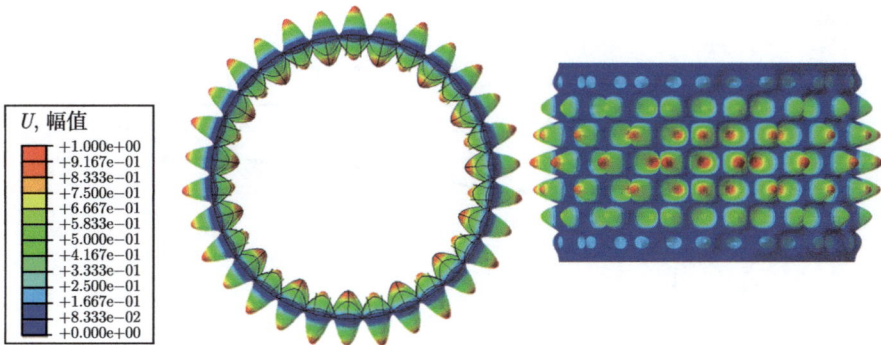

图 3.7   初始设计的特征值屈曲模态云图

非线性显式后屈曲分析中，采用位移加载，经过收敛性分析，加载总时间选为 200 ms，计算得到的结构极限载荷为 3624 kN，压溃时刻的结构变形云图见图 3.8。

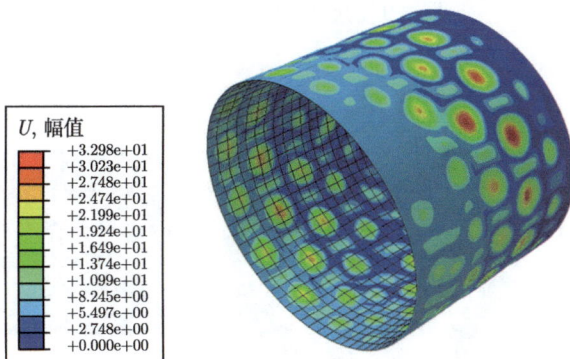

图 3.8   初始设计压溃时刻的变形云图

尺寸优化 (第一步优化) 采用多岛遗传算法 (multi-island genetic algorithm,

MIGA) 进行全局寻优，其中的关键参数设置如下：交叉率为 1.0，变异率为 0.01，迁徙率为 0.5，岛数为 10，每个岛的种群数为 20，进化代数为 20。设计变量上下限取值列于表 3.1 中。

尺寸优化迭代历程如图 3.9 所示，利用等效模型计算得到该优化解的屈曲临界载荷为 3996 kN，各设计变量的取值分别为：$t_s = 2.2$ mm, $t_r = 2.5$ mm, $h = 12.0$ mm, $N_c = 22$, $N_a = 84$。为了进一步验证优化解的可行性，对其分别进行了基于精细模型的特征值屈曲分析和显式后屈曲分析，得到结构屈曲临界载荷和极限载荷分别为 3990 kN 和 4655 kN。其特征值屈曲模态如图 3.10 所示，压溃时刻的结构变形云图见图 3.11。可以看出，加筋柱壳的失稳主要发生在靠近壳体中部的区域。

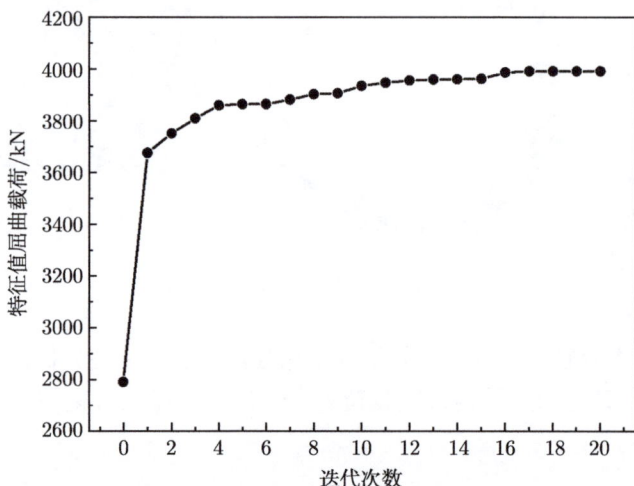

图 3.9　尺寸优化迭代历程曲线

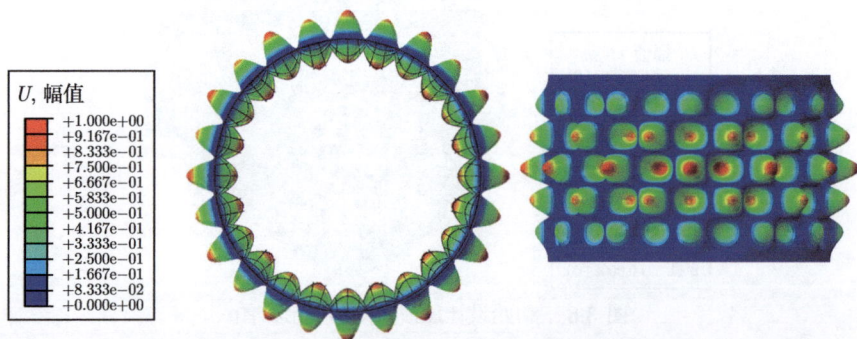

图 3.10　尺寸优化最优设计的特征值屈曲模态云图

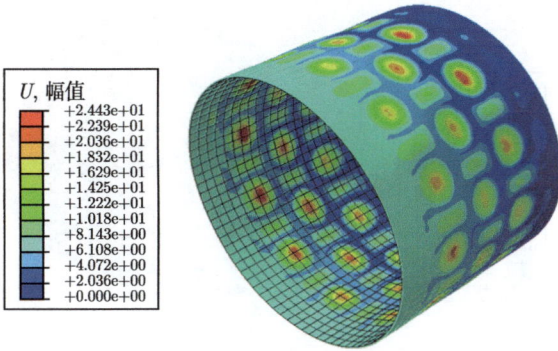

图 3.11 尺寸优化最优设计压溃时刻的变形云图

布局优化 (第二步优化) 采用 Hooke-Jeeves 直接搜索法, 其不需要目标函数的梯度信息。参数 λ 的取值范围为 $[0.5, 1.5]$, 布局优化迭代历程曲线如图 3.12 所示, 最终在 $\lambda = 0.7549$ 时得到优化解, 其极限载荷为 4887 kN, 压溃时刻的结构变形云图见图 3.13。相比初始设计和尺寸优化阶段的最优设计, 布局优化阶段的最优设计的失稳变形更加均匀地分布在轴向方向, 结构承载效率得到提高。

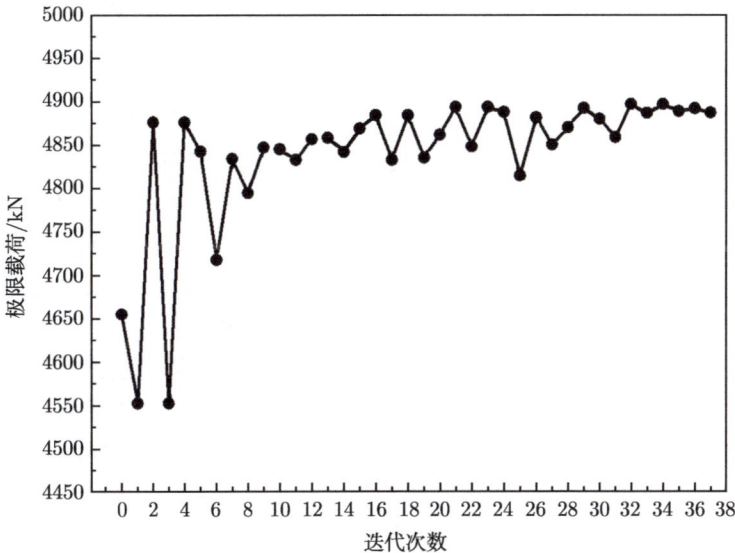

图 3.12 布局优化迭代历程曲线

初始设计和两步优化中的最优设计的性能对比列于表 3.2 中。在保持结构重量不变的前提下, 两步优化设计分别提高结构轴压极限载荷达 28.5% 和 34.9%, 优化增益明显。

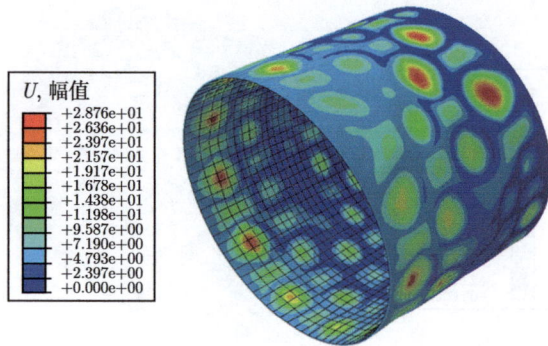

図 3.13　布局优化最优设计压溃时刻的变形云图

表 3.2　初始设计和最优设计的性能对比

	极限载荷/kN	结构重量/kg
初始设计	3624	113
尺寸优化最优设计	4655 (28.5% ↑)	113
布局优化最优设计	4887 (34.9% ↑)	113

3.3　面向多级加筋圆柱壳结构的分步后屈曲优化设计

本节以多级加筋圆柱壳结构为研究对象，同时对加筋圆柱壳的筋条布局和尺寸进行优化。为了在保证寻优能力的同时尽可能降低优化所需的计算成本，基于 NSSM 自适应等效模型，提出了一种采用多层级优化策略的分布后屈曲优化框架，其优化流程如图 3.14 所示。其中，多级加筋圆柱壳的优化过程主要被分为两个层级的子优化问题，包括以蒙皮厚度 t_s、主筋厚度 t_{rj}、主筋高度 h_{rj} 以及主筋两方向数目 N_{aj} 与 N_{cj} 为变量的主级优化子问题和以次筋厚度 t_{rn}、次筋高度 h_{rn} 以及次筋两方向数目 N_{an} 和 N_{cn} 为变量的次级优化子问题。

某种意义上，这个多层级优化问题类似于多学科优化问题，每个层级上的子优化类似于学科内的优化。对于多学科优化问题或者多层级优化问题，收敛性问题都是个极具挑战的课题。定点法被认为是一种有效的解决多学科优化问题的方法，其可行性和可信性已被 Brown 等 [19] 进行了数学验证。受此启发，定点法被纳入至多级加筋圆柱壳的多层级优化框架中，促进两个层级间的交互作用，并保证多层级优化框架的收敛速度。在每个层级的子优化过程中，基于自适应等效模型开展多级加筋圆柱壳后屈曲分析，并基于 RBF 代理模型技术来进一步提高子优化的计算效率。对于传统的单层级优化方法，针对全部设计变量建立一个高精度的全局代理模型需要大量的抽样点。相比之下，对于本节提出的多层级优化方法，由于在每个层级的子优化中设计变量较少，仅需要很少的抽样点即可建立满足精度要求的局部代理模型。每个层级的子优化采用 MIGA 算法来搜索全局优化解。多层级优化框架的步骤具体如下：

(1) 主级子优化。固定次级设计变量 (包括 h_{rn}、t_{rn}、N_{an} 和 N_{cn})，仅优化主级设计变量 (包括 t_s、h_{rj}、t_{rj}、N_{aj} 和 N_{cj})。优化目标是最大化多级加筋圆柱壳承载力 P_{ej}，以质量 W 不超过初始质量为约束条件。当子优化结束后，输出最优的主级设计变量，并以其作为次级子优化的输入量。

(2) 次级子优化。与主级子优化相反，该步骤固定主级设计变量，仅优化次级设计变量。优化目标是最大化多级加筋圆柱壳承载力 P_{en}，以质量 W 不超过初始质量为约束条件。当子优化结束后，输出最优的次级设计变量，并以其作为下一轮主级子优化的输入量。

(3) 收敛判据。在优化框架中，主次级变量交互循环迭代，根据下面的收敛条件判断优化框架是否结束：

$$\left| \frac{P_{ej}^{(i)} - P_{en}^{(i)}}{P_{en}^{(i)}} \right| \leqslant \delta_1$$

$$\left| \frac{P_{en}^{(i)} - P_{en}^{(i-1)}}{P_{en}^{(i-1)}} \right| \leqslant \delta_2 \tag{3-4}$$

式中，上标 i 表示第 i 轮优化，$P_{ej}^{(i)}$ 代表第 i 轮的主级子优化的最优承载力，$P_{en}^{(i)}$ 代表第 i 轮的次级子优化的最优承载力，$P_{en}^{(i-1)}$ 代表第 $(i-1)$ 轮的次级子优化的最优承载力。收敛指数 δ_1 和 δ_2 取值为 1%。

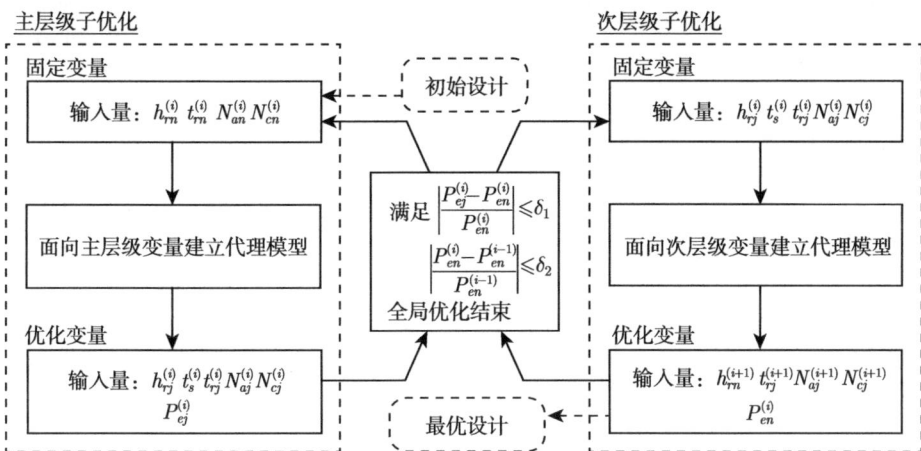

图 3.14　面向多级加筋圆柱壳结构的分布后屈曲优化流程图

为了详细说明上述提出的面向多级加筋圆柱壳结构的分步后屈曲优化设计框架并验证其有效性，以《分析卷》3.2.2 节中的多级正置正交加筋圆柱壳结构作为算例，并将《分析卷》3.2.2 节中多级正置正交加筋圆柱壳参数作为初始设计进行对比。模型几何参数如下：加筋圆柱壳直径 D 为 3000.0 mm，加筋圆柱壳高度 L 为 2000.0 mm，蒙皮厚度 t_s= 4.0 mm，主筋高度 h_{rj} = 23.0 mm，主筋厚度 t_{rj} = 9.0 mm，轴向主筋数目 N_{aj}= 30，环向主筋数目 N_{cj}= 6，次筋高度 h_{rn}= 11.5 mm，次筋厚度 t_{rn}= 9.0 mm，主筋格栅中的轴向次筋数目 N_{an}= 2，主筋格栅中的环向次筋数目 N_{cn}= 3。蒙皮和筋条采用的材料属性参数如下：弹性模量为 70 GPa，泊松比为 0.33，材料屈服极限为 563 MPa，材料强度极限为 630 MPa，延伸率为 0.07。结构质量 W = 354 kg。建立多级加筋圆柱壳的有限元模型，经过收敛性分析，确定蒙皮处的单元尺寸为 30 mm，筋条高度方向划分两层单元。基于显式动力学方法进行结构极限承载力的计算，为模拟出准静态加载，需对模型加载时间进行依赖性分析，确定显式后屈曲分析的加载时间为 200 ms，加载总位移为 20 mm。边界条件设置如下：底端固支，顶端约束除轴向位移外的其余自由度，并将顶端面所有节点刚性耦合至参考点，在参考点上施加轴压位移载荷直至结构发生压溃。

多级加筋圆柱壳优化问题的设计空间如表 3.3 所示。在开展基于多层级优化

表 3.3　多级加筋圆柱壳设计空间与优化结果

	初始值	下限值	上限值	单层级精细模型优化	单层级单一等效模型优化	多层级自适应等效模型优化
t_s/mm	4.0	2.5	5.5	4.2	4.3	3.6
t_{rj}/mm	9.0	3.0	12.0	9.7	3.2	7.5
t_{rn}/mm	9.0	3.0	12.0	7.7	8.2	8.0
h_{rj}/mm	23.0	15.0	30.0	30.0	30.0	30.0
h_{rn}/mm	11.5	6.0	15.0	6.0	13.9	15.0
N_{cj}	6	3	9	4	5	5
N_{cn}	3	1	4	4	2	1
N_{aj}	30	20	50	48	39	49
N_{an}	2	1	4	1	3	2
W/kg	354	—	355	354	354	354
基于等效模型的极限承载力/kN	17131	—	—	—	20706	21928
基于精细模型的极限承载力/kN	17265	—	—	19893	19840	21953
相对误差/%	−0.8	—	—	—	4.3	−0.1
CPU 时间/h	—	—	—	187	17	10

策略的分布后屈曲优化之前，先基于传统方法开展单层级优化，作为对比算例。作者[20] 针对此模型，基于精细模型开展了单层级的代理模型优化设计，优化结果如表 3.3 所示，优化得到的多级加筋圆柱壳极限承载力的最优解为 19893 kN，相较于初始设计的极限承载力提升 15.2%，相应的位移-载荷曲线和屈曲模态如图 3.15 所示。根据文献 [20]，单层级精细模型的优化耗时为 187 h。同时，基于《分析卷》3.3 节中所述的 NSSM 自适应等效模型开展单层级的代理模型优化设计，优化结果如图 3.16 所示，相应的位移-载荷曲线和屈曲模态如图 3.16 所示。可以看出，基于

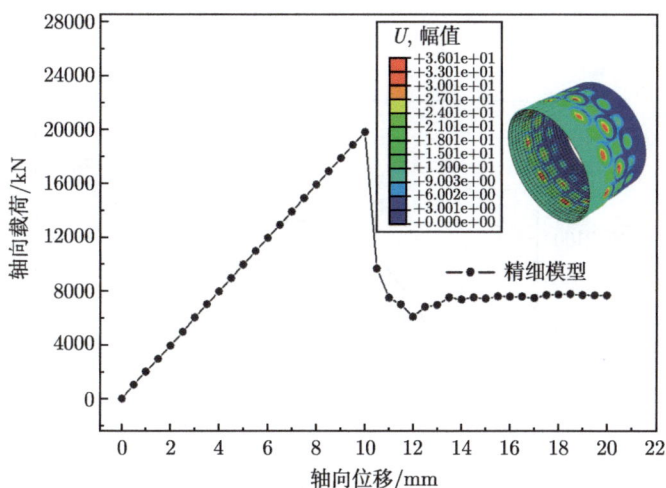

图 3.15　单层级精细模型优化最优设计的位移-载荷曲线

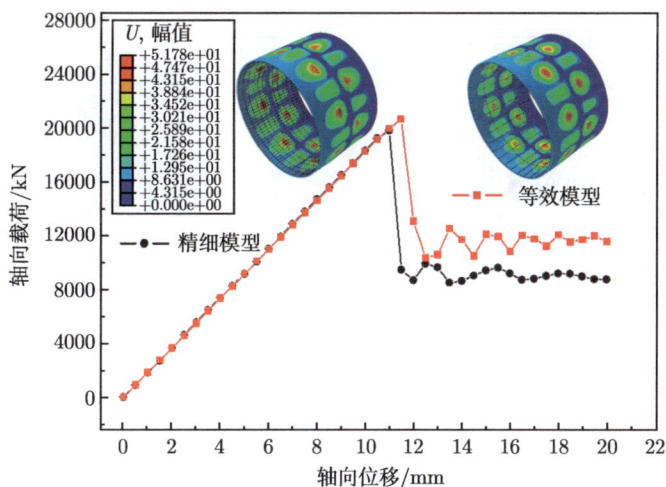

图 3.16　单层级单一等效模型优化最优设计的位移-载荷曲线

NSSM 等效模型预测的最优解的极限承载力为 20706 kN，将此最优解基于精细模型进行校核得到的极限承载力为 19840 kN，两者相对误差为 4.3%。基于单一等效模型的优化结果 (19840 kN)，与基于精细模型的优化结果 (19893 kN) 非常接近，但耗时仅需 17 h，相比于单层级精细模型优化表现出较高的优化计算效率。

　　然后，采用提出的基于多层级优化策略的分布后屈曲优化开展此模型的优化设计。历经 3 轮迭代，多层级优化收敛，迭代曲线如图 3.17 所示，可以看出定点法保证了多层级优化分析的收敛速度。多层级优化结果如表 3.3 所示，相应的位移–载荷曲线和屈曲模态如图 3.18 所示。可以看出，基于自适应等效模型预测的极限承载力最优解为 21928 kN，将此最优解基于精细模型进行校核得到的极限

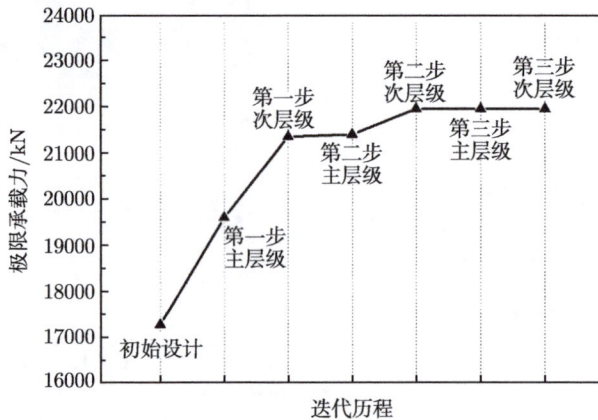

图 3.17　多层级优化迭代曲线

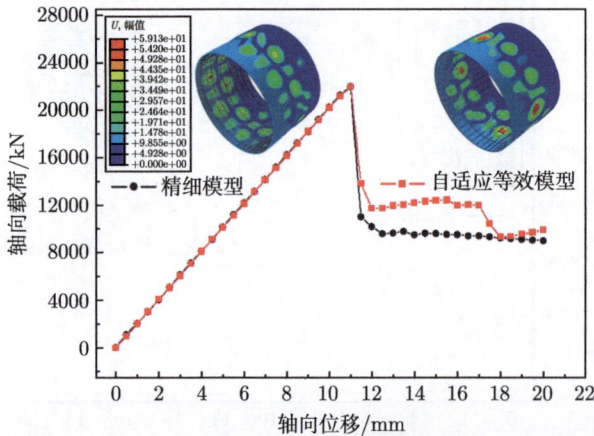

图 3.18　多层级自适应等效模型优化最优解位移–载荷曲线

承载力为 21953 kN，两者相对误差为 −0.1%。而多层级优化获得的极限承载力最优解 (21953 kN) 相较于初始设计 (17265 kN) 提高 27.2%，相较于单层级精细模型优化的最优解 (19893 kN) 提高了 10.4%，凸显了多层级优化方法优异的全局寻优能力，其相较于传统的单层级优化方法更易搜索到全局优化解。多层级优化方法的优化耗时仅为 10 h，相较于单层级精细模型优化耗时 (187 h) 降幅达到 94.7%，同时相较于单层级单一等效模型优化耗时 (17 h) 降幅达到 41.2%，表现出极高的优化效率。综上，多层级优化方法的高计算效率和强全局寻优能力得到了充分验证。

3.4　面向运载火箭助推器液氧贮箱的分步后屈曲优化设计

运载火箭助推器和芯级结构采用单点捆绑接头相连，在发射阶段助推器液氧贮箱会承受沿环向非均匀分布的轴压载荷。此类结构的优化设计存在变量多、单次分析计算量大、优化设计效率低的问题。为了解决这些问题，本节采用 2.2.2 节中所提出的基于自适应抽样方法的代理模型两步优化算法，开展面向运载火箭助推器液氧贮箱的分步优化设计。通过变量分组和定义合适的变量敏感性指标，理性地缩减设计空间，在显著减少重分析次数的前提下，实现具有变量数量多、单次分析成本高等特点的助推器液氧贮箱等复杂工程薄壳结构的有效优化设计。

本节根据国外某型号运载火箭构造了助推器液氧贮箱的算例模型，采用等三角加筋形式 (图 3.20)，在发射阶段主要承受沿环向非均匀分布的轴压载荷和内压载荷。面对非均匀轴压，传统的均匀分布加筋设计将显得效率低下，需要引入非均匀设计的理念。相比复合材料结构的制造工艺等限制，金属材料更适合用于分区设计，且不会对现有工艺技术带来挑战。液氧贮箱结构由前底、上叉型环、加筋柱壳筒体、下叉型环和后底组成，如图 3.19 所示，详细结构参数列于表 3.4 中。加筋柱壳筒体直径 D 为 1600 mm，沿环向由三个壁板组成 (每个壁板 120°)，沿轴向由三个筒段组成 (每个筒段长 1000 mm)，每个壁板四周留有厚度为 9 mm、宽度为 30 mm 的焊缝，壁板间通过焊接组合成完整的加筋柱壳筒体。根据对称性，有限元数值分析中只需建立环向 1/2 模型，因此图 3.19 中模型沿环向共有一个半壁板，且每个壁板分配到一个编号。前后底在模型中简化成厚度为 5 mm 的椭球壳，叉型环则简化成厚度为 12 mm 的均匀柱壳。前后底通过焊接分别与上下叉型环相连，叉型环又与加筋柱壳筒体的上下端面焊接相连。为了保证分析中边界条件的模拟准确性，下叉型环的下端面又建立了一段厚 18 mm、高 300 mm 的光筒壳弹性边界。整个液氧贮箱模型采用铝合金材料，其详细材料力学性能也在表 3.4 中给出。其中，D 是加筋柱壳的直径，L 是加筋柱壳的高度，H 是等三角单胞的高，t_s 是蒙皮厚度，t_r 是筋条宽度，h 是筋条高度，t_Y 是叉型环厚度，H_Y 是叉型环长度，t_w 是焊缝厚度，b_w 是焊缝宽度，t_d 是前后底厚度，H_d 是前后底高度，t_e 是弹性边界厚度，H_e 是弹性边界高度。

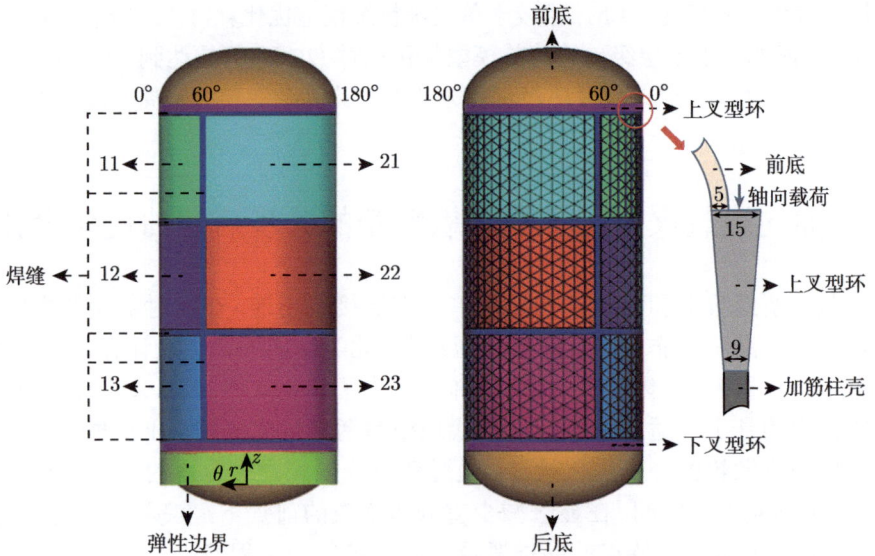

图 3.19　液氧贮箱模型示意图

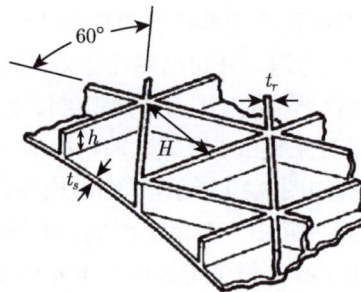

图 3.20　等三角加筋柱壳参数示意图

建立液氧贮箱有限元模型后，采用显式动力学方法对模型进行轴内压后屈曲分析。采用壳单元 SHELL163 对模型进行离散，该单元节点共有三个平动和三个转动自由度。柱坐标系 (r, θ, z) 的原点位于弹性边界的下端面，如图 3.19 所示。在模型 $z = 0$ 处，施加 $U_r = U_\theta = U_z = \mathrm{ROT}_r = \mathrm{ROT}_\theta = \mathrm{ROT}_z = 0$ 的约束；在模型 $z = 3460\mathrm{mm}$ 处，施加 $U_r = U_\theta = \mathrm{ROT}_r = \mathrm{ROT}_\theta = \mathrm{ROT}_z = 0$ 的约束；在模型 $\theta = 0$ 和 $\theta = 180°$ 处，施加 $U_\theta = \mathrm{ROT}_r = \mathrm{ROT}_z = 0$ 的对称边界条件。经

过收敛性分析，贮箱有限元模型的单元尺寸选为 20 mm。

表 3.4 液氧贮箱模型的结构参数与材料属性

结构参数	取值	结构参数	取值	材料属性	取值
D	1600 mm	t_w	9 mm	材料种类	铝合金
L	3000 mm	b_w	30 mm	E	68 GPa
H	100 mm	t_d	5 mm	ν	0.3
t_s	4 mm	H_d	300 mm	ρ	2.7×10^{-6} kg/mm^3
t_r	6 mm	t_e	18 mm	σ_s	350 MPa
h	12 mm	H_e	300 mm	σ_b	440 MPa
t_Y	12 mm	H_Y	80 mm	q	0.08

运载火箭在发射和飞行工况下，惯性载荷由芯级通过单点捆绑接头传递至助推器上，助推器将承受类似单点集中力的轴压载荷，这就导致了助推器液氧贮箱沿环向非均匀分布的轴压载荷。该轴压分布可通过对上部结构的静力分析得到，这里将该载荷拟合成一个五阶多项式，如图 3.21 所示。

$$S(\theta) = -26482.72429 - 730.28848\theta + 38.22127\theta^2 - 0.499944\theta^3$$
$$+ 0.00269\theta^4 - 0.00000523643\theta^5 \tag{3-5}$$

式中，S 是节点轴压载荷，θ 是贮箱的环向角度值，其零度位置标于图 3.19 中。

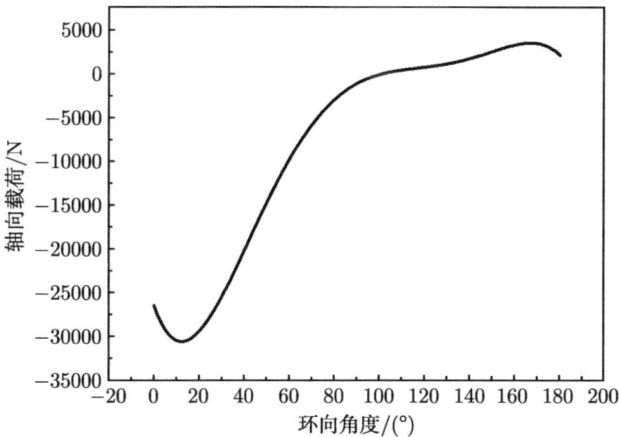

图 3.21 轴压载荷分布曲线

需要说明的是，由于贮箱结构上端面往往通过叉形环等较刚的部件与上部结构相连，在优化过程中就可假设轴压载荷的分布情况不随贮箱刚度的调整而发生变化。此外，液氧贮箱还承受 0.155 MPa 的内压载荷。为了减少贮箱充压过程引起的结构振荡对结构后屈曲分析的影响，本节采用显式动力学分析首先进行充压模拟，待内压稳定后再开始施加轴压载荷。经过加载速度的依赖性研究，在模拟精度和计算成本中寻找一个合理的平衡，总加载时间选为 300 ms。其中 0~100 ms 为充压过程，贮箱内压从 0 缓慢增加到 0.155 MPa，如图 3.22 所示。在 100~300 ms 期间，保持内压值不变，开始将非均匀轴压载荷按比例从零逐渐加载，直至结构发生压溃。

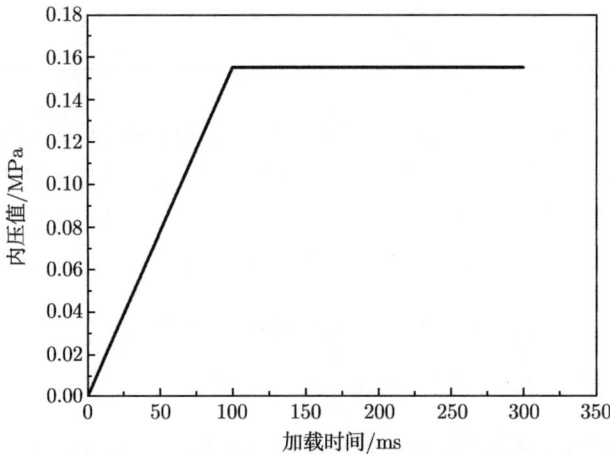

图 3.22　内压加载曲线

显式动力学分析得到的初始设计的轴压位移–载荷曲线如图 3.23 所示。由于贮箱内压的影响，图中横坐标结构轴向位移并不是开始于零。随着轴向位移的增大，轴向载荷也近似线性增长。随后曲线出现一个转折点，在此点若要使轴向载荷继续增大则需要大幅度增加轴向位移。下面通过式 (3-6) 和式 (3-7) 给出了这种加载模式下结构极限载荷的定义：

$$\left(U_{z\,\max}^{n+1} - U_{z\,\max}^{n}\right) \big/ \left(U_{z\,\max}^{n} - U_{z\,\max}^{n-1}\right) \geqslant 5 \tag{3-6}$$

$$\sigma_{\max}^{n+1} \geqslant \sigma_s \tag{3-7}$$

式中，上标 n 表示第 n 个时间增量步，σ_s 是材料屈曲强度，$\sigma_{\max}$ 是贮箱模型中的最大 von Mises 应力。在第 n 个时间增量步中，若满足式 (3-6) 和式 (3-7) 中的任一式，该时间步对应的轴向载荷即定为贮箱模型的轴内压极限载荷 P_{co}。

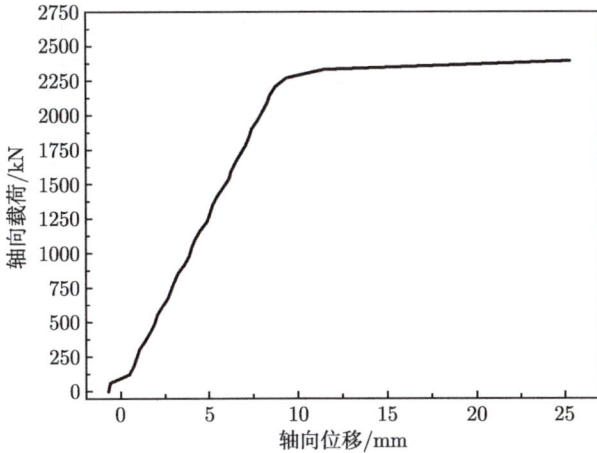

图 3.23   初始设计的轴压位移–载荷曲线

根据以上对贮箱模型轴内压极限载荷的定义,初始设计的极限载荷为 2271 kN,结构重量为 285 kg。压溃时刻贮箱模型的变形云图如图 3.24 所示。可以看出,结构变形主要发生在贮箱模型的 11 号壁板,其余壁板变形则较小。同一时刻下,贮箱模型的 von Mises 应力云图如图 3.25 所示,图中显示仅 11 号和 12 号壁板的应力水平较高。总体来讲,结构的材料效率并没有完全发挥。

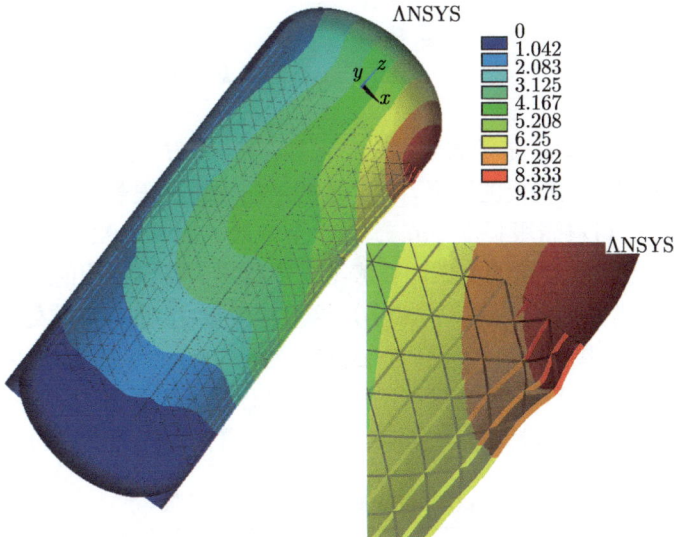

图 3.24   初始设计压溃时刻的变形云图 (变形放大系数取 10.0)

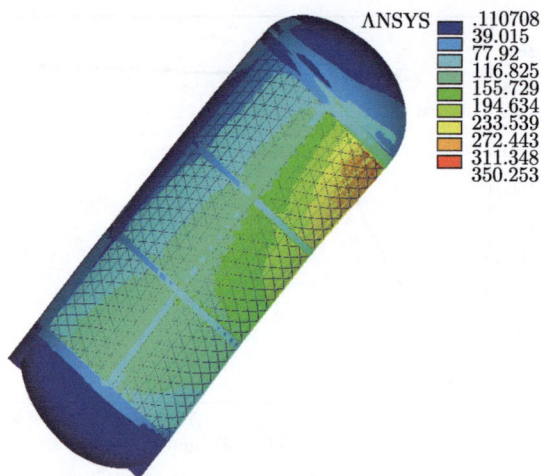

图 3.25　初始设计压溃时刻的 von Mises 应力云图

　　本算例中单次非线性显式动力学分析的计算时间约为 2.5~3.0 h。考虑非线性后屈曲性能约束的液氧贮箱轻量化设计优化列式可表达为

$$
\begin{aligned}
\text{Find}: \quad & X = [t_{sij}, t_{rij}, h_{ij}, H_{ij}], \quad i = 1, 2; j = 1, 2, 3 \\
\text{Minimize}: \quad & W \\
\text{Subject to}: \quad & P_{\text{co}} \geqslant P_{\text{co}}^{\text{ini}} \\
& \sigma_{\max} \leqslant \sigma_s \\
& -1 \leqslant \Delta(X_k) \leqslant 1, \quad k = 1, 2, \cdots, 24
\end{aligned}
\tag{3-8}
$$

式中，t_s 是蒙皮厚度，t_r 是筋条宽度，h 是筋条高度，H 是筋条间距，设计变量的下标 ij 表示变量所在壁板的编号，P_{co} 是贮箱的轴压极限载荷，$P_{\text{co}}^{\text{ini}}$ 是初始设计极限载荷，σ_s 是材料屈服强度，$\sigma_{\max}$ 是模型中最大的 von Mises 应力值，X_k 是第 k 个设计变量，各变量的上下限在表 3.5 中给出。特别说明的是，由于筋条间距 H 的增大通常带来结构刚度的减小，这里将变量 H 进行特殊处理：当 H_i 的优化值较初始值更接近下 (上) 限时，$\Delta(H_i)$ 为正 (负)；当 H_i 的优化值取下 (上) 限时，$\Delta(H_i) = 1(-1)$。另外，模型的应力水平已经体现在式 (3-7) 中结构极限载荷的定义里，因此结构最大 von Mises 应力值无需作为代理模型的预测输出值。

表 3.5　设计变量初始值及上下限

	t_s/mm	t_r/mm	h/mm	H/mm
初始设计	4.0	6.0	12.0	100
上限值	5.5	9.0	16.0	140
下限值	2.5	3.0	8.0	60

　　本节中,贮箱模型的优化问题可根据变量分组原则分解为四个子优化问题,每个子优化基于初始设计分别以六个壁板的筋条间距、蒙皮厚度、筋条高度和筋条宽度为设计变量并行开展,优化目标及约束条件与原问题相同。由于计算能力的限制,每个子优化采用 LHS 法在整个设计空间取样 18 次,构建 RBF 模型后仍采用 LHS 法额外抽取 18 个样本点进行误差估计,结果列于表 3.6 中。尽管样本点数不是很多,但从误差指标水平来看 (所有指标均在 10% 以下),代理模型拟合精度足以开展优化。总体来讲,代理模型对结构重量的预测精度高于极限载荷。此外,由于算例采用参数化建模,各壁板的总高度保持不变,在优化过程中可能出现不完整三角单胞,加大了问题的非线性程度,这也是 H 子优化的代理模型精度低于其他子优化的原因。

表 3.6　　各子优化中 RBF 模型的误差指标

	%RMSE (W)	%AvgErr (W)	%MaxErr (W)	%RMSE (P_{co})	%AvgErr (P_{co})	%MaxErr (P_{co})
H 子优化	1.5	1.0	4.1	3.9	3.1	9.0
t_s 子优化	0.0	0.0	0.0	2.9	2.4	5.5
h 子优化	0.5	0.4	1.0	1.9	1.4	4.3
t_r 子优化	1.0	0.7	3.1	1.7	1.5	3.6

　　各子优化 RBF 模型构造完成后,采用 MIGA 算法进行全局寻优,算法参数同上一算例。各子优化迭代历程如图 3.26~ 图 3.29 所示,结果列于表 3.7 中,目标函数最终趋于收敛,筋条间距、蒙皮厚度、筋条高度和筋条宽度子优化分别实现减重 4.9%、9.8%、7.0% 和 8.8%。

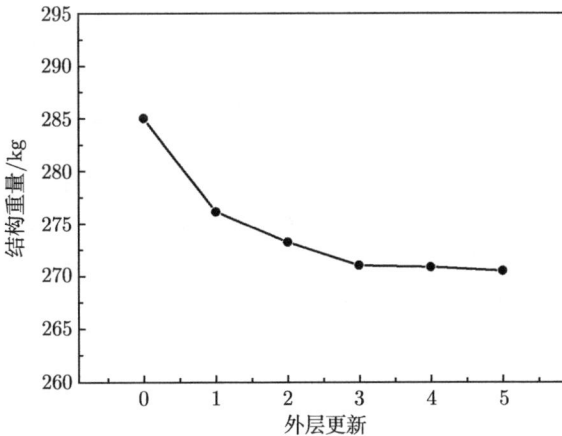

图 3.26　　筋条间距子优化迭代历程曲线

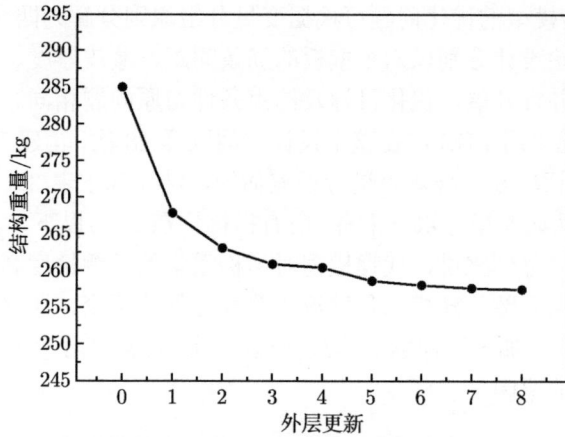

图 3.27　蒙皮厚度子优化迭代历程曲线

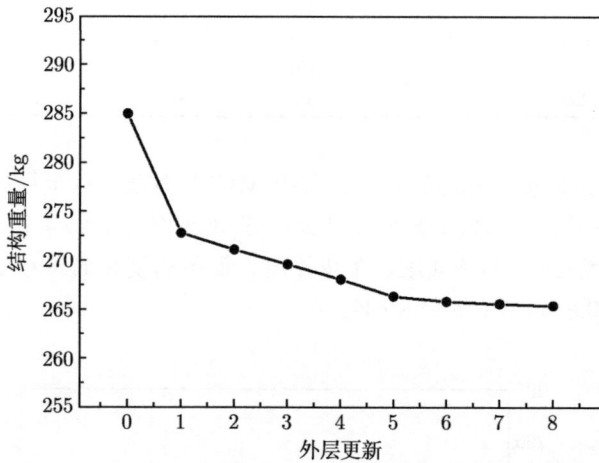

图 3.28　筋条高度子优化迭代历程曲线

接下来将第一步四个子优化结果进行变量叠加后生成组合设计，作为第二步优化的初始设计，首先对其进行了非线性显式后屈曲分析。组合设计的极限载荷为 1596 kN，结构重量为 212 kg，压溃时刻贮箱的失稳变形分布见图 3.30，von Mises 应力分布见图 3.31。显然，组合设计的极限承载力低于原始设计，不满足优化约束要求。

贮箱模型各变量第一步优化的结果值列于表 3.8 中。本例仍采用形式较为简单的 $F_1(\Delta)$ 来获取各变量在自适应抽样中的取样区间，并在表 3.8 中给出。依照该函数，共 12 个设计变量被固化，不参与自适应抽样和第二步优化。

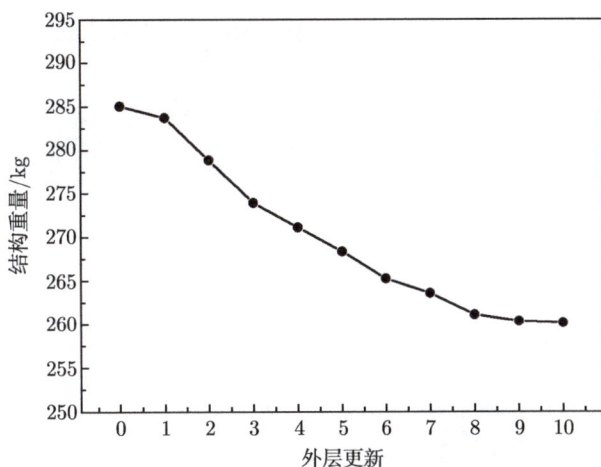

图 3.29　筋条宽度子优化迭代历程曲线

表 3.7　各子优化最优设计结果

	W/kg	P_{co}/kN	σ_{max}/MPa
初始设计	285	2271	350
H 子优化	271	2393	350
t_s 子优化	257	2271	346
h 子优化	265	2332	333
t_r 子优化	260	2771	330

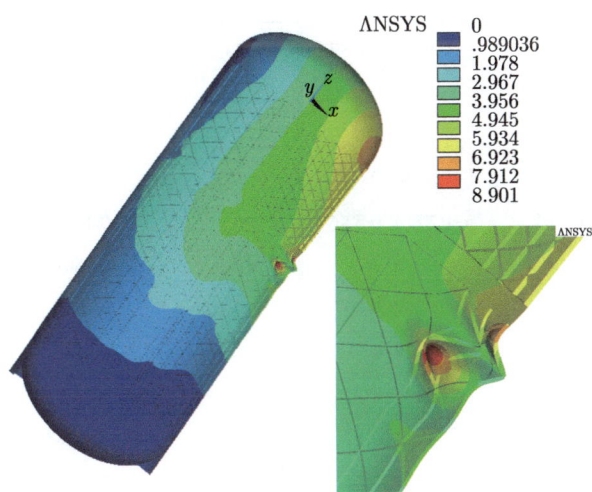

图 3.30　组合设计压溃时刻的变形云图 (变形放大系数取 10.0)

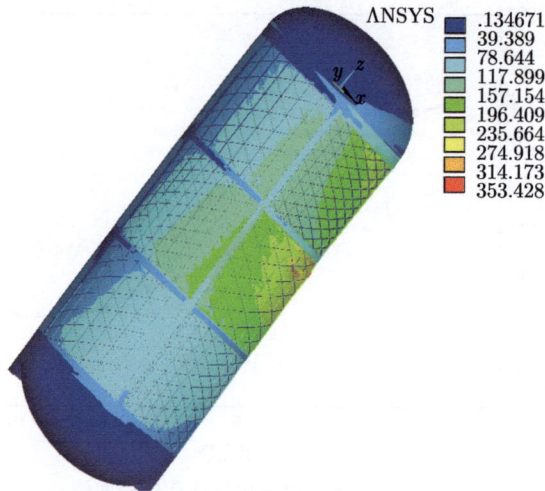

图 3.31　组合设计压溃时刻的 von Mises 应力云图

由于上文提到的组合设计性能不满足约束要求，本例需要引入变量效率系数 η 来进一步改进自适应抽样方案。对于稳定性控制问题，η 可定义为

$$\eta = P_{\text{co}}^{\text{opt}}/W_{\text{opt}} \tag{3-9}$$

式中，$P_{\text{co}}^{\text{opt}}$ 是第一步各子优化最优设计的极限载荷，W_{opt} 是对应的结构重量。η 的物理意义是单位重量结构的承载能力。

表 3.8　贮箱模型各变量第一步优化值及在自适应抽样中的取样区间

变量	优化值 (Δ)	取样区间	变量	优化值 (Δ)	取样区间
H_{11}	0.2480	$[-0.0970, 0.5930]$	t_{s11}	0.0539	$[-0.4124, 0.5202]$
H_{21}	-1.000	—	t_{s21}	-0.9997	—
H_{12}	-0.8840	—	t_{s12}	-0.6515	$[0.1743, 1.000]$
H_{22}	0.0592	$[-0.4038, 0.5222]$	t_{s22}	-0.9995	—
H_{13}	0.0791	$[-0.3715, 0.5297]$	t_{s13}	0.1389	$[-0.2743, 0.5521]$
H_{23}	-0.9978	—	t_{s23}	0.0507	$[-0.4176, 0.5190]$
h_{11}	0.2596	$[-0.0782, 0.5974]$	t_{r11}	0.1032	$[-0.3323, 0.5387]$
h_{21}	0.0505	$[-0.4179, 0.5189]$	t_{r21}	0.0488	$[-0.4207, 0.5183]$
h_{12}	-0.9966	—	t_{r12}	-0.9682	—
h_{22}	-0.9972	—	t_{r22}	-0.9988	—
h_{13}	-0.9833	—	t_{r13}	0.0293	$[-0.4524, 0.5110]$
h_{23}	-0.9999	—	t_{r23}	-0.9965	—

各类型设计变量的效率系数如图 3.32 所示，可以看出，蒙皮厚度的 η 值最高。而组合设计的失稳变形主要发生在 12 号壁板，因此 t_{s12} 被选为增补变量添加至自适应抽样中，其取值区间定为 (以 Δ 值定义)$[(1.0 - X_i^{\mathrm{opt}})/2, 1.0]$。

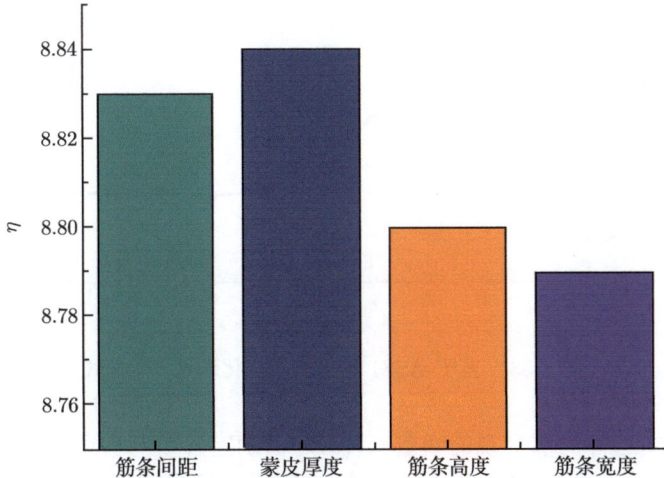

图 3.32　各类型设计变量的效率系数

基于以上信息，下面制定了三种自适应抽样方案，称之为自适应抽样方案 1(adaptive sampling strategy 1, ASS1)、方案 2(ASS2) 和方案 3(ASS3)，并对基于这三种抽样方案的优化结果进行了比较。

ASS1 中，LHS 法对 $G(\Delta)$ 抽样用于确定剩余设计变量的样本点。这意味着仅需指定总抽样次数即可，而无需单独为每个变量分别指定。由于计算能力的限制，这里仅在通过 $F_1(\Delta)$ 函数缩减后的设计空间里抽取 32 个样本点用于构造 RBF 模型，后又采用 LHS 法额外抽取 18 个样本点用于验证代理模型精度，各误差指标在表 3.9 中给出，此时代理精度可以满足优化使用。随后采用 MIGA 算法基于代理模型开展优化，如图 3.33 所示，经过 9 次外层更新后，得到优化设计，其极限载荷为 2271 kN，结构重量为 191 kg。

表 3.9　基于各自适应抽样方案的 RBF 模型误差指标

	%RMSE (W)	%AvgErr (W)	%MaxErr (W)	%RMSE (P_{co})	%AvgErr (P_{co})	%MaxErr (P_{co})
ASS1 优化	1.3	1.0	2.4	3.6	2.9	6.5
ASS2 优化	1.5	1.2	2.5	3.9	3.0	9.0
ASS3 优化	0.6	0.5	1.3	3.9	3.2	6.9

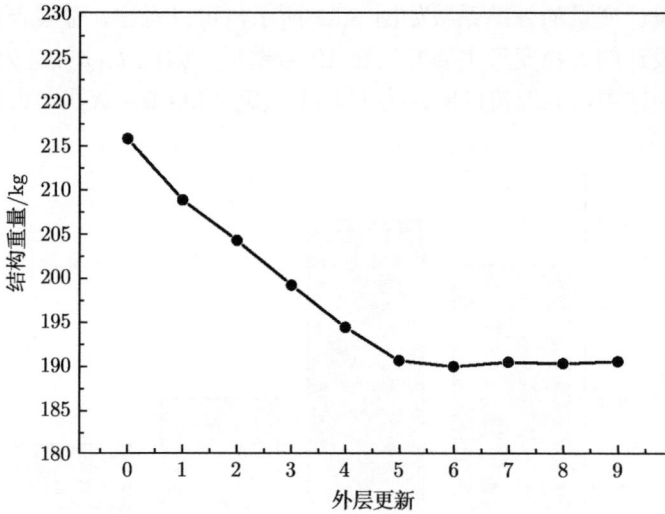

图 3.33 基于 ASS1 的第二步优化迭代历程曲线

ASS2 中，选择简洁直观的函数 $G_1(\Delta)$，以确定各参与自适应抽样的变量的样本点规模。随后采用正交数组法在通过 $F_1(\Delta)$ 函数缩减后的设计空间里抽取 24 个样本点用于构造 RBF 模型，后同样采用 LHS 法额外抽取 18 个样本点用于验证代理模型精度，各误差指标在表 3.9 中给出。采用 MIGA 算法基于代理模型开展优化，如图 3.34 所示，经过 9 次外层更新后，得到优化设计，其极限载荷为 2271 kN，结构重量为 189 kg。

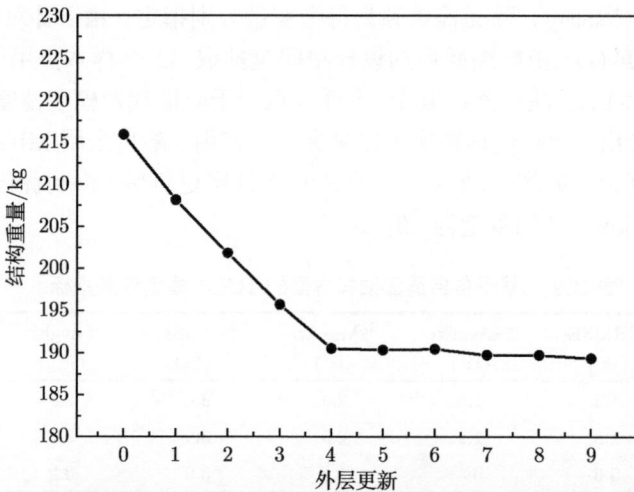

图 3.34 基于 ASS2 的第二步优化迭代历程曲线

实际上，$G(\Delta)$ 更应在变量间样本点数目的分配上体现用户偏好和前期分析经验，这样才能更高效地开展实验设计。考虑到 η 值高的变量类型对结构性能贡献也相应较大，因此针对性地提高这些变量的样本点规模。ASS3 中，采用正交数组法进行自适应抽样，将各壁板的蒙皮厚度的样本点数目调整至 3，实验设计中其取值分别定为 $\max(\Delta(X_i^{\mathrm{opt}}) - F(\Delta), -1.0)$、$\Delta(X_i^{\mathrm{opt}})$ 和 $\min(\Delta(X_i^{\mathrm{opt}}) + F(\Delta), 1.0)$，抽取 32 个样本点用于构造 RBF 模型，随后采用 LHS 法额外抽取 18 个样本点用于验证代理模型精度。各误差指标仍在表 3.9 中给出，误差指标较 ASS1 有所下降，这是因为样本点可以更多地分布在用户关心的区域周边，从而可能导致代理模型的整体精度有所下降。接下来采用 MIGA 算法基于代理模型开展优化，如图 3.35 所示，经过 9 次外层更新后，得到优化设计，其极限载荷为 2271 kN，结构重量为 188 kg。

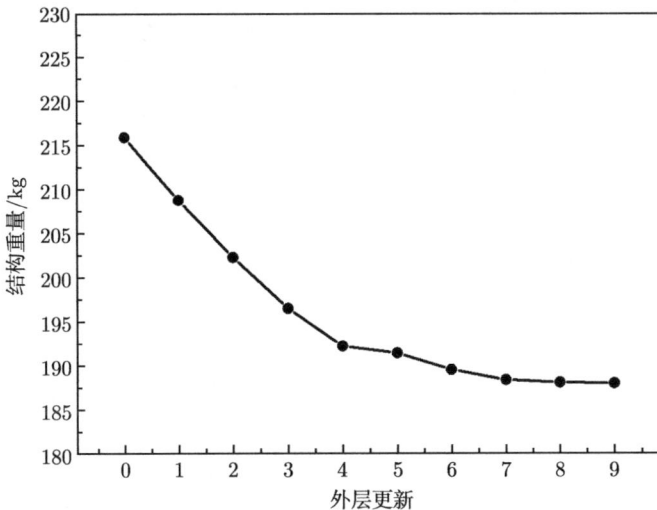

图 3.35　基于 ASS3 的第二步优化迭代历程曲线

总的来讲，基于 ASS2 的 RBF 模型精度最差 (自适应抽样次数也最少)，而基于 ASS1 和 ASS3 的 RBF 模型精度相对接近。如表 3.10 所示，三个最优设计分别实现减重 33.0%、33.7% 和 34.0%，其中由于 ASS3 更加明晰地体现了用户偏好，其减重效益也最为显著。基于 ASS3 得到的最优设计在极限载荷作用下的失稳变形见图 3.36，von Mises 应力分布见图 3.37。可以明显地看出，11 号和 12 号壁板同时发生屈曲失稳，整个贮箱模型的应力分布也更加均匀，这意味着结构的承载效率经过优化后得到极大的提升。

表 3.10　基于各自适应抽样方案的第二步优化最优设计结果

	W/kg	$P_{\mathrm{co}}/\mathrm{kN}$	$\sigma_{\max}/\mathrm{MPa}$
初始设计	285	2271	350
ASS1	191	2271	349
ASS2	189	2271	349
ASS3	188	2271	350

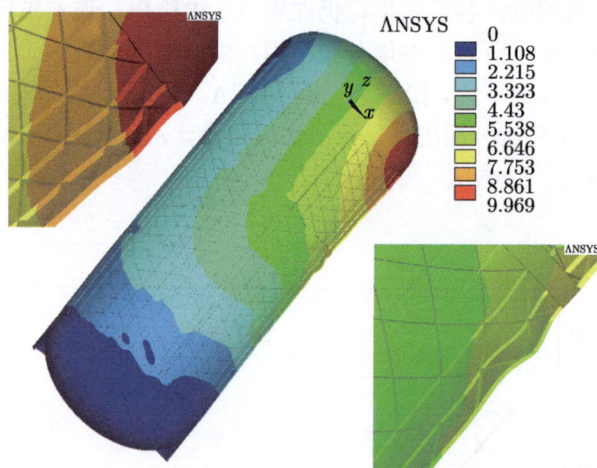

图 3.36　基于 ASS3 的最优设计压溃时刻的变形云图 (变形放大系数取 10.0)

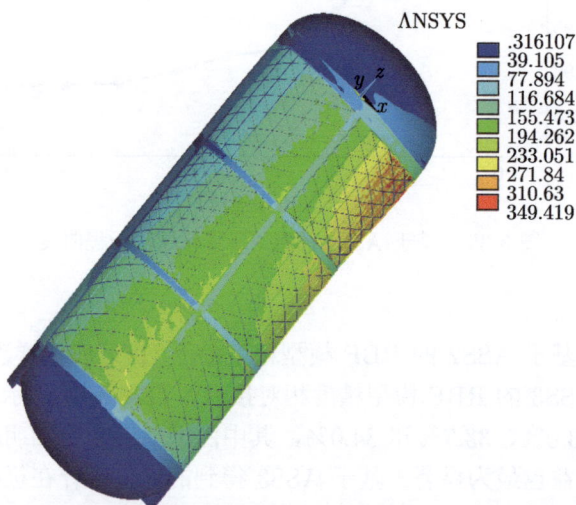

图 3.37　基于 ASS3 的最优设计压溃时刻的 von Mises 应力云图

另外，基于 ASS3 得到的最优设计变量取值在表 3.11 中详细列出，其中下标表示变量所在壁板的编号。为了便于定量观察最优设计的材料分布情况，这里给出了同一筒段的两个壁板间的变量取值比值 (靠近 0° 的壁板/靠近 180° 的壁板)，如表 3.12 所示。由于筋条间距 H 的特殊性，该类型变量比值取为靠近 180° 的壁板/靠近 0° 的壁板。

表 3.11　贮箱模型各变量基于 ASS3 的第二步优化值

变量	优化值 (Δ)	变量	优化值 (Δ)
H_{11}	−0.3511	t_{s11}	−1.000
H_{21}	−0.8840	t_{s21}	0.1173
H_{12}	−0.6756	t_{s12}	−0.9978
H_{22}	0.0809	t_{s22}	−0.9997
H_{13}	0.3925	t_{s13}	−0.9995
H_{23}	0.0445	t_{s23}	−0.9905
h_{11}	0.1338	t_{r11}	−0.9721
h_{21}	−0.9966	t_{r21}	−0.9972
h_{12}	−0.9833	t_{r12}	−1.0000
h_{22}	0.1064	t_{r22}	−0.9960
h_{13}	−0.9682	t_{r13}	−0.9988
h_{23}	−0.9974	t_{r23}	−0.9965

表 3.12　基于 ASS3 的最优设计变量取值比值

变量	取值比
$H_{21}/H_{11}:H_{22}/H_{12}:H_{23}/H_{13}$	1.2 : 0.7 : 1.1
$t_{s11}/t_{s21}:t_{s12}/t_{s22}:t_{s13}/t_{s23}$	1.7 : 1.8 : 1.6
$h_{11}/h_{21}:h_{12}/h_{22}:h_{13}/h_{23}$	1.6 : 1.0 : 1.0
$t_{r11}/t_{r21}:t_{r12}/t_{r22}:t_{r13}/t_{r23}$	2.1 : 1.0 : 1.0

从表 3.12 可以发现，由于非均匀轴压的作用，位于上部的筒段里，靠近 0° 的壁板刚度较大，体现在变量比值大于 1.0。而随着轴压沿环向分布逐渐趋向均匀，位于中部和下部的筒段里，各壁板间的材料分布也趋于平均，即变量比值接近 1.0。当然，对于此类的超静定结构，一味地加大薄弱壁板的刚度可能使该壁板分担到更大的轴压载荷，反而不利于提高整体结构的承载能力。从相反的角度考虑，适当减小薄弱壁板的刚度，尤其是减小位于中部或下部且靠近 0° 的壁板的刚度 (该区域壁板不是首先发生屈曲失稳的位置，但减小其刚度可以显著减小靠近 0° 壁板分担到的轴压载荷)，可以有效改变结构传力路径，进而实现提高整体结构的轴压承载力。

本节还针对该贮箱优化问题进行了直接的代理模型优化，优化列式与原问题相同，并对优化效率和优化结果进行了比较。由于提出的优化算法中，实验设计共抽样 104 次，加之外层更新，共调用显式动力学分析 144 次，因此将直接代理模型优化中的实验设计样本点数也定为 144 个。采用 LHS 法进行直接抽样，构建 RBF 模型后，基于 LHS 法额外抽取 18 个样本点用于验证代理模型精度，各误差指标列于表 3.13 中，极限载荷的最大百分误差达到 17.6%，可知对于高维优化问题，在原空间中直接构建代理模型的效果并不理想。下面仍基于 MIGA 算法进行全局寻优，其中岛数为 12，种群数为 24，进化代数为 10。优化迭代历程如图 3.38 所示，经过 8 次外层更新后得到最优设计，其极限载荷为 2271 kN，结构重量为 227 kg。为了便于不同优化方法的比较，这里引入优化算法效率 Ω，其定义为

$$\Omega = \frac{W_0 - W_{\mathrm{opt}}}{N_t} \tag{3-10}$$

表 3.13　直接代理模型优化中 RBF 模型的误差指标

%RMSE (W)	%AvgErr (W)	%MaxErr (W)	%RMSE (P_{co})	%AvgErr (P_{co})	%MaxErr (P_{co})
2.0	1.5	5.4	7.3	5.7	17.6

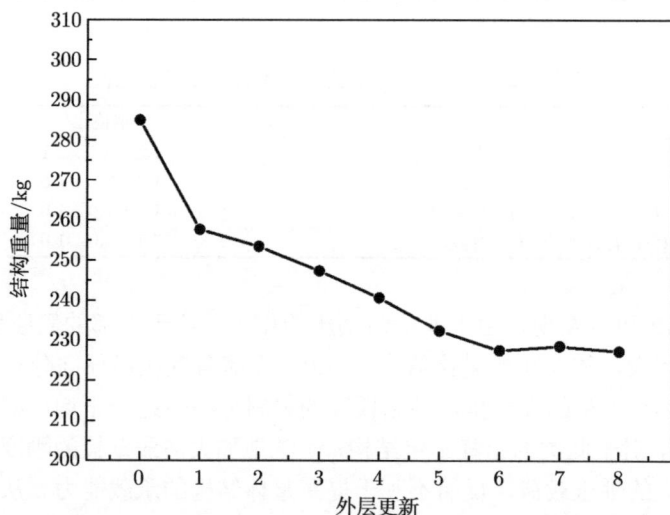

图 3.38　直接代理模型优化迭代历程曲线

表 3.14 中给出了两种优化算法计算效率和优化结果与初始设计的对比，其中本节方法的优化效率为 0.6736，高于直接代理模型优化方法的 0.3816。这表明本节方法较传统代理模型方法可以更少的计算成本获取性能更为优异的结构设计。由于计算能力的限制，这里无法通过遗传算法等智能算法直接进行全局寻优对比，

但需要强调的是，对于单次分析计算量极大的结构设计问题，实际复杂工程中往往更注重优化效率和设计周期。这正是基于自适应抽样方法的代理模型两步优化设计方法的优势所在。

表 3.14 两种优化算法效率对比

优化算法	W/kg	P_{co}/kN	σ_{max}/MPa	N_s	N_t	Ω
直接代理模型优化	227	2271	350	144	152	0.3816
本节优化算法 (ASS3)	188	2271	350	104	144	0.6736
初始设计	285	2271	350	—	—	—

3.5 考虑加筋单胞选型的分步后屈曲优化设计

运载火箭助推结构在发射过程中承受捆绑接头传递来的偏心集中力，在内部的网格加筋贮箱结构会处于非均匀轴压载荷状态，如图 3.39 所示。对于由多加筋壁板焊接拼接而成的贮箱结构来说，由具有不同加筋构型和尺寸加筋壁板组成的非均匀贮箱结构，更能发挥材料的性能极限，从而提高作为主承力网格加筋贮箱结构的极限承载力，有利于航天工程薄壳结构的轻量化设计。

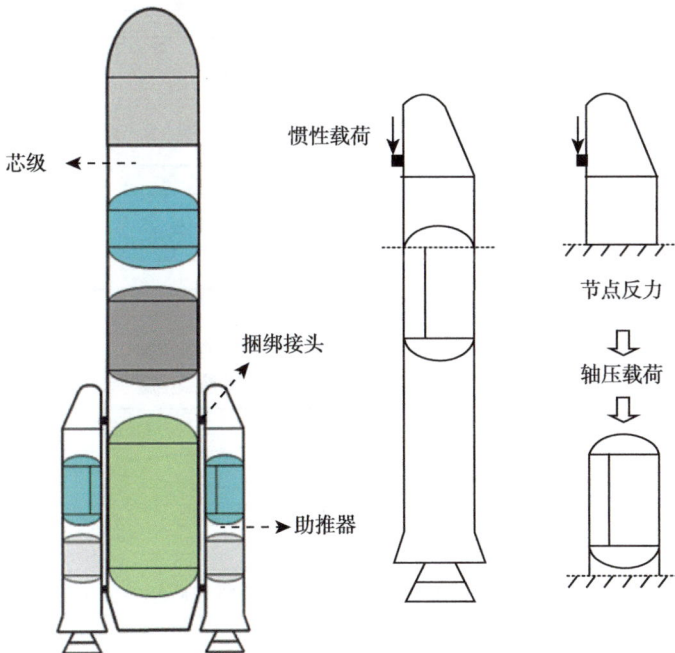

图 3.39 助推器非均匀轴压网格加筋圆柱壳结构示意图

针对运载火箭贮箱结构，本节开展了考虑加筋单胞选型的分步后屈曲优化设计研究。为了解决大尺寸工程薄壳结构分析、优化效率低的问题，建立了基于NIAH 刚度等效模型的非均匀加筋薄壳后屈曲分步优化设计框架，优化流程如图 3.40 所示。首先，建立火箭贮箱结构的等效模型。然后，基于实验设计抽样来验证等效模型的分析精度。进而，根据载荷分布情况来确定参与优化的独立子壁板，并开展分步优化设计：在第一步优化设计中，考虑壁板结构的宏观性能优化，设计变量包括筋条类型、轴压和环向筋条单胞数目等构型变量；在第二步优化设计中，考虑壁板结构微观单胞性能优化，设计变量为蒙皮厚度、筋条高度和筋条厚度等尺寸变量。在每步优化中，开展基于代理模型的全局优化，并基于精细模型进行外层更新，提高代理模型精度。最后，验证最优设计结果，并获得贮箱结构最优设计。

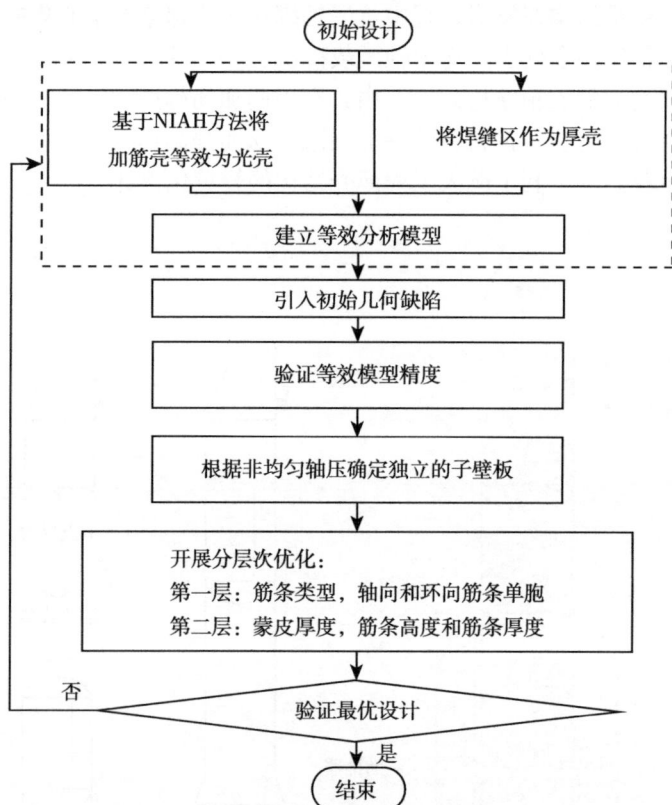

图 3.40　基于 NIAH 刚度等效模型的非均匀加筋薄壳后屈曲分步优化设计框架

　　本节基于 3.4 节中的火箭贮箱结构算例，详细介绍所建立的优化框架。首先，基于初始设计的几何参数和材料参数，建立火箭贮箱结构的等效模型。其中，使用 NIAH 方法对加筋壁板进行刚度等效，并保留作为焊缝的厚壳区域用于连接多个子域壁板，从而获得不含筋条等结构细节特征的加筋薄壳结构等效模型，以大幅提高非线性后屈曲分析的计算效率。需要说明的是，为了准确模拟贮箱非均匀轴压载荷，考虑贮箱结构刚度变化对载荷分布情况的影响，本节建立了助推结构的整体模型，并在斜头锥的刚性捆绑接头上施加了集中力载荷，以模拟真实的非均匀轴压载荷工况，如图 3.41 所示。另外，内压载荷从 0 线性增长至 0.155 MPa。采用贮箱底端简支的边界条件，并考虑到结构的加载对称性，贮箱被划分为 6 个具有独立设计变量的子域壁板，具体编号如图 3.41 所示。此外，对于等效模型来说，一旦材料屈服发生在整体结构屈曲之前，等效模型预测的极限承载力就会偏高，因此对于本节含真实焊缝材料的贮箱结构，应以使焊缝区域达到材料屈服极限和整体结构屈曲的载荷最小值作为贮箱的极限承载力。

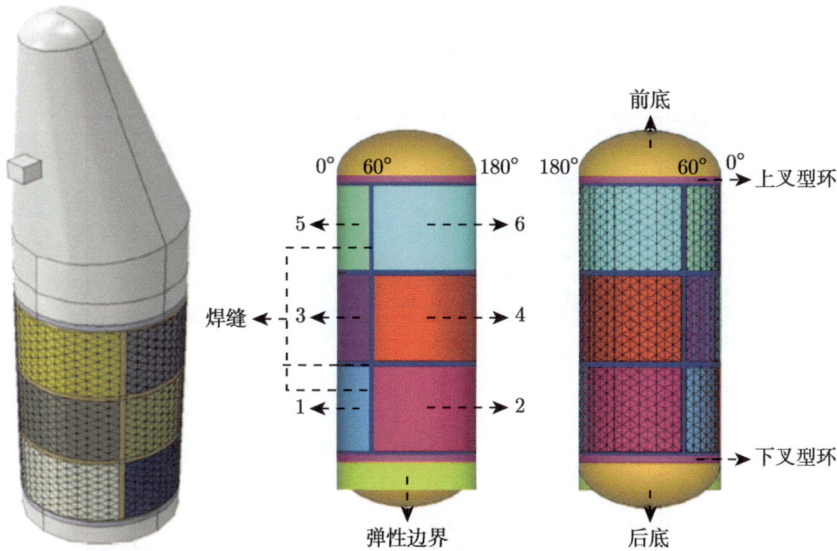

图 3.41 网格加筋壁板分区及编号

有限元模型采用 ABAQUS 提供的 S4R 减缩积分四节点壳单元。为考虑薄壳结构的缺陷敏感性，本节在进行贮箱结构的非线性后屈曲分析前，引入了模态形式的几何缺陷，并根据如图 3.42 所示的初始设计的缺陷敏感性分析曲线，将缺陷的归一化幅值定为 0.6[21]。对于初始设计，通过基于精细模型的显式动力学后屈曲分析，可得其极限承载力为 7250 kN，需要大约 1 h 的计算耗时 (使用 CPU：Intel Xeon E5-2697 2.7 GHz，RAM：128G 配置的工作站进行计算)。而基于等效模型的后屈曲分析获得的全局屈曲载荷为 7703 kN，其承载曲线如图 3.43 所示，极限载荷为 7436 kN，相比于精细模型的分析结果，误差仅为 1.2%，满足分析精度要求，且分析仅需要 0.3 h，计算成本约为基于精细模型的 1/3。

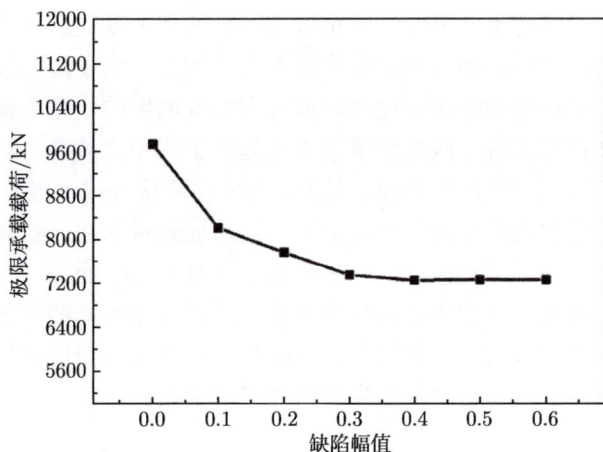

图 3.42　贮箱初始设计的模态缺陷敏感性分析曲线

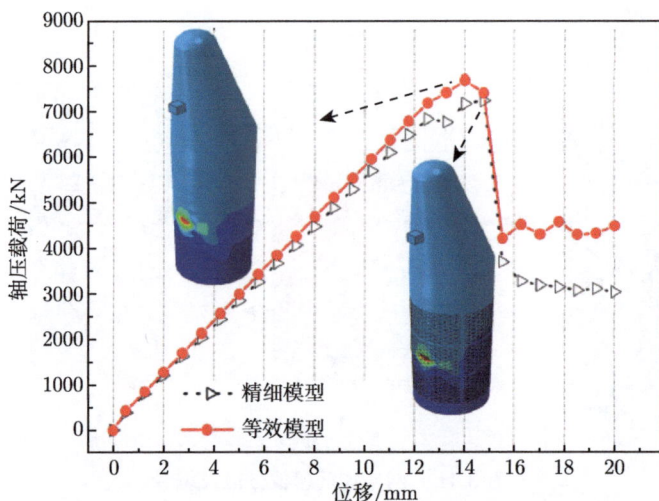

图 3.43　贮箱初始设计的精细模型和等效模型位移–载荷曲线对比

此外，为了进一步验证等效模型的分析精度，在如表 3.15 所示的优化变量设计空间中均匀地抽取了 100 个样本点，并分别基于精细模型和等效模型进行极限承载分析计算。其中，p_i 表示四种可选的加筋类型，包括正置正交、横三角、竖三角和菱形加筋构型，如图 3.44 所示，为了方便表示，分别用 1~4 编号进行表示。t_s 表示蒙皮厚度，h 表示筋条高度，N_a 和 N_c 分别表示轴向和环向的筋条数量。

表 3.15   贮箱优化变量的设计空间

变量	初始设计	变量下限	变量上限	加筋类型
p_i	2	1	4	—
t_s/mm	4.0	2.5	5.5	任意
t_{ri}/mm	6.0	3.0	9.0	任意
h/mm	12.0	8.0	16.0	任意
N_{ai}	—	6	16	正置正交
N_{ci}	—	13	23	正置正交
N_{ai}	8	4	14	横三角、竖三角、菱形
N_{ci}	8	6	16	横三角、竖三角、菱形

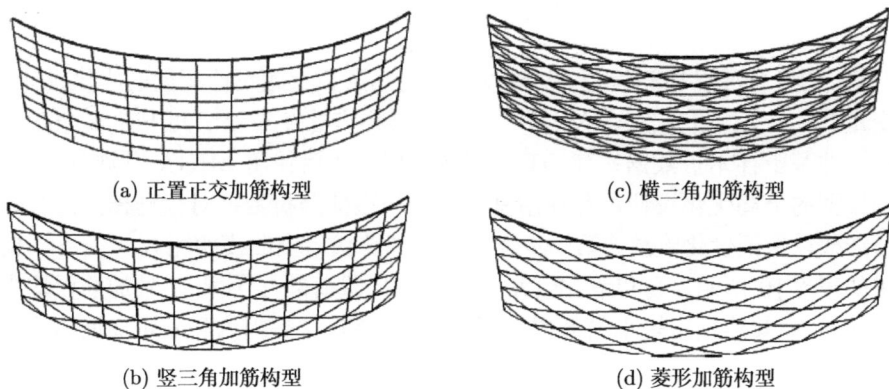

(a) 正置正交加筋构型

(c) 横三角加筋构型

(b) 竖三角加筋构型

(d) 菱形加筋构型

图 3.44   四种加筋类型示意图

经过后屈曲分析，可得如图 3.45 所示的等效模型极限承载分析误差统计图。可以看出，等效模型的总体误差在 10%以内，且误差小于 10%的样本点占采样点总数的 65%，最大的相对误差为 49%。经分析，误差来源主要包括：① 加筋子域壁板并不完全满足 NIAH 周期性边界的假设条件，导致加筋壁板等效刚度系数的计算存在较大误差，但仅当筋条稀疏时误差较大，密集加筋板误差精度均较高；② NIAH 是基于线性系统的刚度等效方法，等效模型无法准确计算加筋壁板发生塑性屈曲时的极限载荷。但由于塑性失稳的样本点均违反约束条件，因此该等效模型基本满足分析精度要求，并可以应用于贮箱结构的优化设计过程当中。

接下来，以不小于初始设计极限承载和材料屈服应力为约束条件，以贮箱结构质量最小化为目标，开展分步后屈曲优化设计，设计变量上下限如表 3.15 所示。为了便于贮箱的加工制造，令所有加筋壁板的蒙皮厚度和筋条高度相同，对于具有 6 个独立壁板的贮箱结构共包含 26 个设计变量。

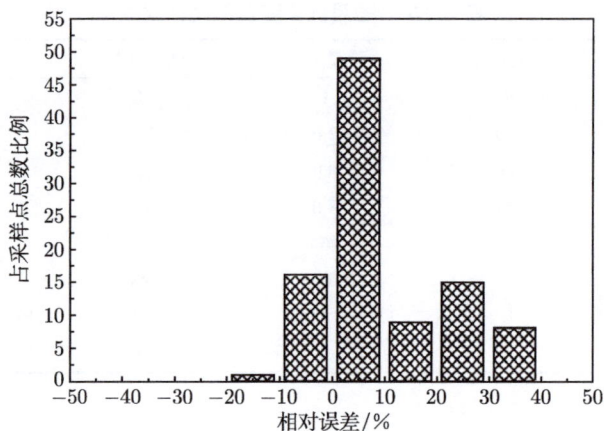

图 3.45　等效模型极限承载分析误差概率分布图

　　第一步，开展以加筋类型、轴向以及环向筋条数量为设计变量的优化设计，设计变量共 18 个。首先使用最优拉丁超立方采样方法在设计空间中抽取 360 个样本点，并基于样本点数据构建 RBF 代理模型。随后使用 MIGA 开展基于 RBF 代理模型的全局优化设计，并使用基于精细模型的分析数据对代理模型进行外部更新迭代以保证优化收敛。第一步优化的外部迭代历史曲线如图 3.46 所示，优化结果如表 3.16 所示。可以看出，承受较大轴压载荷的 1 号和 3 号加筋板均为竖三角加筋，而其他轴压较小的区域为正置正交加筋。这是因为竖三角加筋相比于其

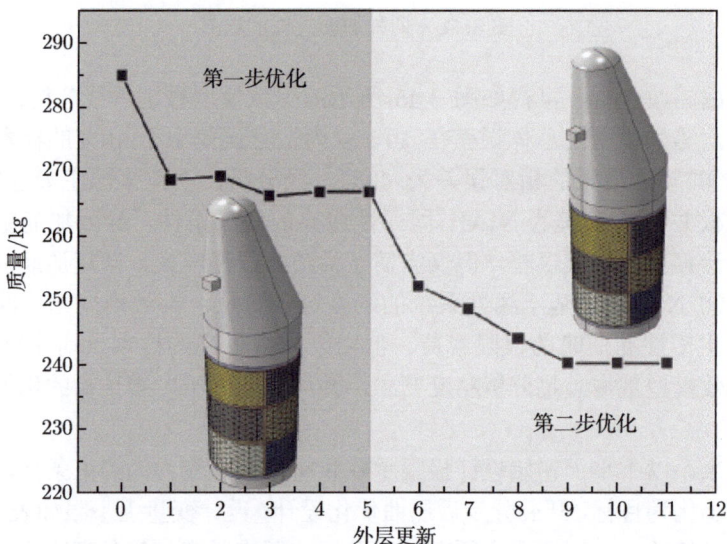

图 3.46　贮箱分步优化代理模型外部迭代曲线

他加筋类型能提供更高的刚度，而正置正交加筋表现为相对的低缺陷敏感性。经第一步优化得到设计的极限承载为 7345 kN，结构质量降至 266 kg。

表 3.16　贮箱第一步优化结果

变量	初始设计	变量下限	变量上限	第一步优化结果
p_1	2	1	4	2
p_2	2	1	4	1
p_3	2	1	4	2
p_4	2	1	4	2
p_5	2	1	4	4
p_6	2	1	4	1
N_{a1}	8	4	14	6
N_{c1}	8	6	16	7
N_{a2}	8	6	16	8
N_{c2}	8	13	23	17
N_{a3}	8	4	14	6
N_{c3}	8	6	16	8
N_{a4}	8	4	14	6
N_{c4}	8	6	16	6
N_{a5}	8	4	14	8
N_{c5}	8	6	16	16
N_{a6}	8	6	16	9
N_{c6}	8	13	23	23
W/kg	285	—	—	266
P_{co}/kN	7250	—	—	7345

第二步，开展以蒙皮厚度、筋条高度、筋条厚度为设计变量的优化设计，设计变量共 8 个。共抽取 160 个样本点用于构建代理模型，并经过优化可得第二步优化外部迭代的曲线如图 3.46 所示，优化结果如表 3.17 所示。可以发现，筋条高度达到了变量上限，而蒙皮厚度相比于初始设计略有下降。另外，轴压较大区域的筋条厚度明显大于轴压较小区域的筋条厚度，这是由屈曲主要发生在轴压较大的区域，并且对缺陷更敏感导致的。经过第二步优化，可得贮箱结构最终优化结果的极限承载为 7252 kN，其质量为 240 kg，相比于初始设计，减重幅度为 15.8%。另外，两步优化共耗时 165 h。

为了对比，本节还基于精细模型开展了所有加筋壁板相同的传统优化设计，其代表了目前运载火箭贮箱一般采用的设计方案。具体来说，该优化设计共包含蒙皮厚度、筋条厚度、筋条高度、环向和轴向筋条数量等 5 个设计变量。为使得基于精细模型优化的计算成本和分步优化相同，刚度均匀设计共在设计空间中抽取了 100 个样本点。经过优化，可得刚度均匀最优设计的变量参数如表 3.18 所示，其结构质量为 260 kg，相比于初始设计，质量仅降低了 8.8%，优化共耗时 161 h。

表 3.17　贮箱第二步优化结果

变量	初始设计	变量下限	变量上限	第二步优化结果
t_s/mm	4.0	2.5	5.5	3.5
t_{r1}/mm	6.0	3.0	9.0	5.5
t_{r2}/mm	6.0	3.0	9.0	3.0
t_{r3}/mm	6.0	3.0	9.0	6.3
t_{r4}/mm	6.0	3.0	9.0	3.1
t_{r5}/mm	6.0	3.0	9.0	4.8
t_{r6}/mm	6.0	3.0	9.0	3.1
h/mm	12.0	8.0	16.0	16.0
W/kg	266	—	—	240
P_{co}/kN	7345	—	—	7252

表 3.18　贮箱刚度均匀设计优化结果

变量	初始设计	变量下限	变量上限	刚度均匀设计优化结果
N_a	8	4	14	7
N_c	8	6	16	9
t_s/mm	4.0	2.5	5.5	3.1
t_r/mm	6.0	3.0	9.0	5.2
h/mm	12.0	8.0	16.0	15.0
W/kg	285	—	—	260
P_{co}/kN	7250	—	—	7320

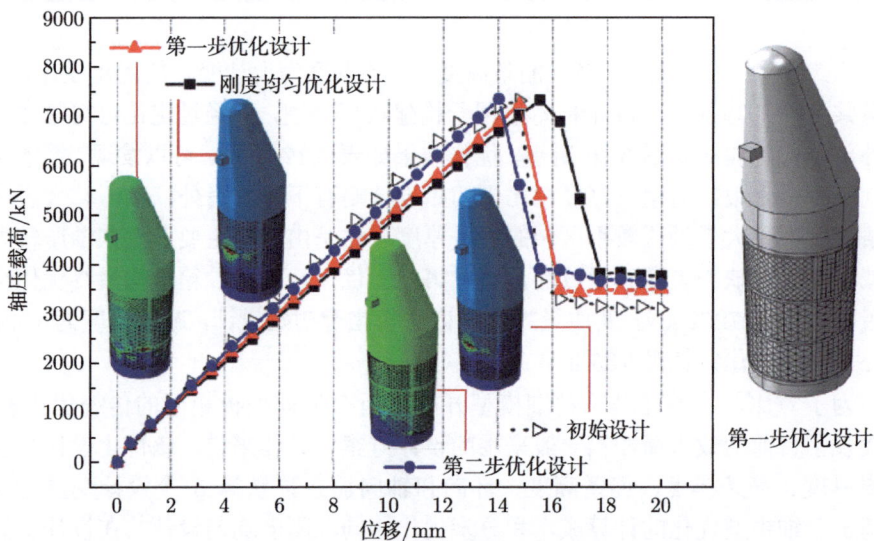

图 3.47　贮箱不同优化结果的位移–载荷曲线对比

可以看出，刚度均匀的常刚度设计并不能充分发挥非均匀载荷下贮箱结构的材料性能极限,无法获得轻量化水平更高的贮箱结构设计。而采用分步后屈曲优化策略开展的加筋单胞选型贮箱结构设计,更能充分地挖掘结构的设计空间,在同样的计算成本前提下,提供轻量化水平更高的变刚度贮箱结构设计。另外,从如图 3.47 所示的不同贮箱设计的位移承载曲线及后屈曲位移云图可以看出,采用刚度均匀设计的贮箱结构是某一局部壁板发生失效,而采用分步优化获得的最优设计,则是多处壁板同时发生失效,这证明分步优化方法具有更好的全局寻优能力。综上所述,所提出的分步优化方法,能有效解决具有多变量、单次分析效率低等特点的工程薄壳结构复杂非线性优化问题。

参 考 文 献

[1] Venkataraman S, Haftka R T. Structural optimization complexity: what has Moore's law done for us?[J]. Structural and Multidisciplinary Optimization, 2004, 28(6): 375-387.

[2] 林家浩. 力学与工程应用——庆贺钱令希院士九十寿辰 [M]. 大连: 大连理工大学出版社, 2006.

[3] Hao P, Wang B, Li G. Surrogate-based optimum design for stiffened shells with adaptive sampling[J]. AIAA J, 2012, 50(11): 2389-2407.

[4] Wang B, Hao P, Li G, et al. Two-stage size-layout optimization of axially compressed stiffened panels[J]. Structural and Multidisciplinary Optimization, 2014, 50(2): 313-327.

[5] Wang B, Tian K, Zhao H, et al. Multilevel optimization framework for hierarchical stiffened shells accelerated by adaptive equivalent strategy[J]. Applied Composite Materials, 2017, 24(3): 575-592.

[6] Hao P, Wang B, Tian K, et al. Fast procedure for Non-uniform optimum design of stiffened shells under buckling constraint[J]. Structural and Multidisciplinary Optimization, 2017, 55(4): 1503-1516.

[7] Hao P, Wang B, Tian K, et al. Integrated optimization of hybrid-stiffness stiffened shells based on sub-panel elements[J]. Thin-Walled Structures, 2016, 103: 171-182.

[8] 郝鹏. 面向新一代运载火箭的网格加筋柱壳结构优化研究 [D]. 大连: 大连理工大学, 2013.

[9] Conceição Antóio C A. Optimisation of geometrically non-linear composite structures based on load-displacement control[J]. Composite Structures, 1999, 46(4): 345-356.

[10] Bushnell D, Rankin C. Optimization of perfect and imperfect ring and stringer stiffened cylindrical shells with PANDA2 and evaluation of the optimum designs with STAGS[C]//43rd AIAA/ASME/ASCE/AHS/ASC Structures, Structural Dynamics, and Materials Conference. American Institute of Aeronautics and Astronautics, 2002.

[11] Schuhmacher G, Stettner M, Zotemantel R, et al. Optimization assisted structural design of a new military transport aircraft[C]//10th AIAA/ISSMO Multidisciplinary Analysis and Optimization Conference. American Institute of Aeronautics and Astronautics, 2004.

[12] Williams M, Griffin B, Homeijer B, et al. The nonlinear behavior of a post-buckled circular plate[C]//SENSORS, 2007IEEE. IEEE, 2007: 349-352.

[13] Lanzi L, Giavotto V. Post-buckling optimization of composite stiffened panels: computations and experiments[J]. Compos Struct, 2006, 73(2): 208-220.

[14] Rikards R, Abramovich H, Auzins J, et al. Surrogate models for optimum design of stiffened composite shells[J]. Composite Structures, 2004, 63(2): 243-251.

[15] Fu X, Ricci S, Bisagni C. Minimum-weight design for three dimensional woven composite stiffened panels using neural networks and genetic algorithms[J]. Composite Structures, 2015, 134: 708-715.

[16] Barkanov E, Eglitis E, Almeida F, et al. Optimal design of composite lateral wing upper covers. Part II: Nonlinear buckling analysis[J]. Aerospace Science and Technology, 2016, 51: 87-95.

[17] Mazzolani F M, Mandara A, Di Lauro G. Plastic buckling of axially loaded aluminium cylinders: a new design approach[C]//Proc. of the Fourth International Conference on Coupled Instabilities in Metal Structures CIMS, 2004.

[18] Hilburger M, Lovejoy A, Thornburgh R, et al. Design and analysis of subscale and full-scale buckling-critical cylinders for launch vehicle technology development[C]//53rd AIAA/ASME/ASCE/AHS/ASC Structures, Structural Dynamics and Material Conference 20th AIAA/ASME/AHS Adaptive Structures Conference 14th AIAA, 2012: 1865.

[19] Brown N F, Olds J R. Evaluation of multidisciplinary optimization techniques applied to a reusable launch vehicle[J]. Journal of Spacecraft & Rockets, 2012, 43(6): 1289-1300.

[20] Hao P, Wang B, Li G, et al. Hybrid optimization of hierarchical stiffened shells based on smeared stiffener method and finite element method[J]. Thin-Walled Struct, 2014, 82: 46-54.

[21] Hao P, Wang B, Li G, et al. Surrogate-based optimization of stiffened shells including load-carrying capacity and imperfection sensitivity[J]. Thin-Walled Structures, 2013, 72: 164-174.

第 4 章 曲筋变刚度结构优化设计方法

4.1 引 言

随着近年来增材制造和高精度数控铣等加工技术的日趋成熟，具有突出设计灵活性的曲筋变刚度结构引起了学术界和工业界的极大关注 [1-4](图 4.1)。作为典型的结构布局优化问题，曲筋布局设计对加筋薄壁结构的力学性能至关重要。为了进行机理性探究，Aage 等 [5] 利用超级计算机对全尺寸飞机机翼内部结构开展了千兆像素级分辨率的拓扑优化设计，结果证实了曲线加筋布局的使用可以将结构的总重量至少减少 2%～5%。

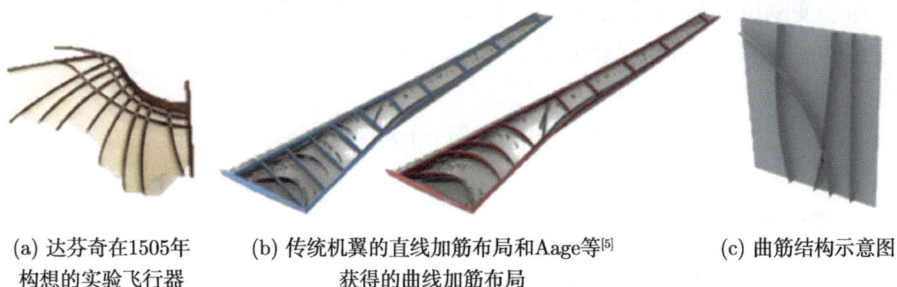

(a) 达芬奇在1505年   (b) 传统机翼的直线加筋布局和Aage等[5]   (c) 曲筋结构示意图
构想的实验飞行器   获得的曲线加筋布局

图 4.1 典型曲筋变刚度结构

近年来，曲筋变刚度结构概念得到广泛关注 [1]。数值结果表明由于此类结构的刚度分布和承载路径可以被灵活调整，因此在航空航天领域将具有广泛的应用前景 [6-8]。通过系统分析筋条方向、间距、位置和曲率等对曲筋变刚度板屈曲性能的影响，证明了曲线筋条路径的使用显著扩展了加筋布局的优化设计空间 [8]。Mulani 等 [6] 通过集成多个商业软件，开发了名为 EBF3PanelOpt 的曲筋变刚度结构几何建模、有限元分析和优化设计的集成工具。利用该集成工具，Slemp等 [8] 设计并制造了曲筋变刚度实验件，并评估了其在结构屈曲、材料屈服和筋条局部失效等约束下的承载性能，实验结果进一步证明了曲筋变刚度结构的优异结构效率。考虑到制造不确定性对实际承载能力的影响，作者 [2] 建立了曲筋变刚度结构的两步 (全局搜索和局部搜索) 分层不确定性优化框架。针对圆柱壳开口补强需求，郝鹏等 [9] 还提出了一种基于开口加筋圆柱壳混合模型的双层优化策略，通过采用曲线加筋布局增强了开口周围的近场局部刚度。进一步，作者 [10] 通过综合考虑曲线加筋布局设计和筋条截面设计，提出了同时具有非均匀分布和可变筋条截面的曲线网格加筋结构的集成设计方法。与传统常刚度网格加筋结构相比，该曲筋变刚度结构展现出了更优秀的设计潜力。作者 [11,12] 同时建立了曲线加筋结构布局优化的卷积神经网络模型，利用深度学习技术实现了曲线筋条布局设计问题的智能求解。此外，拓扑优化技术也被用于解决曲线加筋结构的布局设计问题 [13-15]。为了提高加筋壁板的机械性能，丁晓红等 [15] 提出了一种仿生设计技术，根据自然界分支系统的生长机制来确定最佳筋条布局。在自适应生长原理的指导下，实现了筋条在每个 "种子" 处的 "生长" 或 "退化"。张卫红等 [16] 提出了几何背景网格法，实现了加筋设计域内任意离散网格沿加筋高度方向的布局优化，为加筋布局设计提供了建设性思路。王丹等 [3,17] 提出了一种面向曲筋变刚度结构多尺度建模的流线型曲筋路径优化方法，证明该方法可以通过合理调整曲线筋条路径显著提高加筋薄壁结构的承载性能。在此基础上，结合主成分分析方法 (principal component analysis, PCA)，王丹等 [18] 提出了数据驱动的 SSPO 框架，进一步通过减少所需的设计变量数目提升了优化效率。

曲筋变刚度结构的后屈曲优化可以被主要分为曲筋布局表征方法和 (含开口) 曲筋结构尺寸–布局协同优化方法，本章将分别进行详细介绍。

4.2　曲筋布局表征方法

4.2.1　连续梯度方法

以长度为 $2a$ 的方形设计域为例，曲筋角度的线性变化可被用于描述曲筋路径 [17]：

$$\theta = T_1 + \frac{T_2 - T_1}{a}x \tag{4-1}$$

式中，θ 表示筋条角度，T_1 和 T_2 分别是设计域内曲筋路径的两个角度值。可以通过对过坐标原点的基准曲筋路径进行一系列偏移操作来生成整体曲筋布局，如图 4.2 所示。其中所有的曲筋形状相同，在 y 方向上具有不同的偏移距离。

筋条间距可表示为

$$s = \beta \cos\theta \tag{4-2}$$

式中，β 是两个相邻筋条路径之间沿 y 方向的距离。

此时曲筋路径满足以下表达式：

$$\frac{\mathrm{d}y}{\mathrm{d}x} = \tan\theta \tag{4-3}$$

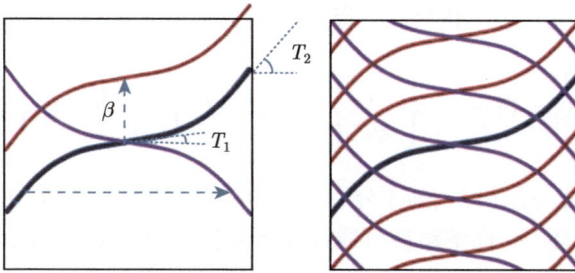

图 4.2 角度线性变化的曲筋路径示意图

将其代入前式并积分，基准曲筋路径可被表示为

$$y = \begin{cases} x \tan T_1, & T_1 = T_2 \\[2mm] \dfrac{a}{T_1 - T_2} \ln \dfrac{\cos T}{\cos T_1}, & T_1 \neq T_2 \end{cases} \tag{4-4}$$

基准曲筋路径的长度可通过以下公式进行计算：

$$l = 2 \int_0^a \sqrt{(\mathrm{d}x)^2 + (\mathrm{d}y)^2} = \begin{cases} \dfrac{2a}{\cos T_1}, & T_1 = T_2 \\[3mm] \dfrac{2a}{T_2 - T_1} \ln \left(\dfrac{\sec T_2 + \tan T_2}{\sec T_1 + \tan T_1} \right), & T_1 \neq T_2 \end{cases} \tag{4-5}$$

由于同一簇的所有曲筋路径都是来自基准筋条路径沿 y 方向的偏移，并且来自另一簇的曲筋路径是第一簇的镜像，因此曲筋路径的总长度可被表示为

$$l_{\mathrm{all}} = \frac{4a}{\beta} l \tag{4-6}$$

因此，设计域内曲筋的总体积可近似为

$$V_{\mathrm{stiff}} = whl_{\mathrm{all}} = \begin{cases} \dfrac{8a^2 wh}{\beta \cos T_1}, & T_1 = T_2 \\[3mm] \dfrac{8a^2 wh}{\beta(T_2 - T_1)} \ln \left(\dfrac{\sec T_2 + \tan T_2}{\sec T_1 + \tan T_1} \right), & T_1 \neq T_2 \end{cases} \tag{4-7}$$

式中，w 和 h 分别表示筋条宽度和高度。

4.2.2 幂指数方法

对于单条曲筋，使用贝塞尔曲线 (Bezier curve) 等样条函数对其路径进行描述是设计灵活性和复杂度间较为合理的选择 [2,9]。贝塞尔曲线可以由其起点、中

点和终点控制点来确定，其参数方程为

$$\left\{ \begin{array}{c} x \\ y \end{array} \right\} = (1-t)^2 \left\{ \begin{array}{c} x_s \\ y_s \end{array} \right\} + 2t(1-t) \left\{ \begin{array}{c} x_b \\ y_b \end{array} \right\} + t^2 \left\{ \begin{array}{c} x_e \\ y_e \end{array} \right\} \tag{4-8}$$

式中，(x_s, y_s)、(x_e, y_e) 和 (x_b, y_b) 分别是三个控制点的坐标，$t \in [0,1]$。在 ABAQUS 等软件的建模工具中，样条路径可通过控制点插值直接得到，此时 (x_m, y_m) 将代替 (x_b, y_b) 作为样条控制参数，如图 4.3 所示。

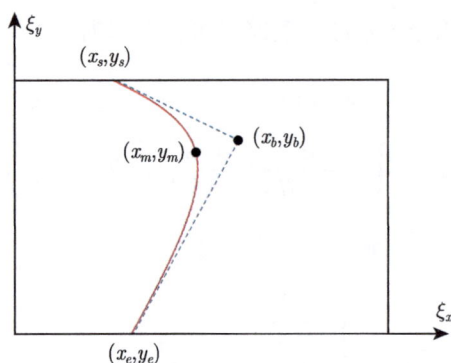

图 4.3　由三个控制点所确定的贝塞尔曲线

显然，对于复杂网格加筋壁板，优化设计过程中不可能将每根曲筋的形状和位置同时作为独立的设计变量。因此作者 [9] 提出了一种曲筋布局的幂指数表征方法，以实现曲筋布局的整体设计。图 4.4 以带有矩形开口的曲筋设计域为例，给出了方法示意图。假设优化过程中曲筋的起点和终点沿设计域边界移动，其中纵筋的起点和终点 x 坐标相等，横筋的起点和终点 y 坐标相等。利用筋条间距分布函数来描述曲筋各控制点的位置：

$$C_i = L_D \left(\frac{i}{N} \right)^{\lambda}, \quad i = 1, 2, \cdots, N-1 \tag{4-9}$$

式中，λ 是筋条的布局参数，N 是曲筋的数量，L_D 是设计域的宽度。

当 $\lambda = 1$，各曲筋路径间距离相等；当 $\lambda > 1$，位于设计域中部的筋条将比两侧更密集；类似地，当 $\lambda < 1$，情况相反。由于该方法在优化过程中所涉及的变量数目保持不变，因此采用该方法的突出优点是可以同时优化曲筋的数量、布局以及其高度和厚度。需要强调的是，对于这类具有离散变量的多峰问题，基于梯度的优化算法无法实施，需要使用代理优化方法等无梯度优化求解器对此问题进行求解。

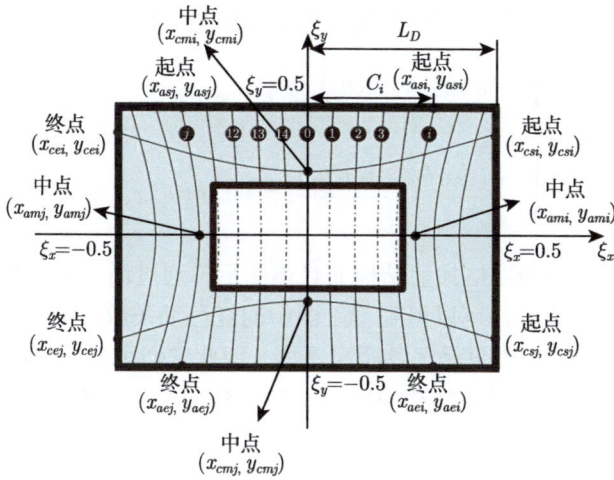

图 4.4 幂指数方法示意图

4.2.3 PCHIP 方法

除了上文中介绍的连续梯度方法，对于单个筋条也可以在设计域的左右两侧分别采用不同的线性变化函数，来描述曲线筋条路径的方向变化。如图 4.5 所示，在 $x = -l/2$、$x = 0$ 和 $x = l/2$ 处分别给出曲线筋条路径的角度值，则设计域左右侧的曲筋变化可以表示为

$$\theta(x) = \begin{cases} \dfrac{2(\theta_2 - \theta_1)}{l}x + \theta_1, & x \geqslant 0 \\[3mm] \dfrac{-2(\theta_0 - \theta_1)}{l}x + \theta_1, & x < 0 \end{cases} \tag{4-10}$$

式中，$\theta(x)$ 表示曲筋路径角度，θ_0、θ_1 和 θ_2 分别是筋条在 $x = -l/2$、$x = 0$ 和 $x = l/2$ 处的角度值。

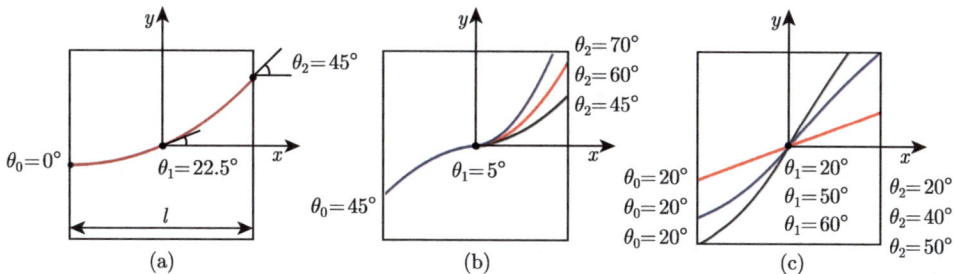

图 4.5 角度值区间线性变化的曲线筋条路径

所确定的经过设计域原点的曲线筋条基准路径可以定义为

$$
y = \begin{cases}
\dfrac{(\tan\theta_2 - \tan\theta_1)}{l}x^2 + \tan(\theta_1)x, & x \geqslant 0 \\[3mm]
\dfrac{-(\tan\theta_0 - \tan\theta_1)}{l}x^2 + \tan(\theta_1)x, & x < 0
\end{cases}
\tag{4-11}
$$

图 4.6 给出了曲线网格加筋结构的具体图示。通过沿 y 轴等间距平移 (a) 图中的基准曲线筋条路径，可以得到 (b) 图中的红色筋条簇。由于所有的红色筋条都具有相同的构型，区别只是平移距离不同，因此它们可以被统称为一个筋条簇。两组相交的筋条簇可以组成完整的曲线网格加筋结构，其 CAD 模型如 (c) 图中所示。

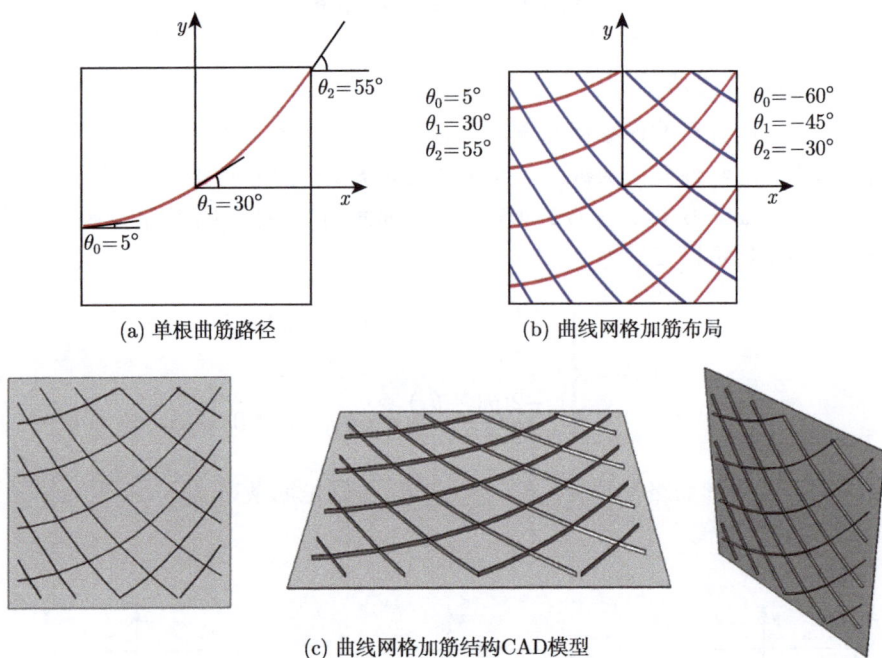

(a) 单根曲筋路径　　　　　　　　(b) 曲线网格加筋布局

(c) 曲线网格加筋结构CAD模型

图 4.6　曲线网格加筋结构示意图

对于图 4.6 中的曲线网格加筋壁板，由于相邻曲线筋条之间的距离相等，因此筋条呈现均匀分布。为了使加筋结构设计能更适应工程中广泛存在的非均匀载荷，有必要对曲线筋条分布进行非均匀优化设计。为了确保平移后的筋条始终在设计域范围内，首先需确定筋条的平移范围 $[d_{\min}, d_{\max}]$。最大平移距离 $d_{\max}$ 由与上边界的角点相交的筋条路径确定，如图 4.7 所示。最小平移距离 $d_{\min}$ 可以由相同的原理确定。具体地，平移区间的最大值和最小值可以确定如下：

$$\begin{cases} d_{\max} = \dfrac{l}{2}\left(1 + \dfrac{1}{2}\theta_0 + \dfrac{1}{2}\theta_1\right) \\[3mm] d_{\min} = -\dfrac{l}{2}\left(1 + \dfrac{1}{2}\theta_1 + \dfrac{1}{2}\theta_2\right) \end{cases}, \quad \theta_i > 0 \qquad (4\text{-}12)$$

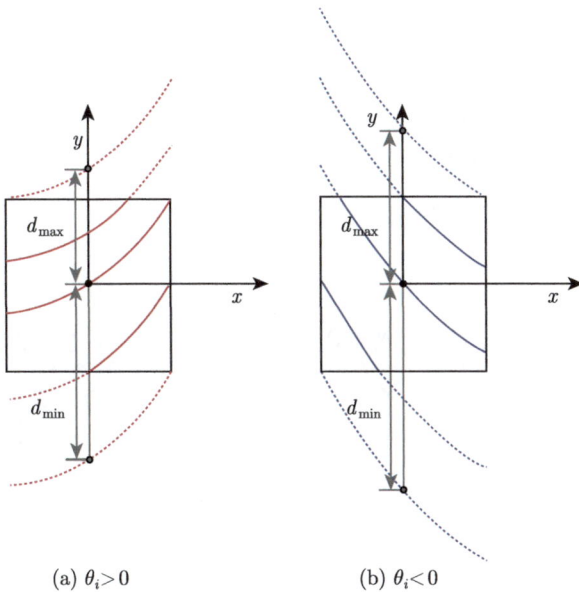

(a) $\theta_i > 0$ (b) $\theta_i < 0$

图 4.7   筋条平移区间示意图

对于平移后的曲线筋条，根据平移的距离和方向 (y 轴的正方向和负方向)，每簇中所有筋条的位置可以被用数组 $[d_1, d_2, \cdots, d_n]$ 表示，其中 n 是此簇筋条的总数量，d_i 表示第 i 根筋条的平移值。当筋条均匀分布，筋条的编号与对应的平移值之间的关系可以用平面坐标系中的直线表示，如图 4.8 所示。在该坐标系中，横轴 n 表示筋条的编号值和总数量，纵轴表示每根筋条的平移值 d。显然，随着直线斜率的变化，直线上点的数量也随之变化，因此对于均匀分布的筋条簇，筋条的数量可以通过控制直线斜率来调整。此时，第 i 根筋条的偏移值可被表示为

$$d_i = \frac{d_{\max} - d_{\min}}{N}i + d_{\min} \qquad (4\text{-}13)$$

当筋条簇均匀分布时，表示筋条的编号与相应平移值之间的对应关系为一条直线。显然，当其形状由直线变为曲线时，筋条间偏移值的差值将不再相等，曲线筋条的分布将由均匀变为非均匀。因此，可以通过改变其形状来设计曲线加筋簇

的非均匀分布。图 4.9 显示了插值曲线形状与曲线加筋簇分布之间的五种典型关系。为了保证插值曲线的严格单调性，在描述曲线筋条的非均匀分布时，采用了分段三次埃尔米特 (Hermite) 插值多项式 (piecewise cubic Hermite interpolating polynomial, PCHIP) 对曲筋分布进行插值。因此在曲线的四个插值点处有

$$
\begin{aligned}
D(0) &= d_{\min} \\
D\left(\frac{N}{3}\right) &= \alpha_1(d_{\max} - d_{\min}) + d_{\min} \\
D\left(\frac{2N}{3}\right) &= \alpha_2(d_{\max} - d_{\min}) + d_{\min} \\
D(N) &= d_{\max}
\end{aligned}
\tag{4-14}
$$

式中，α_1 和 α_2 是用于调整插值曲线形状的参数。

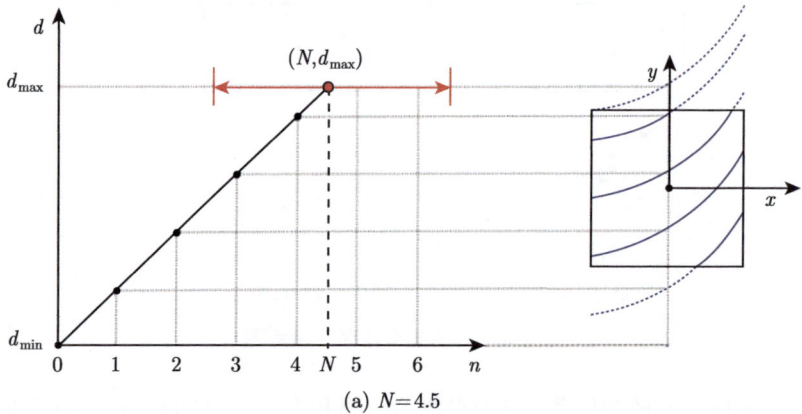

(a) N=4.5

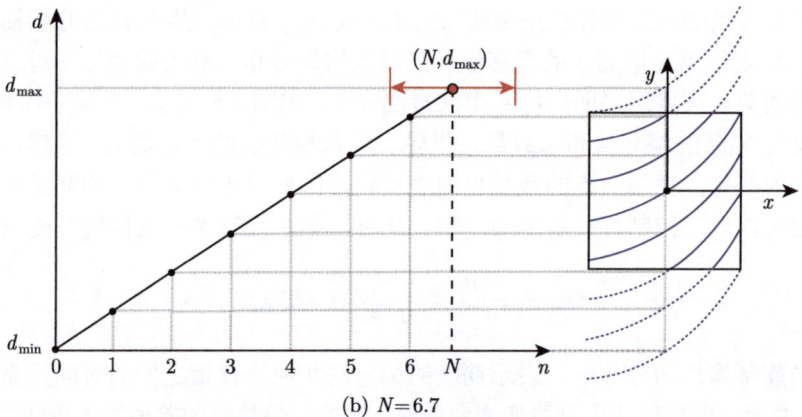

(b) N=6.7

图 4.8　筋条平移值示意图

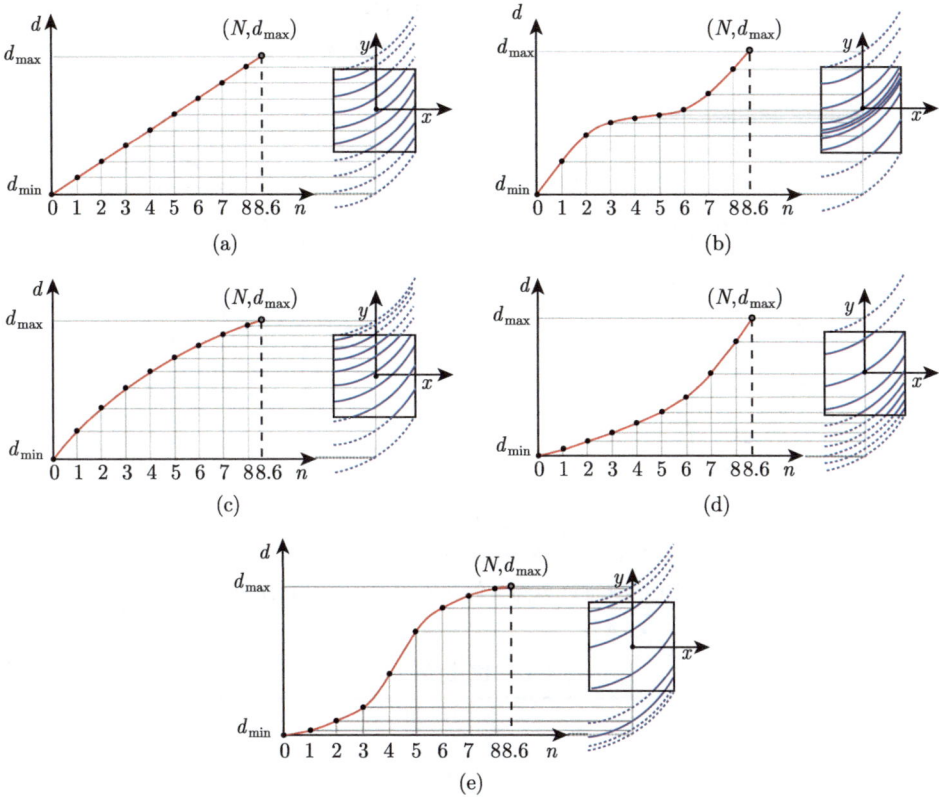

图 4.9 曲线加筋簇的非均匀布局设计

4.3 曲线加筋板的布局优化设计

为验证连续梯度方法和 PCHIP 方法的优化效果，以一个受非均匀载荷的加筋板布局优化为例进行测试。非均匀正弦载荷被施加在加筋板的左右两侧，如图 4.10 所示。网格加筋板尺寸为 1050 mm×1050 mm。结构材料为 2193 铝合金。网格加筋板的蒙皮厚度为 2.6 mm，在优化过程中保持不变。有限元模型采用 ABAQUS 提供的 S4R 减缩积分 4 节点壳单元，单元总数约为 24000 个，采用子空间迭代法求解特征值屈曲方程。

筋条路径可分为直线和曲线 (筋条路径连续梯度变化)，筋条分布可分为均匀分布和非均匀分布 (PCHIP 方法)。因此，为了综合探讨各因素对设计空间和优化结果的影响，分别对四种不同的加筋布局方式进行了优化：直线 + 均匀、直线 + 非均匀、曲线 + 均匀和曲线 + 非均匀，如表 4.1 所示。加筋布局和屈曲模态对比如表 4.2 所示。

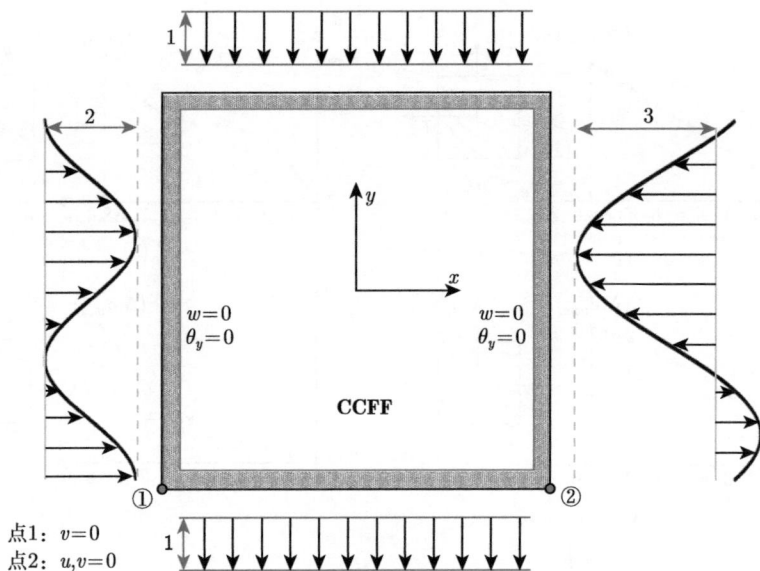

图 4.10　CCFF 边界条件和非均匀正弦载荷示意图

表 4.1　优化结果对比

加筋布局方式	线性屈曲载荷值	提升
正置正交	7.478	—
45° 正交	7.749	3.64%
直线 + 均匀	8.773	17.32%
直线 + 非均匀	9.305	24.43%
曲线 + 均匀	9.838	31.56%
曲线 + 非均匀	11.066	47.98%

　　经过优化设计，获得了六种布局设计的线性屈曲载荷。结果表明，与传统的正置正交加筋布局和 45° 正交加筋布局相比，四种优化后的筋条布局的线性屈曲载荷都有较大提高。与正置正交布局相比，直线均匀布局的线性屈曲载荷提高了17.32%。这说明加筋布局对网格加筋板的承载力有着重要的影响。对于最优的非均匀直线型加筋布局，线性屈曲载荷比初始布局提高了 24.43%。利用给出的曲线加筋路径表示方法，曲线均匀布局的线性屈曲载荷提高了 31.56%。同时，与均匀直线布局的优化设计相比，提高了 12.14%。最后，对于非均匀曲线布局的加筋优化设计，与初始正交布局相比，线性屈曲载荷提高了 47.98%。这说明了PCHIP 布局方法的优势。曲线路径和非均匀分布的协同设计，可以实现同时灵活调整两个方向的刚度，显著提高了网格加筋结构的力学性能。此外，曲线非均匀布局的线性屈曲载荷比最优曲线均匀布局和直线非均匀布局分别提高了 12.48% 和18.92%。结果表明，PCHIP 设计扩大了加筋结构布局的设计空间，带来了更大

的设计潜力。

表 4.2　加筋布局和屈曲模态对比

线性屈曲载荷	加筋布局	几何模型	前三阶屈曲模态		
直线+均匀　8.773					
直线+非均匀　9.305					
曲线+均匀　9.838					
曲线+非均匀　11.066					

4.4　含开口曲筋结构尺寸–布局协同优化方法

4.4.1　单开口加筋柱壳优化设计

　　为满足设备安装、管线铺设、散热等需要，航空航天结构的薄壁部段中不可避免地存在开口，例如导弹火箭结构的级间段和仪器舱、飞机机身等。开口导致的结构材料和刚度不连续会引起薄壁壳体位移场和应力场的局部扰动，破坏了无矩应力状态，导致壳体承载力降低，尤其对其后屈曲极限承载力的影响更大，为此设计中不得不采用补强措施。然而，国内外已有研究大多是从近口区的结构强度、稳定性角度进行局部补强，导致相当多的薄壁板壳设计方案结构效率较低，尤其对于开口较多的情况，超重将更为严重。因此现有"局部补强"思路下的研究较少关注整体结构设计，尤其缺乏相关的结构一体化优化设计理论框架。此外，缺乏整体设计考虑的局部补强还常导致加筋板壳近口区的刚度突变，易造成局部破坏。值得注意的是，伴随未来战术型号薄壁、超轻等越发苛刻的设计需求，加之承力结构多功能性融合的趋势，导致集成化通用型壳段开口变得"少而大"，因此近口区–远口区的一体化精细优化设计需求越发迫切。

　　开口薄壳结构的强度稳定性与壳体的几何尺寸、材料性质、开口特征等诸多因素有着密切的关系，采用理论模型进行分析将具有较大局限性，因此国内外学者常基于高精度非线性数值分析来精细化地获取开口薄壳结构及补强后的承载性能。而且，圆柱壳中开口的影响被认为是一种局部效应，因此可以合理地假设开口周围的近场对加筋圆柱壳的整体屈曲行为具有主要影响，可以被通过局部细化设计来加强，从而避免整体屈曲的提前出现。作为开口补强的基础，首先需要准确划分近口区和远口区。在 Huang 和 Haftka 的工作中 [19]，圆形开口的远口区和近口区的尺寸比值为 7。而对于不同形状和尺寸的开口，上述比例需要采取更为合适的方法来确定。由于刚度较低的区域在线性屈曲分析中会发生较大的变形，因而开口圆柱壳的低阶线性屈曲模态有助于确定近口区。可根据第一阶或者前 n 阶特征值模态中的主要变形区域来确定近口区，并将其余区域划分为远口区。

　　在本节提出的近口区–远口区的一体化精细优化设计方法中，远口区加筋构型固定，并可基于 NIAH 方法来进行等效，通过牺牲一定的精度来显著提升后屈曲分析效率。在近口区，将采用精细的几何模型来精确描述局部刚度，并采用曲线加筋布局来改善局部刚度和传力路径。优化设计框架如图 4.11 所示。

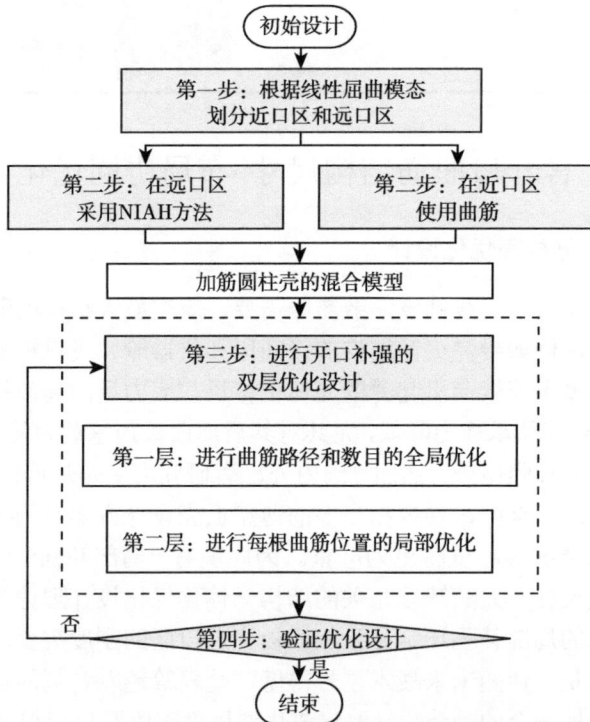

图 4.11　含单开口曲筋补强的优化设计框架

在第一层优化中，根据上文给出的幂指数方法，间距分布函数被用来描述曲筋路径的控制点位置，实现设计变量数目的主动缩减。

在第二层优化中，筋条数目和截面参数均保持不变，将每个曲筋路径的控制点位置作为设计变量，并解除间距分布函数的限制，并基于第一层的最优解开展局部优化设计。局部优化中，每个设计变量的优化空间被定义为第一层最优解的邻近区域。尽管第二层优化设计的变量数目显著增加，但由于其采用梯度类优化算法，可有效保证优化过程的收敛速度。

本节考虑一个具有方形开口的正置正交加筋圆柱壳，如图 4.12 所示，直径 D 为 3000.0 mm，长度 L 为 2000.0 mm，周向和轴向筋条的数量分别为 25 和 90，蒙皮厚度 $t_s = 4.0$ mm，筋条宽度 $t_r = 9.0$ mm，筋条高度 $h_r = 15.0$ mm。矩形开口位于壳体表面中部，尺寸为 500 mm×500 mm。对于初始设计，采用直线筋条加强开口，筋条的截面与其他筋条一致。基于 ABAQUS 中的显式动力学方法，对初始设计进行了非线性后屈曲分析。预测的极限载荷为 10000 kN，而无开口的加筋圆柱壳体的极限载荷可以达到 16853 kN。

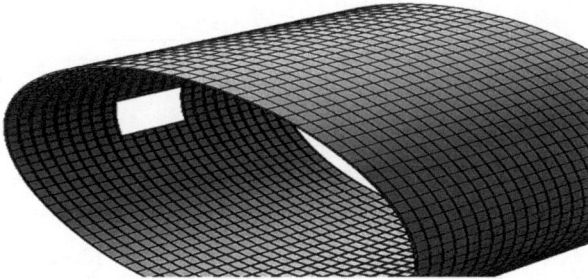

图 4.12   具有方形开口的加筋圆柱壳

下面按照本节提出的开口补强方法对圆柱壳进行精细设计。第一层优化涉及 8 个变量，采用演化类优化算法和代理模型相结合的方法进行优化。图 4.13 给出了优化设计的迭代过程。结果显示周向筋条的数量几乎是轴向筋条的一半，并且周向筋条的路径趋势与轴向筋条的路径趋势相反。与直筋相比，该曲筋更有利于扩散载荷并抑制开口附近局部屈曲变形。混合模型预测的相应极限载荷为 11107 kN(与初始设计相比增加了 12.5%)。

第二层优化中，轴向和周向筋条的数量分别被固定为 13 和 7，筋条的高度和厚度分别固定为 23.0 mm 和 6.3 mm。每个曲筋的控制点坐标指定为设计变量，共 18 个设计变量。此外，该层优化采用了基于梯度的优化算法，即所有变量均归一化并采用序列二次规划法进行局部优化。迭代历史如图 4.14 所示。混合模型预测的极限载荷为 11559 kN(较第一层优化设计进一步提升 4.1%)。详细模型预测的极限载荷为 11614 kN(与初始设计相比增加了 16.1%),与混合模型的相对误差仅为 0.5%,说明了所建立的混合模型的准确性和优化框架的有效性。

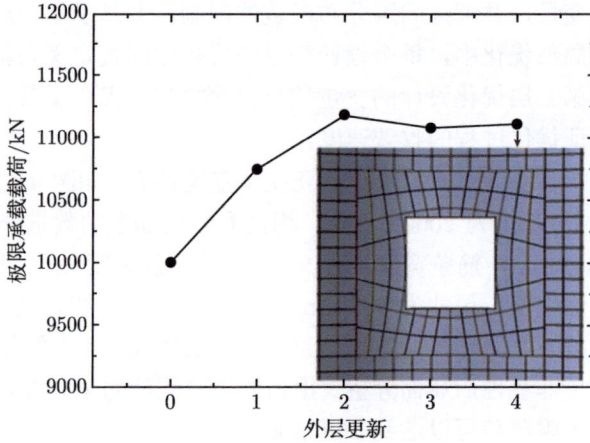

图 4.13　第一层优化迭代历史

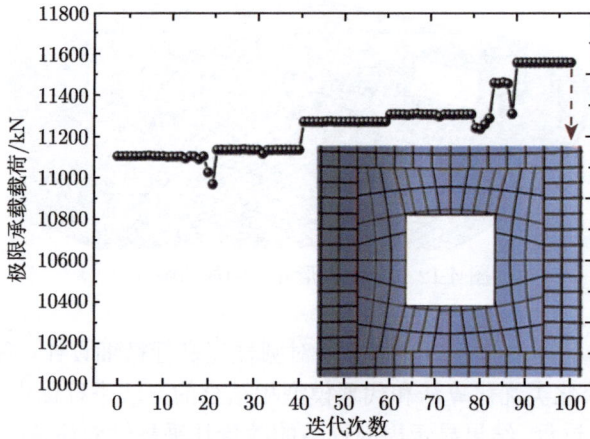

图 4.14　第二层优化迭代历史

4.4.2　多开口加筋柱壳优化设计

当壳体具有多个开口时其失稳行为将更为复杂,需要先根据开口的大小、位置和相互作用关系等确定多个开口中对壳体失稳行为有着主要影响的占优开口。为了提升多开口薄壳结构的轻量化设计水平,在 4.4.1 节单开口加筋柱壳优化设计框架的基础上,提出了多开口加筋柱壳优化设计方法 (图 4.15)[20]。其关键步骤为:

(1) 针对近口区和远口区的一体化设计需求，继续基于多步骤优化策略，并在每次迭代过程中都采用针对性分析模型 (第一步采用等效模型，第四步采用混合模型)；

(2) 针对多开口的加筋柱壳结构，首先进行占优开口分析，并根据所确定的占优开口来有效地划分近口区和远口区；

(3) 采用基于变形指标的判据来实现同步失效模式，实现屈曲优化问题的高效收敛判定。

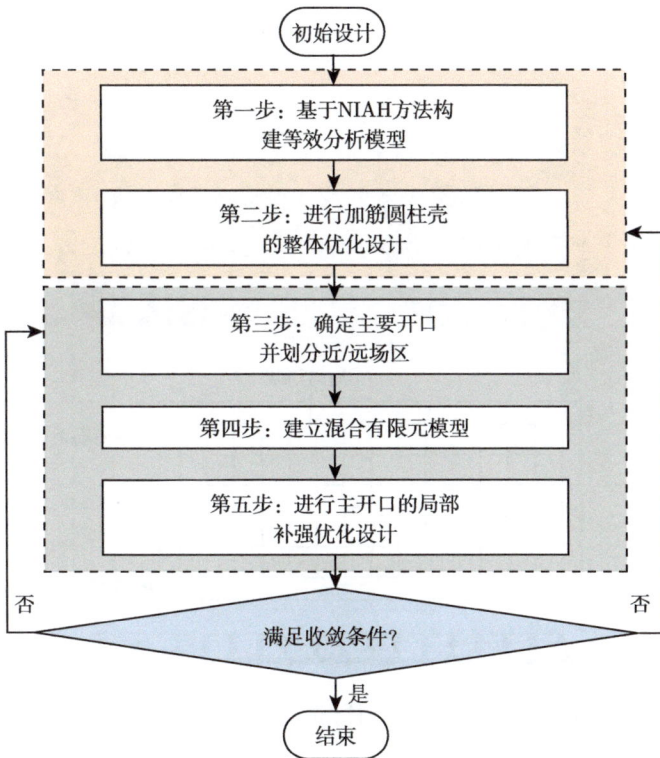

图 4.15　含多开口曲线加筋优化框架

第一步，基于 NIAH 方法建立等效有限元模型来代替精细模型开展后屈曲分析。在等效刚度系数方面，加筋圆柱壳可以被转化为各向异性或各向同性的光壳，可显著增大显式动力分析的时间增量步，从而减少加筋圆柱壳非线性后屈曲分析时间，如图 4.16 所示。

第二步，基于等效模型开展全模型的优化设计，其目标是寻找一个合理的全局受力路径。为了提高优化效率，每个分片部段的变量均保持一致，其优化列式

可表达如下:

$$\text{Maximize:}\quad P_{\mathrm{co}}$$
$$\text{Subject to:}\quad W \leqslant W_0 \tag{4-15}$$
$$X_i^l \leqslant X_i \leqslant X_i^u, \quad i = 1, 2, \cdots, n$$

式中, P_{co} 是极限载荷值, W 是结构质量, W_0 是初始设计的结构质量, X_i 是第 i 个设计变量, 包含蒙皮厚度 t_s、筋条高度 h 和筋条厚度 t_r, 轴向和环向的筋条数目 N_a 和 N_c, X_i^l 和 X_i^u 代表第 i 个设计变量的下限和上限。

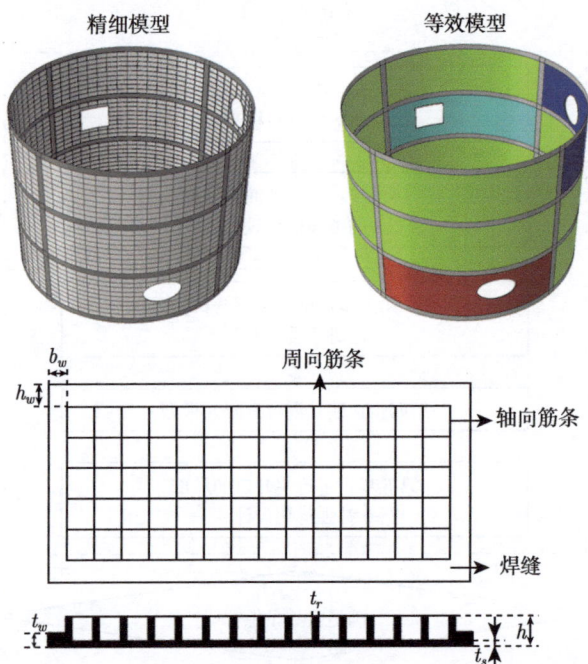

图 4.16　含多开口加筋圆柱壳精细模型和等效模型示意图

　　第三步, 根据极限坍塌时的变形来确定占优的主要开口, 并基于前 n 阶特征值模态来确定近口区和远口区。普遍来说, 低阶的特征值模态对于后屈曲阶段具有更占优的影响。因此, 参与划分的特征值模态数目不应该过多, 要求模态数目小于 10。进而, 确定了需要补强的区域, 通常都分布在大开口的周围, 这是因为小开口对加筋圆柱壳屈曲响应的影响较小。

　　第四步, 通过在近口区建立曲线加筋的精细模型, 并在远口区基于 NIAH 方法进行等效抹平, 建立起适用于后屈曲分析的混合模型, 如图 4.17 所示。

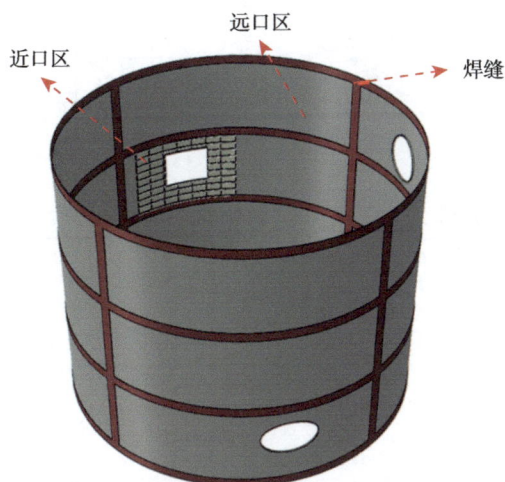

图 4.17　适用于后屈曲分析的混合模型

第五步，开展优化设计来进行局部开口补强。首先，基于混合模型开展占优开口的补强设计，设计变量包括近口区轴向和环向曲线加筋数目，蒙皮厚度，筋条高度和厚度，轴向和环向曲线加筋的布局系数。每个曲线加筋路径由起点、终点及中间控制点来确定。为了缩减设计空间，起点和终点假定只沿着近口区的边界处移动，如图 4.18 所示。此外，轴向筋条起点和终点的 x 轴坐标假定相等，环向筋条起点和终点的 y 轴坐标假定相等。对于环向和轴向的筋条施加关于开口圆心的对称性约束。为了缩减优化设计变量的数目，采用加筋布局函数来描述曲线加筋中间控制点的布局信息：

$$C_i = L_D \left(\frac{i}{N}\right)^\lambda, \quad i = 1, 2, \cdots, N-1 \tag{4-16}$$

式中，λ 代表筋条的布局系数，N 代表曲线加筋的数目，L_D 代表两侧边的距离。当 $\lambda = 1$，每个控制点等间距分布；当 $\lambda > 1$，控制点靠近开口；当 $\lambda < 1$，控制点远离开口。同时，起点 (终点) 的布局系数 λ 可以和中间控制点的布局系数不同，这将进一步增大结构设计空间。

在此优化过程中，远口区的设计参数保持不变。以变形量指标作为局部补强优化设计的收敛判据，本节以极限坍塌时变形阈值区域不小于全模型变形幅值的 2/3 作为收敛判据。如果收敛判据不满足，返回至第三步，确定占优的开口，并建立相应的混合模型，开展新的局部补强优化，直至发生准同步失效屈曲模态。

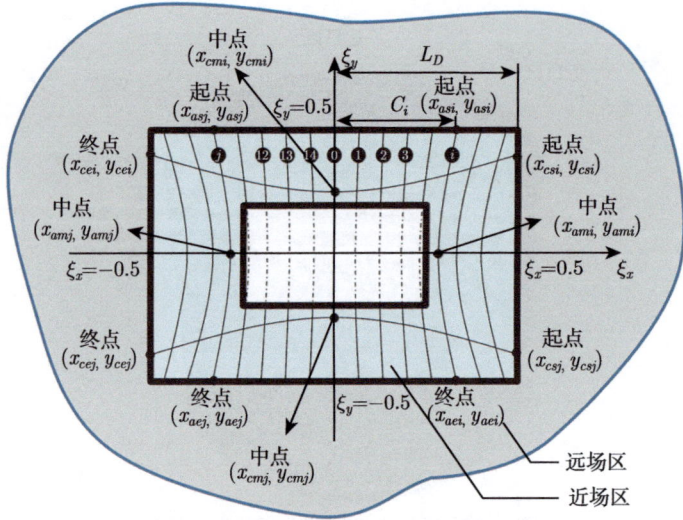

图 4.18　曲线加筋开口补强示意图

　　利用所建立的优化方法，对典型多开口加筋圆柱壳开展了优化设计。采用的材料属性如下：杨氏模量 $E = 68.2$ GPa，泊松比 $\nu = 0.33$，屈服强度 $\sigma_s = 350$ MPa，极限强度 $\sigma_b = 435$ MPa，延伸率 $\delta = 0.1$。模型轴向环向共有 12 个分片，每个分片轴向长度为 1200mm，对应环向角度为 90°。三个分片上分别有矩形、圆形、椭圆形开口，分片之间用焊缝连接，焊缝视为非加筋壳，焊缝厚度 t_w 为 8.5 mm，高度 h_w 和宽度 b_w 分别为 120.0 mm 和 150.0 mm。设计变量有蒙皮厚度 t_s、筋条厚度 t_r、筋条高度 h、每个分片中环向加筋数 N_c、轴向加筋数 N_a，初始设计质量为 1246 kg，其精细模型极限承载力为 9192 kN。

　　第一步，基于 NIAH 方法建立等效的有限元模型，并用于后屈曲分析阶段，将分片等效为具有各向异性等效刚度属性的光壳结构，计算其极限承载力为 9346 kN，相比精细模型相对误差仅为 1.7%，可见对于复杂后屈曲模型具有非常高的计算精度，两种模型的位移载荷曲线如图 4.19 所示，从图中可以明显看出两曲线在前屈曲、后屈曲阶段都很接近，然而，等效模型的计算时间大大降低，相比精细模型，时间减少到 0.4 h。

　　第二步，为提高计算效率，模型全局优化采用代理模型优化方法，实验设计阶段用拉丁超立方方法产生 100 个样本点，基于此建立径向基函数模型，在代理模型优化方法内循环中采用多岛遗传算法，优化的外部迭代更新历程如图 4.20 所示，只需 6 次迭代就可获得收敛可行解，优化后等效模型极限承载力为 10555 kN，结构质量为 1240 kg。为验证等效模型的可行性，同时对精细模型进行优化，经后屈曲分析得极限承载力为 11108 kN，位移载荷曲线如图 4.21 所示，从图中可以看出该加筋柱壳破坏时变形主要集中在矩形开口区附近，基于变形的收敛指标 η 为 0.460，较初始设计显著提高。

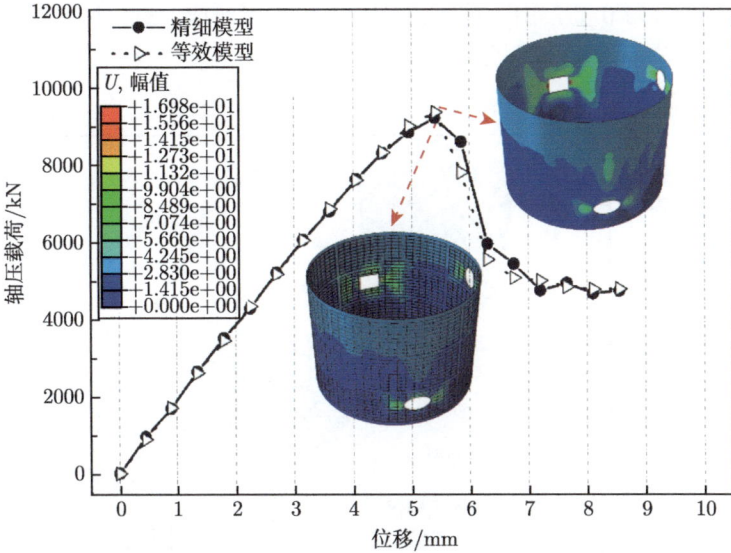

图 4.19　步骤一精细模型与等效模型位移–载荷曲线

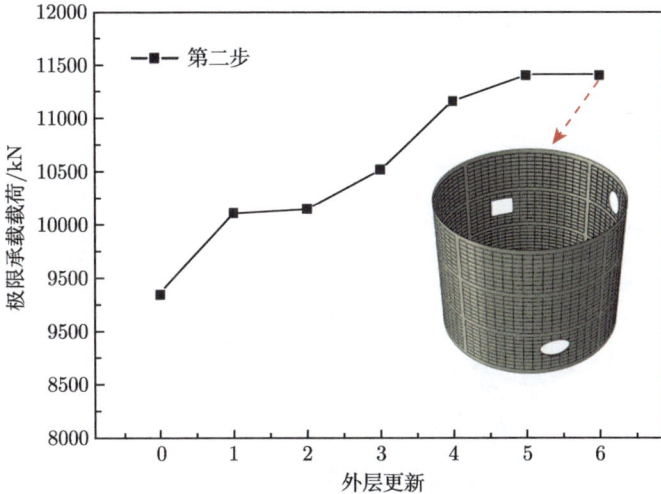

图 4.20　外层优化迭代更新历程图

　　第三步，基于步骤二中的优化结果，从图 4.21 中可知矩形开口占主要作用，应当在优化循环中最先加强，根据前 n 阶特征值模态来划分近口区和远口区，之后对两区综合优化。经屈曲分析得到前 15 阶特征值和模态，如图 4.22 所示，在前 13 阶模态图中，变形位于局部，分别围绕不同形状开口分布，前 3 阶模态图中，屈曲变形主要集中在矩形开口周围区域，由于低阶模态对加筋柱壳的后屈曲行为有更主要的影响，这有助于确定开口局部补强的重要性顺序，研究中确定近口区时采用阈值为 0.35，由于柱壳由几个分片焊接而成，近口区应限定在单一分片内，图 4.17 是因此近似划分出的矩形近口区。

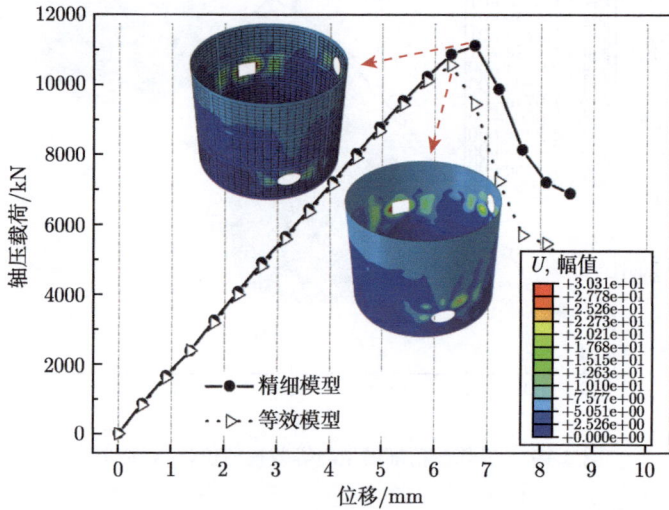

图 4.21　步骤二最优设计精细模型与等效模型位移–载荷曲线

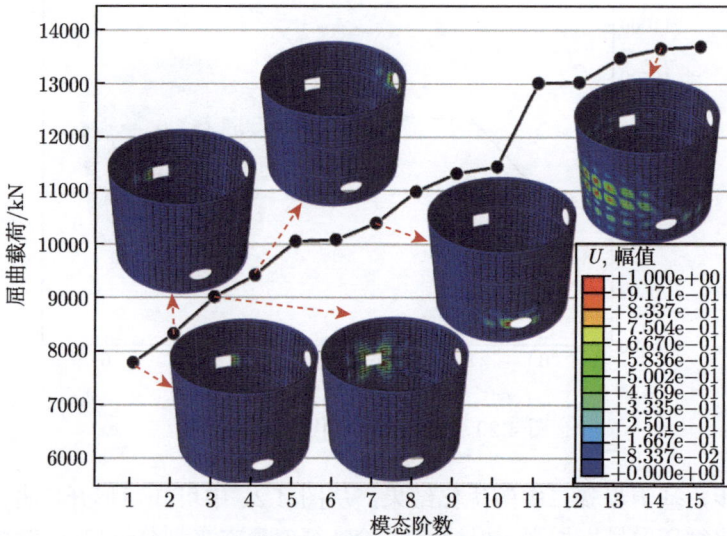

图 4.22　步骤二最优设计精细模型特征值及模态

第四步，确定近口区、远口区后，建立新的混合模型来代替精细模型进行后屈曲分析，混合模型中远口区基于 NIAH 方法等效为光壳结构，近口区则保留精细模型部分，两种模型的位移–载荷曲线如图 4.23 所示，极限承载力的相对误差仅为 5.9%，因此混合模型可应用于后续的优化中。

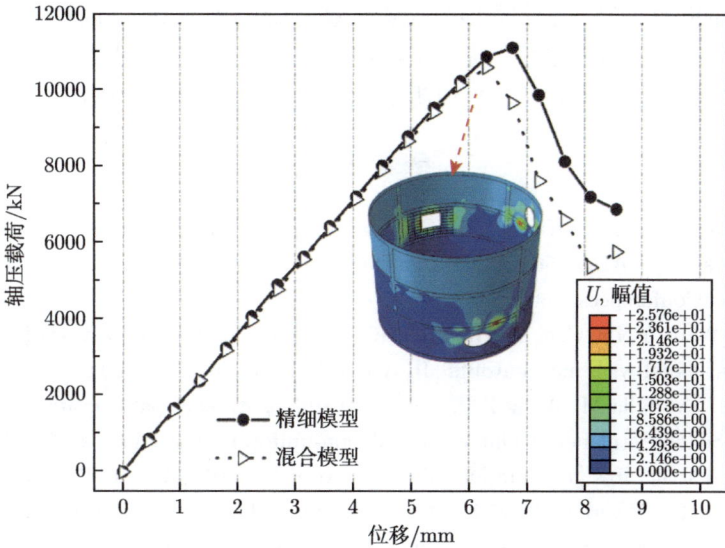

图 4.23　步骤四精细模型与混合模型位移–载荷曲线

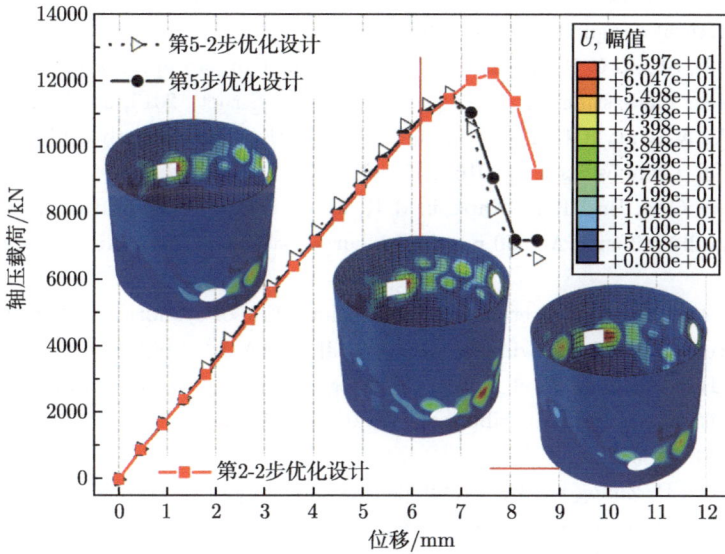

图 4.24　最优设计精细模型的位移–载荷曲线

第五步，基于步骤四中的混合模型，在占优开口近口区布置曲筋对局部开口补强区域进行优化。在实验设计阶段用拉丁超立方法生成 180 个样本点，基于构建的径向基函数模型进行代理模型优化，混合模型和精细模型的优化结果显示极限承载力分别为 10562 kN 和 11522 kN，结构质量为 1246 kg。最优设计的位移–载荷曲线如图 4.24 所示，变形从矩形开口区转移到圆形开口区，较之前的优化变形分布更为均匀，基于变形的收敛指数 η 提高到 0.491，该补强筋条布局模式改善了开口处的传力路径，提高了结构的承载力，证明了所提出的多开口加筋柱壳优化设计方法的有效性，也说明了曲筋在抗屈曲设计方面的设计潜力。

参 考 文 献

[1] Kapania R K, Li J, Kapoor H. Optimal design of unitized panels with curvilinear stiffeners [C]// AIAA 5th ATIO and 16th Lighter-Than-Air Sys. Tech. and Balloon Systems Conferences, 2005, 7482.

[2] Hao P, Wang Y, Liu C, et al. Hierarchical nondeterministic optimization of curvilinearly stiffened panel with multicutouts [J]. AIAA J., 2018, 56: 4180-4194.

[3] Wang D, Abdalla M, Wang Z P, et al. Streamline stiffener path optimization (SSPO) for embedded stiffener layout design of non-uniform curved grid-stiffened composite (NCGC) structures [J]. Comput. Methods App. M., 2019, 344: 1021-1050.

[4] Vescovini R, Oliveri V, Pizzi D, et al. A semi-analytical approach for the analysis of variable-stiffness panels with curvilinear stiffeners [J]. Int. J. Solids Struct., 2020, 188: 244-260.

[5] Aage N, Andreassen E, Lazarov B S, et al. Giga-voxel computational morphogenesis for structural design [J]. Nature, 2017, 550: 84-86.

[6] Mulani B, Slemp C H, Kapania R K. EBF3PanelOpt: an optimization framework for curvilinear blade-stiffened panels [J]. Thin-Walled Struct., 2013, 63: 13-26.

[7] Zhao W, Kapania R K. Buckling analysis of unitized curvilinearly stiffened composite panels [J]. Compos Struct., 2016, 135: 365-382.

[8] Slemp W C H, Bird R K, Kapania R K, et al. Design, optimization, and evaluation of integrally stiffened Al7050 panel with curved stiffeners [J]. J. Aircr., 2011, 48: 1163-1175.

[9] Hao P, Wang B, Tian K, et al. Efficient optimization of cylindrical stiffened shells with reinforced cutouts by curvilinear stiffeners [J]. AIAA J., 2016, 54: 1350-1363.

[10] Liu D, Hao P, Zhang K, et al. On the integrated design of curvilinearly grid-stiffened panel with non-uniform distribution and variable stiffener profile [J]. Materials & Design, 2020, 190: 108556.

[11] Hao P, Liu D, Zhang K, et al. Intelligent layout design of curvilinearly stiffened panels via deep learning-based method [J]. Materials & Design, 2021, 197: 109180.

[12] 张坤鹏，郝鹏，段于辉，等. 基于深度学习的多级曲线加筋壁板布局优化设计 [J]. 中国舰船研究, 2021, 16(4): 86-95.

[13] Zhu J H, Zhang W H, Xia L. Topology optimization in aircraft and aerospace structures design [J]. Arch. Comput. Method Eng., 2016, 23: 595-622.

[14] Maute K, Allen M. Conceptual design of aeroelastic structures by topology optimization [J]. Struct. Multidiscip. Optim., 2004, 27: 27-42.

[15] Dong X, Ding X H, Li G, et al. Stiffener layout optimization of plate and shell structures for buckling problem by adaptive growth method [J]. Struct. Multidiscip. Optim., 2020, 61: 301-318.

[16] 张卫红, 章胜冬, 高彤. 薄壁结构的加筋布局优化设计 [J]. 航空学报, 2009, 30(11): 2126-2131.

[17] Wang D, Abdalla M M, Zhang W. Buckling optimization design of curved stiffeners for grid-stiffened composite structures[J]. Composite Structures, 2017, 159: 656-666.

[18] Wang D, Yeo S Y, Su Z, et al. Data-driven streamline stiffener path optimization (SSPO) for sparse stiffener layout design of non-uniform curved grid-stiffened composite (NCGC) structures [J]. Comput. Meth. Appl. Mech. Eng., 2020, 365: 113001.

[19] Huang J, Haftka R T. Optimization of fiber orientations near a hole for increased load-carrying capacity of composite laminates [J]. Structural and Multidisciplinary Optimization, 2005, 30(5): 335-341.

[20] Hao P, Wang B, Tian K. Simultaneous buckling design of stiffened shells with multiple cutouts [J]. Engineering Optimization, 2017, 49(7): 1116-1132.

第 5 章 考虑缺陷的工程薄壳鲁棒性优化设计

5.1 引　言

　　围绕工程薄壳结构的轻量化，已有大量学者开展了结构优化研究，但大都集中在追求给定重量下的结构承载力最高，或满足承载性能下的结构重量最轻设计 [1-4]。然而，仅针对完善结构展开设计，可能得到一个危险的结构方案 [5-10]。因此，在工程薄壳承载力的分析方法与结构优化方法的基础上，需要进一步建立考虑缺陷的工程薄壳鲁棒性结构优化设计方法。伴随我国新一代大直径高端装备和未来重型高端装备载荷跨越式的提高，装备直径和结构重量将要大幅度提高，结构轻量化需求导致的壳体等效壁厚相对变薄与由此带来的承载力对缺陷的敏感度增大这一矛盾将更加突出，因此亟须开展面向低缺陷敏感性的结构优化设计。

　　思路之一是建立精确获得网格加筋圆柱壳折减因子的方法，并在此基础上开展优化设计。在此思路的牵引下，郝鹏等 [7] 建立了一个基于双层代理优化模型和自适应采样的优化框架，并提出了一种基于代理策略的优化方法，同时考虑了网格加筋圆柱壳的承载性能和缺陷敏感性，在此基础上提出了一种低缺陷敏感性的网格加筋圆柱壳优化模型 [9]。Wagner 等 [11] 详细讨论了几种常见的网格加筋圆柱壳屈曲载荷的优化设计方法，并改进了基于折减因子的网格加筋圆柱壳屈曲载荷下限计算方法，提出了一种基于决策树的机器学习模型来设计复合材料网格加筋圆柱壳的铺层方式 [12]。

　　思路之二是从结构形式出发，发现某些对缺陷不敏感的加筋形式 [13]。通过对一些简单结构形式的研究发现，可以通过丰富其结构层次来降低缺陷敏感度。Waller[14] 研究了表观类似单根杆件的 1 阶桁架杆在两端铰支受压情况下的承载力，与相同重量的传统 0 阶受压单杆相比，1 阶桁架杆承载力提高了两倍。他还基于解析方法得到了一个重要结论:在考虑缺陷时，不同层级结构的最优形状存在很大区别。此外，Waller[15] 还系统研究了多层级杆系分支结构的缺陷敏感性和最优形状设计，发现完善的多层级结构可以获得极其优异的承载力，但由于多层级结构在各层级上均可能存在缺陷，这种 "优异承载力" 的优势会随层级增加有所降低，但它会比传统 0 阶结构更适应于缺陷的存在，表现为对缺陷的敏感度低。Obrecht 等 [16] 的研究中最重要的观点是:不能一味追求给定重量下的最佳结构承载力设计，这样的最优设计往往会对缺陷更为敏感。他们还发现对于薄壁承力结构，在其壁面上镂空蜂窝格栅、预制指定构型双向皱褶也可以较大幅度提高结构的承载力。虽然 Obrecht 等没有直接提及是由于丰富了结构层次而带来了以上优点，但他建议的新结构方案均是在光壳基础上的 1 阶结构 (将光壳视为 0 阶结构) 方案。值得一提的是，也许正是由于他们采用的比照结构是对缺陷非常敏感的光壳，因此他们建议的结构方案优势对比非常强烈。之所以强调这点，是因为从丰富结构层次这个角度来看，传统网格加筋结构本身也是在光壳结构基础上的 1 阶结构，实践证明它的承载性能比 0 阶光壳好得多，但要发现比作为 1 阶结构的网格加筋更为有利的结构方案，显然更具挑战。不过，适当丰富可看作 1 阶结构的传统网格加筋的结构层次可能是较好的一种办法。此外，在传统加筋壳设计中，研究人员会对几种常见的网格加筋形式，例如正置正交加筋、三角形网格加筋、Kagome 加筋、蜂窝状加筋等进行尺寸优化，而后对比其承载性能。这种设计理念大大限制了结构的设计空间，并不能充分提升结构承载效率。因此许多研究和设计人员开始致力于开发新的网格加筋构型，比如多级网格加筋和曲筋结构。由于设计空间增大，这些设计往往在相同载荷工况下有着更高的结构承载效率。但是这些新构型设计取决于结构设计人员的经验和想象力，给出先验的加筋构型后再进一步优化设计和验证。而本章希望借助拓扑优化方法设计，可以尽可能地充分利用设计空间，设计出更为创新的网格加筋壳结构形式，为后续的形状和尺寸优化提供可试探的初始设计构型，在实际设计中迫切地需要能基于拓扑优化给出若干个满足要求的初始设计构型。通过连续体拓扑优化的多样性可竞争设计方法可为设计人员带来更多概念设计构型，更加丰富设计人员对产品设计的认识，启发设计人员获得不同的精细设计方案。郝鹏等 [17,18] 通过优化网格加筋圆柱壳的周向和轴向刚度分布，提出了一种多级网格加筋圆柱壳结构的形式如图 5.1 所示，以提

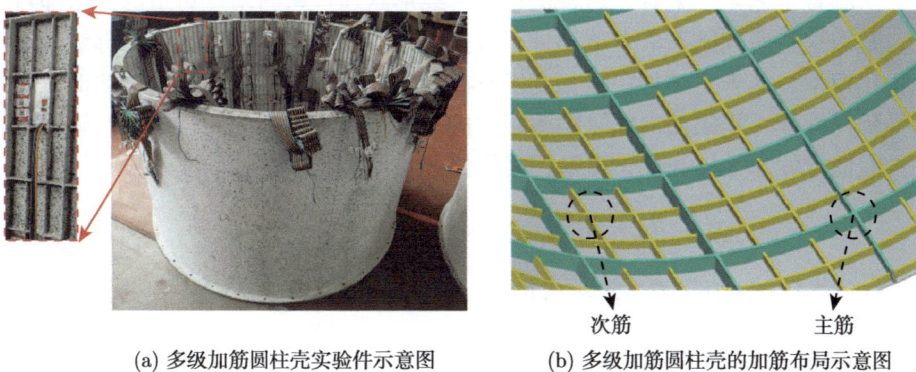

(a) 多级加筋圆柱壳实验件示意图   (b) 多级加筋圆柱壳的加筋布局示意图

图 5.1 多级加筋圆柱壳结构

高该结构对局部缺陷的抵抗力，而后为多级网格加筋圆柱壳建立了基于可靠性的优化设计框架，以获得更合理的可抵抗多源不确定性缺陷的设计。

5.2　基于名义承载力的工程薄壳鲁棒性优化方法

5.2.1　加筋圆柱壳鲁棒性优化设计

如前面章节所述，传统加筋柱壳的优化工作中，大多没有考虑结构缺陷敏感性的影响。一个优秀的结构设计只有将缺陷带来的性能折减效果纳入设计准则中，才能称之为"最优设计"。因此本节提出了基于名义承载力的工程薄壳鲁棒性优化方法。

考虑到时间成本，本节采用代理模型来提高鲁棒性设计的计算效率。在基于代理模型的优化设计中，实验设计一般是整个优化过程中耗时最多的环节。因此，本节提出了一种基于代理模型的混合优化模型。首先在实验设计中采用刚度等效的光筒壳模型进行显式后屈曲分析，然后基于实验设计样本点建立代理模型，并基于其采用优化方法进行寻优，迭代收敛后调用精细加筋柱壳模型进行显式后屈曲分析。如果精细模型分析得到的极限载荷和代理模型的预测值之间满足收敛条件则优化结束，否则将精细模型的计算结果加入至原样本点集中并重新建立代理模型，之后再次进入内层优化模块，直至内外两层的收敛性判断均已满足为止，此时整个优化过程结束。

从母线设计角度来探讨旋转对称壳体的承载能力，其力学本质即通过调整结构的刚度分布来使之更适合承载。还需注意的是，结构母线形状不宜过于复杂，设计控制参数应尽可能地少，否则会加大制造成本。本节从降低结构缺陷敏感性的角度出发，将加筋柱壳母线设计看作一个新的结构层级，分别以发生弹性屈曲和塑性屈曲的典型加筋柱壳为例，探讨了双曲母线幅值对结构轴压承载力的影响规律。从制备工艺角度来讲，这种简单的母线形状通过密封增压铸造的方法即可实现。基于这些研究结果，本节还进一步提出了计及缺陷敏感度的双曲母线加筋柱壳优化模型。从丰富结构层级角度出发，利用外凸双曲母线加筋柱壳的低缺陷敏感性优异性能，提出面向低缺陷敏感性的加筋柱壳设计理念，构建计及缺陷敏感度的双曲母线加筋柱壳优化模型，其优化列式可表达为

$$\text{Find}: \boldsymbol{X} = [t_s, t_r, h, N_a, N_c, w] \tag{5-1}$$

$$\text{Maximize}: P_{\text{nom}} = (\beta_1 KDF_s + \beta_2 KDF_l) P = \beta_1 P_s + \beta_2 P_l \tag{5-2}$$

$$\text{Subject to}: \beta_1 + \beta_2 = 1 \tag{5-3}$$

$$W \leqslant W_0 \tag{5-4}$$

$$X_i^l \leqslant X_i \leqslant X_i^u, \quad i = 1, 2, \cdots, 6 \tag{5-5}$$

以蒙皮厚度 t_s、筋条宽度 t_r、筋条高度 h、轴向和环向的筋条数量 N_a 和 N_c 以及双曲母线顶点的幅值 w 为设计变量，以小幅缺陷和大幅缺陷下结构轴压极限载荷的加权和，即名义极限载荷 P_{nom} 为优化目标。缺陷类型可选取实际加筋柱壳可能出现的高发概率缺陷。如若尚不明确缺陷类型，则可采用分别表征整体型或局部型的特征值屈曲模态或单点凹陷缺陷。小幅和大幅缺陷的具体幅值可根据实际加工工艺容差和检测精度来选取。约束条件为不超过初始设计的结构重量。式中，β_1 和 β_2 是小幅缺陷和大幅缺陷下的结构轴压极限载荷的权系数，可根据设计经验或偏好选取，但需满足两者之和等于 1.0。具体而言，如若加工精度较高，则 β_1 的取值应趋近 1.0；反之，则 β_2 的取值应趋近 1.0。某种程度来讲，β_1 和 β_2 的取值体现了小幅和大幅缺陷发生的概率。

本节以正置正交加筋圆柱壳为例，验证该优化模型的有效性。直径 D 为 3000 mm，长度 L 为 2000 mm，弹性模量 E 为 70 GPa，泊松比 ν 为 0.33，密度 ρ 为 2.7×10^{-6} kg/mm³，屈服强度 σ_s 为 300 MPa，极限强度 σ_b 为 400 MPa，延伸率为 5%。该加筋柱壳模型在非线性后屈曲分析中会首先发生材料屈服，继而引发大面积的屈曲失稳。由于结构后屈曲分析计算成本较大，采用配置为 P4 3.2 GHz CPU、4 GB 内存的计算机，约耗时 1.5 h。因此，本例基于代理模型方法开展优化设计，各设计变量的取值范围列于表 5.1 中。采用 P_s 和 P_l 来分别表征结构在小幅和大幅缺陷下的极限载荷，本例考虑的是一阶特征值屈曲模态缺陷。简单起见，β_1 和 β_2 均取为 0.5。

表 5.1　设计变量初始值及上下限

	t_s/mm	t_r/mm	h/mm	N_c	N_a	w/mm
初始设计	4.0	9.0	15.0	26	90	0
上限值	5.0	12.0	18.0	31	100	100
下限值	3.0	6.0	12.0	21	80	0

本算例采用 OLHS 法在设计空间中抽样 125 次，并基于该样本点集构建 RBF 模型。另外，采用 OLHS 法额外抽取 18 个样本点，用于检验代理模型的预测精度。代理模型对结构重量及两个极限载荷的预测误差指标在表 5.2 中给出。总的来讲，由于响应对设计变量的非线性程度不同，代理模型对结构重量的预测精度要显著好于两个极限载荷。三个响应的%RMSE 和%AvgErr 值均控制在 5% 以下，其中两个极限载荷的%MaxErr 值为 5.3%。随后，采用 MIGA 算法基于构建好的 RBF 模型开展优化工作。算法参数设置如下：岛数为 6，每个岛的种群数为 12，进化代数为 20。

表 5.2　计及缺陷敏感度的双曲母线加筋圆柱壳优化中 RBF 模型误差指标

	%RMSE	%AvgErr	%MaxErr
W	1.1	0.7	3.3
P_s	2.1	1.5	5.3
P_l	3.2	2.7	5.3

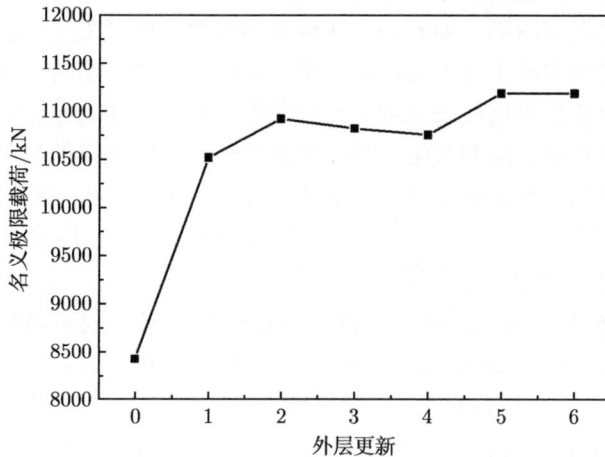

图 5.2　代理模型优化中外层更新历程曲线

为了更直观地观察结构真实响应的迭代历程，图 5.2 仅保留外层更新历程。最优设计的名义极限载荷 P_{nom} 为 11183 kN，较初始设计提高 32.7%，而结构重量为 357.2 kg，较初始设计略有减小。表 5.3 中给出了初始设计和最优设计的性能对比。可以看出，结构几何完善时，最优设计的承载能力甚至不及初始设计，但最优设计的缺陷敏感性被大大降低，不论小幅缺陷还是大幅缺陷，考虑缺陷作用的最优设计性能均得到极大改善。最优设计的变量取值列于表 5.4 中，其中双曲幅度 w 已经接近上限，可以认为外凸双曲母线有助于降低结构缺陷敏感性。另外，最优设计的特征值屈曲模态和压溃时刻的变形分布云图在表 5.5 中详细给出。

表 5.3　初始设计和最优设计的性能对比

	W/kg	P_0/kN	P_s/kN	P_l/kN	P_{nom}/kN
初始设计	358.0	14849	10027	6822	8425
计及缺陷敏感度的最优设计	357.2	14071	13791	8574	11183
不考虑缺陷敏感度的最优设计	357.6	16267	11408	7514	9461

表 5.4　设计变量优化前后对比

	t_s/mm	t_r/mm	h/mm	N_c	N_a	w/mm
初始设计	4.0	9.0	15.0	26	90	0
计及缺陷敏感度的最优设计	4.3	7.5	17.7	21	97	94.0
不考虑缺陷敏感度的最优设计	4.7	6.2	17.9	21	100	0.0

表 5.5 两种最优设计的特征值屈曲模态及压溃时刻变形对比

	特征值屈曲模态	压溃时刻变形云图 $(\alpha = 0.0)$	压溃时刻变形云图 $(\alpha = 0.1)$	压溃时刻变形云图 $(\alpha = 1.0)$
计及缺陷敏感度的最优设计				
不考虑缺陷敏感度的最优设计				

作为对比，本例还开展了不考虑缺陷敏感度的加筋柱壳优化设计，其优化列式如下：

$$\text{Find:} \quad \boldsymbol{X} = [t_s, t_r, h, N_a, N_c, w] \tag{5-6}$$

$$\text{Maximize:} \quad P_{\text{co}} \tag{5-7}$$

$$\text{Subject to:} \quad \beta_1 + \beta_2 = 1 \tag{5-8}$$

$$X_i^l \leqslant X_i \leqslant X_i^u, \quad i = 1, 2, \cdots, 6 \tag{5-9}$$

类似地，这里仍采用 OLHS 法抽样 125 次，并基于该样本点集构建 RBF 模型。随后采用 OLHS 法额外抽取 18 个样本点，并据此估计出代理模型的预测精度。对于结构重量和极限载荷，该 RBF 模型的三个预测误差指标都小于 2%，优于前一代理模型，列于表 5.6 中。MIGA 的算法参数的取值同前一优化。

表 5.6 不考虑缺陷敏感度的双曲母线加筋柱壳优化中 RBF 模型误差指标

	%RMSE	%AvgErr	%MaxErr
W	0.3	0.2	0.6
P_0	1.1	0.8	1.3

代理模型的外层更新历程如图 5.3 所示。完善最优设计的极限载荷为 16267 kN，较初始设计提高 9.5%，而结构重量为 357.6 kg，较初始设计略有减小。表 5.3 中给出了初始设计和该最优设计的性能对比，对应的变量取值列于表 5.4 中。可以发现，尽管结构几何完善时，不考虑缺陷作用的最优设计承载性能优于计及缺陷敏感度的最优设计，但在引入缺陷后，后者的轴压极限载荷则明显高于前者和初始设计。同样，该最优设计的特征值屈曲模态和压溃时刻的变形分布云图在表 5.5 中详细给出。

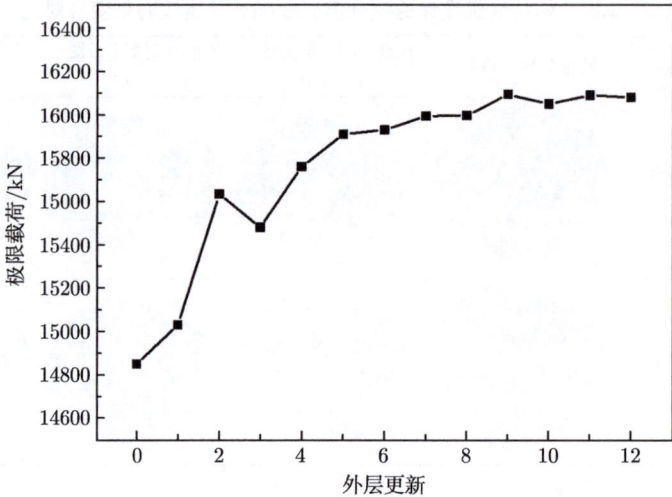

图 5.3　代理模型优化中外层更新历程曲线

接下来对两个最优设计进行了全程的特征值屈曲模态缺陷敏感性分析，对应曲线在图 5.4 中给出。结果显示，除了微幅缺陷外，计及缺陷敏感度的最优设计

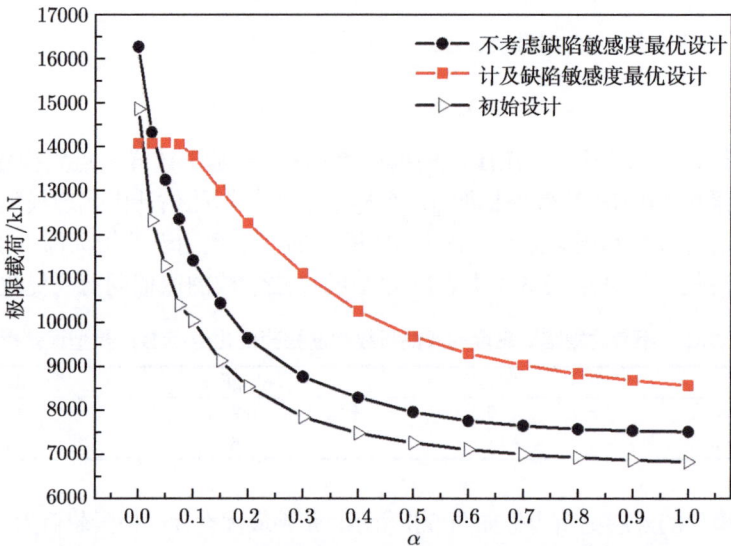

图 5.4　两个加筋柱壳的特征值屈曲模态缺陷敏感性曲线

在曲线的剩余全程均显著优于不考虑缺陷作用时的最优设计以及初始设计。由此可见，这样的设计对于实际服役结构才是更鲁棒的、更能胜任的设计。当然，实际设计中需要根据服役加筋柱壳可能发生的缺陷类型以及容许幅度来确定具体的

优化目标和权系数。

5.2.2 多级加筋圆柱壳鲁棒性优化设计

在加筋板壳的设计中，Williams[20] 发现引入超过一种的筋条截面 (mutliple stiffener sizes)，可增大结构的设计空间，从而可在保证承载力前提下获得更显著的结构减重效益。Bushnell 和 Rankin[21] 的研究工作表明在加筋板壳的相邻筋条间布置一些细密的子筋 (substiffener)，将有利于改善筋条间的局部失稳。Watson 等[22] 进一步通过优化手段证实了这种多筋条截面加筋结构的优异后屈曲性能。Quinn 等[23,24] 采用数值和实验手段研究了受压单向加筋板的承载性能，验证了在加筋之间平行布置一些细密肋骨能够提高结构局部屈曲载荷的结论。

与前人的设计理念不同，本节从丰富加筋结构层次的角度入手来降低其缺陷敏感性，其中最易加工实现的结构构型是丰富加筋高宽尺寸，即结构中的加筋按某种给定的规律分为若干级 (组)，每级 (组) 筋条截面采用同一尺寸，各级 (组) 之间尺寸不同，这样的结构构型可称为多级网格加筋结构，如图 5.5 所示。可以看出，这类结构构型要比传统仅网格形状变化的网格加筋构型具有更强的可设计性，且由于局部抗失稳能力的增强，各变量的设计空间也可相应增大。同时，这种多级加筋结构也应具备层级结构容忍和抵抗缺陷的能力。更重要的是，这种结构构型并不挑战制造工艺，基于现有网格加筋结构普遍采用的化学铣切或机械铣切工艺即可实现。

图 5.5 双向多级加筋板示意图

生物层级结构和土木工程中成功的巨型层级结构可以较好地容忍各种缺陷，从中获得启发，作者[5,8] 基于多级加筋结构的概念，通过合理的刚度分布，有效抑制了由随机缺陷引起的局部失稳的发展，并诱发有利的结构失稳波形，从而提高壳体结构在设计中的许用承载力，如图 5.6 所示。

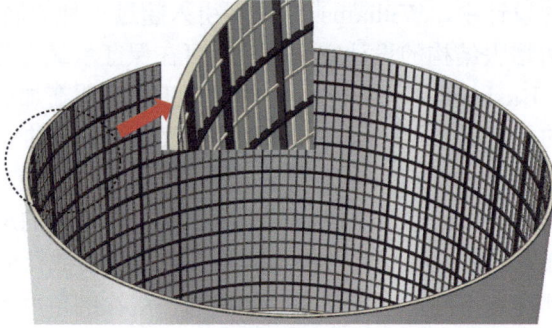

图 5.6　多级加筋柱壳示意图

为了利用这类结构设计空间变大和缺陷敏感性降低带来的潜在优势，构造计及缺陷敏感度的双向多级加筋柱壳优化模型。与 5.2.1 节类似，该优化模型可表达为式 (5-10)～式 (5-14)。以蒙皮厚度 t_s、主次筋条宽度 t_{rj} 和 t_{rn}、主次筋条高度 h_j 和 h_n、轴向和环向的主次筋条数量 N_{aj} 和 N_{an} 及 N_{cj} 和 N_{cn} 为设计变量，以小幅缺陷和大幅缺陷下结构轴压极限载荷的加权和，即名义极限载荷 P_{nom} 为优化目标。缺陷类型可选取实际加筋柱壳中具有高发概率的缺陷。若尚不明确缺陷类型，则可采用分别表征整体型或局部型的特征值屈曲模态或单点凹陷缺陷。小幅和大幅缺陷的具体幅值可根据实际加工工艺容差和检测精度来选取。约束条件为不超过初始设计的结构重量，优化列式如下：

$$\text{Find:}\quad \boldsymbol{X} = [t_s, t_{rj}, t_{rn}, h_j, h_n, N_{aj}, N_{an}, N_{cj}, N_{cn}] \tag{5-10}$$

$$\text{Maximize:}\quad P_{\mathrm{nom}} = (\beta_1 \mathrm{KDF}_s + \beta_2 \mathrm{KDF}_l)\, P = \beta_1 P_s + \beta_2 P_l \tag{5-11}$$

$$\text{Subject to:}\quad \beta_1 + \beta_2 = 1 \tag{5-12}$$

$$W \leqslant W_0 \tag{5-13}$$

$$X_i^l \leqslant X_i \leqslant X_i^u, \quad i = 1, 2, \cdots, 9 \tag{5-14}$$

式中，β_1 和 β_2 是小幅缺陷和大幅缺陷下的结构轴压极限载荷的权系数，可根据设计经验或偏好选取，但需满足两者之和等于 1.0。具体而言，如若加工精度较高，则 β_1 的取值应趋近 1.0；反之，β_2 的取值应趋近 1.0。某种程度来讲，β_1 和 β_2 的取值体现了小幅和大幅缺陷发生的概率。

本节基于传统加筋柱壳设计，开展了双向多级加筋柱壳的优化设计。本算例采用表征整体型缺陷的特征值屈曲模态缺陷，以初始设计为基准，取无量纲缺陷幅值为 0.1 和 1.0 的缺陷分别描述小幅和大幅缺陷。为了保证对比的公平性，引入缺陷的最大幅值在优化过程中保持不变。各变量的设计空间列于表 5.7 中。如前所述，由于单次结构后屈曲分析时间较长，本节仍基于代理模型方法开展优化设计。

考虑到计算能力的限制，这里采用 OLHS 法在设计空间中抽样 100 次，并基于这些样本点构建 RBF 模型。另外，仍采用 OLHS 法额外抽取 18 个样本点，用于检验代理模型的预测精度。代理模型对结构重量及两个极限载荷的预测误差指标在表 5.8 中给出。总体而言，由于响应对设计变量的非线性程度不同，代理模型对结构重量的预测精度要显著好于两个极限载荷。三个响应的 %RMSE 和 %AvgErr 值均控制在 10% 以下，其中两个极限载荷的 %MaxErr 值达到了 15.5% 和 14.5%。这是由于对于某些极端的设计 (体现为结构重量过大或过小，算法对这些设计的罚函数值很大)，代理模型的预测精度往往较差。但这些结构设计并不影响寻找最优解，而且优化中的外层更新环节会不断提高代理模型的预测精度。

表 5.7 双向多级加筋柱壳优化中变量初始值及上下限

	t_s/mm	t_{rj}/mm	t_{rn}/mm	h_j/mm	h_n/mm	N_{cj}	N_{cn}	N_{aj}	N_{an}
初始设计	4.0	—	9.0	—	15.0	—	25	—	30
下限	2.5	6.0	6.0	15.0	9.0	4	4	20	20
上限	5.5	12.0	12.0	23.0	15.0	10	36	50	200

随后，采用 MIGA 算法基于构建好的 RBF 模型开展优化工作。算法参数设置为：岛数取 3，每个岛的种群数取 90，进化代数取 20。为了更直观地观察结构真实响应的迭代历程，这里将基于代理模型的迭代点隐去，仅保留外层更新历程，图 5.7 中显示更新 10 次后优化收敛。

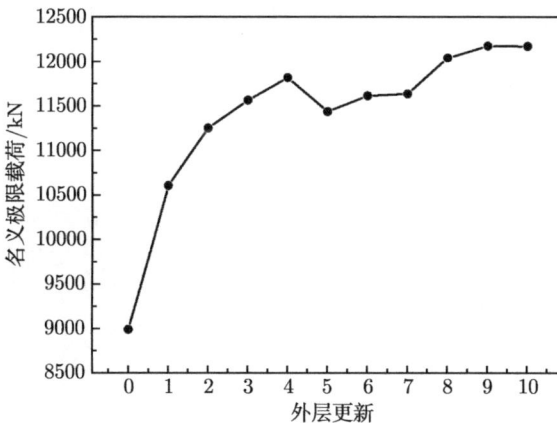

图 5.7 代理模型优化中外层更新历程曲线

表 5.8　计及缺陷敏感度的双向多级加筋柱壳优化中 RBF 模型误差指标

	%RMSE	%AvgErr	%MaxErr
W	1.2	0.9	2.3
P_s	8.0	5.6	15.5
P_l	6.7	5.6	14.5

　　基于计及缺陷敏感度的优化模型得到的最优双向多级加筋柱壳设计的几何构型相邻轴向主筋间布置有 4 个次筋，相邻环向主筋间布置有 1 个次筋，各变量详细的优化值在表 5.9 中给出，最优设计的性能指标在表 5.10 中列出。最优设计的名义极限载荷为 12148 kN，相比初始设计提高 35.2%，结构重量为 353.9 kg。此外，小幅和大幅缺陷作用下结构的极限载荷也得到显著的提高。

表 5.9　设计变量优化前后对比

	t_s/mm	t_{rj}/mm	t_{rn}/mm	h_j/mm	h_n/mm	N_{cj}	N_{cn}	N_{aj}	N_{an}
初始设计	4.0	—	9.0	—	15.0	—	25	—	30
计及缺陷敏感度的最优设计	4.6	6.8	6.6	22.6	9.0	10	9	32	128
不考虑缺陷敏感度的最优设计	4.7	6.7	6.1	23.0	12.0	10	9	50	50

表 5.10　初始设计和最优设计的性能对比

	W/kg	P_{cr}/kN	P_0/kN	P_s/kN	P_l/kN	P_{nom}/kN
初始设计	354.6	13542	16853	10021	7954	8988
计及缺陷敏感度的最优设计	353.9	13938	16920	13985	10310	12148
不考虑缺陷敏感度的最优设计	353.9	17499	19813	13113	8907	11010

　　最优设计的特征值屈曲模态和压溃时刻的结构屈曲变形分布分别在图 5.8 和图 5.9 中给出。图中的变形分布表明，双向多级加筋柱壳可以将初始的屈曲变形尽量抑制在主筋格栅中。

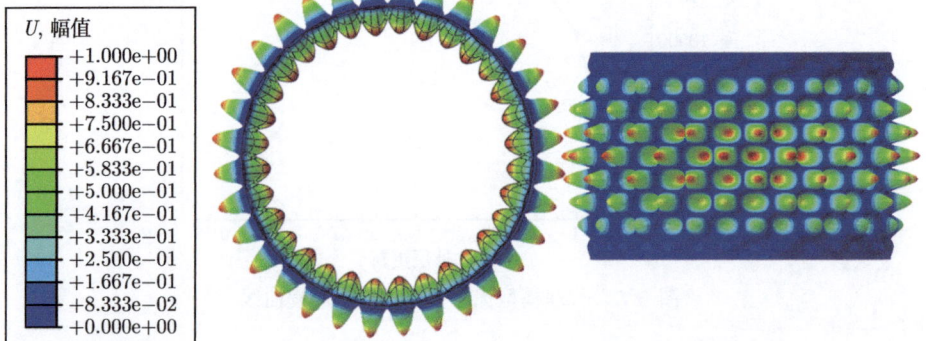

图 5.8　计及缺陷敏感度的双向多级加筋柱壳最优设计的特征值屈曲模态云图

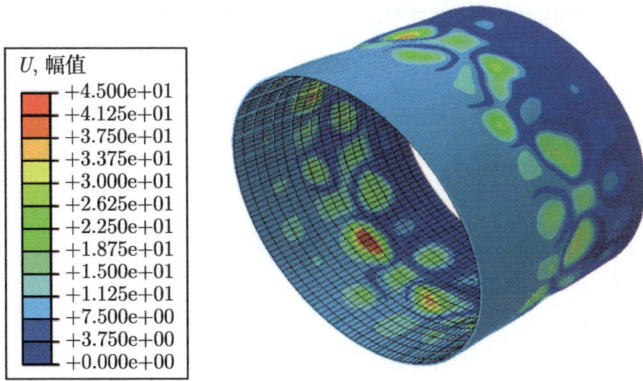

图 5.9　计及缺陷敏感度的双向多级加筋柱壳最优设计的压溃时刻屈曲变形云图

　　下面开展了不考虑缺陷敏感度的双向多级加筋柱壳优化。由于加筋柱壳结构的特征值屈曲分析较非线性后屈曲分析更为省时，且当结构发生弹性屈曲时，其屈曲临界载荷和极限载荷的变化趋势往往有较好的一致性，因此本节以双向多级加筋柱壳的屈曲临界载荷作为目标函数，进行了代理模型优化设计，优化列式可描述为式 (5-15)～式 (5-18)。首先采用 OLHS 法在设计空间中抽样 100 次，并基于这些样本点构建 RBF 模型。另外，仍采用 OLHS 法额外抽取 18 个样本点，用于检验代理模型的预测精度。代理模型对结构重量及两个极限载荷的预测误差指标在表 5.11 中给出。MIGA 算法的参数设置同前一优化。

$$\text{Find:} \quad \boldsymbol{X} = [t_s, t_{rj}, t_{rn}, h_j, h_n, N_{aj}, N_{an}, N_{cj}, N_{cn}] \tag{5-15}$$

$$\text{Maximize:} \quad P_{\text{cr}} \tag{5-16}$$

$$\text{Subject to:} \quad W \leqslant W_0 \tag{5-17}$$

$$X_i^l \leqslant X_i \leqslant X_i^u, \quad i = 1, 2, \cdots, 9 \tag{5-18}$$

表 5.11　不考虑缺陷敏感度的双向多级加筋柱壳中 RBF 模型误差指标

	%RMSE	%AvgErr	%MaxErr
W	1.6	1.1	4.7
P_{cr}	6.2	4.5	15.9

　　如图 5.10 所示，经过 9 次外层更新后，得到的最优设计几何构型相邻轴向和环向主筋间各布置有 1 个次筋，各变量详细的优化值在表 5.9 中给出，最优设计的性能在表 5.10 中列出。最优设计的屈曲临界载荷为 17499 kN，相比初始设计提高 29.2%，结构重量为 353.9 kg。最优设计的特征值屈曲模态和压溃时刻的结构屈曲变形分布分别在图 5.11 和图 5.12 中给出。

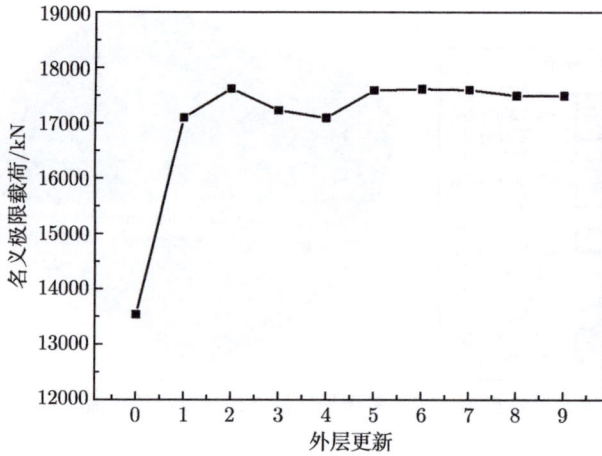

图 5.10　代理模型优化中外层更新历程曲线

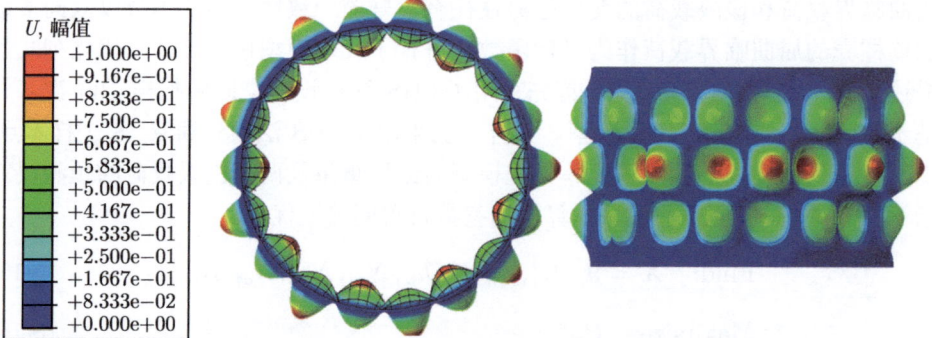

图 5.11　不考虑缺陷敏感度的双向多级加筋柱壳最优设计的特征值屈曲模态云图

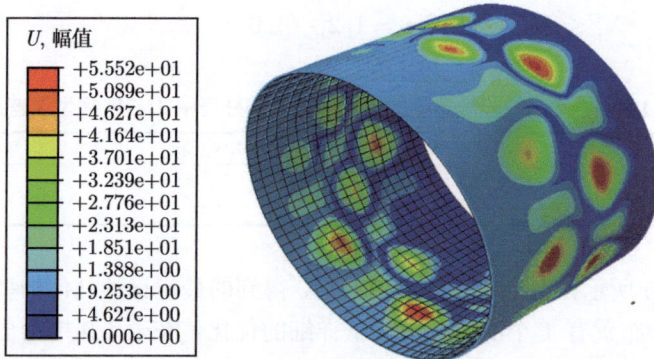

图 5.12　不考虑缺陷敏感度的双向多级加筋柱壳最优设计的压溃时刻屈曲变形云图

图 5.13 给出了初始设计和两个最优设计的一阶模态缺陷敏感性曲线。可以看

出，微幅缺陷作用下，不考虑缺陷敏感度的优化得到的最优设计呈现出最高的承载能力，计及缺陷敏感度的最优设计次之，初始设计最差。此后，不论小幅缺陷还是大幅缺陷作用，计及缺陷敏感度的最优设计的承载能力总是最强，而初始设计最差。这说明双向多级加筋柱壳具有较强的可设计性和容忍抵抗缺陷的能力。

实际设计中设计师可根据制造工艺，选择相关的高发概率缺陷形式，并引入至计及缺陷敏感度的双向多级加筋柱壳优化模型中，进而得到高效鲁棒的加筋柱壳结构。

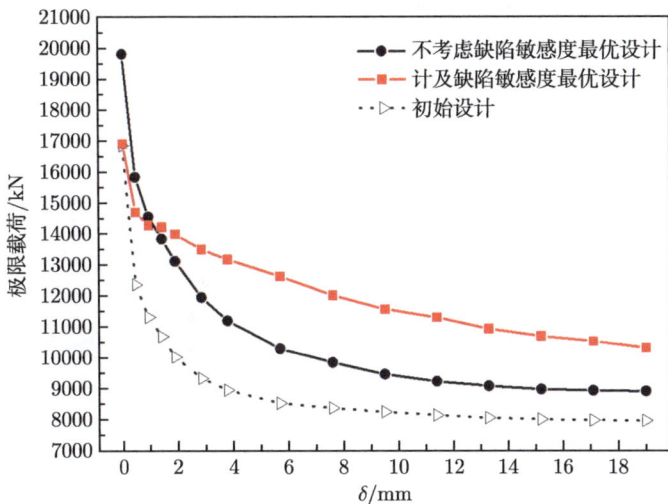

图 5.13　初始设计和两个最优设计的特征值屈曲模态缺陷敏感性曲线

5.2.3　考虑加筋圆柱壳母线形状的鲁棒性优化设计

作者[9]提出了一种母线形状的描述，其可以简单地表示为凸形 B 样条曲线（由四个关键点控制），如图 5.14 所示。B 样条曲线可以保持壳表面的平滑度，从而降低燃料泄漏的风险。此外，由于其简单性和灵活性，B 样条已经广泛应用于曲筋的设计。由于凸形母线可以降低加筋圆柱壳的缺陷敏感性，因此可以将控制 B 样条曲线的参数 r_1, r_2, r_3 始终设置为正数，r_i/R 的范围设置为 [0.0,0.05]。根据加筋圆柱壳两端的边界条件，控制点 P_0 设置为固定点。

构造计及缺陷敏感度的考虑加筋圆柱壳母线形状的加筋柱壳优化模型。与 5.2.1 节类似，该优化模型可表达为式 (5-19)～式 (5-21)。其中设计变量包括控制 B 样条曲线的参数 r_1, r_2, r_3。优化目标选为小幅缺陷和大幅缺陷下结构轴压极限载荷的加权和，即名义极限载荷 P_{nom}。缺陷类型可选取实际加筋柱壳中具有高发概率的缺陷。如若尚不明确缺陷类型，则可采用分别表征整体型或局部型的特征值屈曲模态或单点凹陷缺陷。小幅和大幅缺陷的具体幅值可根据实际加工工艺容差和检测精度来选取。约束条件为不超过初始设计的结构重量。

$$\text{Maximize:} \quad P_{\text{nom}} = \beta_1 P_{0.1} + \beta_2 P_{1.0} \tag{5-19}$$

$$\text{Subject to:} \quad \beta_1 + \beta_2 = 1 \tag{5-20}$$

$$0.0 \leqslant r_i/R \leqslant 0.05, \quad i = 1,2,3 \tag{5-21}$$

式中，β_1 和 β_2 是小幅缺陷和大幅缺陷下的结构轴压极限载荷的权系数，可根据设计经验或偏好选取，但需满足两者之和等于 1.0。具体而言，如若加工精度较高，则 β_1 的取值应趋近 1.0；反之，则 β_2 的取值应趋近 1.0。从某种程度上来讲，β_1 和 β_2 的取值体现了小幅和大幅缺陷发生的概率。

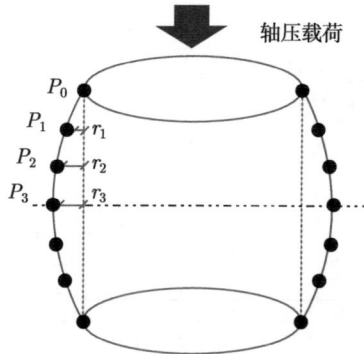

图 5.14　由 B 样条控制的母线形状示意图

本节以正置正交加筋柱壳为例，来验证该优化模型的有效性。弹性模量 E 为 70 GPa，泊松比 ν 为 0.33，密度 ρ 为 2.7×10^{-6} kg/mm^3，屈服强度 σ_s 为 300 MPa，极限强度 σ_b 为 400 MPa，延伸率为 5%。该加筋柱壳模型在非线性后屈曲分析中会首先发生材料屈服，继而引发大面积的屈曲失稳，与 5.2.1 节中的加筋柱壳属性相同。由于结构后屈曲分析计算成本较大，约耗时 1.5 h。因此，本例基于代理模型方法开展优化设计，各设计变量的取值范围列于表 5.1 中。采用 P_s 和 P_l 来分别表征结构在小幅和大幅缺陷下的极限载荷，本例考虑的是一阶特征值屈曲模态缺陷。本算例采用表征整体型缺陷的特征值屈曲模态缺陷，以初始设计为基准，取无量纲缺陷幅值为 0.1 和 1.0 的缺陷分别描述小幅和大幅缺陷。为了保证对比的公平性，引入缺陷的最大幅值在优化过程中保持不变。如前所述，由于单次结构后屈曲分析时间较长，本节仍基于代理模型方法开展优化设计。考虑到计算能力的限制，这里采用 OLHS 法在设计空间中抽样 125 次，并基于这些样本点构建 RBF 模型。另外，仍采用 OLHS 法额外抽取 18 个样本点。总体而言，由于响应对设计变量的非线性程度不同，代理模型对结构重量的预测精度要显著好于两个极限载荷。这是由于对于某些极端的设计 (体现为结构重量过大或过小，算法对这些设计的罚函数值很大)，代理模型的预测精度往往较差。但这些结构设计并不影响寻找最优解，而且优化中的外层更新环节会不断提高代理模型的预测精度。

如图 5.15 所示，在经历 5 次外层更新之后，获取参数 $r_1/R = 0.0071$，$r_2/R = 0.0473$ 和 $r_3/R = 0.0399$ 实现了最优设计。最优设计的屈曲载荷为 14679kN，屈曲模态如图 5.16 所示。通过非线性显式动力学分析获得的屈曲载荷为 15628kN，并且在压溃载荷处的预测变形形状如图 5.17 所示。

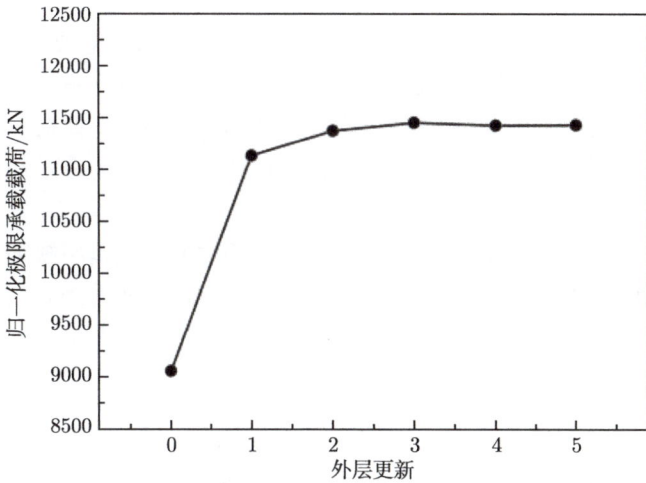

图 5.15 代理模型优化中外层更新历程曲线

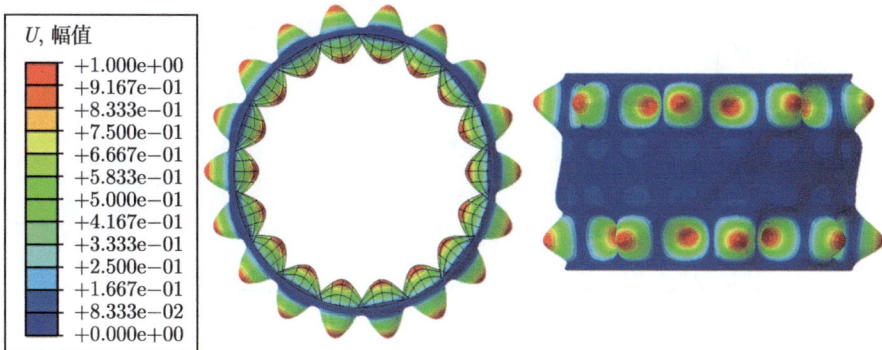

图 5.16 最优设计的屈曲模态

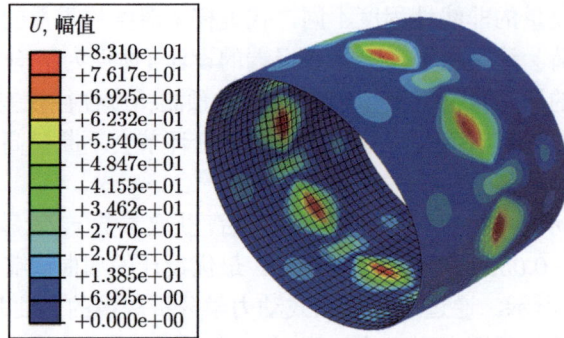

图 5.17　最优构型的显式动力学屈曲云图

　　图 5.18 给出了初始设计和两个最优设计的一阶模态缺陷敏感性曲线。可以看出，微幅缺陷作用下，不考虑缺陷敏感度的优化得到的最优设计呈现出最高的承载能力，计及缺陷敏感度的最优设计次之，初始设计最差。此后，不论小幅缺陷还是大幅缺陷作用，计及缺陷敏感度的最优设计的承载能力总是最强，而初始设计最差。

　　实际设计中设计师可根据制造工艺，选择相关的高发概率缺陷形式，并引入至计及缺陷敏感度的双向多级加筋柱壳优化模型中，进而得到高效鲁棒的加筋柱壳结构。

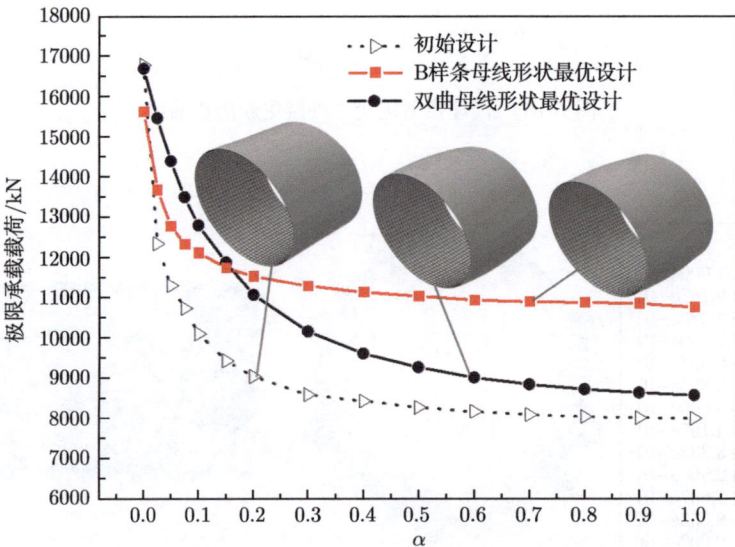

图 5.18　初始设计和两个最优设计的特征值屈曲模态缺陷敏感性曲线

5.2.4 加筋锥壳鲁棒性优化设计

与加筋柱壳相比，加筋锥壳具有更复杂的缺陷敏感性。作者[10]提出了一种基于 EMPLA (equivalent multiple perturbation load approach) 方法的加筋锥壳鲁棒性优化框架 (图 5.19)。

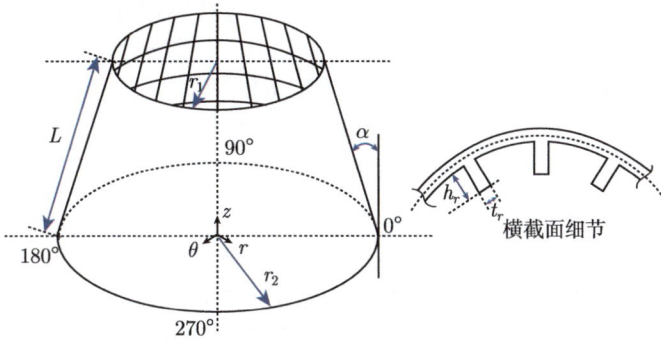

图 5.19　加筋锥壳模型参数示意图

为了利用这类结构设计空间变大和缺陷敏感性降低带来的潜在优势，构造计及缺陷敏感度的加筋锥壳优化模型。与 5.2.1 节类似，该优化模型可表达为式 (5-22)~ 式 (5-26)。其中设计变量包括蒙皮厚度 t_s、筋条厚度 t_r、筋条高度 h_s、轴向和环向的筋条数量 N_a 和 N_c。优化目标选为小幅缺陷和大幅缺陷下结构轴压极限载荷的加权和，即名义极限载荷 P_{nom}。缺陷类型可选取实际加筋柱壳中具有高发概率的缺陷。如若尚不明确缺陷类型，则可采用分别表征整体型或局部型的特征值屈曲模态或单点凹陷缺陷。小幅和大幅缺陷的具体幅值可根据实际加工工艺容差和检测精度来选取。约束条件为不超过初始设计的结构重量。

$$\text{Find:} \quad X = [t_r, h_r, N_a, N_c, \theta] \tag{5-22}$$

$$\text{Maximize:} \quad P_{\text{nom}} = (\beta_1 \text{KDF}_s + \beta_2 \text{KDF}_l) P = \beta_1 P_s + \beta_2 P_l \tag{5-23}$$

$$\text{Subject to:} \quad \beta_1 + \beta_2 = 1 \tag{5-24}$$

$$W \leqslant W_0 \tag{5-25}$$

$$X_i^l \leqslant X_i \leqslant X_i^u, \quad i = 1, 2, \ldots, 5 \tag{5-26}$$

式中，β_1 和 β_2 是小幅缺陷和大幅缺陷下的结构轴压极限载荷的权系数，可根据设计经验或偏好选取，但需满足两者之和等于 1.0。具体而言，如若加工精度较高，则 β_1 的取值应趋近 1.0；反之，则 β_2 的取值应趋近 1.0。某种程度来讲，β_1 和 β_2 的取值应体现小幅和大幅缺陷发生的概率。

本节以长度 L 为 549.5 mm，半顶点角 α 为 20，底部半径 r_1 为 400 mm，轴向和周向加筋的数量分别为 40 和 17 的加筋锥壳为例，来验证该优化模型的有效性。筋条具有矩形轮廓，筋厚 t_r 为 2.0 mm，筋高 h_r 为 4.0 mm，蒙皮为复合材料。本例基于代理模型方法开展优化设计，各设计变量的取值范围列于表 5.12 中。采用 P_s 和 P_l 来分别表征结构在小幅和大幅缺陷下的极限载荷，本例考虑的是一阶特征值屈曲模态缺陷。简单起见，β_1 和 β_2 均取为 0.5。为了保证对比的公平性，引入缺陷的最大幅值在优化过程中保持不变。考虑到计算能力的限制，采用 OLHS 法在设计空间中抽样 180 次，并构建 RBF 模型。另外，仍采用 OLHS 法额外抽取 18 个样本点来验证 RBF 模型精度。总体而言，由于响应对设计变量的非线性程度不同，代理模型对结构重量的预测精度要显著优于两个极限载荷。这是因为对于某些极端的设计 (结构重量过大或过小，算法对这些设计的罚函数值很大)，代理模型的预测精度往往较差。但这些结构设计并不影响寻找最优解，而且优化中的外层更新环节会不断提高代理模型的预测精度。

表 5.12　设计变量初始值及上下限

	t_r/mm	t_h/mm	N_a	N_c	铺层角次序
初始设计	2.0	4.0	17	40	$[0/90/45/-45/0]_s$
上限值	3.0	6.0	22	50	$(0,90,45,-45)$
下限值	1.0	3.0	12	30	$(0,90,45,-45)$
最优设计 (EMPLA)	1.1	6.0	22	48	$[45/0/0/-45/45]_s$
最优设计 (模态缺陷)	1.5	5.8	15	41	$[0/45/90/0/0]_s$

最优设计的极限载荷是 228.9 kN，与初始设计相比，提高了 12.8%。最优设计的变量值列在表 5.12 中，可以发现筋厚接近下限，而筋高接近上限。此外，轴向筋条的数量在大幅度增加，而环向筋条数目略微下降。基于 EMPLA 的设计的迭代曲线如图 5.20 所示。基于模态缺陷的设计的迭代曲线如图 5.21 所示。

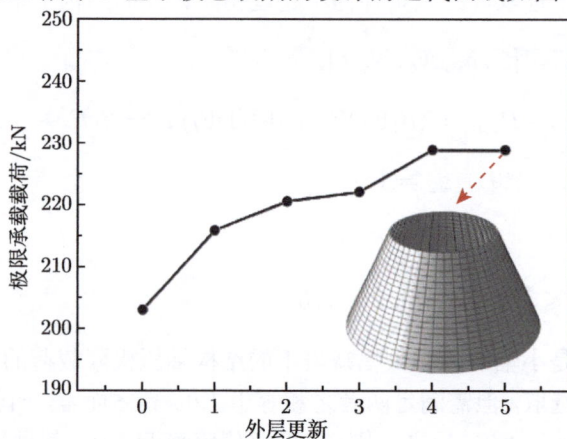

图 5.20　代理模型优化中外层更新历程曲线 (EMPLA)

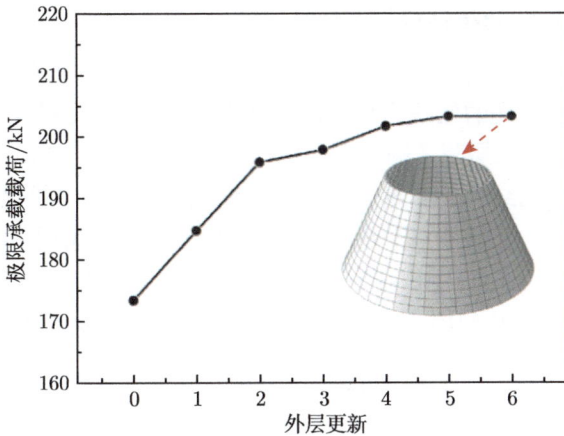

图 5.21　代理模型优化中外层更新历程曲线 (模态缺陷)

图 5.22 给出了初始设计和两个最优设计的单点缺陷敏感性曲线。可以看出，微幅缺陷作用下，不考虑缺陷敏感度的优化得到的最优设计呈现出最高的承载能力，计及缺陷敏感度的最优设计次之，初始设计最差。此后，不论小幅缺陷还是大幅缺陷作用，计及缺陷敏感度的最优设计的承载能力总是最强，而初始设计最差。

实际设计中设计师可根据制造工艺，选择相关的高发概率缺陷形式，并引入至计及缺陷敏感度的双向多级加筋柱壳优化模型中，进而得到高效鲁棒的加筋柱壳结构。

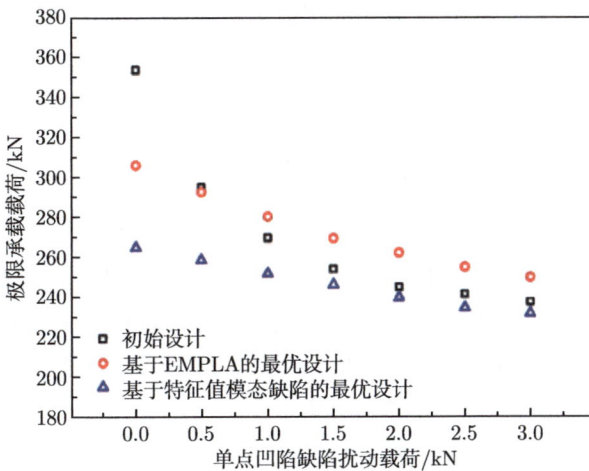

图 5.22　初始设计和两个最优设计的特征值单点凹陷缺陷敏感性曲线

5.2.5　双层蒙皮结构鲁棒性优化设计

双层蒙皮圆柱壳结构具有高承载性能与低缺陷敏感性的优势。作者团队[29,30]开展了双层蒙皮圆柱壳的低缺陷敏感性优化设计，构建了面向结构实际承载性能的优化模型，建立了双层蒙皮圆柱壳结构优化流程，如图 5.23 所示。需要说明的是，由于薄壁圆柱壳结构的非线性后屈曲分析耗时较大，本优化流程基于代理模型开展设计。首先，开展 DOE 设计，在 DOE 设计中，采用 SPLA 方法预测结构的承载力；其次，基于 RBF 建立代理模型；然后，开展基于多岛遗传算法的优化设计；最终，基于 WMPLA 方法对最优双层蒙皮圆柱壳结构进行校核。

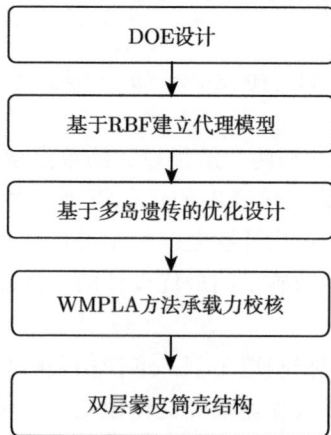

图 5.23　双层蒙皮圆柱壳结构设计流程

构建了面向结构实际承载性能的优化列式。考虑结构质量约束，优化列式如下：

$$
\begin{aligned}
&\text{Find:}\quad X = [t_s, h_r, t_r, N_c, N_a]\\
&\text{Maximize:}\quad P_{\text{co}}\\
&\text{Subject to:}\quad W \leqslant W_0\\
&\qquad X_i^l \leqslant X_i \leqslant X_i^u, \quad i = 1, 2, \cdots, 5
\end{aligned}
\tag{5-27}
$$

式中，W 为结构质量，W_0 为结构初始质量，P_{co} 为结构轴压极限载荷。考虑的双层蒙皮圆柱壳结构参数为：高度 $H = 3300\,\text{mm}$、直径 $D = 5000\,\text{mm}$。弹性模量 $E = 72\,\text{GPa}$，泊松比为 0.31，屈服强度为 363 MPa，强度极限为 463 MPa，密度为 $2.8\times10^{-6}\,\text{kg/mm}^3$，延伸率为 0.12。

基于代理模型求解面向结构实际承载性能的优化列式。首先，通过 OLHS 法确定实验设计样本点，其数目为 200；然后基于该样本点建立 RBF 代理模型；最后应用多岛遗传算法和代理模型求解优化问题，得到该优化问题的最优解。需要说明的是，在每次优化迭代后将当前最优解加入样本点集中，提高代理模型的精度。通过优化设计得到双层蒙皮圆柱壳结构以及网格加筋圆柱壳结构的最优设计。考虑单点凹陷的双层蒙皮圆柱壳结构迭代历史如图 5.24 所示。结果显示，不考虑缺陷的情况下，双层蒙皮圆柱壳结构轴压承载力为 75000 kN，高于网格加筋柱壳结构的承载力 34333 kN；考虑单点凹陷的情况下，双层蒙皮圆柱壳结构轴压承载力为 72400 kN，仍高于网格加筋柱壳结构承载能力 26246 kN；进一步，比较两种结构的折减因子，双层蒙皮圆柱壳结构的折减因子为 0.965，高于正置正交网格加筋结构折减因子 0.764。这说明双层蒙皮圆柱壳结构的轴压承载能力高于传统网格加筋柱壳结构。

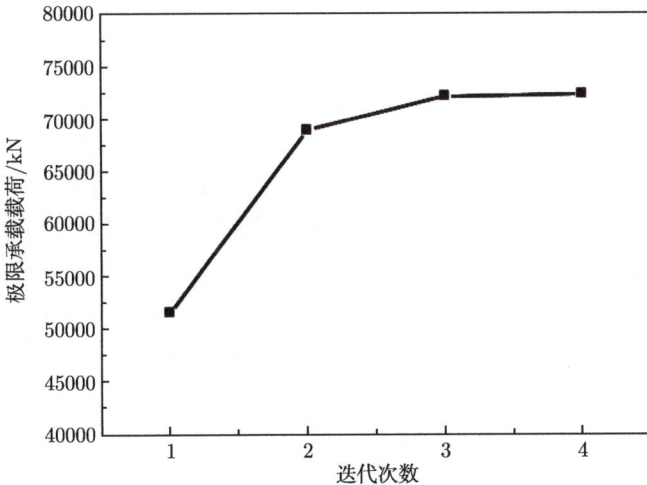

图 5.24　考虑单点凹陷的双层蒙皮圆柱壳结构迭代历史

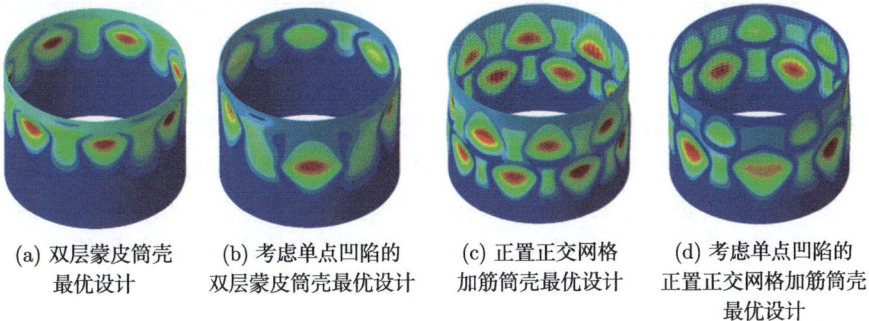

(a) 双层蒙皮筒壳　　(b) 考虑单点凹陷的　　(c) 正置正交网格　　(d) 考虑单点凹陷的
最优设计　　　　　双层蒙皮筒壳最优设计　加筋筒壳最优设计　正置正交网格加筋筒壳
　　　　　　　　　　　　　　　　　　　　　　　　　　　　　　　　　　　最优设计

图 5.25　双层蒙皮加筋圆柱壳结构与正置正交网格加筋圆柱壳结构失稳模式

进一步分析两种结构形式的失效机理，如图 5.25 所示。在没有考虑单点凹陷的情况下，双层蒙皮圆柱壳结构在上边缘处发生局部失稳，失稳波没有扩散到结构的下端；相反地，正置正交网格加筋圆柱壳结构发生了结构整体失稳。在考虑单点凹陷的情况下，双层蒙皮圆柱壳中部区域发生局部失稳，失稳波没有扩散到结构的两端，而正置正交网格加筋圆柱壳结构依然发生结构整体失稳。这说明，双层蒙皮圆柱壳结构设计使得结构横截面的抗弯刚度增加，抑制了失稳波的传播，使得结构在局部区域发生局部失稳，从而降低了缺陷敏感性。

5.3　多样性可竞争加筋单胞拓扑优化方法

基于确定性优化得到的设计方案往往追求的是全局最优解，由于未能考虑实际工程问题中各种不确定性因素的影响，往往难以保证结构设计的鲁棒性，极大增加了结构失效的风险。因此十分有必要将不确定性因素纳入至优化列式中，以降低不确定的扰动因素对目标函数的敏感性。然而，实际工程中一些因素无法在抽象的数学模型中准确地描述。例如，在结构优化中，为了提高分析效率通常会选用计算量较小的简化模型，来替代另一个更贴近真实物理情况的精细模型来进行数值仿真。而在简化模型中的最优解在精细模型中可能不优或不可行。此外，在设计初期阶段，设计人员无法全面地认知整个产品的设计需求，往往采用较为简单的结构模型或简化的数学模型。然而在后续精细设计阶段，随着分析模型的逐步细化、设计需求逐步明确，往往会增加一些其他的设计目标和约束，使得前期耗费大量资源所获得的"最优解"可能无法被采用。

面对上述情况，设计人员更希望生成多样化的多个替代方案，以便他们可以根据经验选择更好的概念设计。一些学者通过考虑多目标拓扑优化问题，研究了具有多个响应目标在不同权重下的不同解决方案[32,33]。此外，许多优化研究中考虑了解的多样性，包括混合整数规划[34]、非线性约束规划[35]、启发式算法[36,37]。Villanueva 等[38] 通过对设计域自动分区并建立代理模型，同时求得了设计域中所有的全局最优解和局部最优解，得到多个不同的优化设计点。然而对于高维问题找寻所有的全局最优解和局部最优解是十分困难的。为了能够在高维问题中同时获得多个具有多样性的可竞争解，Zhou 等[39] 提出了基于代理模型的多样性可竞争结构优化设计方法。这里的多样性是指不同设计点在设计域内具有一定的空间距离，以保证它们存在潜在性能差异；可竞争性是指它们的目标函数值相接近且相对较优。而后 Zhou 等[40] 又比较了在给定最小多样性约束下得到多个可竞争性设计与在给定目标性能约束下最大化多样性空间距离这两种不同的优化问题。

拓扑优化往往作为概念性阶段的设计工具，为后续的形状和尺寸优化提供可试探的初始设计构型，在实际设计中迫切地需要能基于拓扑优化给出若干个满足要求的初始设计构型。通过连续体拓扑优化的多样性可竞争设计方法可为设计人员带来更多概念设计构型，更加丰富设计人员对产品设计的认识，启发设计人员获得不同的精细设计方案。本节提出了一种面向连续体拓扑优化多样性可竞争优化方法 [41,42]，获得多个多样性可竞争拓扑设计 (diverse competitive designs for topology optimization，DCTO)，通过给出的多样性度量，结合不同的优化策略来达到设计需求。理想的多样性度量需要能够直观且定量化地描述拓扑构型间的差异，且对设计变量求敏度是光滑连续可导的，使得其能加入优化列式中采用基于梯度类的数学规划方法进行求解，多样性可竞争设计为结构鲁棒性拓扑优化提供了新的途径。为了实现连续体拓扑优化多样性可竞争优化方法，本节提出了三种不同的优化策略来获得可竞争的设计构型，包括线性加权策略、Minimax 策略和贪婪策略，并进一步搭建了多样性可竞争加筋壳稳定性拓扑优化框架。

5.3.1 多样性约束

拓扑优化的结果从某种角度上可以看作是一种图像，因此能够从图像学中借鉴一些图像匹配的度量方法。在图像学中，常用相关度度量来实现图像匹配，其中常用的相关度度量包括 Cross-Correlation (CC) 和 Sum of Squared Differences (SSD)[43]，如表 5.13 所示。图像学中的图像都是经过栅格化的，所有像素点均为等边长的正方形。而拓扑优化设计并不需要栅格化处理，通过对图像学的度量方法在连续域上进行推广，获得了更加灵活的多样性度量方法，包括 Diversity measure by Cross-Correlation (DCC)，Diversity measure by Modified Cross-Correlation (DMCC)，Diversity measure by Sum of Squared Differences (DSSD)，如表 5.14 所示。

表 5.13　匹配灰度图像的相关度度量方法

CC	$\sum\limits_{x,y} I_1(x,y) I_2(x,y)$
SSD	$\sum\limits_{x,y} (I_1(x,y) I_2(x,y))^2$

表 5.14　多样性度量方法

DCC	$g_{\mathrm{DCC}}\left(\rho^{(p)},\rho^{(q)}\right) = \int_{\Omega} \rho^{(p)}(\boldsymbol{x})\,\rho^{(q)}(\boldsymbol{x})\,\mathrm{d}V \Big/ \int_{\Omega} \mathrm{d}V,\quad \forall \boldsymbol{x}\in\Omega$
DMCC	$g_{\mathrm{DMCC}}\left(\rho^{(p)},\rho^{(q)}\right) = \int_{\Omega} \left(1-\rho^{(p)}(\boldsymbol{x})\right)\left(1-\rho^{(q)}(\boldsymbol{x})\right)\mathrm{d}V \Big/ \int_{\Omega} \mathrm{d}V,\quad \forall \boldsymbol{x}\in\Omega$
DSSD	$g_{\mathrm{DSSD}}\left(\rho^{(p)},\rho^{(q)}\right) = \int_{\Omega} \left(\rho^{(p)}(\boldsymbol{x})-\rho^{(q)}(\boldsymbol{x})\right)^2 \mathrm{d}V \Big/ \int_{\Omega} \mathrm{d}V,\quad \forall \boldsymbol{x}\in\Omega$

在拓扑优化中，通常设计约束体分比 V_f 下的材料分布。图 5.26 给出了简单的示例来说明这些多样性度量如何来描述两个拓扑构型间的差异。其中两个不同的构型用字母 p 和 b 表示，DCC 度量用来描述两个构型存在材料区域中互相覆盖的区域 (c)；DMCC 度量用来描述空材料互相覆盖的区域 (d)；DSSD 度量用来描述两个构型存在材料部分的异或区域 (e)。其中 DCC、DMCC、DSSD 度量满足等式关系 $2g_{\mathrm{DCC}} + g_{\mathrm{DSSD}} = 2V_f$, $g_{\mathrm{DCC}} + g_{\mathrm{DMCC}} + g_{\mathrm{DSSD}} = 1$。如果设计的体分比 V_f 过大，拓扑构型间必然会存在互相覆盖的部分。以两个拓扑构型为例，满足 $g_{\mathrm{DCC}} \in [\max(0, 2V_f - 1), V_f]$, DCC 度量的可行域是与体分比 V_f 相关的。因此在约束多样性度量大小时，必须根据体分比 V_f 进行调节，避免可行空间为空的情况。当同时考虑多于三个设计，DCC 的上界为 V_f, 而其下界则是关于 V_f 的复杂分段函数。假设考虑 n 个不同的设计，整个设计域可以被划分为 $2n$ 个互不重叠的区域，而每个设计将占据其中 $(2n - 1)$ 个区域。每个设计在设计域内占据区域的情况可以通过组合数学的方式进行遍历。因此，固定体分比下 DCC 度量的下界可以通过以这些分片区域大小为设计变量的最小化最大覆盖面积问题来求解。其中优化问题的约束为：所有分片区域的体积和为总设计域体积；所有设计所占据分片区域体积满足体分比 V_f。该最小最大问题是一个线性规划问题，其必然能得到最优解。但是，由于采用组合数学的方式遍历可能的分区组合情况，随着设计个数的增加，计算规模也会大幅增加。一般情况下，计算规模也不允许同时考虑特别多个多样性可竞争设计，因此这里给出了 $n \in \{3, 4, 5, 6\}$ 和 $V_f \in \{0.1, 0.2, \cdots, 1\}$ 下 DCC 度量的下界范围，如表 5.15 所示。

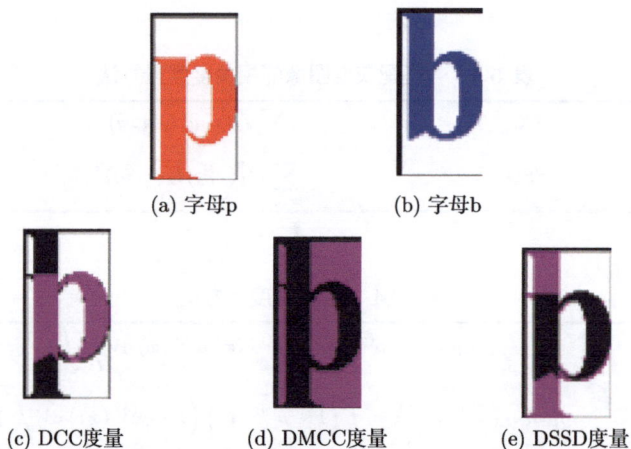

(a) 字母p　　　　　　　　(b) 字母b

(c) DCC度量　　　　(d) DMCC度量　　　　(e) DSSD度量

图 5.26　DCC、DMCC 和 DSSD 多样性度量示意图

表 5.15 DCC 度量的下界表

V_f	0.1	0.2	0.3	0.4	0.5	0.6	0.7	0.8	0.9	1.0
$n=3$	0.0000	0.0000	0.0000	0.0667	0.1667	0.2667	0.4000	0.6000	0.8000	1.0000
$n=4$	0.0000	0.0000	0.0333	0.1000	0.1667	0.3000	0.4333	0.6000	0.8000	1.0000
$n=5$	0.0000	0.0000	0.0500	0.1000	0.2000	0.3000	0.4500	0.6000	0.8000	1.0000
$n=6$	0.0000	0.0133	0.0533	0.1200	0.2000	0.3200	0.4533	0.6133	0.8000	1.0000

5.3.2 可竞争设计优化策略

以传统的柔顺性最小拓扑优化问题为例，单一设计优化问题 (single design topology optimization, SDTO) 的优化列式可以表示为

$$
\begin{aligned}
\min_{\boldsymbol{\rho}} \quad & f\left(\boldsymbol{\rho}\right) = \boldsymbol{U}^{\mathrm{T}}\boldsymbol{K}\boldsymbol{U} = \sum_e \boldsymbol{u}_e^{\mathrm{T}}\boldsymbol{k}_e\boldsymbol{u}_e \\
\text{s.t.} \quad & \boldsymbol{K}\left(\boldsymbol{\rho}\right)\boldsymbol{U} = \boldsymbol{F} \\
& G_0\left(\boldsymbol{\rho}\right) = \sum_e v_e\rho_e/V - V_f \leqslant 0 \\
& 0 \leqslant \rho_e \leqslant 1
\end{aligned}
\tag{5-28}
$$

式中，$\boldsymbol{K}$、$\boldsymbol{U}$、$\boldsymbol{F}$ 分别为总体刚度阵、位移向量和外载荷向量。f 为柔顺性目标，下标 $e = 1, 2, \cdots, m$ 中 m 表示单元数，ρ_e 表示单元密度，v_e 为单元体积。G_0 表示材料用量约束，V 表示设计域体积，V_f 是材料体分比。

与传统单一设计优化问题不同，多样性可竞争设计是考虑多个相同设计任务的优化问题。在单一设计优化问题的基础上，这里以两个设计的优化问题为例，给出了多样性可竞争设计三种优化策略的优化列式。

1. Minimax 策略

考虑两设计的多样性可竞争设计优化列式可以表示为

$$
\begin{aligned}
\min_{\boldsymbol{\rho}^{(1)}} \quad & f(\boldsymbol{\rho}^{(1)}), \qquad \min_{\boldsymbol{\rho}^{(2)}} \quad f(\boldsymbol{\rho}^{(2)}) \\
\text{s.t.} \quad & g(\boldsymbol{\rho}^{(1)}, \boldsymbol{\rho}^{(2)}) \leqslant \eta \\
& G_0^{(i)}\left(\boldsymbol{\rho}\right) \leqslant 0 \\
& \boldsymbol{K}^{(i)}\left(\boldsymbol{\rho}^{(i)}\right)\boldsymbol{U}^{(i)} = \boldsymbol{F} \\
& 0 \leqslant \rho_e^{(i)} \leqslant 1, \quad i = 1, 2
\end{aligned}
\tag{5-29}
$$

式中 $g(\boldsymbol{\rho}^{(1)}, \boldsymbol{\rho}^{(2)}) \leqslant \eta$ 是多样性约束，这里 g 可用 DCC、DMCC、DSSD 多样性度量来表征。尽管这是一个双目标问题，但并不需要获得整个 Pareto 前沿。为了让这两个设计互相间可竞争，可以采用一个 Minimax 优化列式 $\min\limits_{\boldsymbol{\rho}^{(1)}, \boldsymbol{\rho}^{(2)}} \sup\{f(\boldsymbol{\rho}^{(1)}),$

$f(\boldsymbol{\rho}^{(2)})\}$，使得两个目标函数尽可能同时小。同样该 Minimax 优化问题可以转换为边界约束问题 [44]

$$
\begin{aligned}
\min_{\boldsymbol{\rho}^{(i)},z} \quad & z \\
\text{s.t.} \quad & f(\boldsymbol{\rho}^{(i)}) \leqslant z \\
& g(\boldsymbol{\rho}^{(1)},\boldsymbol{\rho}^{(2)}) \leqslant \eta \\
& G_0^{(i)}(\boldsymbol{\rho}) \leqslant 0 \\
& \boldsymbol{K}^{(i)}(\boldsymbol{\rho}^{(i)})\boldsymbol{U}^{(i)} = \boldsymbol{F} \\
& 0 \leqslant \rho_e^{(i)} \leqslant 1, \quad i=1,2
\end{aligned} \tag{5-30}
$$

式中，z 是独立的放松变量，Minimax 优化问题就可以采用任意非线性数学规划求解器求解。当同时考虑多个设计时，两两设计之间必须度量多样性，因此对于考虑 n 个设计的优化列式而言，共需要施加 $n(n-1)/2$ 个多样性约束。

2. 加权求和策略

优化列式 (5-29) 的双目标问题同样可以通过加权求和的方式，将两个目标函数变为单一目标函数：

$$
\begin{aligned}
\min_{\boldsymbol{\rho}^{(i)}} \quad & J = \sum_{i=1}^{n} \omega^{(i)} f(\boldsymbol{\rho}^{(i)}), \quad \sum_{i=1}^{n} \omega^{(i)} = 1 \\
\text{s.t.} \quad & g(\boldsymbol{\rho}^{(1)},\boldsymbol{\rho}^{(2)}) \leqslant \eta \\
& G_0^{(i)}(\boldsymbol{\rho}) \leqslant 0 \\
& \boldsymbol{K}^{(i)}(\boldsymbol{\rho}^{(i)})\boldsymbol{U}^{(i)} = \boldsymbol{F} \\
& 0 \leqslant \rho_e^{(i)} \leqslant 1, \quad i=1,2
\end{aligned} \tag{5-31}
$$

式中 $\omega^{(i)}$ 是预先给定第 i 个目标函数的加权值。如果每个设计的目标函数没有偏向性，那么加权值可以取为相等值。如果两个设计存在偏向性，也可以采用不相等的权值。

3. 贪婪策略

应用贪婪策略，需要先求解一次 SDTO 问题，然后再依次序列生成满足多样性度量的多样性可竞争设计。第二个设计的优化列式为

$$
\begin{aligned}
\min_{\boldsymbol{\rho}^{(2)}} \quad & f^{(2)}(\boldsymbol{\rho}) \\
\text{s.t.} \quad & g(\boldsymbol{\rho}^{(1)},\boldsymbol{\rho}^{(2)}) \leqslant \eta \\
& \boldsymbol{K}(\boldsymbol{\rho})\boldsymbol{U} = \boldsymbol{F} \\
& G_0^{(2)}(\boldsymbol{\rho}^{(2)}) \leqslant 0 \\
& 0 \leqslant \rho_e^{(2)} \leqslant 1
\end{aligned} \tag{5-32}
$$

之后每增加一个设计，就需要满足于现存所有设计构型的多样性约束。

5.3.3 多样性可竞争的加筋壳稳定性拓扑优化框架

1. 优化列式

多样性可竞争加筋壳稳定性拓扑优化问题在网格加筋单胞稳定性拓扑优化问题基础上，开展多样性可竞争优化。该问题是 Maximin 问题，采用 DCTO 中的 Minimax 策略时也同样需要转换为 Maximin 策略，其优化列式为

$$
\begin{aligned}
\max_{\boldsymbol{X}^{(i)},\mu} \quad & \mu \\
\text{s.t.} \quad & \mu \leqslant P_j \\
& G^{(i)}(\rho) = \int \rho(\boldsymbol{X}^{(i)})\mathrm{d}\Omega - V_f \int \mathrm{d}\Omega \leqslant 0 \\
& \boldsymbol{X}^{(i)} \in [0,1] \\
& i = 1,2,3,\cdots,n \\
& j = 1,2,3,\cdots,\mathrm{MN} \\
& g\left(\boldsymbol{X}^{(p)},\boldsymbol{X}^{(q)}\right) \leqslant \eta, \quad p,q = 1,2,\cdots,n \text{ and } p \neq q
\end{aligned} \tag{5-33}
$$

式中，μ 是松弛变量，P_j 是第 j 个屈曲载荷，MN 为考虑的屈曲载荷总数。

2. 优化算例

薄壁网格加筋圆柱壳高为 510 mm，半径为 250 mm。加筋单胞面内尺寸为 20 mm × 20 mm，蒙皮厚为 1 mm，筋条高为 3 mm。这里取 x 轴为材料 1 方向，y 轴为材料 2 方向，z 轴为加筋壳出平面方向建立格栅单胞局部坐标系。在局部坐标系上构建几何尺寸为 $L_x \times L_y \times L_z$ 的立方体单胞，采用规则网格进行剖分，划分为 $e_x \times e_y \times e_z$ 个六面体单元，如图 5.27 所示。基于各向异性 Helmholtz 密度过滤方法 [45] 生成加筋，$v_n = (0,0,1)^{\mathrm{T}}$，加筋单胞中区域为蒙皮区域作为不可设计域。优化中考虑到单胞在 x 与 y 方向均镜像对称，设计变量仅为整个设计域单元的 1/4。

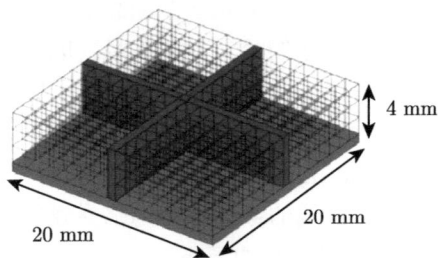

图 5.27　加筋单胞模型示意图

屈曲载荷计算中，最大环向整波数为 40，最大轴向半波数为 40，一共考虑 1600 个失稳波形。在 Maximin 策略下同时优化四个设计构型，多样性度量采用 DCC 度量，约束为 $g_{DCC} \leqslant 0.08$。优化结果如图 5.28 所示，四个加筋单胞构型设计间具有明显差异，有效地实现了 DCTO 优化设计。四个设计的目标函数分别为 899.25 kN、903.04 kN、797.91 kN 和 885.94 kN，其中 I、II、IV 临界承载力较为接近且较高，构型 III 临界承载力略低。

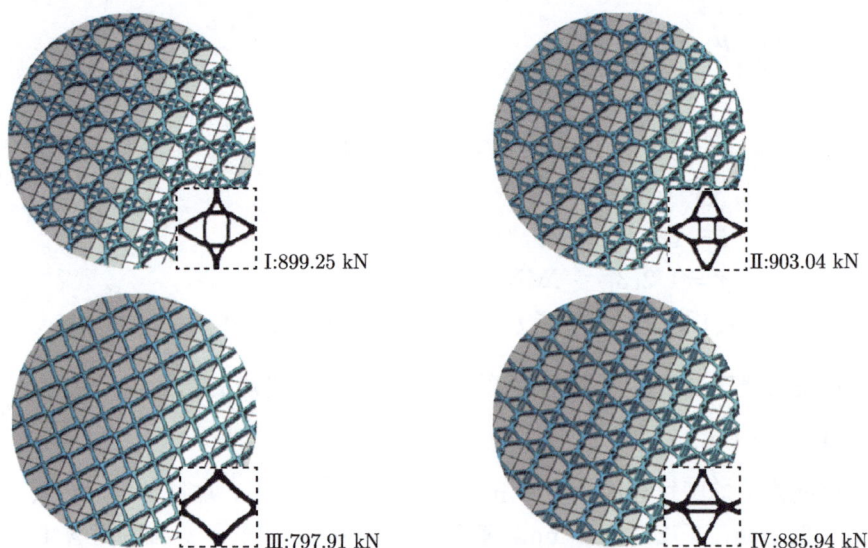

图 5.28　多样性可竞争加筋单胞拓扑优化结果 $g_{DCC} \leqslant 0.08$

3. 非线性承载极限载荷分析

为了验证优化结果，这里将对四个多样性加筋单胞的失稳临界载荷进行更为精确的分析计算。通过商用有限元软件构建有限元模型进行验证，并采用两种常用的非线性承载极限载荷分析方法，包括弧长法和显式动力学方法。有限元分析中圆柱壳两端施加简支边界条件，在弧长法中加载端采用力加载条件。弧长法分析完善结构时，无法追踪失稳引起的分叉平衡路径，因此在计算中引入了小幅的扰动载荷，这将使得预测的非线性失稳临界载荷略低于完善结构预测载荷。采用显式动力学分析时为了更贴近实际实验加载条件，通常采用位移加载的方式，这里设置加载端的加载速度为 33 mm/s。两种非线性分析方法获得的位移–载荷曲线如图 5.29 和图 5.30 所示，曲线的最高点即为临界载荷点。四个多样性加筋单胞构型在不同分析方式下的临界载荷如表 5.16 所示。对于这个结构尺寸的圆柱壳，线性分析和非线性分析得到屈曲载荷相近，其中线性分析相较于显式动力学分析误差不超过 5%。弧长法分析由于含有小幅缺陷，其得到的极限载荷要略小于显式动力学分析的计算结果。

表 5.16　　不同分析方法下加筋单胞屈曲载荷

构型	临界载荷计算公式/kN	弧长法分析/kN	显式动力学分析/kN
Ⅰ	899.25	851.13	909.22
Ⅱ	903.04	848.00	907.26
Ⅲ	797.91	789.43	796.60
Ⅳ	885.94	843.83	924.30

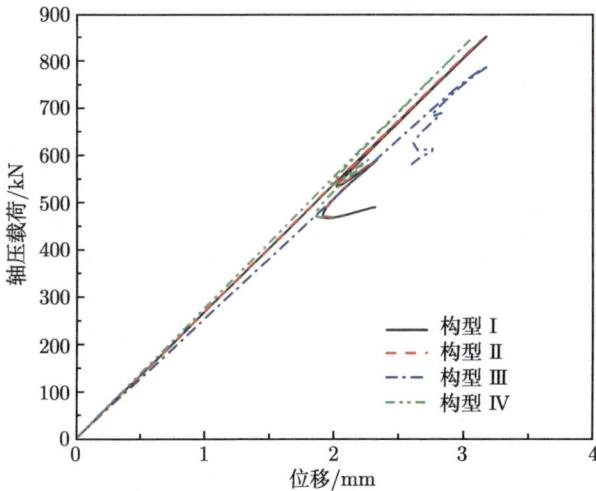

图 5.29　　弧长法分析得到的位移–载荷曲线

4. 缺陷敏感性分析评估

本节将继续针对四个多样性可竞争加筋单胞在含有缺陷情况下的性能进行评估，来阐释多样性对线性稳定性设计的必要性。本节中将采用一阶模态缺陷法和单点扰动载荷法对加筋圆柱壳进行含缺陷的性能评估。一阶模态是线性理论预测下临界失稳时发生的变形。将一阶模态 (图 5.31) 作为圆柱壳初始几何缺陷引入完善圆柱壳结构时，将可能引导发生整体一阶失稳模式。局部凹陷缺陷也可引导屈曲变形模式，得到的失稳模式与实验观测到的局部屈曲变形类似，因此也经常基于凹陷缺陷来预测结构临界承载力。SPLA 通过在完善结构的有限元模型上施加径向扰动载荷来产生单点凹陷缺陷，不断增大缺陷幅值直至结构极限承载力收敛，以此预测含缺陷结构的极限载荷的下界，其中单点凹陷缺陷如图 5.32 所示。基于有限元数值方法的缺陷敏感性分析实现步骤为：第一步，通过有限元分析得到缺陷变形场；第二步，通过修改有限元网格节点坐标的方式，将凹陷缺陷引入完善结构有限元模型中，得到含缺陷的有限元模型；第三步，通过显式动力学方法对含缺陷有限元模型进行后屈曲分析得到极限承载力；第四步，不断增大凹陷幅值直至极限承载力收敛，获得含缺陷结构的极限承载力下界。

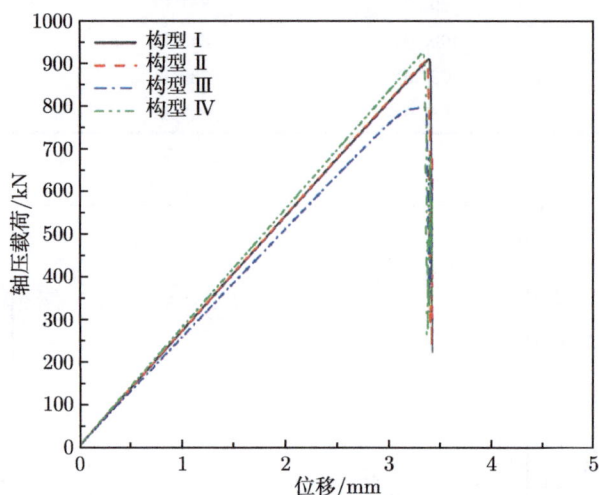

图 5.30　显式动力学分析得到的位移–载荷曲线

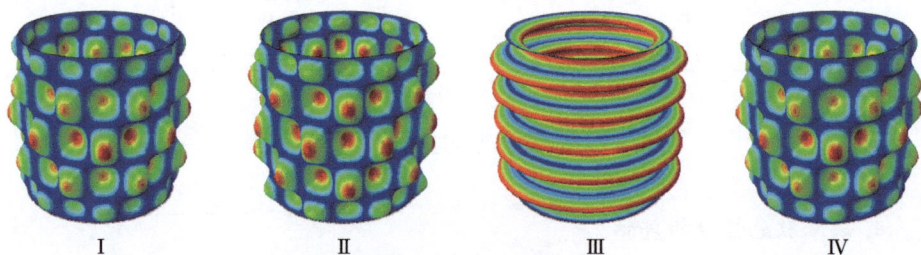

I　　　　　　　　II　　　　　　　　III　　　　　　　　IV

图 5.31　一阶模态缺陷形式

图 5.32　单点凹陷缺陷形式

一阶模态缺陷和单点凹陷缺陷分别作为几何缺陷引入不同多样性加筋单胞的加筋壳中，并采用显式动力学计算极限承载力。在不同幅值凹陷缺陷下，一阶模态缺陷的缺陷敏感性曲线如图 5.33 所示，单点凹陷缺陷的缺陷敏感性曲线如图 5.34 所示。在一阶模态缺陷下，加筋单胞构型 I、II、IV 在完善结构的极限承载力高于加筋单胞构型 III，小幅值缺陷下加筋单胞构型 III 的极限承载力下降幅度相对较小，在缺陷幅值为 0.6 mm 时四个构型极限承载力差距较小；随着一阶模态缺陷幅值增大，加筋单胞构型折减系数进一步下降，低于加筋单胞构型 I、II、IV。在

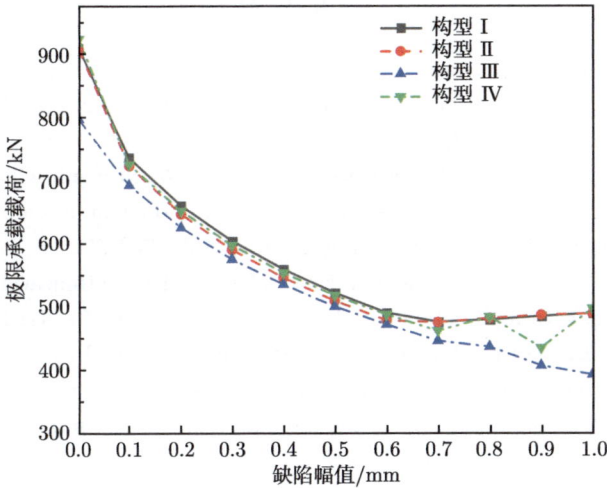

图 5.33　不同幅值一阶模态缺陷下加筋单胞的极限承载力变化曲线

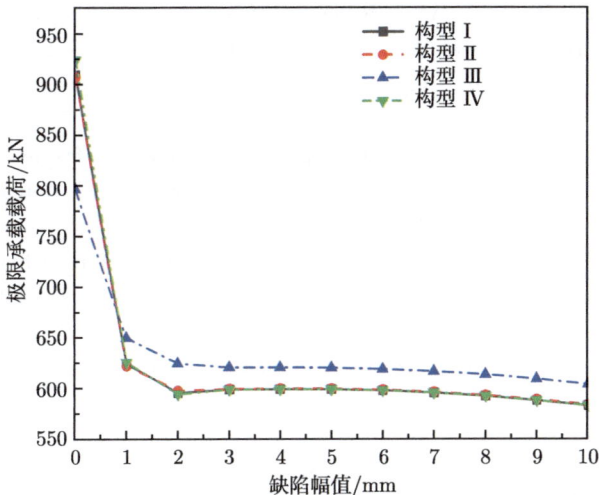

图 5.34　不同幅值单点凹陷缺陷下加筋单胞的极限承载力变化曲线

不同一阶模态缺陷下，加筋单胞构型 I、II、IV 极限承载力高于加筋单胞构型 III。而对于单点凹陷缺陷，完善结构的极限承载力更高的加筋单胞构型 I、II、IV 其承载力折减幅度更大，甚至于最终极限承载力低于加筋单胞构型 III，I、II、IV 的折减系数为 0.64，III 的折减系数为 0.76。通过线性屈曲设计能够提升完善圆柱壳结构的极限承载力，但并不一定能够提升结构的抗缺陷能力。而多样性可竞争的加筋壳稳定性拓扑优化方法旨在通过获得多个不同加筋单胞构型，提供多种设计备选方案，为设计人员提供兼顾极限承载力和抗缺陷能力的网格加筋设计选择。

参 考 文 献

[1] Hao P, Feng S, Zhang K, et al. Adaptive gradient-enhanced kriging model for variable-stiffness composite panels using isogeometric analysis[J]. Structural and Multidisciplinary Optimization, 2018, 58(1): 1-16.

[2] Li Z, Ruan S, Gu J, et al. Investigation on parallel algorithms in efficient global optimization based on multiple points infill criterion and domain decomposition[J]. Structural and Multidisciplinary Optimization, 2016, 54(4): 747-773.

[3] Hao P, Wang Y, Liu C, et al. Hierarchical nondeterministic optimization of curvilinearly stiffened panel with multicutouts[J]. Aiaa Journal, 2018, 56(10): 4180-4194.

[4] Hao P, Wang B, Tian K, et al. Efficient optimization of cylindrical stiffened shells with reinforced cutouts by curvilinear stiffeners[J]. AIAA Journal, 2016, 54(4): 1350-1363.

[5] Liu D, Hao P, Zhang K, et al. On the integrated design of curvilinearly grid-stiffened panel with non-uniform distribution and variable stiffener profile[J]. Materials & Design, 2020, 190: 108556.

[6] Wang B, Hao P, Li G, et al. Optimum design of hierarchical stiffened shells for low imperfection sensitivity[J]. Acta Mechanica Sinica, 2014, 30(3): 391-402.

[7] Hao P, Wang B, Li G, et al. Surrogate-based optimization of stiffened shells including load-carrying capacity and imperfection sensitivity[J]. Thin-Walled Structures, 2013, 72: 164-174.

[8] Wang B, Tian K, Zhou C, et al. Grid-pattern optimization framework of novel hierarchical stiffened shells allowing for imperfection sensitivity[J]. Aerospace Science and Technology, 2017, 62: 114-121.

[9] Wang B, Hao P, Li G, et al. Generatrix shape optimization of stiffened shells for low imperfection sensitivity[J]. Science China Technological Sciences, 2014, 57(10): 2012-2019.

[10] Hao P, Wang B, Du K, et al. Imperfection-insensitive design of stiffened conical shells based on equivalent multiple perturbation load approach[J]. Composite Structures, 2016, 136: 405-413.

[11] Wagner H N R, Hühne C, Niemann S, et al. Robust knockdown factors for the design of cylindrical shells under axial compression: Analysis and modeling of stiffened and unstiffened cylinders[J]. Thin-walled structures, 2018, 127: 629-645.

[12] Wagner H N R, Köke H, Dähne S, et al. Decision tree-based machine learning to optimize the laminate stacking of composite cylinders for maximum buckling load and minimum imperfection sensitivity[J]. Composite Structures, 2019, 220: 45-63.

[13] Bushnell D, Rankin C. Difficulties in optimization of imperfect stiffened cylindrical shells[C]//47th AIAA/ASME/ASCE/AHS/ASC Structures, Structural Dynamics, and Materials Conference, Newport, AIAA-2006-1943, 2006.

[14] Waller S D. Mechanics of novel compression structures[D]. Cambridge: University of Cambridge, 2006.

[15] Waller S D. Optimisation of hierarchical and branched compression structures[M]. Saarbrücken: VDM Verlag, 2008.

[16] Obrecht H, Fuchs P, Reinicke U, et al. Influence of wall constructions on the load-carrying capability of light-weight structures[J]. International Journal of Solids and Structures, 2008, 45(6): 1513-1535.

[17] Hao P, Wang B, Li G, et al. Hybrid optimization of hierarchical stiffened shells based on smeared stiffener method and finite element method[J]. Thin-Walled Structures, 2014, 82: 46-54.

[18] Hao P, Wang B, Li G, et al. Hybrid framework for reliability-based design optimization of imperfect stiffened shells[J]. AIAA Journal, 2015, 53(10): 2878-2889.

[19] Obrecht H, Rosenthal B, Fuchs P, et al. Buckling, postbuckling and imperfection-sensitivity: Old questions and some new answers[J]. Computational Mechanics, 2006, 37(6): 498-506.

[20] Williams F W. Stiffened panels with varying stiffener sizes[J]. Journal of the Royal Aeronautical Society, 1973, 77(751): 350-354.

[21] Bushnell D, Rankin C. Optimum design of stiffened panels with substiffeners[C]//46th AIAA/ASME/ASCE/AHS/ASC Structures, Structural Dynamics and Materials Conference, Austin, AIAA-2005-1932, 2005.

[22] Watson A, Featherston C A, Kennedy D. Optimization of postbuckled stiffened panels with multiple stiffener sizes[C]//48th AIAA/ASME/ASCE/AHS/ASC Structures, Structural Dynamics and Materials Conference, Honolulu, AIAA-2007-2207, 2007.

[23] Quinn D, Murphy A, McEwan W, et al. Stiffened panel stability behaviour and performance gains with plate prismatic sub-stiffening[J]. Thin-Walled Structures, 2009, 47(12): 1457-1468.

[24] Quinn D, Murphy A, McEwan W, et al. Non-prismatic sub-stiffening for stiffened panel plates—Stability behaviour and performance gains[J]. Thin-Walled Structures, 2010, 48(6): 401-413.

[25] Hao P, Wang B, Li G, et al. Surrogate-based optimization of stiffened shells including load-carrying capacity and imperfection sensitivity[J]. Thin-Walled Structures, 2013, 72: 164-174.

[26] Wang B, Hao P, Li G, et al. Optimum design of hierarchical stiffened shells for low imperfection sensitivity[J]. Acta Mechanica Sinica, 2014, 30(3): 391-402.

[27] Wang B, Tian K, Zhou C, et al. Grid-pattern optimization framework of novel hierarchical stiffened shells allowing for imperfection sensitivity[J]. Aerospace Science and Technology, 2017, 62: 114-121.

[28] Wang B, Hao P, Li G, et al. Generatrix shape optimization of stiffened shells for low imperfection sensitivity[J]. Science China Technological Sciences, 2014, 57(10): 2012-2019.

[29] Hao P, Wang B, Du K, et al. Imperfection-insensitive design of stiffened conical shells based on equivalent multiple perturbation load approach[J]. Composite Structures, 2016, 136: 405-413.

[30] 杜凯繁. 航天薄壁筒壳结构高精度稳定性实验系统设计与应用研究 [D]. 大连: 大连理工大学, 2019.

[31] 王博, 杜凯繁, 郝鹏, 等. 考虑几何缺陷的轴压双层蒙皮加筋柱壳结构设计 [J]. 中国科学：物理学、力学、天文学, 2018, 48(1):18.

[32] Chen Y, Zhou S, Li Q, et al. Technical note: multiobjective topology optimization for finite periodic structures[J]. Computers & Structures, 2010, 88(11): 806-811.

[33] Deng J, Yan J, Cheng G, et al. Multi-objective concurrent topology optimization of thermoelastic structures composed of homogeneous porous material[J]. Structural and Multidisciplinary Optimization, 2013, 47(4): 583-597.

[34] Danna E, Fenelon M, Gu Z, et al. Generating multiple solutions for mixed integer programming problems[C]//Integer Programming and Combinatorial Optimization, 2007: 280-294.

[35] Hebrard E, Hnich B, Osullivan B, et al. Finding diverse and similar solutions in constraint programming[C]//National Conference on Artificial Intelligence, 2005: 372-377.

[36] Deb K. Multi-objective genetic algorithms: Problem difficulties and construction of test problems[J]. Evolutionary Computation, 1999, 7(3): 205-230.

[37] Marti R, Gallego M, Duarte A, et al. Heuristics and metaheuristics for the maximum diversity problem[J]. Journal of Heuristics, 2013, 19(4): 591-615.

[38] Villanueva D, Riche R L, Picard G, et al. Dynamic design space partitioning for optimization of an integrated thermal protection system[C]//The 54th AIAA/ASME/ASCE/AHS/ASC Structures, Structural Dynamics, and Materials Conference, Boston, Massachusetts, USA. 2013.

[39] Zhou Y, Chaudhuri A, Haftka R T, et al. Global search for diverse competitive designs[C]//15th AIAA Multidisciplinary Design Optimization Specialist Conference. Atlanta, Georgia, USA. 2014.

[40] Zhou Y, Haftka R T, Cheng G, et al. Balancing diversity and performance in global optimization[J]. Structural and Multidisciplinary Optimization, 2016, 54(4): 1093-1105.

[41] 王博, 周演, 周昳鸣. 面向连续体拓扑优化的多样性设计求解方法 [J]. 力学学报, 2016, 048(004): 984-993.

[42] Wang B, Zhou Y, Zhou Y, et al. Diverse competitive design for topology optimization[J]. Structural and Multidisciplinary Optimization, 2018, 57(2): 891-902.

[43] Giachetti A. Matching techniques to compute image motion[J]. Image and Vision Computing, 2000, 18(3): 247-260.

[44] Waren A D, Lasdon L S, Suchman D F. Optimization in engineering design[J]. Proceedings of the IEEE, 2005, 55(11): 1885-1897.

[45] Wang B, Zhou Y, Tian K, et al. Novel implementation of extrusion constraint in topology optimization by Helmholtz-type anisotropic filter[J]. Structural and Multidisciplinary Optimization, 2020, 62(4): 2091-2100.

第 6 章　工程薄壳后屈曲可靠度优化设计

众所周知，不确定性因素广泛存在于工程薄壳结构的生产、制造和服役过程中，严重影响了结构的使役性能。自 Freudenthal[1] 于 1947 年提出结构安全性概念以来，随着可靠度理论的发展和在实际工程中的成功应用，考虑不确定性因素对结构使役性能的影响已成为当下结构优化设计中不可或缺的一部分 [2,3]。针对工程薄壳结构中存在的多源不确定性因素进行量化表征，并在此基础上进行可靠度分析与优化有着十分重要的现实意义。

6.1　工程薄壳不确定性来源

随着科学技术的飞速发展，工业界对各种工程薄壳结构 (如航空航天装备的主承力结构和分离装置等) 的使役性能提出了越来越高的要求 [4]。当前大部分工程结构仍采用基于安全系数的确定性设计思想，并根据工程师的经验设置较大的安全系数来试图确保结构安全。然而，由于不确定性客观存在于各种工程结构中，并呈现出来源广 (材料属性、服役环境、边界条件、制造误差、装配偏差、几何特性等)、随机性强 (产生的时机、部位、分布形态不确定) 和时变性显著 (随制造进程和服役时间发生演化或扩展) 等特点，简单的安全系数通常不能客观表征不确定性的传播规律，也不能合理评估其对结构使役性能的影响。此外，不确定性因素耦合作用，将会使结构尤其非线性结构系统的性能产生较大的偏差，甚至可能导致结构功能失效 [5]。

为适应愈发苛刻的使役性能与安全性要求，需要综合考虑各种不确定性因素对工程薄壳结构的影响，对其使役性能与安全性进行更加合理的评估。为此，如何合理表征各种不确定性因素已成为结构可靠度分析与优化的首要前提 [6]。根据国际标准 ISO2394: 1998《结构可靠性总原则》，不确定性主要存在物理的或固有参数的随机不确定性、认知不确定性和统计不确定性三种形式。按不确定性属性划分，可将其划分为随机 (偶然) 不确定性和认知不确定性两类，前者是由于因果律破坏，后者则是因为排中律破坏 [5]。针对随机不确定性，可依据概率论和数理统计相关理论采用概率密度函数 (连续) 或者概率质量函数 (离散) 进行量化表征并对其传播规律进行分析。对于认知不确定性，则需要借助模糊数学和区间数学等理论分别采用隶属度函数 (模糊不确定性) 和非概率凸模型 (有界不确定性) 等形式表征，并在此基础上进行模糊可靠度分析和非概率可靠度分析。根据不确定性类型以及样本规模差异，当下主要采用概率模型 [7]、凸模型 [8,9] 和模糊模

型 [10,11] 三种数学模型进行不确定性建模, 如图 6.1 所示。当多种不确定性因素同时存在时, 则需要采用混合不确定性量化模型对其进行综合表征。

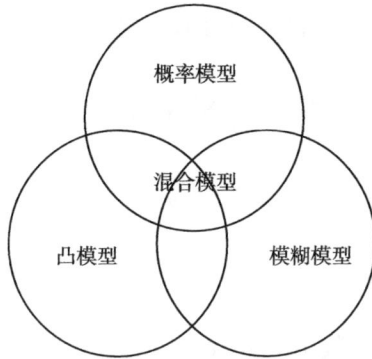

图 6.1 不确定性三角示意图

6.2 可靠度分析方法综述

随着结构可靠度优化理论和方法的不断发展, 实际工程也逐渐将可靠性作为衡量结构性能的主要指标之一。对于功能日趋复杂的航天装备, 特别是作为主承力构件的薄壳结构, 多源不确定性因素的存在将使得结构可靠性面临更加严峻的挑战, 采用可靠度优化方法对该类重大装备进行结构优化设计将成为必然趋势。现有航天装备的设计通常采用较大的安全系数以确保最终设计足够保守以包络各种不确定性因素对结构性能的影响。然而随着设计水平的提升以及制造工艺的升级, 原本基于安全系数的设计方法通常会变得过于保守 [12]。这不仅造成了资源的严重浪费, 也会直接影响到航天装备的运载能力。为了更加精细地考虑多源不确定性因素对航天装备使役性能的影响, 需要对其进行合理量化并揭示其传播规律, 最终构建面向多源不确定性因素的航天装备高效可靠度优化设计框架。尽管结构可靠度分析与优化相关理论近年来已取得长足进步, 但对复杂航天装备的可靠度进行合理评估与高效优化设计仍然极具挑战。

为了量化不确定性对结构使役性能的影响, 需要进行可靠度分析。由于联合概率密度函数 $f_x(\boldsymbol{X})$ 通常无法解析给出, 此外失效域 $g(\boldsymbol{X}) < 0$ 很难精确定义, 这就导致了上式的积分通常无法解析求解。因此, 各种近似计算方法被提出以计算结构可靠度。不确定性分析方法可大体分为模拟方法和分析方法两大类。

6.2.1 模拟方法

模拟方法 (simulation method) 根据已知随机变量的分布情况进行大量确定性实验并获得响应, 通过对结果的统计分析计算结构失效概率。其中应用最广泛的模拟方法是蒙特卡罗模拟法 (Monte Carlo simulation, MCS)，其原理如下：

若对总体进行 N 次模拟，$Z < 0$ 出现了 n_f 次，由概率论大数定律 Bernoulli 定理可知，随机事件 $Z < 0$ 在总体 N 次独立实验中的频率 n_f/N 依概率收敛于该事件的概率，于是结构失效概率 P_f 的估计值为

$$\hat{P}_f = \frac{1}{N} \sum_{i=1}^{N} I[g_{\boldsymbol{X}}(\boldsymbol{X}_i)] \tag{6-1}$$

利用式 (6-1)，结构失效概率可改写为

$$P_f = \int_{g(\boldsymbol{X}) \leqslant 0} f_x(\boldsymbol{X}) \mathrm{d}\boldsymbol{X} = \int_{R^n} I[g(\boldsymbol{X})] f_X(\boldsymbol{X}) \mathrm{d}\boldsymbol{X} = E\{I[g(\boldsymbol{X})]\} \tag{6-2}$$

式中，$I(x)$ 为 x 的指示函数 (indicator function)，规定当 $x < 0$ 时 $I(x) = 1$，$x \geqslant 0$ 时 $I(x) = 0$，通过引入 $I[g(\boldsymbol{X})]$ 积分域从 $g(\boldsymbol{X})$ 的非规则失效域扩充至无穷大规则域 R^n。

根据式 (6-2)，设 $\boldsymbol{X}$ 的第 i 个样本值为 x_i，则 P_f 的估计值为

$$\widehat{P}_f = \frac{1}{N} \sum_{i=1}^{N} I[g(x_i)] \tag{6-3}$$

式中，$I[g(\boldsymbol{X})](i = 1, 2, \cdots, N)$ 是从总体 $I[g(\boldsymbol{X})]$ 中得到的样本值，根据式 (6-1)，这些样本的均值就是 $\widehat{P}_f$。由统计学原理可知无论 $I[g(\boldsymbol{X})]$ 服从何种分布，都有 $\mu_{\widehat{P}_f} - \mu_{I[g(\boldsymbol{X})]}$，即 $\widehat{P}_f$ 是 P_f 的无偏估计量。

蒙特卡罗模拟法需要规模庞大的样本才能较为准确地估计结构失效概率，但由于计算量过大的问题，造成该类问题采用蒙特卡罗方法几乎无法求解。因此新的抽样方法，例如拟蒙特卡罗方法 (quasi-MCS)、重要抽样法 (importance sampling technique) 和方向抽样法等被提出以降低样本规模。尽管各种改进的抽样方法能在一定程度上提升蒙特卡罗模拟法的效率，但巨大的计算量仍是模拟法不可回避的问题。为此，研究人员将 MCS 与代理模型方法相结合发展了一系列方法，进一步缓解了计算负担。Echard 等 [13] 在 Kriging 代理模型基础上开创性地提出了基于学习函数 (learning function) 的加点准则方法，该准则如式 (6-4)，利用 Kriging 在预测点处均值 $\hat{g}(\boldsymbol{X})$ 及方差 $\sigma_{\hat{g}}(\boldsymbol{X})$ 构建学习函数 $U(\boldsymbol{X})$，进一步结合 MCS 方法有效地筛选出功能函数符号最可能预测错误点。Lu 等 [14] 后续结合改进 Kriging 模型 (advanced Kriging model) 以及方差缩减技术进一步提升了 MCS 结合代理模型方法处理可靠度问题的效率。

$$U(\boldsymbol{x}) = \frac{|\hat{g}(\boldsymbol{X})|}{\sigma_{\hat{g}}(\boldsymbol{X})} \tag{6-4}$$

6.2.2 分析方法

分析方法 (analysis method) 主要包括局部展开方法、函数展开方法、数值积分方法和基于设计验算点方法 [most probable point (MPP)-based method] 等方法。局部展开方法主要是将模型进行局部展开，然后利用线性方法进行近似求解，包括 Taglor 展开方法和摄动方法[15] 等方法。函数展开方法有 Neumann 展开和混沌多项式展开方法 (polynomial chaos expansions method, PCE Method)。数值积分的方法，主要用来计算函数的矩，假设一个结构响应的分布类型，然后采用近似的概率密度函数，估计结构的可靠性。基于设计验算点方法主要包括一次可靠度方法 (first order reliability method, FORM) 和二次可靠度方法 (second order reliability method, SORM) 等方法。对于相互独立的标准正态分布的随机变量，该方法通过将约束函数展开成 Taylor 级数并截取至一次或二次项，再按照可靠度定义求解可靠和失效概率。对于相互独立的非正态随机变量，则实现需要采用诸如 JC 法、等概率变换或者简化加权分位值方法对其进行正态化处理。基于设计验算点方法由于其形式简单、计算效率高因而被广泛应用。

Cornell[16] 在 1969 年首先建立了一次二阶矩 (first order second moment, FOSM) 理论，针对应力-强度干涉模型 $Z = R - S$，结构的 Cornell 可靠度指标 β 可表示为

$$\beta = \frac{\mu_Z}{\sigma_Z} = \frac{\mu_R - \mu_S}{\sqrt{\sigma_R^2 + \sigma_S^2}} \tag{6-5}$$

式中，R 为结构抗力，S 为系统载荷，R 与 S 均服从正态分布。μ_R、μ_S 和 σ_R、σ_S 分别为 R 和 S 的均值与标准差。

将极限状态函数 $Z = g(\boldsymbol{X})$ 在均值 $\mu_{\boldsymbol{X}}$ 处展开为 Taylor 级数并截取一次项为

$$\tilde{g}(\boldsymbol{X}) = g(\mu_{\boldsymbol{X}}) + \sum_{i=1}^{n} \frac{\partial g(\mu_{\boldsymbol{X}})}{X_i}(\boldsymbol{X} - \mu_{X_i}) \tag{6-6}$$

则功能函数 Z 的均值 μ_Z 和标准差 σ_Z 可以表示为

$$\mu_{\boldsymbol{Z}} \approx g(\mu_{\boldsymbol{X}}) \tag{6-7}$$

$$\sigma_{\boldsymbol{Z}} \approx \sqrt{\sum_{i=1}^{n} \sum_{j=1}^{n} \frac{\partial g(\mu_{\boldsymbol{X}})}{\partial X_i} \frac{\partial g(\mu_{\boldsymbol{X}})}{\partial X_j} \mathrm{COV}(X_i, X_j)} \tag{6-8}$$

相应地，结构失效概率可以表示为 $P_f = \Phi(-\beta)$。然而当极限状态函数的表达形式改变时，式 (6-5) 中的 Cornell 可靠度指标可能会随之改变。为了确保可靠度指标的唯一性，Hasofer 和 Lind[17] 与 Rackwitz 和 Flessler[18] 将原始坐标系下

的极限状态函数 $Z = g(\boldsymbol{X})$ 转换成为标准正态空间 ($\boldsymbol{U}$ 空间) 中的功能度量函数 $Z = G(\boldsymbol{U})$，并在 MPP 处对其进行线性展开，从而发展了工程上常用的 HL-RF 方法。

当随机变量向量 $\boldsymbol{X}$ 统计独立且服从正态分布时，可直接进行如下式 (6-9) 转换得到标准正态空间随机向量 $\boldsymbol{U}$。更一般的，对于具有相关性的随机变量可利用 Rosenblatt 变换[19] 或 Nataf 变换[20] 得 $\boldsymbol{U} = T(\boldsymbol{X})$ 或 $\boldsymbol{X} = T^{-1}(\boldsymbol{U})$。

$$U = \frac{X - \mu_X}{\sigma_X} \tag{6-9}$$

同时将功能度量函数在设计验算点 (most probable point, MPP) $\boldsymbol{U}^*$ 处进行展开，即

$$\tilde{G}(\boldsymbol{U}) = G(\boldsymbol{U}^*) + \sum_{i=1}^{n} \frac{\partial G(\boldsymbol{U}^*)}{\partial U_i}(U_i - U_i^*) \tag{6-10}$$

式中，设计验算点 $\boldsymbol{U}^*$ 为 $\boldsymbol{U}$ 空间极限状态曲面 $Z = G(\boldsymbol{U}) = 0$ 上的一点，即 $G(\boldsymbol{U}^*) = 0$。将所有随机变量转换到标准正态空间 ($\boldsymbol{U}$ 空间)，设计验算点 $\boldsymbol{U}^*$ 可以表示为极限状态曲面 $g(\boldsymbol{U}) = 0$ 上距离坐标原点最近的点。相应地，可靠度指标 β 可以表示为

$$\beta = \frac{G(\boldsymbol{U}^*) - \sum_{i=1}^{n}\left(\frac{\partial G(\boldsymbol{U}^*)}{\partial U_i}U_i^*\right)}{\sqrt{\sum_{i=1}^{n}\left(\left[\frac{\partial g(\boldsymbol{U}^*)}{\partial U_i}\right]^2\right)}} = \frac{g(\boldsymbol{X}^*) - \sum_{i=1}^{n}\left(\frac{\partial g(\boldsymbol{X}^*)}{\partial X}(\mu_{X_i} - X_i^*)\right)}{\sqrt{\sum_{i=1}^{n}\left(\left[\frac{\partial g(\boldsymbol{X}^*)}{\partial X_i}\right]^2\sigma_{X_i}^2\right)}} \tag{6-11}$$

式中，$\boldsymbol{X}^*$ 为 $\boldsymbol{U}^*$ 在原始空间的映射点。相应的 HL-RF 迭代公式可以表示为

$$\beta^k = \frac{G(\boldsymbol{U}^{k-1}) - \left(\nabla G(\boldsymbol{U}^{k-1})\right)^{\mathrm{T}}\boldsymbol{U}^{k-1}}{\|\nabla G(\boldsymbol{U}^{k-1})\|}$$
$$\boldsymbol{U}^k = -\beta^k\frac{\nabla G(\boldsymbol{U}^{k-1})}{\|\nabla G(\boldsymbol{U}^{k-1})\|} \tag{6-12}$$

针对可靠度优化问题，可靠度指标通常都是事先给定的，即目标可靠度指标。此时，在每个迭代点处进行精确失效概率求解或者搜索 MPP 不仅会造成计算资源的浪费，更会影响优化过程的稳健性。如式 (6-13) 所示，与可靠度指标方法在极限状态曲面上搜索 MPP 不同，基于功能度量法思想的改进均值法 (advanced mean value method, AMV Method)[21] 则通过在以目标可靠度指标为半径的 β

环上搜索各迭代点处的 MPTP 完成可靠度分析,其迭代格式见式 (6-14)。相关领域学者的研究表明,功能度量法较可靠度指标法更加高效稳健 [22,23]。由于形式简单且易于编程实现,AMV 方法被广泛应用于结构可靠度分析与优化中。

$$\begin{aligned} \min \quad & G\left(\boldsymbol{U}\right) \\ \text{s.t.} \quad & \|\boldsymbol{U}\| = \beta^{\text{Target}} \end{aligned} \tag{6-13}$$

$$\boldsymbol{U}^k = -\beta^{\text{Target}} \frac{\nabla G\left(\boldsymbol{U}^{k-1}\right)}{\|\nabla G\left(\boldsymbol{U}^{k-1}\right)\|} \tag{6-14}$$

由于仅考虑极限状态函数的线性项和常数项,一次可靠度方法原理简单,易于编程实现,能够快速求解结构的可靠度。但对于高可靠度问题以及高非线性问题,一次可靠度方法计算精度欠佳。虽然二次可靠度方法引入二次项能够进一步提升计算精度,但会造成计算量显著增加,降低其在实际工程中的适用性。因此,一次可靠度方法仍是目前可靠度优化设计中广泛应用的可靠度分析方法。

一般情况下,工程结构的数值仿真分析往往十分耗时,而为了得到较为准确的结构可靠度分析结果往往需要反复调用数值仿真分析。显然,高精度可靠度分析与高昂计算成本之间的矛盾随着结构系统的复杂度增加必将进一步加剧。为了充分利用样本数据,减少额外计算量,可以采用代理模型对结构数值仿真分析的输入/输出 (I/O) 过程进行近似拟合,而非直接使用实际结构的精细数值模型进行耗时的仿真分析。一般情况下,基于 DoE 所得训练样本点处的函数信息,构建代理模型对整个设计空间进行插值,可以在较低的计算成本下实现对结构响应的高精度预测。代理模型的诸多优点使得国内外众多学者致力于拓展代理模型在结构可靠度分析与优化中的应用,并从理论层面进一步揭示其机理 [24-28]。常用的代理模型方法包含:Kriging 模型 [29,30]、响应面法 (response surface method, RSM)[31,32]、人工神经网络法 (artificial neural network, ANN)[33,34] 和支持向量机 (support vector machine, SVM)[35,36] 等。其中,Kriging 模型因其预测精度高等优点被广泛应用于实际工程结构的性能预测和可靠度分析中。为了提高 Kriging 模型的预测精度和建模效率,Echard 等 [13] 提出了主动学习 Kriging (active learning Kriging, ALK) 模型,该模型可以根据学习函数自适应增加训练样本,在大幅削减训练样本规模的前提下,有效保证了预测精度。相比传统 Kriging 模型,主动学习策略的引入使得 ALK 模型能够更有针对性地添加样本,从而实现对可靠度分析中真实极限状态曲面的高精度拟合 [37]。此外,ALK 模型还被广泛应用于全局优化 [38] 与大型曲面形状特征表征 [39] 等领域。在 ALK 模型的基础上,利用模拟方法对实际工程问题进行可靠度分析与优化将具备更强的可行性。

6.2.3　基于增强混沌控制法的可靠度分析方法

HL-RF 类方法的提出有效改善了可靠度分析计算效率低的问题，但 Youn[40] 和杨迪雄 [41] 指出，面对强非线性功能函数，HL-RF 方法可能出现周期振荡等数值不稳定问题。杨迪雄从非线性动力学中混沌控制的角度揭示了产生这一现象的根本原因，并指出式 (6-12) 所代表的动力系统中，一旦其雅可比矩阵的谱半径大于 1，相应的稳定点就会失去控制，从而引起 HL-RF 方法的数值不稳定性，如图 6.2 所示。基于该原理，进一步将稳定转换法 (stability transformation method, STM) 扩展到结构可靠度分析中，发展了混沌控制方法 (chaos control method, CC Method)，其表达式为

$$U^k = U^{k-1} + \lambda C \left(f \left(U^{k-1} \right) - U^{k-1} \right), \quad 0 < \lambda < 1$$

$$f \left(U^{k-1} \right) = \frac{\left(\nabla G \left(U^{k-1} \right) \right)^{\mathrm{T}} U^{k-1} - \nabla G \left(U^{k-1} \right)}{\left(\nabla G \left(U^{k-1} \right) \right)^{\mathrm{T}} \nabla G \left(U^{k-1} \right)} \nabla G \left(U^{k-1} \right) \tag{6-15}$$

式中，λ 表示控制因子，C 为对合矩阵。

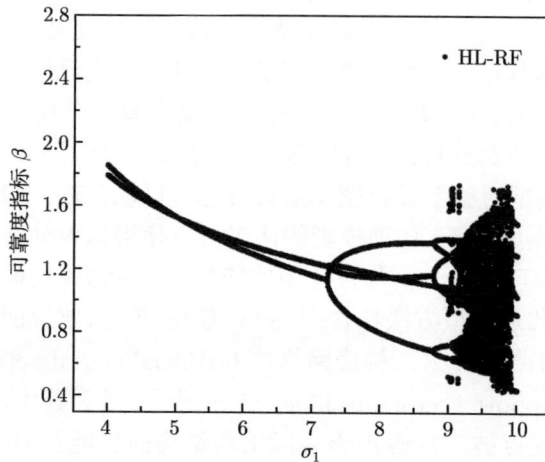

图 6.2　HL-RF 方法下可靠指标分叉现象 [41]

对于二维系统，根据不稳定不动点的鞍点和螺线极点性质，Pingel 等 [42] 已证明：当控制因子足够小时，采用如式 (6-17) 所示的五种对合矩阵 C 能够对不稳定点进行稳定控制。对于高维系统，尚未出现通用方法来选择合适的对合矩阵 C。一般情况下，可采用单位阵 I 来替代对合矩阵 C。此时，迭代公式 (6-16) 可简化为

$$U^k = U^{k-1} + \lambda \left(f \left(U^{k-1} \right) - U^{k-1} \right) \tag{6-16}$$

$$C_1 = \begin{bmatrix} 1 & 0 \\ 0 & 1 \end{bmatrix}, \quad C_2 = \begin{bmatrix} -1 & 0 \\ 0 & 1 \end{bmatrix}, \quad C_3 = \begin{bmatrix} 1 & 0 \\ 0 & -1 \end{bmatrix},$$

$$C_4 = \begin{bmatrix} 0 & -1 \\ -1 & 0 \end{bmatrix}, \quad C_5 = \begin{bmatrix} 0 & 1 \\ 1 & 0 \end{bmatrix} \tag{6-17}$$

从式 (6-16) 可以看出, 控制效果的强弱可由控制因子 λ 的数值大小进行确定。当控制因子等于 1 时, 混沌控制方法的迭代格式与 HL-RF 方法一致。一般情况下, λ 越小, 算法的稳健性越好, 相反则会通过牺牲算法的稳健性来提升其计算效率。对于实际工程问题, 由于结构性能存在较大差异, 采用固定控制因子的混沌控制方法适用性不佳。为此, 郝鹏等 [43] 发展了一种基于 Wolfe-Powell 准则的增强混沌控制法 (enhanced chaos control, ECC) 调节控制因子。

ECC 首先从可靠度分析过程中的迭代点空间位置进行考虑, 如果迭代过程能够平稳收敛, 则应满足以下两个要求 [44]:

(1) 如果极限状态曲面在设计点附近足够光滑且迭代点逐渐收敛到设计点, 则在迭代过程中 θ 会逐渐减小, 直到收敛。如图 6.3 所示, θ 为标准空间中极限状态曲面上点 U^k 的方向向量与该点负梯度方向之间的夹角。

$$\theta^k \leqslant \theta^{k-1} \tag{6-18}$$

式中 $\theta^k = \arccos \left(\dfrac{-\left(U^k\right)^{\mathrm{T}} \nabla G\left(U^k\right)}{\|U^k\| \, \|\nabla G\left(U^k\right)\|} \right)$。

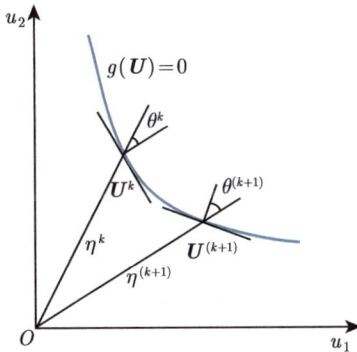

图 6.3 可靠度指标迭代示意图

(2) 当迭代过程平滑收敛时, 两个相邻迭代步之间的夹角 γ 总是锐角, 如图 6.4 所示。因此, 第二个准则确定为

$$\gamma = \arccos \left(\dfrac{\left(U^k - U^{k-1}\right)^{\mathrm{T}} \left(U^{k-1} - U^{k-2}\right)}{\|U^k - U^{k-1}\| \, \|U^{k-1} - U^{k-2}\|} \right) < 90° \tag{6-19}$$

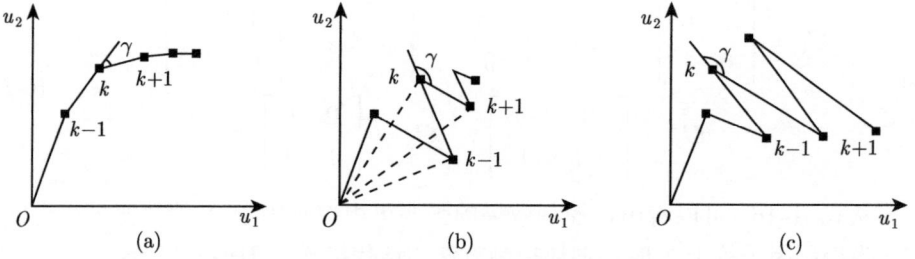

图 6.4　可靠度指标平滑收敛与振荡现象

根据式 (6-18) 和式 (6-19) 中的两个条件，可以判断当前迭代点状态。一旦迭代点出现收敛问题，则需要对其进行调整。ECC 方法的基本思想是首先利用高效的 HL-RF 方法 (或 AMV 方法) 进行可靠度分析，一旦振荡检测机制识别出收敛问题的迭代点，则改由稳定转换法进行下一步迭代点求解。考虑到固定的控制因子无法使稳定转换法同时满足稳健性和效率两个需求，ECC 方法利用前后迭代步信息自适应计算控制因子，控制迭代点的振荡。随后，通过 Wolfe-Powell 准则来检查控制因子的合理性并对其进行二次更新。当下一迭代点通过振荡检测，则再次切换回 HL-RF 方法 (或 AMV 方法) 搜索设计点以提高可靠度分析过程的收敛速度。

当设计点违反式 (6-18) 和式 (6-19) 中的两个条件时，就意味着迭代过程中存在振荡甚至发散等数值不稳定问题。在这种情况下，可使用稳定转换法对当前迭代点进行控制，相应的控制因子更新机制如下：

$$\lambda^k = \begin{cases} \dfrac{\theta^{k-1}}{\theta^k}\lambda^{k-1}, & \theta^k > \theta^{k-1}\text{且}\gamma \geqslant 90° \\ \lambda^{k-1}, & \text{其他} \end{cases} \tag{6-20}$$

为了保证式 (6-20) 中控制因子 λ^k 的有效性，需要引入 Wolfe-Powell 准则对其进行检测。

$$h\left(U^{k-1} + \lambda^k \Delta U^k\right) \leqslant h\left(U^k\right) + \lambda^k \rho \nabla G\left(U^{k-1}\right)^{\mathrm{T}} \Delta U^k, \quad \rho \in (0,1)$$
$$\nabla h\left(U^{k-1} + \lambda^k \Delta U^k\right)^{\mathrm{T}} \Delta U^k \geqslant \sigma \nabla G\left(U^{k-1}\right)^{\mathrm{T}} \Delta U^k, \quad \sigma \in (\rho,1) \tag{6-21}$$

$$\Delta U^k = \frac{\left(\nabla G\left(U^{k-1}\right)\right)^{\mathrm{T}} U^{k-1} - G\left(U^{k-1}\right)}{\left(\nabla G\left(U^{k-1}\right)\right)^{\mathrm{T}}\left(\nabla G\left(U^{k-1}\right)\right)} \left(\nabla G\left(U^k\right)\right) - U^{k-1} \tag{6-22}$$

式中，h 是价值函数，且 $h(U) = \dfrac{1}{2}U^{\mathrm{T}}U + \dfrac{1}{2}c \cdot G(U)^2$，$c$ 是常数且恒为正，ΔU 为搜索方向。式 (6-22) 中的搜索方向在任何一点 $y \in R^n$ 都是价值函数 $h(U)$ 的

下降方向，文献 [43] 中也给出了详细推导过程。此时，控制因子的二次调节准则可定义为

$$
\lambda = \begin{cases}
0.9\lambda, & h\left(\boldsymbol{U}^k + \lambda^k \Delta \boldsymbol{U}^k\right) > h\left(\boldsymbol{U}^k\right) + \lambda^k \rho, 0 < \rho < 1 \\
1.1\lambda, & \nabla h\left(\boldsymbol{U}^k + \lambda^k \Delta \boldsymbol{U}^k\right)^{\mathrm{T}} \Delta \boldsymbol{U}^k < \sigma \nabla G\left(\boldsymbol{U}^k\right)^{\mathrm{T}} \Delta \boldsymbol{U}^k, & \rho < \sigma < 1 \\
\lambda, & \text{其他}
\end{cases}
$$

$$(6\text{-}23)$$

式中，$\rho = 0.2$，$\sigma = 0.8$。

ECC 通过振荡检测机制自适应选择 HL-RF 方法和稳定转换法，在弱非线性功能函数下可快速收敛到设计点。针对强非线性功能函数下 HL-RF 方法可能出现的数值不稳定问题，该方法对振荡检测机制筛选出的不稳定迭代点采用基于自适应控制因子的稳定转换法进行收敛控制，并根据 Wolfe-Powell 准则对其进行二次调节，实现了设计点的快速搜索。

6.3 可靠度优化方法综述

在整个优化设计过程中，根据处理优化设计和可靠度分析的关系，可靠度优化算法可以分为三类：双层循环算法、解耦类算法和单层循环算法。工程结构大多基于确定性参数进行结构优化设计，未考虑各种不确定性因素对结构使役性能的影响，造成所得结果安全性较低。由于不确定性因素广泛且客观地存在于结构生产制造以及服役等过程之中，可靠度优化设计方法能够帮助工程师在设计阶段规避绝大部分不确定性因素对结构性能产生的不良影响，保障结构使役安全。可靠度优化的数学模型可表示为

$$
\begin{aligned}
&\text{find} \quad \boldsymbol{d}, \boldsymbol{\mu_X} \\
&\text{min} \quad f\left(\boldsymbol{d}, \boldsymbol{\mu_X}\right) \\
&\text{s.t.} \quad P_f\left(g_i(\boldsymbol{d}, \boldsymbol{X}) \leqslant 0\right) \leqslant P_{f,i}^{\mathrm{Target}}, \quad i = 1, 2, \cdots, n \\
&\qquad \boldsymbol{d}^{\mathrm{L}} \leqslant \boldsymbol{d} \leqslant \boldsymbol{d}^{\mathrm{U}}
\end{aligned}
$$

$$(6\text{-}24)$$

式中，$\boldsymbol{d}$ 为设计变量，上下限分别为 $\boldsymbol{d}^{\mathrm{U}}$ 和 $\boldsymbol{d}^{\mathrm{L}}$，$\boldsymbol{\mu_X}$ 为随机变量 $\boldsymbol{X}$ 的均值。$f\left(\boldsymbol{d}, \boldsymbol{\mu_X}\right)$ 为目标函数，g_i 表示第 i 个约束函数。$P_f\left(g_i(\boldsymbol{d}, \boldsymbol{X}) \leqslant 0\right)$ 为第 i 个约束函数 g_i 的失效概率，P_f^{Target} 为目标失效概率，即失效概率的容许值。

6.3.1 典型可靠度优化策略

相比于确定性优化设计，可靠度优化设计将原本的确定性约束替代为失效概率约束，这在一定程度上增加了该优化问题的求解难度。此外，迭代点处的失效

概率一般情况下无法解析求出，采用模拟法或者分析法进行求解将会显著增加可靠度优化的计算成本。Nikolaidis 等 [45] 提出了可靠度指标法 (reliability index approach, RIA) 用于简化迭代点处失效概率的求解过程。该方法使用可靠度约束来替代式 (6-24) 中的概率约束。由于求解可靠度指标涉及设计点的搜索，其本身也是一个优化问题。最终，根据上述定义可将其转为双层嵌套的优化问题。Rackwitz 等 [18] 在 Hasofer 等 [46] 相关研究工作的基础上，基于验算点法和近似变换发展了 HL-RF 方法，并被国际安全度委员会采用。可靠度指标法的提出大幅缩减了可靠度优化的计算成本，但处理高可靠度指标问题时可能会出现收敛问题 [22]。为了保障该过程的稳健性，Tu 等 [22] 建立了功能度量法 (performance measure approach, PMA)。该方法通过求解最小性能目标点 (minimum performance target point, MPTP) 对应的功能度量函数值来判断当前迭代点是否满足可靠度约束。功能度量法仅需在以目标可靠度指标为半径的 β 环上搜索设计点，其具有良好的稳健性和效率，如图 6.5 所示。

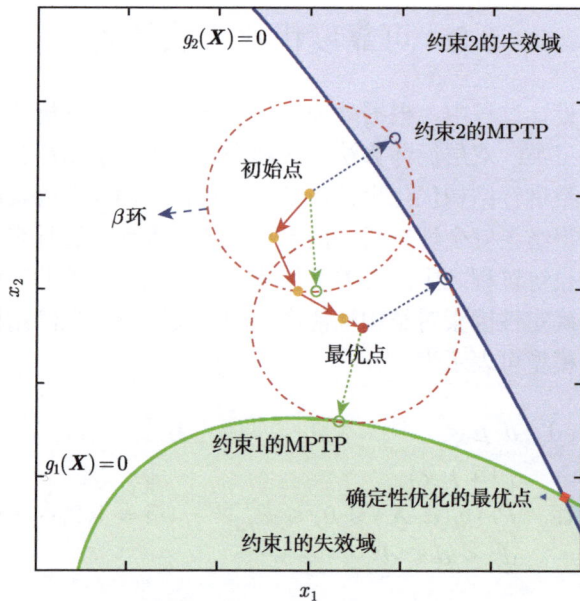

图 6.5   基于功能度量法的结构可靠度优化示意图

需要指出的是，虽然功能度量法能够在一定程度上提升内层循环 (可靠度分析) 的稳健性，但双层嵌套的优化策略仍旧会严重影响其计算效率，如图 6.6 所示。为了从根本上降低可靠度优化的计算成本，增强其对于工程问题的适用性，需要从可靠度优化策略入手，进一步简化可靠度分析计算流程。因此，一系列先进的优化策略如单循环方法 [47,48]、解耦方法 [49−51] 以及变循环方法 [52,53] 等被相继提出以期从根本上提高可靠度优化的计算效率。

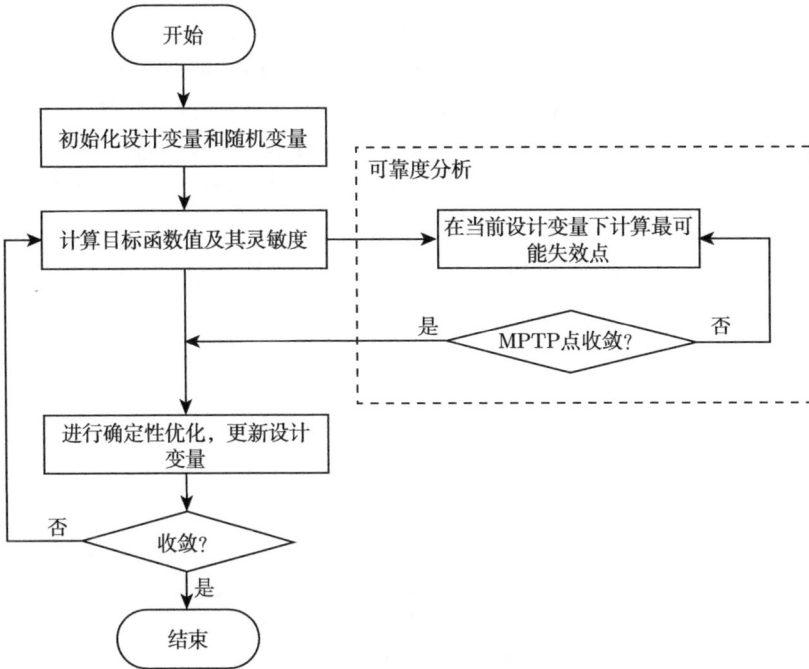

图 6.6 双层循环方法流程图

序列优化与可靠性评价方法 (sequential optimization and reliability assessment method, SORA Method)[49] 作为经典的解耦方法 (图 6.7)，其核心思想是将双循环方法中的外层确定性优化设计和内层可靠度分析解耦成一个连续序列循环进行计算。Yang 等 [54] 和 Valdebenito 等 [55] 通过大量数值算例验证了 SORA 方法在效率和稳健性方面的优势。由于 SORA 方法中偏移向量需要通过精细的可靠度分析进行求解，所以可靠度分析过程的稳健性直接影响到 SORA 方法的整体性态 (图 6.8)。此外，迭代点处功能函数的非线性程度也对偏移向量的方向产生一定影响，当功能函数局部非线性程度较高时，SORA 方法的准确性可能会有所下降。为此，Chen 等 [56] 利用逆可靠度分析对平移后的极限状态曲面进行修正，显著提高了 SORA 方法的计算精度。针对可变方差问题，Yin 等 [57] 利用设计点处的灵敏度信息对偏移向量进行修正。为了进一步提高 SORA 方法的效率和稳健性，Yi 等 [58] 利用近似 MPTP 和近似概率功能度量 (probabilistic performance measure, PPM) 代替 SORA 方法中的逆可靠度分析过程。Choi 和 Lee[59] 基于均值法的思想对近似偏移向量求解，简化了 SORA 方法的计算流程。由于 SORA 方法一般采用 FORM 类方法来进行可靠度分析，对于强非线性问题可能会出现较大的计算误差。为此，Torii 等 [60] 建立了偏移向量与可靠度指标之间的映射关系，使得如模拟法等更为精确的方法可用于 SORA 方法中的可靠度分析。此外，还可利用一系列子优化问题来代替原本双层嵌套的可靠度优化问题。Cheng 等 [51] 根据结构可靠度优化的特点，对序列近似规划 (sequential approximate programming, SAP) 算法 [61] 进行改造，将其应用到可靠度优化之中。该方法基于可靠度指标法，利用 Taylor 展开法将原可靠度优化问题转换为一系列子问题实现解耦并在迭代过程中更新迭代点处的可靠度指标，最终实现了可靠度优化问题的快速求解。考虑到可靠度指标法在效率以及稳健性上的不足，Yi 等 [62,63] 发展了基于 PMA 的 SAP 方法。此外，Meng 等 [64] 将 SORM 类方法引入到可靠度分析的流程中，在保证 SAP 方法计算效率的同时提高其计算精度。

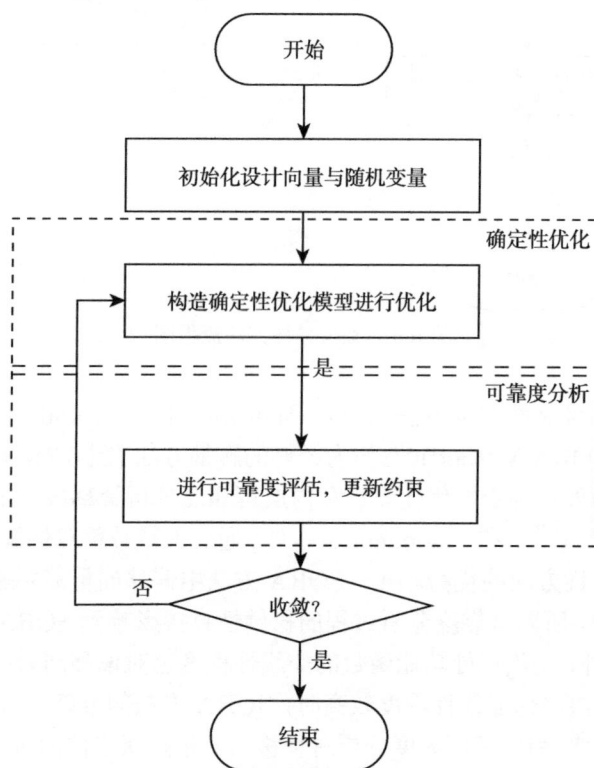

图 6.7　解耦方法流程图

与双循环方法中的双层嵌套优化策略相比，解耦方法有着明显的效率优势，但其理论通常较为复杂。相比之下，单循环策略对可靠度优化的流程实现了更为彻底的精简。该类方法直接对设计点或者功能函数进行近似，摒弃了复杂且耗时的精细可靠度分析过程，大大提高了可靠度优化的计算效率。Madsen[65] 将 KKT

条件引入结构可靠度优化的可靠度分析中，使得原本双层嵌套的优化问题转化为确定性优化算法可以直接求解的问题。Liang 等 [47~66] 通过引入 KKT 条件，并根据上一近似设计点处的真实灵敏度信息来近似当前设计点，构建了面向结构可靠度优化的单循环方法 (single-loop approach, SLA)。Kuschel 等 [67] 和 Agarwal 等 [68] 虽然通过 KKT 条件将内层的可靠度分析转换为外层确定性优化的一个约束条件，但该方法不仅引入了额外的设计变量，而且需要计算二阶导数矩阵，Lim 和 Lee[69] 则直接通过近似设计点对可靠度优化进行解耦。Chen 等 [70] 提出单循环单设计向量法 (single-loop single vector method, SLSV Method)，尝试实现可靠度优化的完全解耦 [71]。该方法采用标准正态空间下的最速下降方向直接求解近似设计点，消除了可靠度分析中设计点的搜索过程。但由于搜索方向的正交性，利用最速下降方向搜索设计点的收敛速度不够理想。为此，Ezzati 等 [72]、Jeong 等 [48] 和 Kuschel 等 [67] 发展了基于共轭梯度的单循环方法。由于单循环方法通过对约束函数或者设计点进行近似来消除内层的可靠度分析，这使得该方法在处理强非线性问题时可能会出现不收敛的情况。鉴于混沌控制方法在可靠度分析过程中的良好表现，Meng 等 [73] 在单循环方法中引入混沌控制因子显著提高了该方法的稳健性。Keshtegar 等 [74] 则通过对单循环方法的迭代步长进行自适应调节改善其收敛性态。由于单循环方法大多基于 FORM 类方法对内层的可靠度分析过程进行改造，这使得采用单循环方法处理较为复杂的问题时精度较差 (图 6.9)。Chan 等 [75] 针对设计点处曲率较大的情况，采用 SORM 类方法对功能函数进行转换以保证可靠度分析的准确性，当设计点处曲率较小时则采用 FORM 类方法。Lind 等 [76] 通过三次样条函数对功能函数进行拟合大幅提高了可靠度分析精度。

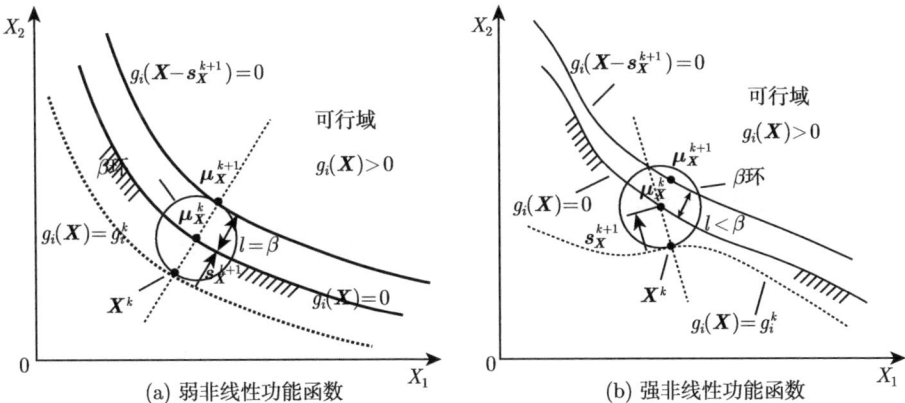

图 6.8　SORA 方法及偏移向量

虽然双循环方法无法达到和单循环方法类似的计算效率，但其形式简单、易于编程实现且在稳健性上有着明显优势。相比于双循环方法，解耦方法虽然能在一定程度减少函数调用次数，但其形式更加复杂，且面对强非线性功能函数可能出现收敛性问题。相比之下，计算精度是单循环方法需要首要解决的问题。综上，各种优化策略均有其独特优势[52]。

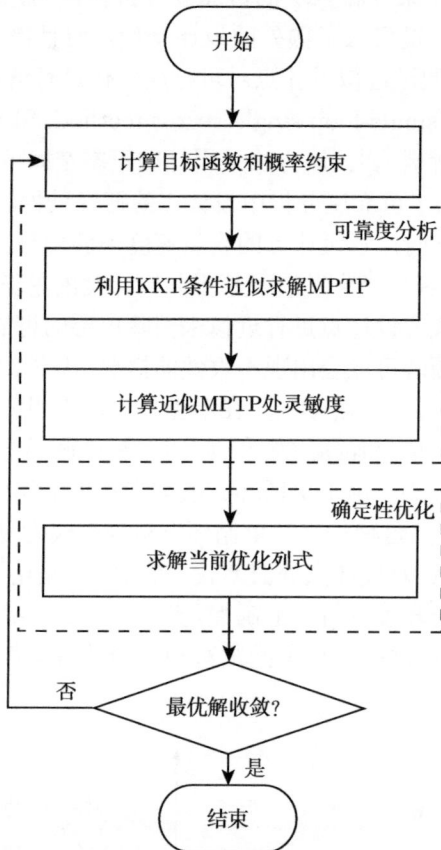

开始

计算目标函数和概率约束

可靠度分析

利用KKT条件近似求解MPTP

计算近似MPTP处灵敏度

确定性优化

求解当前优化列式

最优解收敛？

否

是

结束

图 6.9　单层循环方法流程图

6.3.2　基于变循环策略的可靠度优化方法

双循环方法、解耦方法和单循环方法各有其优势，随着工程结构日趋复杂，设计需求呈现多样化，为了更好地适应工程需要，将三种典型优化策略进行有机结合将成为必然趋势。Youn[52] 将高效的确定性优化方法和单循环方法分别用于可靠度优化的前期与后期，优化的中间则使用稳健性较好的双循环方法，在保证不损失计算精度的前提下最大化可靠度优化的数值稳定性和效率。此外，Li 等[77] 将迭代点跨越极限状态曲面的次数作为双循环方法与单循环方法的切换准则，提出了一种自适应混合变循环方法 (adaptive hybrid-loop approach, AHA) 实现了可靠度优化问题的快速求解。Jiang 等 [78] 提出了自适应混合单循环方法 (adaptive hybrid single-loop method, AH-SLM)，在单循环方法的框架下通过自适应选择近似设计点和准确设计点进行可靠度分析，兼顾了准确性和效率。

综合利用各种方法的优点，郝鹏等 [79] 提出了一种基于单循环方法和 ECC 方法的高效变循环方法 (efficient adaptive-loop method, EAL Method)，该方法面向单循环法的数值不稳定性和精度差的问题，采用准确性检测以及无效约束删除机制确保最优设计满足可靠度约束，并对删除无效约束后的可靠度优化问题采用了 ECC 方法来保证后续优化的效率和稳健性。由于自适应变循环策略的引入，EAL 方法在效率和数值稳定性方面都有着良好表现。

EAL 方法通过单循环方法和双循环方法自适应序列切换来提高可靠度优化的计算效率和数值稳定性。该方法共分为两个主要阶段：第一阶段，利用确定性单循环方法 (single-loop deterministic method, SLDM)[80] 处理可靠度优化问题得到一个粗略的最优解。作为一种单循环方法，SLDM 可以快速收敛到最优解，但无法保证其计算精度。在第二阶段，采用准确性检测手段、无效约束删除以及双循环方法来提高其分析精度与计算效率。通过上述策略的应用，EAL 方法能够在保证计算精度和稳健性的同时，快速处理可靠度优化问题。

ECC 方法采用 SLDM 作为第一阶段的优化算法。SLDM 将根据目标可靠度指标以及功能函数的灵敏度信息将确定性的约束函数边界移动到实际可行域边界上，从而将可靠度约束转换为确定性约束，如图 6.10(a) 所示。通过该变换，SLDM 无须对设计点进行精确搜索，极大提高了可靠度优化问题的求解效率。基于功能度量法，SLDM 可以通过式 (6-25) 将可靠度约束转换为确定性约束。

$$
\tilde{g}\left(\boldsymbol{d}, \boldsymbol{\mu}_U\right)=\begin{cases} g\left(\boldsymbol{d}, \boldsymbol{\mu}_U+\beta^{\mathrm{Targat}} \cdot \dfrac{\nabla_U g\left(\boldsymbol{\mu}_U\right)}{\nabla_U g\left(\boldsymbol{\mu}_U\right)}\right), & P_s \geqslant 0.5 \\ g\left(\boldsymbol{d}, \boldsymbol{\mu}_U-\beta^{\mathrm{Targat}} \cdot \dfrac{\nabla_U g\left(\boldsymbol{\mu}_U\right)}{\nabla_U g\left(\boldsymbol{\mu}_U\right)}\right), & P_s < 0.5 \end{cases}
\tag{6-25}
$$

式中，P_s 为可靠性，其取值为 $P_s=\Phi\left(\beta^{\mathrm{Target}}\right)$，$P_s \geqslant 0.5$ 或 $P_s=1-\Phi\left(\beta^{\mathrm{Target}}\right)$，$P_s < 0.5$。

在式 (6-25) 中，基于约束函数上任一点处的灵敏度信息和目标可靠度指标，通过 U-空间中的距离向量 $\beta^{\mathrm{Target}} \dfrac{\nabla_U g\left(\boldsymbol{\mu}_U\right)}{\nabla_U g\left(\boldsymbol{\mu}_U\right)}$ 将约束边界向可行域移动，最终建立了面向可靠度约束的确定性边界。此时，只要均值点在移动后的边界内，即可满足可靠度约束。如图 6.10(b) 所示，虽然 SLDM 方法消除了双循环方法中的可靠度分析过程，但该算法在约束函数非线性程度较高的情况下对函数边界移动时往往会出现较大的误差。因此，对 SLDM 所得计算结果进行准确性检测及修正显得尤为必要。

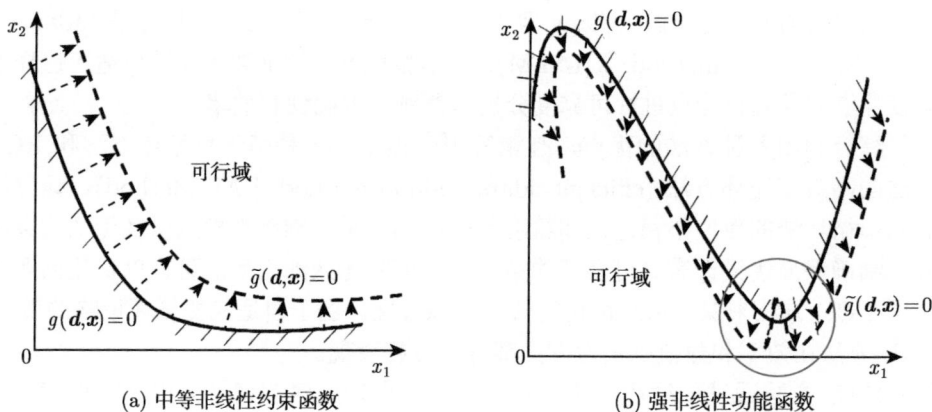

(a) 中等非线性约束函数　　　　　　　　　(b) 强非线性功能函数

图 6.10　SLDM 针对不同类型约束函数的近似效果

SLDM 不同于 SLA 方法, 该方法通过假设设计点位于约束函数边界上, 反向求解均值点从而实现约束函数边界的移动。由于约束函数边界上的点并不能与真实设计点的均值点一一对应, 这导致当约束函数具有较高非线性时, SLDM 对真实可行域边界的逼近精度并不高。

EAL 方法通过对最优设计点进行可靠度检测并利用无效约束删除机制, 在保证 SLDM 准确性的同时进一步提升了可靠度优化流程的计算效率。EAL 方法中准确性检测是通过求解 SLDM 所得最优解对应的真实设计点处功能度量值实现的, 根据该值的大小判断是否满足可靠度约束, 如式 (6-26) 所示。如果 SLDM 得到的最优解可以满足可靠度约束, 则优化过程终止, 否则将继续进行第二阶段的可靠度优化工作。

$$g\left(\boldsymbol{d}^{*}, \boldsymbol{X}_{\mathrm{MPP}}\right) \geqslant \varepsilon$$
$$\boldsymbol{X}_{\mathrm{MPP}} = \boldsymbol{X} - \eta \boldsymbol{T}^{-1} \frac{\nabla_{q} g(\boldsymbol{d}, \boldsymbol{X})}{\nabla_{q} g(\boldsymbol{d}, \boldsymbol{X})} \tag{6-26}$$

在第二阶段的可靠度优化中, ECC 方法被用来进行后续的可靠度分析与优化。在最优设计点可靠度检测以及无效约束删除过程中, ECC 方法需要计算每次迭代中所有约束函数对应的设计点。此外, 由于 SLDM 方法得到的最优解往往在真实最优解附近, 此时部分约束在后续的优化过程中并没有起到实际作用 (松约束)。由于松约束下的可靠度指标较大, 这使得对其进行可靠度分析将面临数值不稳定以及设计点搜索效率低等一系列问题, 针对这些约束进行精细可靠度分析将会浪费大量计算资源。EAL 方法通过在一个较大区域内搜索设计点 (采用较大的可靠度指标), 并根据该点的功能度量值, 判断当前约束是否为有效约束, 并对无效约束进行删除, 减少后续优化的冗余计算量。因此, 约束函数状态可由 (6-27) 判定。根据数值算例的计算结果和 SLDM 的精度, 过小的放大系数 c 会剔除太多的约束，甚至包含真实的紧约束，这将会导致后续优化进程失败，而过大的 c 会使得松约束的过滤效果欠佳，建议取 $c=1.5$。

$$g(\boldsymbol{d},\overline{\overline{\boldsymbol{X}}})=g\left(\boldsymbol{d},\boldsymbol{X}-c\eta\left(\boldsymbol{T}^{-1}\right)^2\frac{\nabla_{\boldsymbol{X}}g(\boldsymbol{d},\boldsymbol{X})}{\boldsymbol{T}^{-1}\nabla_{\boldsymbol{X}}g(\boldsymbol{d},\boldsymbol{X})}\right)=\begin{cases}\text{约束不激活,}\quad g(\boldsymbol{d},\overline{\overline{\boldsymbol{X}}})\geqslant 0\\\text{约束激活,}\quad g(\boldsymbol{d},\overline{\overline{\boldsymbol{X}}})<0\end{cases}$$

$$(6\text{-}27)$$

EAL 方法流程图如图 6.11 所示。该方法面向单循环法的数值不稳定性和精度差的问题，采用准确性检测以及无效约束删除机制确保最优设计满足可靠度约束，并对删除无效约束后的可靠度优化问题采用了 ECC 方法来保证后续优化的效率和稳健性。由于自适应变循环策略的引入，EAL 方法在效率和数值稳定性方面都有着良好表现。

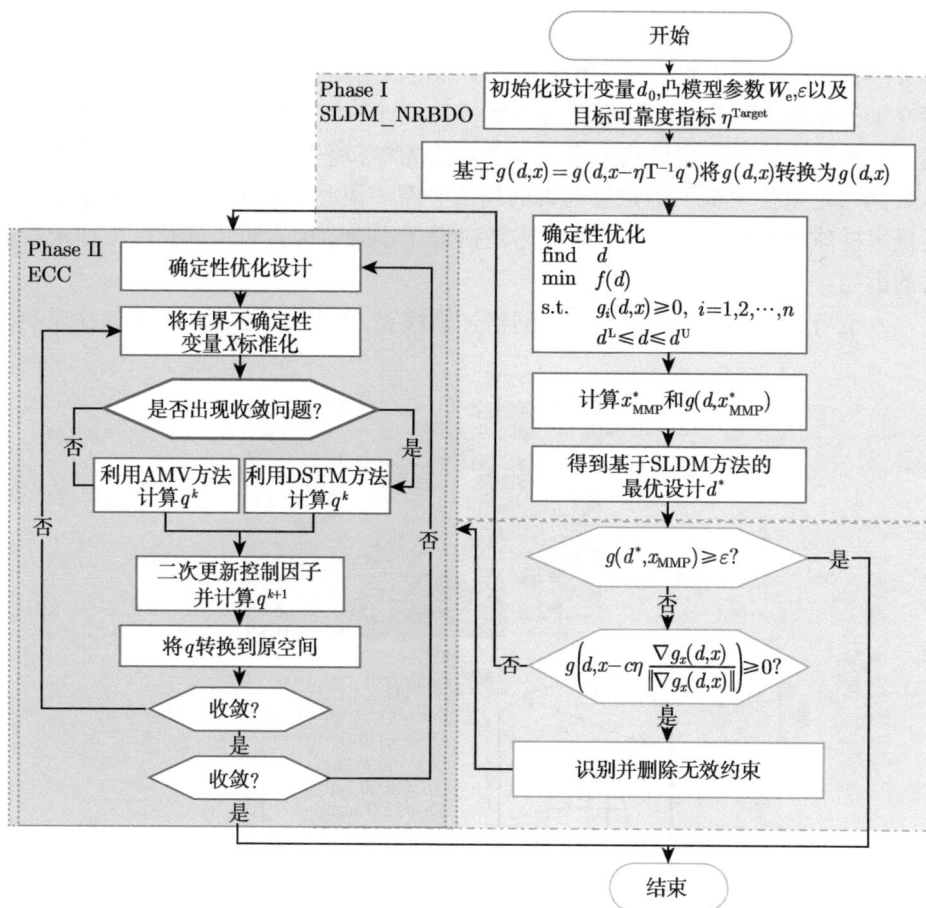

图 6.11　EAL 方法流程图

6.4　工程薄壳的可靠度优化设计

6.4.1　加筋圆柱壳结构优化设计

网格加筋结构因其优异的比刚度和比强度被广泛应用于航天装备 (如运载火箭燃料箱等) 之中。近年来, 面向我国运载火箭关键型号的设计需求, 作者[81−83]致力于轴压下薄壁加筋结构的优化设计, 提出了多种新构型用于提升结构的承载力和抗屈曲性能, 并发展了一系列高效设计方法。然而, 受到制造工艺限制、形貌缺陷以及环境因素变化等各种不确定性因素的影响, 网格加筋结构的实际承载能力与理论值均存在一定出入。由于传统确定性优化方法对不确定因素的传播规律缺乏合理的量化手段, 所得最优设计的可靠性很可能无法满足实际的功能需求。Papadopoulos 等[84] 研究了随机非均匀轴向载荷对含缺陷的各向同性薄壁圆柱壳屈曲行为的影响, 其数值实验结果表明随机变化的轴向载荷将会造成缺陷敏感的薄壳结构屈曲载荷大幅折减。考虑多源不确定性对结构承载力的影响, 郝鹏等[85]建立了一个基于可靠度的加筋圆柱壳体优化设计的混合框架。然而, 对于运载火箭, 特别是大直径重型运载火箭, 由于实验成本和条件限制, 很难获得足够的样本数据来定量化表征不确定性因素的精确分布。因此, Meng 等[86] 采用了基于非概率椭球模型的结构可靠度优化方法研究了不确定因素对加筋圆柱壳体承载能力的影响。

本节考虑一个典型的正置正交网格加筋柱壳, 如图 6.12 所示, 加筋柱壳的几

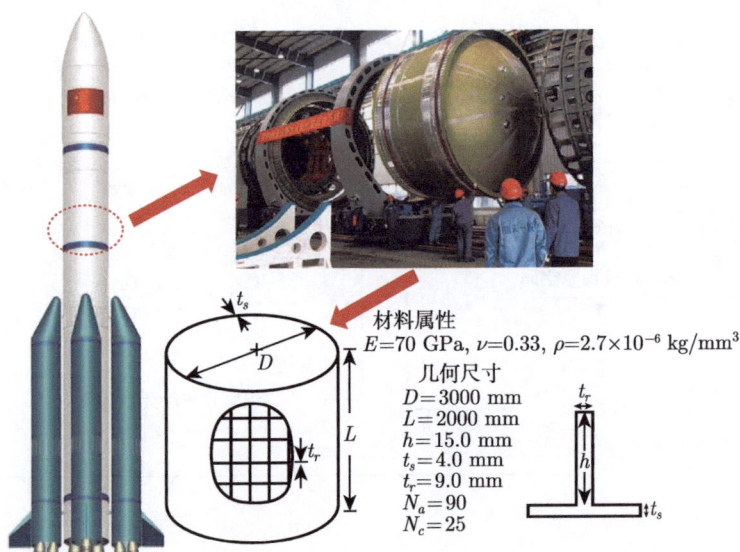

图 6.12　加筋柱壳结构示意图

何尺寸和材料属性见表 6.1。壳体直径 D 为 3000 mm，长度 L 为 2000 mm。环向和轴向筋条的数量分别为 $N_c = 25$ 和 $N_a = 90$。对于初始设计，筋条高度 h 和厚度 t_r 的尺寸分别为 15.0 mm 和 9.0 mm，蒙皮厚度 t_s 为 4.0 mm，其余几何尺寸、边界条件和材料属性均与文献 [87] 中一致。

表 6.1 加筋柱壳几何尺寸和材料属性

参数	弹性模量 E/GPa	蒙皮厚度 t_s/mm	筋条高度 h/mm	筋条厚度 t_r/mm
属性	不确定性参数	不确定性设计变量	不确定性设计变量	不确定性设计变量
初始值	70	4.0	15.0	9.0
变化范围	(66.5, 73.5)	(2.5, 5.5)	(9.0, 23.0)	(6.0, 12.0)

在本算例中，正置正交网格加筋柱壳中存在四个有界不确定性因素，即弹性模量 E、蒙皮厚度 t_s、筋条高度 h_r 和筋条厚度 t_r，后三个为设计变量。弹性模量 E 的均值为 70 GPa，变化范围为 (66.5, 73.5) GPa。考虑了制造公差的影响，并根据当前的制造工艺水平，本算例中几何尺寸的标准偏差为 0.05mm[85]，蒙皮厚度 t_s、筋条高度 h 和筋条厚度 t 的变化范围为 ±0.3 mm。在优化过程中，变量的变化范围保持不变。为了降低非概率可靠度优化过程中的计算量，本节采用等效刚度法 (smeared stiffener method, SSM)[82] 代替实际结构的有限元分析，对最终的最优设计采用精细有限元分析进行验证。本例的非概率可靠度指标取 1.0，即屈曲载荷应大于 1.275×10^4 kN，椭球模型的特征矩阵为 $\boldsymbol{W}_e = \begin{bmatrix} 1 & 0 & 0 \\ 0 & 2 & 0 \\ 0 & 0 & 2 \end{bmatrix}$，本算例优化列式为

$$
\begin{aligned}
\min \quad & W(t_s, t, h) \\
\text{s.t.} \quad & \eta\left(P_{cr}(t_s, t, h) - 1.2747 \times 10^7 \geqslant 0\right) \geqslant \eta^{\text{Target}} \\
& t_s \in [2.5, 5.5], \quad t \in [6.0, 12.0], \quad h \in [9.0, 23.0] \\
& t_s^{(0)} = 4.0, \quad t^{(0)} = 9.0, \quad h^{(0)} = 15.0, \quad \eta^{\text{Target}} = 1.0
\end{aligned}
\tag{6-28}
$$

本算例同样对比了 HL-RF、HL-RF(L)、STM、MMV、ACC 和 ECC 方法在稳健性和计算效率上的差异，迭代历史曲线对比如图 6.13 所示。根据表 6.2 给出的不同方法下正置正交网格加筋柱壳非概率可靠度优化的计算结果，ECC 方法依旧能够更快地收敛到最优设计。相比之下，HL-RF(L) 方法不仅未收敛到实际的最优解，而且需要 ECC 方法 1.5 倍的约束函数调用次数。从效率的角度看，这些方法的性能可按如下顺序排列：HL-RF<STM<HL-RF(L)<ACC<ECC。

表 6.2　　加筋柱壳结构优化结果

方法	结构质量	函数调用次数	非概率可靠度指标	(E, t_s, t_r, h)
HL-RF	325.4	1095	1.0000	(70.0,3.3,6.0,20.3)
HL-RF(L)	344.7	960	1.0041	(70.0,3.7,7.2,20.3)
STM (λ=0.5)	325.4	710	1.0000	(70.0,3.3,6.0,23.0)
ACC	325.4	635	1.0000	(70.0,3.3,6.0,23.0)
MMV	325.4	660	1.0000	(70.0,3.3,6.0,23.0)
ECC	325.4	630	1.0000	(70.0,3.3,6.0,23.0)

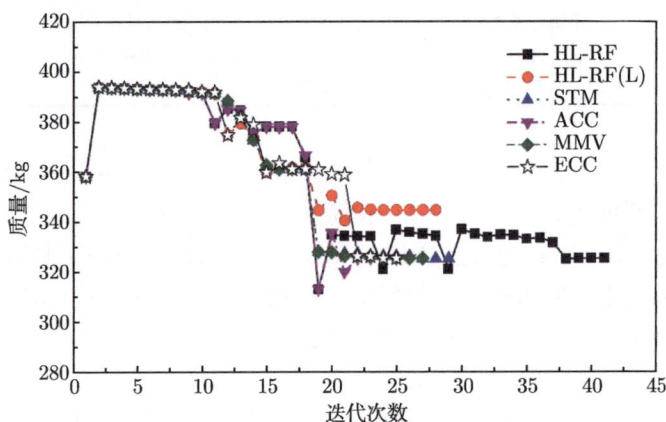

图 6.13　加筋柱壳结构迭代历史曲线对比

与初始设计结构质量 $W_{\text{Initial}} = 358.1$ kg 相比，考虑不确定性的结构最优设计质量减少了 32.7 kg，减重幅度达 9.1%。另外，本算例还采用了 MCS 方法对初始设计和非概率可靠度优化下最优设计的失效概率进行校验，结果表明初始设计的失效概率高达 50.11%，存在较大的失效风险，而考虑不确定性的最优设计，其失效概率为 0.0%。相应地，初始设计和最优设计的屈曲模态如图 6.14 所示。

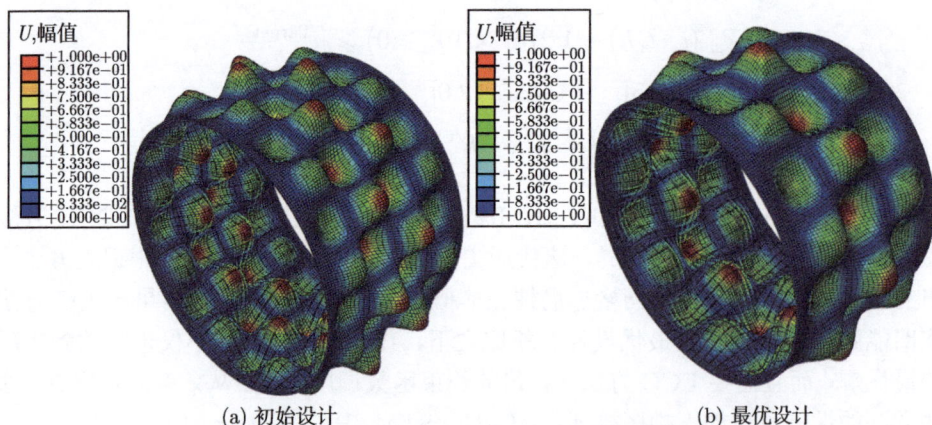

(a) 初始设计　　　　　　　　　　　　　　(b) 最优设计

图 6.14　线性屈曲分析下结构一阶模态图

6.4.2 加筋球壳结构优化设计

对于弹箭体结构,外压也是该类结构的典型载荷之一。为了提高结构在外压作用下的承载能力,通常采用加强筋来提高该类薄壁壳体结构的强度与刚度。由于传统设计方法大多采用过于保守的安全系数法来考虑各种不确定性因素的影响,难以深入挖掘该类结构的承载潜力。本节针对弹箭体结构中典型均匀网格加筋球壳,在考虑几何尺寸与材料属性不确定性的前提下,对其进行了创新构型设计并建立了一体化可靠度优化设计框架。本节考虑到外压作用下结构变形的不均匀性,提出了非均匀网格加筋球壳的概念,利用径向和环向筋条高度的非均匀分布实现结构整体刚度调控,从而提高结构的整体承载力。

由于高比强度和比刚度等特性,加筋球壳被广泛应用于航空航天装备的承压结构中。若整个球壳的筋条采用等高筋条,则该类结构只能提供均匀的刚度,外压作用下球壳的顶部或底端会出现局部屈曲从而导致结构失效。为此,本节提出了一种非均匀网格加筋球壳 (non-uniformly stiffened spherical dome, NUSSD) 概念,该结构径向和环向筋条高度均随着壳体高度变化而变化。利用这种变刚度设计,通过结构优化设计方法,能够有效提高非均匀网格加筋球壳的结构承载力,实现外压下结构的整体屈曲。筋条高度可用球壳与椭球壳之间的距离来表示,如图 6.15 所示。相应球壳和椭球壳截面的表达式见式 (6-29),当 $a = b$ 时,非均匀球壳可以退化为传统的均匀球壳。

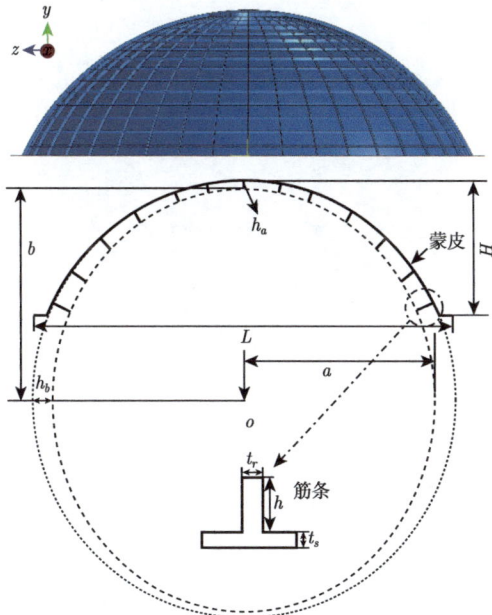

图 6.15 非均匀加筋示意图

$$\text{Ellipse}: \quad \frac{z^2}{a^2} + \frac{y^2}{b^2} = 1$$

$$\text{Circle}: \quad \frac{z^2}{(a+h_b)^2} + \frac{y^2}{(b+h_a)^2} = 1 \tag{6-29}$$

式中

$$a + h_b = b + h_a$$

本算例中加筋球壳直径为 2104.167 mm，其初始设计为：蒙皮厚度 $t_s = 3.0$ mm，筋条高度 h_r 和厚度 t_r 分别为 15.0 mm 和 3.0 mm，径向筋条和环向筋条数目分别为 40 和 15，结构初始质量为 49.6 kg。为了避免筋条集中在球壳顶部，顶部直径为 329.2 mm 的圆形加厚区域，其厚度为 10.0mm。材料属性如下所示：弹性模量 $E = 70$ GPa，泊松比 $\nu = 0.30$，密度 $\rho = 2.8 \times 10^{-6}$ kg/mm^3。在加筋球壳表面施加 1.0 MPa 的均匀外压，壳体底端固支。采用 S4R 单元对该结构进行线性屈曲分析，得到结构的屈曲载荷系数为 1.287，相应的屈曲模态如图 6.16 所示，结构形变主要集中在球壳底部附近。对初始设计进行非线性后屈曲分析，屈曲载荷系数为 0.9，结构失稳时刻位移云图如图 6.17 所示。

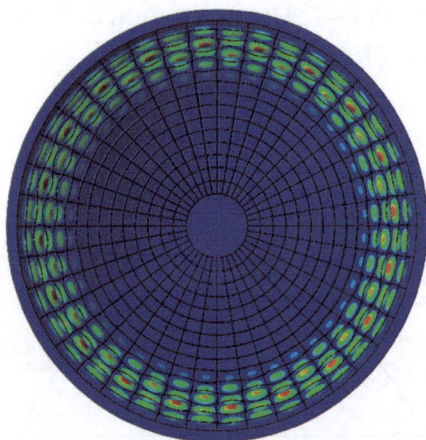

图 6.16　初始设计线性屈曲模态图

对于非均匀网格加筋球壳结构的可靠度优化设计，存在三个主要限制因素，即连续-离散变量共存、结构响应强非线性以及基于精细有限元模型的仿真分析异常耗时。为了解决以上问题，可以使用演化类优化算法进行结构可靠度优化，但是这些算法的直接使用可能会带来难以承受的计算负担。因此，本节建立了面向非均匀网格加筋球壳可靠度优化的一体化框架，包括整体确定性优化和局部可靠度优化两个过程，其流程图如图 6.18 所示。由于非线性后屈曲分析过于耗时，本算例在优化过程中均采用线性屈曲分析以降低计算成本。为了保证最优设计的安全性，最后需要对其进行非线性后屈曲分析，校验结构性能并评估抗缺陷能力。

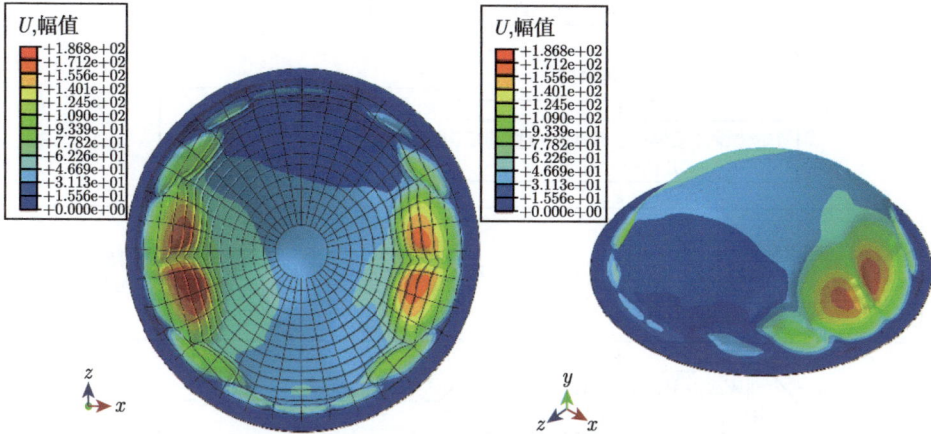

图 6.17 初始设计非线性后屈曲模态图

本节基于 RBF 模型和 MIGA 算法对非均匀网格加筋球壳结构进行确定性的全局优化以初步确定筋条布局。该过程的设计变量包括筋条数目 (离散变量)、径向筋条高度、筋条厚度和蒙皮厚度。相应的优化列式表达为

$$
\begin{aligned}
&\text{find} \quad \boldsymbol{d} \\
&\text{max} \quad P_{\mathrm{cr}}(\boldsymbol{d}) \\
&\text{s.t.} \quad W(\boldsymbol{d}) \leqslant W_{\mathrm{Initial}} \\
&\qquad\quad \boldsymbol{d}_i^{\mathrm{L}} \leqslant \boldsymbol{d}_i \leqslant \boldsymbol{d}_i^{\mathrm{U}}, \quad i = 1, 2, \cdots, nd
\end{aligned}
\tag{6-30}
$$

式中，P_{cr} 为结构屈曲载荷系数，W_{Initial} 为初始设计结构质量，$\boldsymbol{d}$ 是设计变量，包括所有布局参数和几何尺寸参数，nd 是设计变量的数目。

虽然代理模型的引入可以显著提高优化过程的计算效率，但对于多变量强非线性问题，如何采用尽可能少的样本点以保证代理模型对结构性能预测的准确性仍是极具挑战性的课题。为了缓和效率和准确性之间的矛盾，本框架采用了代理模型自动更新策略。代理模型更新过程分为外层和内层循环。在内层循环中执行确定性优化，通过真实有限元模型对优化结果进行校验。如果代理模型预测值满足精度要求，且相邻两次优化结果的相对误差小于 5×10^{-3}，则暂停内部优化过程。否则，将所得最优设计和实际响应值加入到输入样本中，重构代理模型。当内层循环的计算结果满足精度要求时，将最优结果传递给外环，并与外环上的前一次的计算结果进行校核，直至收敛。如果外环的当前迭代不能满足精度要求，则继续开始内层循环优化过程。

```
                        ┌─────────┐
                        │  开始   │
                        └────┬────┘
                             ▼
        ┌────────────────────────────────────────────┐
        │  基于有限元模型,利用拉丁超立方抽样方法进行抽样  │
        │       i=1,j=1,ε₁=ε₂=0.005                    │
        └────────────────────┬───────────────────────┘
                             ▼
        ┌────────────────────────────────────────────┐
        │              构建代理模型                    │◄──────┐
        └────────────────────┬───────────────────────┘       │
                             ▼                                │
        ┌────────────────────────────────────────────┐       │
        │  初始化设计变量:筋条布局参数和结构             │       │
        │           几何尺寸参数                        │       │
        └────────────────────┬───────────────────────┘       │
                             ▼                                │
  ┌──────────────────────────────────────────┐   ┌───────────────────────────┐
  │ • 初始化全局优化方法参数;                   │   │                           │
  │ • 获取最优设计布局参数,屈曲载荷 P_cr_sur     │   │  将最优设计对应的 P_cr_FEM 和 │
  │   以及结构质量 W_sur;                       │   │  W_FEM 添加到代理模型样本集  │
  │ • 利用有限元方法验证最优解,获取 P_cr_FEM     │   │                           │
  │   和 W_FEM                                  │   └───────────────────────────┘
  └──────────────────────┬───────────────────┘                 ▲
                         ▼                                      │
         ⟨‖W_sur,i − W_FEM,i‖/‖W_FEM,i‖ < ε₁ &   ⟩──否──────────┤
         ⟨‖P_cr_sur,i − P_cr_FEM,i‖/‖P_cr_FEM,i‖ < ε₁⟩           │
                         │是                                    │
                         ▼                                      │
            ⟨      i>1&                       ⟩──否──┐          │
            ⟨|W_FEM,i−1 − W_FEM,i|/‖W_FEM,i‖ < ε₂ &⟩  │          │
            ⟨|P_cr_FEM,i−1 − P_cr_FEM,i|/|P_cr_FEM,i|⟩ │  ┌─────────┐
            ⟨            < ε₂                  ⟩       └─►│ i=i+1   │───┘
                         │是                               └─────────┘
                         ▼
  ┌──────────────────────────────────────────┐
  │ • 固定筋条布局参数;                         │
  │ • 将几何尺寸设为设计变量和随机变量;          │
  │ • 基于有限元模型,利用拉丁超立方抽样方法抽样   │
  └──────────────────────┬───────────────────┘
                         ▼
        ┌────────────────────────────────────────────┐
        │              构建代理模型                    │◄──────┐
        └────────────────────┬───────────────────────┘       │
                             ▼                                │
  ┌──────────────────────────────────────────┐   ┌───────────────────────────┐
  │ • 利用ECC方法计算 d_{j+1};                  │   │                           │
  │ • 获取最优设计布局参数,屈曲载荷 P_cr_sur     │   │  将MPTP处 P_cr_FEM 和 W_FEM │
  │   以及结构质量 W_sur;                       │   │  添加到代理模型样本集       │
  │ • 利用有限元方法验证最优解,获取 P_cr_FEM     │   │                           │
  │   和 W_FEM                                  │   └───────────────────────────┘
  └──────────────────────┬───────────────────┘                 ▲
                         ▼                                      │
            ⟨      收敛?      ⟩──────否───────┐        ┌─────────┐
                         │是                   └───────►│ j=j+1   │──┘
                         ▼                               └─────────┘
        ┌────────────────────────────────────────────┐
        │  利用基于代理模型的MCS方法获取最优解的        │
        │          失效概率 P_f                        │
        └────────────────────┬───────────────────────┘
                             ▼
                        ┌─────────┐
                        │  结束   │
                        └─────────┘
```

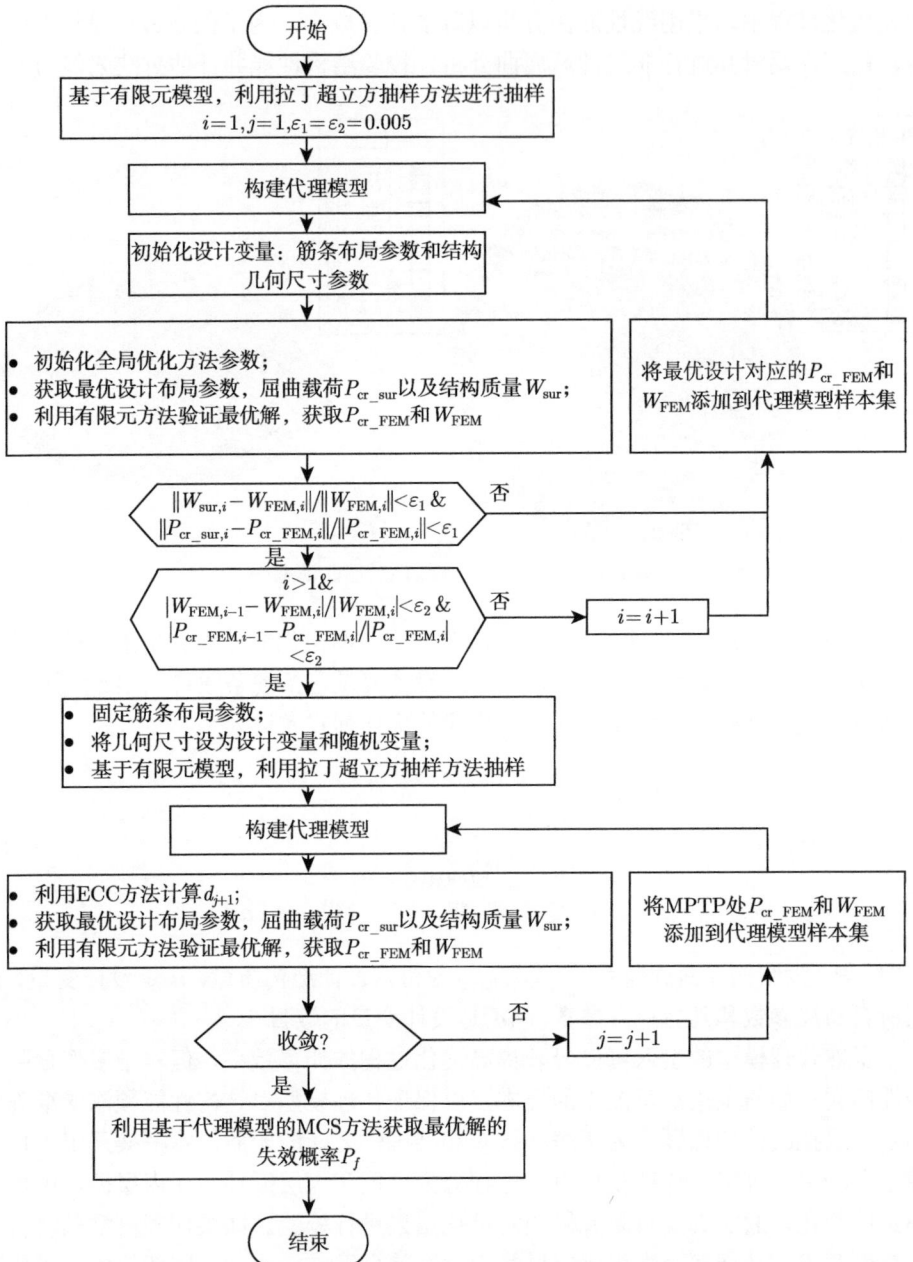

图 6.18　非均匀网格加筋球壳可靠度分析与优化框架

　　在代理模型结果基础上,采用 ECC 方法对非均匀网格加筋球壳进行局部可靠度优化设计,所涉及的设计变量为筋条高度、厚度以及蒙皮厚度,不确定性参数包括材料属性 (如弹性模量 E、泊松比 ν) 和结构几何尺寸 (如筋条高度、厚度和蒙皮厚度)。由于在第一步的确定性优化设计中已经确定了环向和径向的筋条数量，因此在第二步优化中可以将筋条布局固定以剔除离散变量。此时，所有变量均为连续变量，该措施在减少设计变量规模的同时也使得高效的梯度类方法可用于后续的可靠度优化之中。考虑不确定性的结构可靠度优化列式如下所示：

$$
\begin{aligned}
&\text{find} \quad \boldsymbol{d} \\
&\text{min} \quad W(\boldsymbol{d}) \\
&\text{s.t.} \quad \beta\left(P_{\mathrm{cr}}(\boldsymbol{d}, \boldsymbol{X}) \geqslant P_{\mathrm{cr}}^{\mathrm{Target}}\right) \geqslant \beta^{\mathrm{Target}} \\
&\qquad \boldsymbol{d}_i^{\mathrm{L}} \leqslant \boldsymbol{d}_i \leqslant \boldsymbol{d}_i^{\mathrm{U}}, \quad i = 1, 2, \cdots, nd
\end{aligned}
\tag{6-31}
$$

式中，β^{Target} 为结构目标可靠度指标，$P_{\mathrm{cr}}^{\mathrm{Target}}$ 为允许的最小结构屈曲载荷。

为了保证优化结果的准确性，需要对可靠度优化过程中的代理模型进行更新。与第一步的更新策略相比，在可靠度优化过程中，需要将每次收敛后最优解对应的 MPTP 和均值点处结构真实响应加入到代理模型的训练样本集中。

本算例中非均匀网格加筋球壳的直径为 2104.167 mm，本节利用 ECC 等现有方法对其进行可靠度优化并验证了所提出框架在效率和稳健性上的优势。基于可靠度优化框架，首先对非均匀网格加筋球壳进行确定性优化设计。基于优化列式 (6-30)，目标函数为结构屈曲载荷最大，约束函数为结构质量小于初始设计。设计变量为 6 个，采用 RBF 模型和 MIGA 方法进行全局优化。第一步的确定性优化设计只需 7 个外层循环即可实现。优化后，在结构质量保持不变的情况下，结构屈曲载荷系数由 1.287 提高到 2.157。结构承载能力的大幅提升一方面为后续考虑不确定性的轻量化设计提供了较大的可能性，另一方面也验证了所得结构布局的合理性。

在第二步优化流程中，将考虑不确定性对结构承载性能的影响并对其进行轻量化设计。基于优化列式 (6-31)，目标函数为结构质量最小，约束函数为结构屈曲载荷系数优于初始设计的概率大于 99.865%，相应的目标可靠度为 $\beta^{\mathrm{Target}} = 3.0$。为了提高内层可靠度分析的计算效率，保证其稳健性，本节采用所提 ECC 方法来搜索 MPTP。该步骤涉及 4 个设计变量和 6 个随机变量。外层确定性优化采用 GCMMA[90] 作为优化求解器。基于三种方法的可靠度优化设计迭代历史如图 6.19 所示。由于 AMV 方法和 DSTM 方法面临收敛问题，在代理模型更新过程中需要额外调用 40 余次真实有限元分析。相比之下，ECC 方法只需要增加 5 个额外样本即可收敛。结合第一步的布局设计，基于 ECC 方法的可靠度优化框架仅需 173 个样本即可在可靠度约束下完成对非均匀网格加筋球壳的优化设计工作。第二步优化的结果如表 6.3 所示，所有方法均得到类似的最优设计，但提出的 ECC 方法仅需 2344 次约束函数调用，计算量明显少于其他方法。针对 ECC 方法的最优设计，结构的屈曲载荷系数由 2.157 降为 1.1514，结构质量由 49.6kg 降为

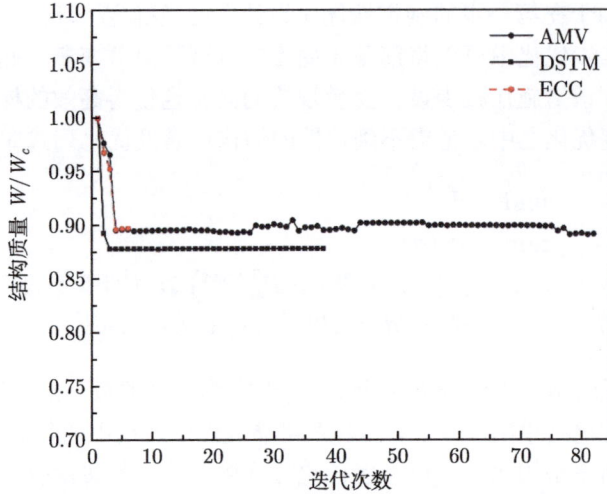

图 6.19　非均匀球壳可靠度优化设计迭代历史

44.5kg。同样地，用 10^6 个样本进行 MCS 验证最优设计的失效概率为 0.201%，结构屈曲载荷系数的 PDF 曲线如图 6.20 所示。

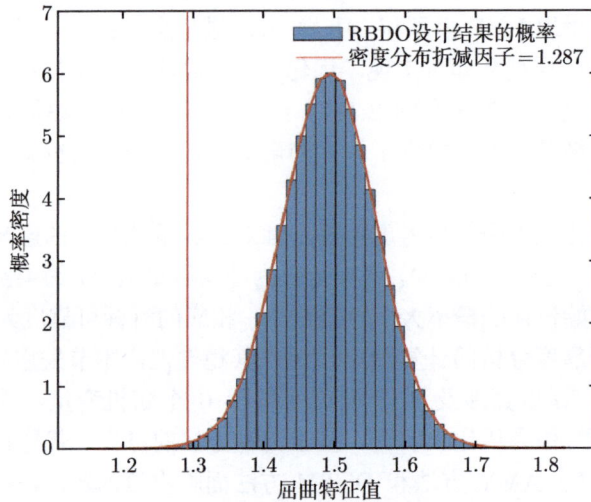

图 6.20　非均匀网格加筋球壳可靠度优化设计最优解处屈曲系数 PDF 曲线

下面对 ECC 方法的最优解进行精细有限元分析校验，均值点和 MPTP 的屈曲模态如图 6.21 所示。非线性后屈曲分析表明最优设计的屈曲载荷系数为 1.16，高于初始设计值 0.9。图 6.22 给出了无缺陷情况下最优设计的屈曲模态。表 6.3 给出了非均匀网格加筋球壳可靠度优化计算结果。

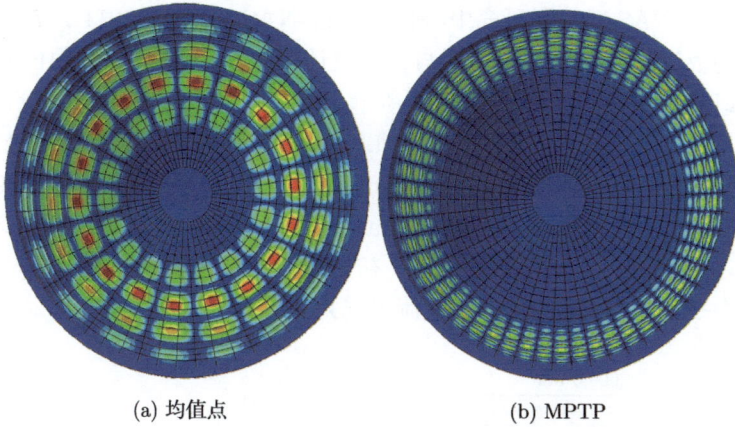

(a) 均值点   (b) MPTP

图 6.21 非均匀球壳可靠度优化结果线性屈曲模态

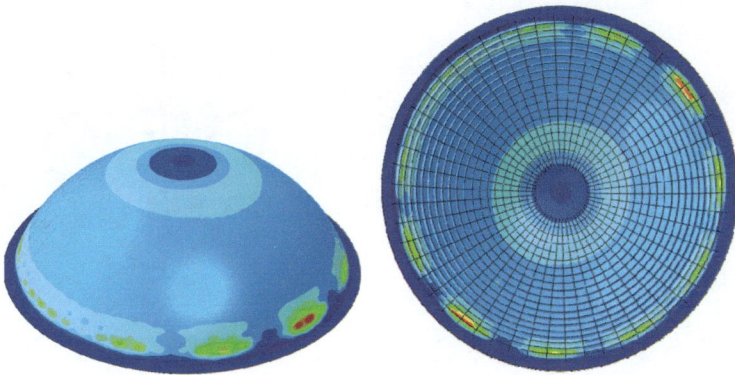

图 6.22 非均匀球壳 ECC 方法所得最优设计非线性屈曲模态

表 6.3 非均匀网格加筋球壳可靠度优化计算结果

方法	t_s/mm	t_r/mm	N_c	N_a	h_a/mm	h_b/mm	P_{cr}	W/kg	P_f	FE
AMV	2.746	1.500	20	54	21.1411	16.554	1.511	44.5	0.408	590124
DSTM	2.693	1.500	20	54	20.245	16.0662	1.433	43.5	4.133	156953
ECC	2.747	1.500	20	54	21.237	16.612	1.514	44.5	0.201	2433

6.4.3 曲筋结构优化设计

出于结构功能性需求，航天装备的承力结构多存在开口现象。开口的存在打断了结构传力路径，使其承载力大幅降低。通过对开口薄壳结构进行加筋设计，特别是采用曲线筋条，可以实现对结构整体刚度分布进行调控以提升承载效率。本节针对多开口曲筋板壳进行可靠度优化设计，考虑了结构尺寸参数和材料属性的不确定性，结合上一节中所提 EAL 方法，建立了面向多开口曲筋板壳结构的多层次一体化设计框架。

本节针对 NASA 兰利研究中心技术报告 NASA/TM—2011-217308[88] 中的多开口曲筋板进行结构可靠度分析与优化设计。该结构由蒙皮、四根曲线筋条、两个圆形开口及加强环构成，如图 6.23 所示，其几何尺寸为 609.6 mm×711.2 mm，大、小加强环的厚度分别为 5.9 mm 和 4.7 mm。筋条高度 h 和厚度 t 分别为 13.4 mm 和 1.6 mm，蒙皮厚度 t_s 为 2.6 mm。该结构所采用的材料为 2139 铝合金，其材料属性为：弹性模量 $E = 72.50$ GPa，泊松比 $\nu = 0.33$，密度 $\rho = 2.80 \times 10^{-6}$ kg/mm³，屈服强度 $\sigma_y = 465.80$ MPa。初始设计的结构质量为 $W_{\text{Initial}} = 3.29$ kg，屈曲载荷为 $P_{\text{cr}}^{\text{Target}} = 39.46$ kN，载荷工况为纯轴压。

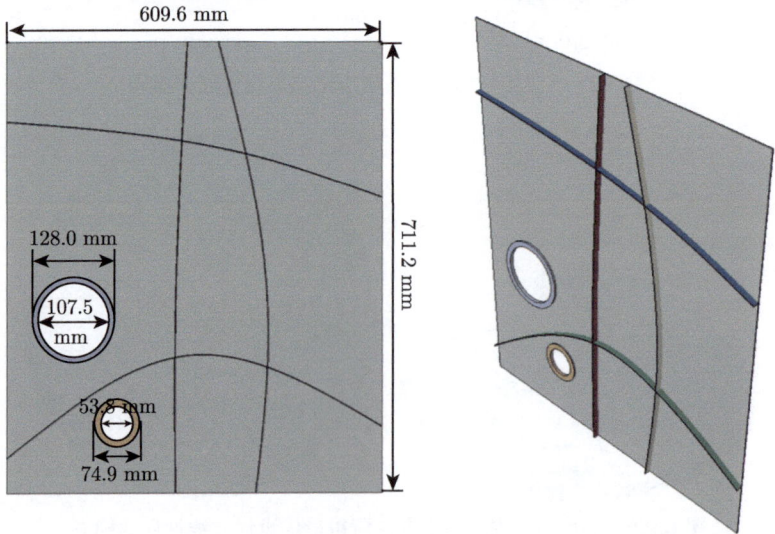

图 6.23　开口曲筋板壳结构示意图

相比于直线加筋设计，曲线筋条可以更好地对结构局部和整体刚度进行调控，通过对曲线筋条的路径进行优化，能够在一定程度上提高多开口结构的承载能力。为了保证筋条路径的平滑性并尽可能扩大其设计空间，本节的曲线筋条路径均采用三控制点的 B 样条曲线进行描述。曲线筋条的路径由起点 (x_s, y_s)、终点 (x_e, y_e) 和中间控制点 (x_m, y_m) 确定，如图 6.24 所示。从图中可以看出，曲线筋条的起点和终点两个控制点始终位于板的边缘，为了进一步缩减筋条描述参数的数目，可以分别固定起点和终点的坐标 y_s 和 x_e。同时，根据结构几何尺寸，引入了无量纲参数 $\xi \in [0,1]$ 来描述各控制点的空间位置。以中间控制点 (x_m, y_m) 为例，其无量纲化后的坐标可表示为 $(x_m/609.6, y_m/711.2)$。

根据曲线筋条起点和终点在板边缘的位置，其布局可分为六种类型，如图 6.25 所示。在优化过程中，每种筋条布局均可由一个类型编号、一个起点坐标、两个

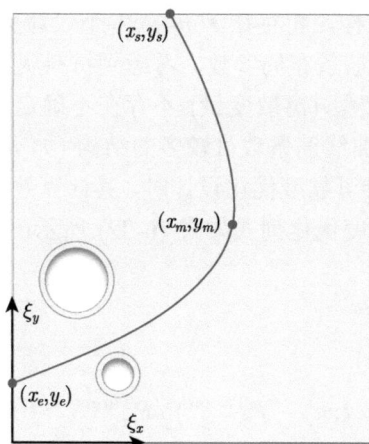

图 6.24 ABAQUS 中通过三个控制点的样条曲线

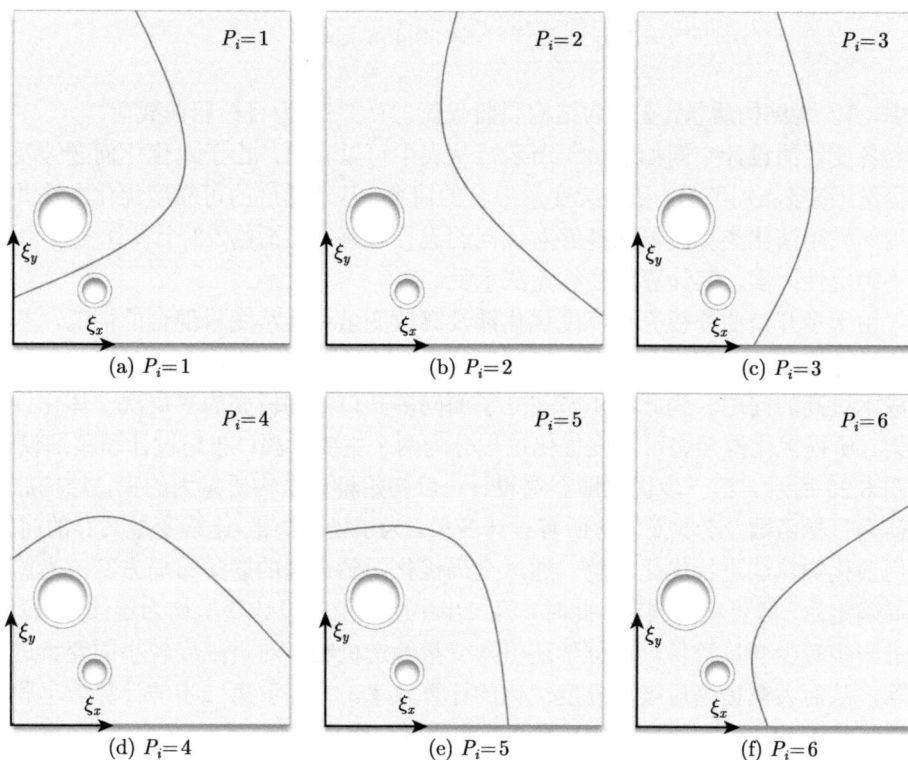

图 6.25 曲线筋条的六种典型布局

中间点坐标和一个终点坐标唯一确定。此外，考虑到现有制造技术 (如数控铣削) 下结构制造的便捷性，将所有曲线筋条的高度和厚度进行统一。对于具有 n 根曲线筋条的多开口加筋板结构，将存在 $(5n+3)$ 个设计变量，其中包括筋条高度、筋条厚度、蒙皮厚度以及筋条布局参数。考虑到材料属性 (弹性模量 E 和泊松比 ν) 的不确定性，除筋条类型 (离散变量) 不存在不确定性外，不确定因素的数目将达到 $(4n+5)$，这使得曲线筋条数目较多的结构 (如 $n=4$ 时有 21 个不确定因素和 23 个设计变量) 进行可靠度优化设计时，其计算效率和稳健性将面临极大挑战。多开口曲筋板壳可靠度优化列式如式 (6-32) 所示:

$$
\begin{aligned}
&\text{find}\quad && t_s,\quad t,\quad h \\
&\text{min}\quad && W\left(t_s, t, h\right) \\
&\text{s.t.}\quad && \eta\left(\left(P_{\mathrm{cr}}\left(t_s, t, h\right) - P_{\mathrm{cr}}^{\mathrm{Target}}\right) / P_{\mathrm{cr}}^{\mathrm{Target}} \geqslant 0\right) \geqslant \eta^{\mathrm{Target}} \\
& && t_s \in [1.5, 3.5],\quad t \in [0.8, 2.4],\quad h \in [8.0, 18.0] \\
& && t_s^{(0)} = 2.6\ \mathrm{mm},\quad t^{(0)} = 1.6\ \mathrm{mm},\quad h^{(0)} = 13.4\ \mathrm{mm} \\
& && \eta^{\mathrm{Target}} = 1.5,\quad P_{\mathrm{cr}}^{\mathrm{Target}} = 39.455\ \mathrm{kN}
\end{aligned}
\tag{6-32}
$$

式中，W 为结构质量，P_{cr} 为结构屈曲载荷，$P_{\mathrm{cr}}^{\mathrm{Target}}$ 为目标屈曲载荷。

各变量的设计空间如表 6.4 所示，从表中可以看出，由于本优化问题涉及离散变量 (筋条布局编号) 和连续变量混合的情况，基于梯度的可靠度优化方法并不适用。采用演化类算法虽然能够对该问题进行求解，但面临 23 个设计变量和 21 个不确定性因素，其计算量往往无法承受。

由于多开口曲筋板壳可靠度优化涉及离散变量和连续变量混合的情况，基于梯度的方法无法适用于该问题，而采用演化类方法进行可靠度优化时又将面临计算成本过高的问题。为此，本节建立了面向多开口曲筋板壳的多层次一体化设计框架。所提优化框架将可靠度优化过程分为两个主要步骤: 布局设计和精细设计，如图 6.26 所示。第一步优化即布局设计，以初始设计结构质量为约束，结构屈曲载荷为目标函数，该步骤包含所有设计变量。为了处理离散-连续变量共存的问题，利用演化类算法进行优化求解，通过全局优化得到合理的筋条布局方案。当筋条布局确定后，即可将其固定。此时，第二步中所涉及的设计变量均为连续变量。为了进一步减少变量数目，该框架还引入变量筛选机制，对贡献度较小的变量进行剔除，从而大幅提高后续可靠度优化的计算效率。为保证第二步的计算效率和稳健性，将 EAL 方法用于框架中的可靠度分析与优化。

布局设计: 由于计算资源的限制，对设计变量众多且单次分析耗时的工程问题进行优化设计将极具挑战性，特别是可靠度优化设计。本框架首先对多开口曲筋板壳进行确定性优化设计以确定曲线筋条的整体布局。与优化列式 (6-32) 不同，本节中的优化列式如式 (6-33) 所示，通过在初始设计结构质量约束下最大化屈曲载荷来获得较为合理的筋条布局。由于本节涉及离散变量和连续变量，演化类算法 MIGA 用于该问题的求解。

$$\text{find} \quad \boldsymbol{d}, \overline{\boldsymbol{d}}$$

$$\text{max} \quad P_{\text{cr}}$$

$$\text{s.t.} \quad W(\boldsymbol{d}, \overline{\boldsymbol{d}}) \leqslant W_{\text{Initial}} \qquad (6\text{-}33)$$

$$\boldsymbol{d}_i^{\text{L}} \leqslant \boldsymbol{d}_i \leqslant \boldsymbol{d}_i^{\text{U}}, \quad i = 1, 2, \cdots, j$$

$$\overline{\boldsymbol{d}}_i^{\text{L}} \leqslant \overline{\boldsymbol{d}}_i \leqslant \overline{\boldsymbol{d}}_i^{\text{U}}, \quad i = j + 1, 2, \cdots, nd$$

式中，$\boldsymbol{d}$ 和 $\overline{\boldsymbol{d}}$ 分别为连续设计变量和离散设计变量，包括所有的筋条布局参数和结构几何尺寸参数。

表 6.4 各变量的设计空间

变量	初始设计	下限	上限
h/mm	13.40	8.00	18.00
t/mm	1.60	0.80	2.40
t_s/mm	2.60	1.50	3.50
p_1	3	1	6
p_2	3	1	6
p_3	4	1	6
p_4	4	1	6
s_1	0.4836	0.0000	1.0000
e_1	0.4508	0.0000	1.0000
s_2	0.5656	0.0000	1.0000
e_2	0.6640	0.0000	1.0000
s_3	0.8234	0.0000	1.0000
e_3	0.6547	0.0000	1.0000
s_4	0.0782	0.0000	1.0000
e_4	0.1485	0.0000	1.0000
m_{1x}	0.4180	0.0000	1.0000
m_{1y}	0.5422	0.0000	1.0000
m_{2x}	0.8937	0.0000	1.0000
m_{2y}	0.5562	0.0000	1.0000
m_{3x}	0.6640	0.0000	1.0000
m_{3y}	0.8515	0.0000	1.0000
m_{4x}	0.0242	0.0000	1.0000
m_{4y}	0.9101	0.0000	1.0000

精细设计：在第一步确定性优化设计的基础上，第二步考虑了材料属性和结构尺寸参数的不确定性。通过固定曲筋的类型编号，消除了离散变量，使梯度类方法的应用成为可能。为了进一步合理地削减可靠度分析过程中变量数目，本节应用了 Pareto 分析来区分主要/次要变量。相应的可靠度优化列式可表达为

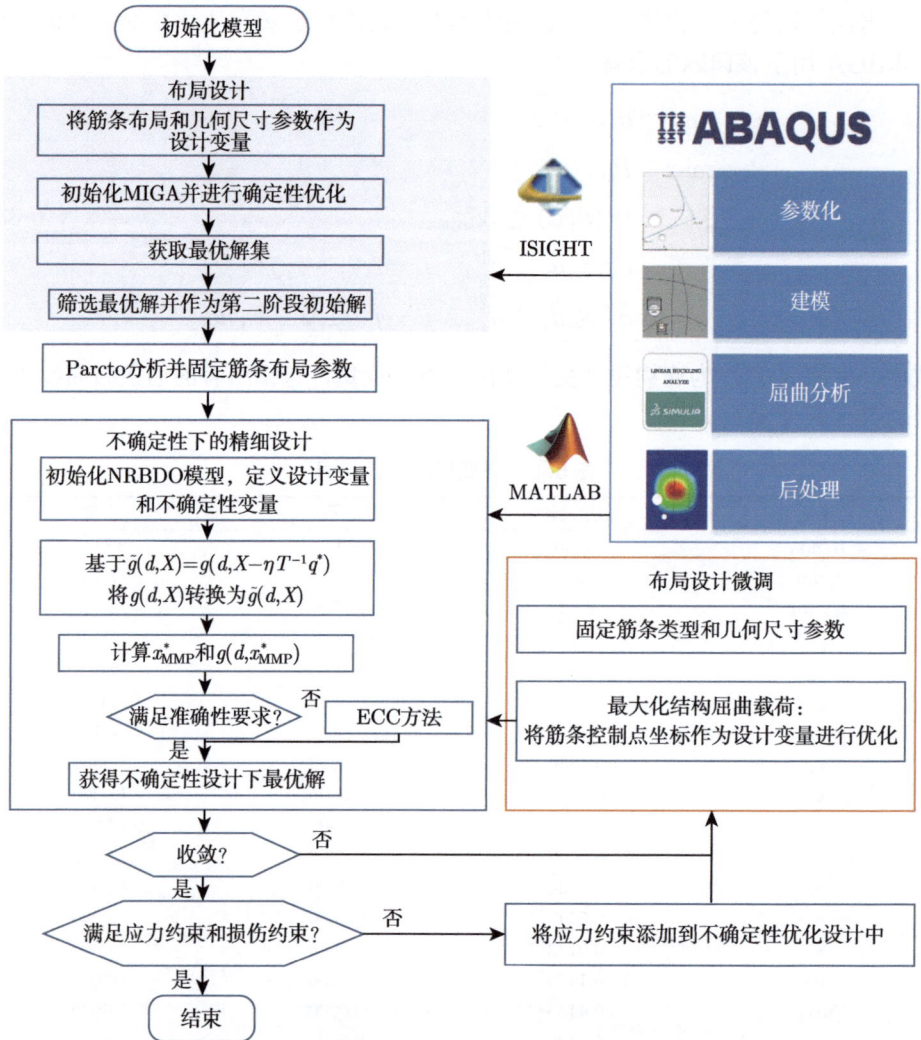

图 6.26　多开口曲筋板壳可靠度分析与优化框架

$$
\begin{aligned}
&\text{find}\quad \boldsymbol{d}\\
&\text{min}\quad W\\
&\text{s.t.}\quad \eta\left(P_{\mathrm{cr}}(\boldsymbol{d},\boldsymbol{X})\geqslant P_{\mathrm{cr}}^{\mathrm{Target}}\right)\geqslant \eta^{\mathrm{Target}}\\
&\qquad\; \boldsymbol{d}_i^{\mathrm{L}}\leqslant \boldsymbol{d}_i\leqslant \boldsymbol{d}_i^{\mathrm{U}},\quad i=1,2,\cdots,nd
\end{aligned}
\tag{6-34}
$$

　　由于各布局参数在第二步的初始阶段是固定的,当最优设计的结构尺寸参数改变时,固定的布局参数可能无法保证结构性能最优。因此,需要对筋条布局进行局部微调以充分挖掘结构承载潜力。在精细设计过程中,布局微调与可靠度优化交替进行，直至收敛。考虑到加筋结构可能出现的强度破坏，本节利用 ABAQUS 计算了多开口曲筋板壳的最大 von Mises 应力，并有应力约束如下：

$$\max(\sigma_{\mathrm{VM}}) \leqslant \sigma_y \tag{6-35}$$

式中，σ_{VM} 是 von Mises 应力，σ_y 是材料屈服强度。

此外，随着筋条高度的增加，可能会发生筋条弯折现象从而导致结构失效 [89]。为此，本节还补充如下结构应力约束：

$$|\sigma_{\mathrm{stiff}}| \leqslant F_{cc} \tag{6-36}$$

式中，σ_{stiff} 是筋条中的最小主应力。F_{cc} 是筋条中的最大容许应力，定义为

$$F_{cc} = \begin{cases} \sigma_y, & 0.61525\sigma_y \left(\dfrac{h\sqrt{\sigma_y/E}}{t} \right)^{-0.78387} > 1 \\ 0.61525\sigma_y \left(\dfrac{h\sqrt{\sigma_y/E}}{t} \right)^{-0.78387}, & 0.61525\sigma_y \left(\dfrac{h\sqrt{\sigma_y/E}}{t} \right)^{-0.78387} \leqslant 1 \end{cases} \tag{6-37}$$

在可靠度优化和布局微调结束时，需要对结构的应力约束进行校核，如果所得的最优设计无法满足式 (6-35) 和式 (6-36) 中的要求，则需要将其添加到可靠度优化的约束函数中以保证结构的承载性能。

在布局设计中，考虑所有的 23 个设计变量，利用 MIGA 方法求解该离散-连续变量优化问题。在第一步的布局优化中，结构屈曲载荷平稳增加，最终在初始设计结构质量约束下收敛，如图 6.27 所示，相应的结构质量为 3.29 kg，屈曲载荷为 108.49 kN。与初始设计相比，在不增加结构质量的情况下，屈曲载荷提高了 175.0%，最优设计的屈曲模态如图 6.27 所示。

为了进一步减轻计算负担，本节进行 Pareto 分析来识别主要变量。各变量 Pareto 分析图见图 6.28，从图 6.28(a) 中可以看出，目标函数 (即结构质量) 对筋条布局并不敏感。因此，如果布局设计中以结构重量为目标函数则很难找到合理的筋条布局。图 6.28(b) 则表明筋条布局参数对结构的承载能力有一定影响，但相比于蒙皮厚度、筋条高度以及厚度而言，其影响较小。根据以上分析，可在后续的精细设计中将所有布局参数进行固定。

在精细设计中，弹性模量 E、泊松比 ν 为区间变量，其变化范围分别为 (65.98 GPa, 79.03 GPa) 和 (0.30, 0.36)。筋条厚度 t、高度 h 和蒙皮厚度 t_s 为有界不确定性设计变量。根据文献 [85] 描述，几何尺寸的标准偏差通常为 0.05 mm。结合 3σ 原理，蒙皮厚度 t_s、筋条高度 h、筋条厚度 t 的变化参考值为 0.15mm，相应椭球模型的特征矩阵为

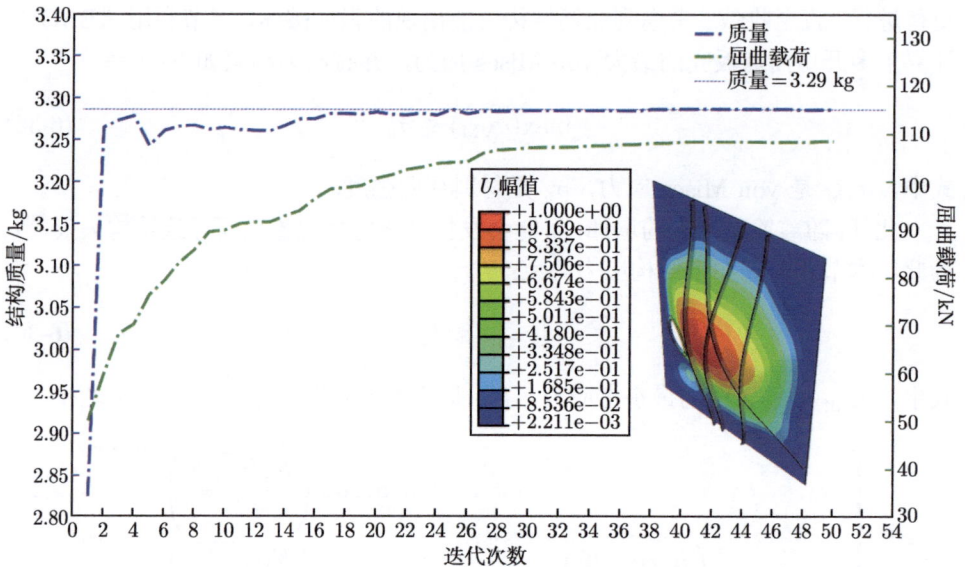

图 6.27　基于 MIGA 的布局优化设计迭代历史

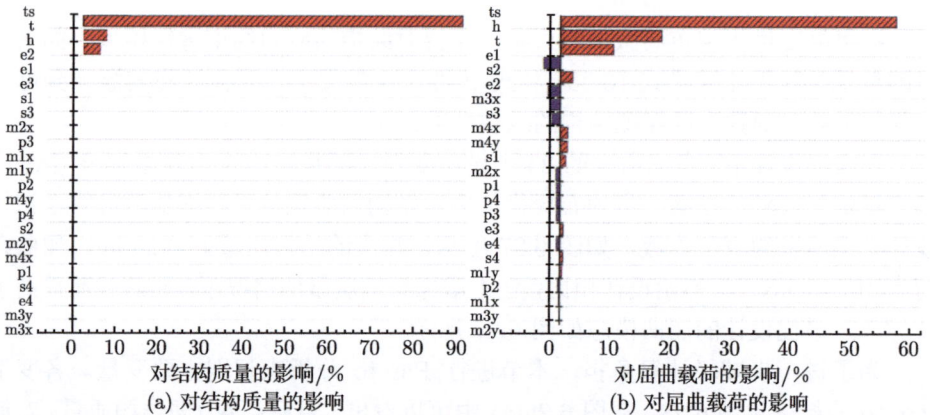

(a) 对结构质量的影响　　　　　　　　　(b) 对屈曲载荷的影响

图 6.28　各变量 Pareto 分析图

$$\boldsymbol{W}_e = \begin{bmatrix} 1 & & \\ & 1 & \\ & & 1 \end{bmatrix} \qquad (6\text{-}38)$$

　　本框架下的优化结果如表 6.5 所示,与初始设计相比,第一步的布局设计得到的曲筋布局具有较大的减重潜力。在可靠度优化过程中,本节引入了 AMV 方法、STM 方法以及 ECC 方法作为对照组再次验证 EAL 方法的性能。结果表明,AMV 方法和 STM 方法均陷入了周期解,无法解决该可靠度优化问题。相比之下,ECC 方法在处理该问题时表现出良好的稳健性和高效性,仅需 4025 次约束函数调用即可实现收敛。由于引入自适应变循环机制,EAL 方法仅需 2594 次约束函数调用即可得到类似的计算结果。与初始设计相比,可靠度优化最优设计的结构质量为 2.29kg,可实现减重 30.4%。精细设计的迭代历史和最优设计的屈曲模态如图 6.29 和图 6.30 所示。与图 6.30(a) 中的初始设计相比,可靠度优化的最优设计趋向于同步屈曲,这意味着该设计的筋条布局和几何尺寸更加合理。为了验证最优设计的可靠性,本节建立面向结构响应的代理模型,在此基础上采用 MCS 方法进行 10^6 次抽样,结果表明,最优设计的失效概率为 $P_f = 0.017\%$。相比之下,初始设计的失效概率为 $P_f = 50.48\%$。

表 6.5   多开口曲筋板壳结构非概率可靠度优化结果

参数	类型	初始设计	布局设计	精细设计			
				AMV	STM	ECC	EAL
E/GPa	不确定性参数	72.50	72.50	—	—	72.50	72.50
ν		0.33	0.33	—	—	0.33	0.33
h/mm	有界不确定性设计变量	13.40	17.99	—	—	18.00	18.00
t/mm		1.60	2.36	—	—	1.77	1.76
t_s/mm		2.60	2.44	—	—	1.67	1.67
函数调用次数	—	—	20000	—	—	4025	2594
结构质量/kg	—	3.29	3.29	—	—	2.29	2.29
屈曲载荷/kN	—	39.46	108.49	—	—	53.00	53.00
$\max(\sigma_{\mathrm{VM}})$/MPa	—	86.48	—	—	—	138.90	138.90
$\lvert\sigma_{\mathrm{stiff}}\rvert$/MPa	—	72.54	—	—	—	57.21	57.21
MCS/%	—	50.48	0.00	—	—	0.015	0.017

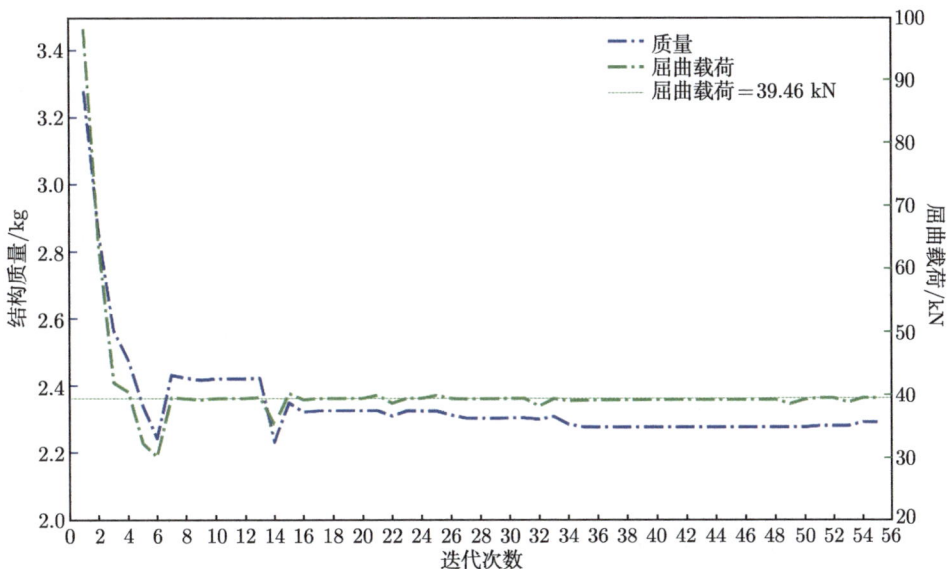

图 6.29   第二阶段 EAL 方法迭代历史

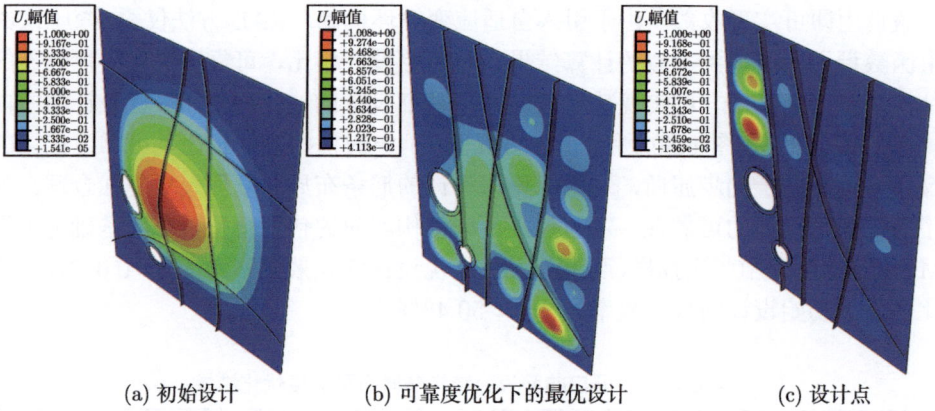

(a) 初始设计　　　　　　　(b) 可靠度优化下的最优设计　　　　　　(c) 设计点

图 6.30　结构屈曲模态

　　本节还对最优设计的应力约束进行了校核。如图 6.31 所示,结构可靠度优化下最优设计的屈曲载荷远大于目标屈曲载荷 39.46 kN。此外,最优设计的 von Mises 应力为 138.90 MPa,远小于材料的屈服强度 $\sigma_y = 465.80$ MPa。根据式 (6-37),筋条的最大许用应力 $F_{cc} = 330.95$ MPa,而最优设计的最小主应力 $\sigma_{\text{stiff}} = 57.21$ MPa。结果表明,最优设计满足上述所有约束。

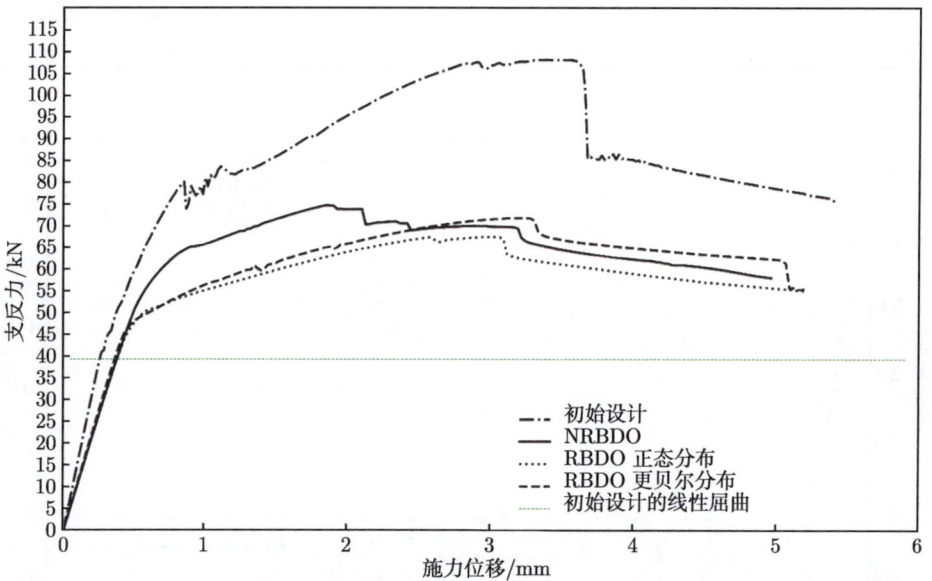

图 6.31　非线性后屈曲分析得到的不同设计的位移–载荷曲线

　　此外,针对传统的结构优化设计中常用的安全系数方法,本节还对该多开口曲筋板壳进行了确定性优化设计,考虑了三个典型的安全系数:SF=1.0、1.2 和

1.5。本节采用 MIGA 方法进行确定性优化设计，所有传统的确定性优化函数调用次数设为 40000，蒙皮厚度 t_s、筋条厚度 t 和高度 h 等所有几何参数和布局参数均为设计变量。

传统确定性优化迭代历史和计算结果如图 6.32 和表 6.6 所示，所提框架的迭代历史如图 6.33 所示。显然，与传统的优化设计 (SF=1.0) 相比，该框架下的最优设计可进一步为结构减重 11.9%。由于引入自适应变循环策略，其计算量可减少近一半。传统确定性优化下最优设计 (SF=1.0) 的屈曲模态如图 6.34(a) 所示，很明显右上角的一根筋条对提高结构屈曲载荷的贡献较小，多余的筋条和不

表 6.6 确定性优化计算结果

	SF=1.0(本节所提框架)	SF=1.0	SF=1.2	SF=1.5
FEM 调用次数	20000+624*	40000	40000	40000
结构质量/kg	2.2167	2.52	2.70	2.96
屈曲载荷/kN	39.46	39.57	48.10	59.21
MCS(概率)/%	44.470	51.723	0.000	0.000
MCS(非概率)/%	51.460	53.663	0.028	0.000
h/mm	18.0	17.47	15.88	17.56
t/mm	0.86	1.02	1.42	1.65
t_s/mm	1.71	1.99	2.08	2.27
p_1	2	3	3	3
p_2	3	2	5	5
p_3	3	3	3	1
p_4	3	3	3	5
s_1	0.3387	0.3816	0.6477	0.7342
e_1	0.1059	0.3827	0.7205	0.4055
s_2	0.5899	0.9960	0.4725	0.9450
e_2	0.4220	0.9744	0.7656	0.3929
s_3	0.7724	0.5295	0.2446	0.5827
e_3	0.5914	0.6858	0.5530	0.3912
s_4	0.2792	0.9955	0.6525	0.8455
e_4	0.4064	0.5168	0.2029	0.7632
m_{1x}	0.1251	0.2950	0.7369	0.7416
m_{1y}	0.3001	0.6726	0.3297	0.7003
m_{2x}	0.3005	0.9987	0.5226	0.6721
m_{2y}	0.3022	0.9556	0.8817	0.31867
m_{3x}	0.7924	0.4568	0.3100	0.3406
m_{3y}	0.9715	0.8067	0.86063	0.8307
m_{4x}	0.3336	0.1444	0.6859	0.9616
m_{4y}	0.2246	0.2576	0.2895	0.9220

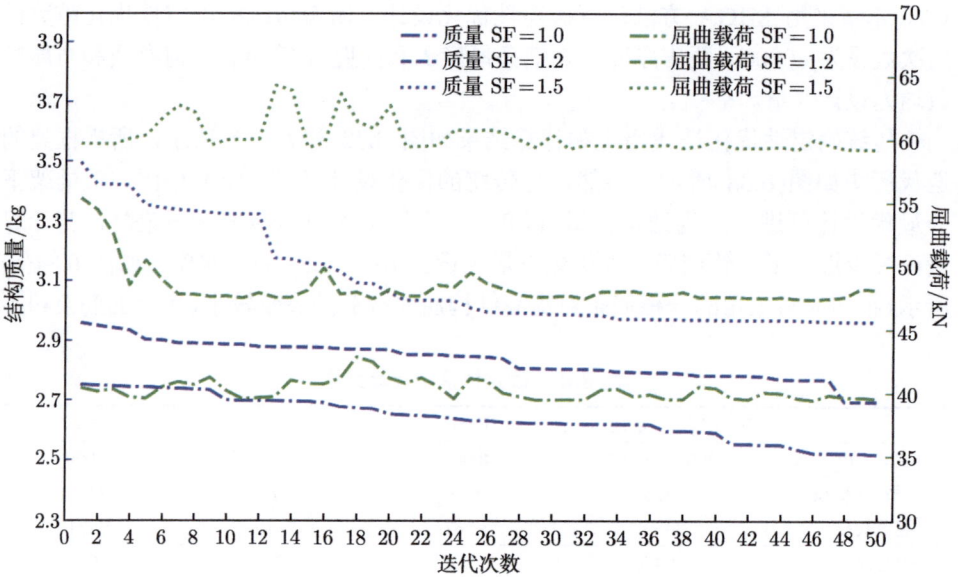

图 6.32　基于 MIGA 的传统确定性优化方法的迭代历史

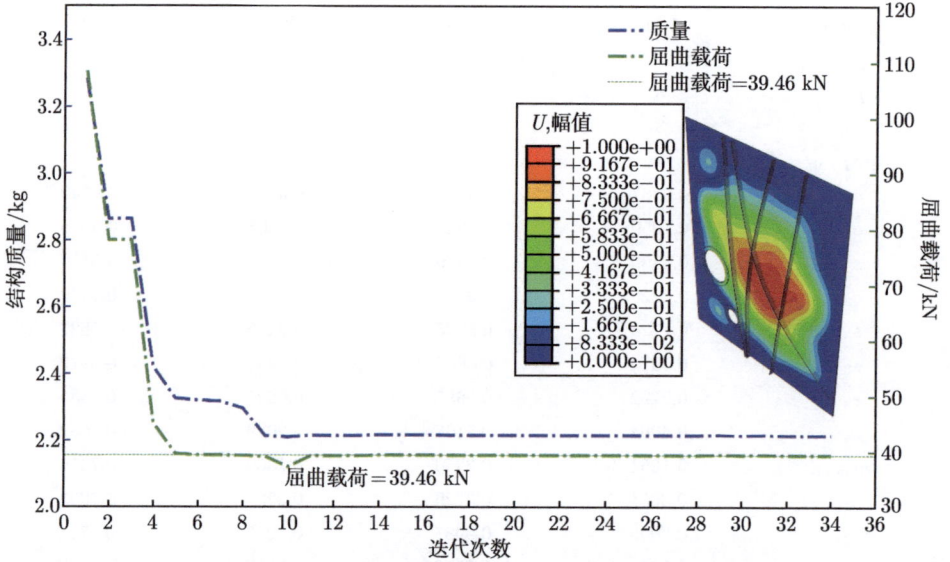

图 6.33　多开口曲筋板壳结构确定性优化下精细设计的迭代历史

合理的布局降低了结构轻量化的潜力。相比之下，所提框架得到的筋条布局更为合理，如图 6.33 所示。此外，从图 6.32 和表 6.6 可以看出，基于传统安全系数方法所得结构设计更加保守。考虑到结构尺寸和材料属性的不确定性，本节采用

MCS 方法对各设计的可靠度进行校核。结果表明，当 SF=1.0 时，结构失效概率为 51.723%，不满足可靠性要求。当 SF=1.2 和 SF=1.5 时，结构的失效概率为 0.000%，相应的设计则过于保守。

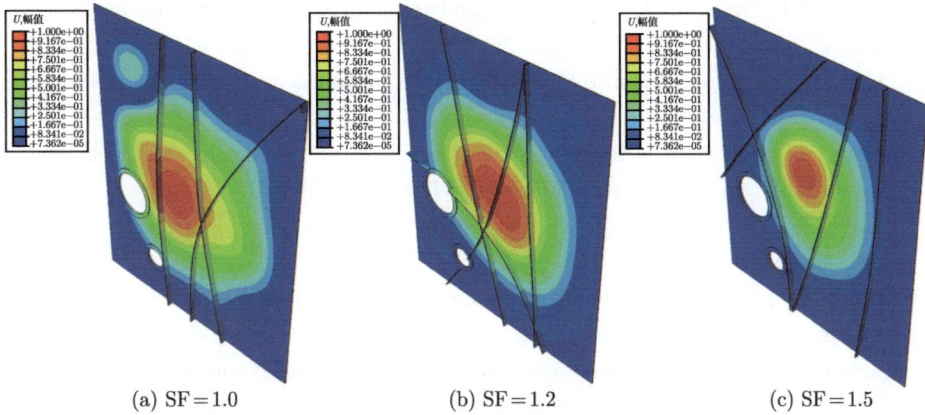

(a) SF=1.0   (b) SF=1.2   (c) SF=1.5

图 6.34　确定性优化下结构屈曲模态

所提框架的函数调用次数由两部分构成：基于 MIGA 的布局设计函数调用次数为 20000，精细设计函数调用次数为 624。

参 考 文 献

[1] Freudenthal A M. The safety of structures [J]. Transactions of the American Society of Civil Engineers, 1947, 112(1): 125-159.

[2] Choi S K, Grandhi R V, Canfield R A. Reliability-Based Structural Design [M]. London: Springer Science & Business Media, 2006.

[3] Yannis T, Lagaros N D, Papadrakakis M. Structural Design Optimization Considering Uncertainties [M]. Abingdon: Taylor & Francis, 2007.

[4] Melchers R E. Structural Reliability: Analysis and Prediction [M].Hoboken: John Wiley & Sons Ltd, 1987.

[5] 王晓军, 王磊, 邱志平. 结构可靠性分析与优化设计的非概率集合理论 [M]. 北京: 科学出版社, 2016.

[6] 王光远. 论不确定性结构力学的发展 [J]. 力学进展, 2002, (02): 205-211.

[7] Augusti G, Baratta A, Casciati F. Probabilistic methods in structural engineering [M]. Boca Raton: CRC Press, 1984.

[8] Ben-haim Y, Elishakoff I. Convex models of uncertainty in applied mechanics [M]. London: Elsevier, 1990.

[9] Ben-Haim Y. A non-probabilistic concept of reliability [J]. Struct Saf, 1994, 14(4): 227-245.

[10] Onisawa T. An application of fuzzy concepts to modelling of reliability analysis [J]. Fuzzy Sets and Systems, 1990, 37(3): 267-286.

[11] Shi Y, Lu Z Z. Novel fuzzy possibilistic safety degree measure model [J]. Struct Multidiscip O, 2020, 61(2): 437-456.

[12] Elishakoff I. Probabilistic resolution of the twentieth century conundrum in elastic stability [J]. Thin-Walled Struct, 2012, 59: 35-57.

[13] Echard B, Gayton N, Lemaire M. AK-MCS: An active learning reliability method combining Kriging and Monte Carlo Simulation [J]. Struct Saf, 2011, 33(2): 145-154.

[14] Zhang L, Lu Z, Wang P. Efficient structural reliability analysis method based on advanced Kriging model [J]. Appl Math Model, 2015, 39(2): 781-793.

[15] Madsen H O, Krenk S, Lind N C. Methods of Structural Safety [M]. New York: Dover Publications Mineola, 2006.

[16] Cornell C A. A Probability-based structural code [J]. Journal of the American Concrete Institute, 1969, 66(12): 974-985.

[17] Hasofer A M, Lind N C. Exact and invariant second-moment code format [J]. Journal of the Engineering Mechanics Division-Asce, 1974, 100(Nem1): 111-121.

[18] Rackwitz R, Flessler B. Structural reliability under combined random load sequences [J]. Comput Struct, 1978, 9(5): 489-494.

[19] Rosenblatt M. Remarks on a multivariate transformation [J]. The Annals of Mathematical Statistics, 1952, 23(3): 470-472.

[20] Li H, Lü Z, Yuan X. Nataf transformation based point estimate method [J]. Chinese Science Bulletin, 2008, 53(17): 2586.

[21] Yih-Tsuen W, Paul H W. New algorithm for structural reliability estimation [J]. Journal of Engineering Mechanics, 1987, 113(9): 1319-1336.

[22] Tu J, Choi K K, Park Y H. A new study on reliability-based design optimization [J]. J Mech Des, 1999, 121(4): 557-564.

[23] Lee J O, Yang Y S, Ruy W S. A comparative study on reliability-index and target-performance-based probabilistic structural design optimization [J]. Computers & Structures, 2002, 80(3-4): 257-269.

[24] Chen Z, Qiu H, Gao L, et al. A local adaptive sampling method for reliability-based design optimization using Kriging model [J]. Struct Multidiscip O, 2014, 49(3): 401-416.

[25] Yang X, Liu Y, Gao Y, et al. An active learning kriging model for hybrid reliability analysis with both random and interval variables [J]. Struct Multidiscip O, 2015, 51(5): 1003-1016.

[26] Sun Z, Wang J, Li R, Tong C. LIF: A new Kriging based learning function and its application to structural reliability analysis [J]. Reliab Eng Syst Safe, 2017, 157: 152-165.

[27] Choi S-H, Lee G, Lee I. Adaptive single-loop reliability-based design optimization and post optimization using constraint boundary sampling [J]. J Mech Sci Technol, 2018, 32(7): 3249-3262.

[28] Yang X, Liu Y, Fang X, et al. Estimation of low failure probability based on active learning Kriging model with a concentric ring approaching strategy [J]. Struct Multidiscip O, 2018, 58(3): 1175-1186.

[29] Matheron G. Principles of geostatistics [J]. Economic Geology, 1963, 58(8): 1246-1266.

[30] Kaymaz I. Application of Kriging method to structural reliability problems [J]. Struct Saf, 2005, 27(2): 133-151.

[31] Faravelli L. Response-surface approach for reliability analysis [J]. Journal of Engineering Mechanics, 1989, 115(12): 2763-2781.

[32] Bucher C G, Bourgund U. A fast and efficient response surface approach for structural reliability problems [J]. Struct Saf, 1990, 7(1): 57-66.

[33] Goh A T C, Kulhawy F H. Neural network approach to model the limit state surface for reliability analysis [J]. Canadian Geotechnical Journal, 2003, 40(6): 1235-1244.

[34] Lawrence S, Giles C L, Tsoi A C, et al. Face recognition: A convolutional neural-network approach [J]. IEEE Trans Neural Networks, 1997, 8(1): 98-113.

[35] Suykens J A K, Vandewalle J. Least squares support vector machine classifiers [J]. Neural Processing Letters, 1999, 9(3): 293-300.

[36] Rocco C M, Moreno J A. Fast Monte Carlo reliability evaluation using support vector machine [J]. Reliab Eng Syst Safe, 2002, 76(3): 237-243.

[37] Yang X, Liu Y, Gao Y. Unified reliability analysis by active learning Kriging model combining with random-set based Monte Carlo simulation method [J]. Int J Numer Methods Eng, 2016, 108(11): 1343-1361.

[38] Jones D R, Schonlau M, Welch W J. Efficient global optimization of expensive black-box functions [J]. J Global Optim, 1998, 13(4): 455-492.

[39] Dumas A, Echard B, Gayton N, et al. AK-ILS: An active learning method based on Kriging for the inspection of large surfaces [J]. Precision Engineering, 2013, 37(1): 1-9.

[40] Youn B D, Choi K K, Park Y H. Hybrid analysis method for reliability-based design optimization [J]. Journal of Mechanical Design, 2003, 125(2): 221-232.

[41] Yang D X. Chaos control for numerical instability of first order reliability method [J]. Communications in Nonlinear Science and Numerical Simulation, 2010, 15(10): 3131-3141.

[42] Pingel D, Schmelcher P, Diakonos F K. Stability transformation: A tool to solve nonlinear problems [J]. Physics Reports, 2004, 400(2): 67-148.

[43] Hao P, Wang Y, Liu C, et al. A novel non-probabilistic reliability-based design optimization algorithm using enhanced chaos control method [J]. Computer Methods in Applied Mechanics and Engineering, 2017, 318: 572-593.

[44] 罗阳军. 基于多椭球凸模型的结构非概率可靠性优化设计 [D]. 大连: 大连理工大学, 2009.

[45] Nikolaidis E, Burdisso R. Reliability based optimization: A safety index approach [J]. Comput Struct, 1988, 28(6): 781-788.

[46] Hasofer A M, Lind N C. Exact and invariant second-moment code format [J]. J Eng Mech Div, 1974, 100: 111-121.

[47] Liang J, Mourelatos Z P, Nikolaidis E. A single-loop approach for system reliability-based design optimization [J]. J Mech Des, 2007, 129(12): 1215-1224.

[48] Jeong S-B, Park G-J. Single loop single vector approach using the conjugate gradient in reliability based design optimization [J]. Struct Multidiscip O, 2017, 55(4): 1329-1344.

[49] Du X, Chen W. Sequential optimization and reliability assessment method for efficient probabilistic design [J]. J Mech Des, 2004, 126(2): 225-233.

[50] Sopory A, Mahadevan S, Mourelatos Z P, et al. Decoupled and single loop methods for reliability-based optimization and robust design [C]// Proceedings of the ASME 2004 International Design Engineering Technical Conferences and Computers and Information in Engineering Conference, Salt Lake City, Utah, USA, F, 2004.

[51] Cheng G, Xu L, Jiang L. A sequential approximate programming strategy for reliability-based structural optimization [J]. Comput Struct, 2006, 84(21): 1353-1367.

[52] Youn B D. Adaptive-loop method for non-deterministic design optimization [J]. Proceedings of the Institution of Mechanical Engineers, Part O: Journal of Risk and Reliability, 2007, 221(2): 107-116.

[53] Keshtegar B, Hao P. A hybrid loop approach using the sufficient descent condition for accurate, robust, and efficient reliability-based design optimization [J]. J Mech Des, 2016, 138(12): 121401.

[54] Yang R J, Chuang C, Gu L, Li G. Experience with approximate reliability-based optimization methods II: an exhaust system problem [J]. Struct Multidiscip O, 2005, 29(6): 488-497.

[55] Valdebenito M A, Schuëller G I. A survey on approaches for reliability-based optimization [J]. Struct Multidiscip O, 2010, 42(5): 645-663.

[56] Chen Z, Qiu H, Gao L, et al. An optimal shifting vector approach for efficient probabilistic design [J]. Struct Multidiscip O, 2013, 47(6): 905-920.

[57] Yin X, Chen W. Enhanced sequential optimization and reliability assessment method for probabilistic optimization with varying design variance [J]. Structure and Infrastructure Engineering, 2006, 2(3-4): 261-275.

[58] Yi P, Zhu Z, Gong J. An approximate sequential optimization and reliability assessment method for reliability-based design optimization [J]. Struct Multidiscip O, 2016, 54(6): 1367-1378.

[59] Choi S-H, Lee I. Improved sequential optimization and reliability assessment for reliability-based design optimization[C]// Proceedings of the Advances in Structural and Multidisciplinary Optimization, Cham, F, 2018.

[60] Torii A J, Lopez R H, Miguel L F F. A general RBDO decoupling approach for different reliability analysis methods [J]. Struct Multidiscip O, 2016, 54(2): 317-332.

[61] 程耿东. 工程结构优化设计基础 [M]. 大连: 大连理工大学出版社, 2012.

[62] Yi P, Cheng G, Jiang L. A sequential approximate programming strategy for performance-measure-based probabilistic structural design optimization [J]. Struct Saf, 2008, 30(2): 91-109.

[63] Yi P, Cheng G. Further study on efficiency of sequential approximate programming for probabilistic structural design optimization [J]. Struct Multidiscip O, 2008, 35(6): 509-522.

[64] Meng Z, Zhou H, Hu H, et al. Enhanced sequential approximate programming using second order reliability method for accurate and efficient structural reliability-based design optimization [J]. Appl Math Model, 2018, 62: 562-579.

[65] Madsen H, Hansen P F. A Comparison of Some Algorithms for Reliability Based Structural Optimization and Sensitivity Analysis [M]. Reliability and Optimization of Structural Systems' 91. Springer, 1992: 443-451.

[66] Liang J H, Mourelatos Z P, Tu J. A single-loop method for reliability-based design optimization [C]// Proceedings of the ASME 2004 International Design Engineering Technical Conferences and Computers and Information in Engineering Conference, Salt Lake City, Utah, USA, F, 2004.

[67] Kuschel N, Rackwitz R. A new approach for structural optimization of series systems [J]. Applications of Statistics and Probability, 2000, 2(8): 987-994.

[68] Agarwal H, Mozumder C K, Renaud J E, et al. An inverse-measure-based unilevel architecture for reliability-based design optimization [J]. Struct Multidiscip O, 2007, 33(3): 217-227.

[69] Lim J, Lee B. A semi-single-loop method using approximation of most probable point for reliability-based design optimization [J]. Struct Multidiscip O, 2016, 53(4): 745-757.

[70] Chen X, Hasselman T, Neill D, et al. Reliability-Based Structural Design Optimization for Practical Applications [M]. 38th Structures, Structural Dynamics, and Materials Conference. American Institute of Aeronautics and Astronautics, 1997.

[71] Wang L, Kodiyalam S. An Efficient Method For Probabilistic and Robust Design With Non-normal Distributions [M]. 43rd AIAA/ASME/ASCE/AHS/ASC Structures, Structural Dynamics, and Materials Conference. American Institute of Aeronautics and Astronautics, 2002.

[72] Ezzati G, Mammadov M, Kulkarni S. A new reliability analysis method based on the conjugate gradient direction [J]. Structural and Multidisciplinary Optimization, 2015, 51(1): 89-98.

[73] Meng Z, Yang D, Zhou H, Wang B P. Convergence control of single loop approach for reliability-based design optimization [J]. Struct Multidiscip O, 2018, 57(3): 1079-1091.

[74] Keshtegar B, Hao P. Enhanced single-loop method for efficient reliability-based design optimization with complex constraints [J]. Struct Multidiscip O, 2018, 57(4): 1731-1747.

[75] Chan K-Y, Skerlos S J, Papalambros P. An adaptive sequential linear programming algorithm for optimal design problems with probabilistic constraints [J]. J Mech Des, 2006, 129(2): 140-149.

[76] Lind P N, Olsson M. Augmented single loop single vector algorithm using nonlinear approximations of constraints in reliability-based design optimization [J]. J Mech Des, 2019, 141(10): 101403.

[77] Li G, Meng Z, Hu H. An adaptive hybrid approach for reliability-based design optimization [J]. Struct Multidiscip O, 2015, 51(5): 1051-1065.

[78] Jiang C, Qiu H, Gao L, et al. An adaptive hybrid single-loop method for reliability-based design optimization using iterative control strategy [J]. Struct Multidiscip O, 2017, 56(6): 1271-1286.

[79] Hao P, Wang Y, Liu X, et al. An efficient adaptive-loop method for non-probabilistic reliability-based design optimization [J]. Computer Methods in Applied Mechanics and Engineering, 2017, 324: 689-711.

[80] Li F, Wu T, Badiru A, et al. A single-loop deterministic method for reliability-based design optimization [J]. Engineering Optimization, 2013, 45(4): 435-458.

[81] Hao P, Wang B, Li G. Surrogate-based optimum design for stiffened shells with adaptive sampling [J]. AIAA J, 2012, 50(11): 2389-2407.

[82] Hao P, Wang B, Li G, et al. Hybrid optimization of hierarchical stiffened shells based on smeared stiffener method and finite element method [J]. Thin-Walled Struct, 2014, 82: 46-54.

[83] Li G, Meng Z, Hao P, et al. A hybrid reliability-based design optimization approach with adaptive chaos control using kriging model [J]. Int J Comput Methods 2015, 13(1): 1650005.

[84] Papadopoulos V, Iglesis P. The effect of non-uniformity of axial loading on the buckling behaviour of shells with random imperfections [J]. Int J Solids Struct, 2007, 44(18-19): 6299-6317.

[85] Hao P, Wang B, Li G, et al. Hybrid framework for reliability-based design optimization of imperfect stiffened shells [J]. AIAA J, 2015, 53(10): 2878-2889.

[86] Meng Z, Hao P, Li G, et al. Non-probabilistic reliability-based design optimization of stiffened shells under buckling constraint [J]. Thin-Walled Struct, 2015, 94: 325-333.

[87] Wang B, Hao P, Li G, et al. Optimum design of hierarchical stiffened shells for low imperfection sensitivity [J]. Acta Mech Sin 2014, 30(3): 391-402.

[88] Havens D, Shiyekar S, Norris A, et al. Design, optimization, and evaluation of integrally-stiffened AL-2139 panel with curved stiffeners [R]. National Aeronautics and Space Administration, 2011.

[89] Niu M C-Y. Airframe Stress Analysis and Sizing [M]. Conmilit Press Hong Kong, 1997.

[90] Svanberg K. A class of globally convergent optimization methods based on conservative convex separable approximations [J]. SIAM J Optim, 2002, 12(2): 555-573.

第 7 章　工程薄壳稳定性分析与优化软件

7.1　引　　言

在工业设计领域，产品设计周期往往直接决定了制造成本。具体到我国的航天弹箭体结构设计，基于相对成熟型号快速完成适应性修改和设计是我国箭体结构数字化设计所面临的迫切问题。随着有限元数值分析在箭体结构设计中发挥的作用越来越大，为固化分析经验、缩短产品设计周期，有必要开发基于现代数字化技术的快速建模、快速设计的软环境，即模块化的结构分析模板软件。这样的模板技术可以最大程度地保证模型精度、减少人为误差、提高设计效率。但这样的模板技术又不同于常规的有限元前处理，它需要结合已有的优化设计经验，大量地参考型号设计需求，甚至是设计者的习惯和偏好，才能够更具针对性地体现后续设计的优化意图，使设计更为有效。为此，模块化建模技术、半参数化模板技术，甚至是特定的几何模型库，是专用模板必不可少的关键技术。

国外在工程数值分析和设计软件方面的发展起步早，相关产品和产业均非常成熟，而在诸如航空、航天和发动机等高端装备的专用设计和分析模板方面也具有较为深厚的积累。但这些高端装备的专用模板通常是各国制造业的核心信息，几乎不对外输出，导致国内对该方面的信息接触有限。尤其是薄壁结构典型结构快速建模、缺陷敏感性分析等特色功能，国外已形成 Hypersizer[1-3]、PANDA2[4-6]等专用自主可控分析软件，成功应用于多个型号的薄壁结构研制。

而我国在工程数值分析和设计软件方面的发展起步较晚，国内大多数工业设计领域在专用模板方面的经验和工具积累则更少，相关部门长期依赖国外商用软件，但这些商用软件在进入我国后，高端功能往往被限制或移除，无法有效应用于大型高端装备的精细设计分析。在不得已的情况下，例如航空航天等关键高端装备的相关设计单位只能在国外软件平台上嫁接自研的分析与设计算法模块，以维持研发工作。近十年，我国已在与航空航天薄壳结构分析与设计紧密相关的缺陷敏感性分析算法、后屈曲分析算法等方面取得长足进步，但相应的软件自主研发工作积累不足，除在可操作性、可扩展性上的不足之外，尤其在专用分析和设计模板、模型库等方面亦存在明显短板，与国外存在明显"代差"。因此，为实现薄壳结构的精细化设计，亟须开展考虑缺陷影响的薄壳结构承载性能分析高效高精度算法研究，更需要集成相关核心算法，并建立自主可控软件平台，将对提高我国新一代装备的结构精细化设计能力,进而提升运载能力、航程、速度等关键指标具有重要意义。

本章以系列航天典型工程薄壳建模及分析模板以及 Desk 系列优化软件为例,介绍国产自主专用设计分析模板工具和软件平台的功能特色及应用情况。本章首先介绍典型工程薄壳建模及分析模板,为工程薄壳结构分析提供更加直观快捷的分析工具,然后介绍典型工程薄壳屈曲优化软件及典型工程薄壳拓扑优化及参数优化软件,为工程薄壳优化设计提供专用软件。

7.2　典型工程薄壳建模及分析模板

作者通过固化典型工程薄壳结构建模经验和设计流程,开发了能够体现后续优化设计意图的专用建模模板。基于 ABAQUS 有限元分析软件提供的 GUI Toolkit 工具包组件库,构建典型工程薄壳建模模板的图形用户界面,完成建模模板与 ABAQUS 分析内核的交互,连接结构建模与快速分析功能,实现了整体部件积木式模块化建模,为整体结构设计提供了更加方便快捷的设计工具。

ABAQUS 数值分析软件提供的 GUI Toolkit 工具包中主要组件的功能如表 7.1 所示。通过组件间的组合排列,可以生成用户定制的 GUI 界面。为了保证界面的友好性与层次化,下一步可利用内置的布局管理器,来对组件的排布方式进行界面开发。布局管理器基于相对尺寸和相对位置来控制组件,因此可计算不同尺寸和窗口缩放导致的改变量,实现自适应布局。基于 GUI Toolkit 工具包,用户可实现的交互功能包括横纵向框架 (horizontal and vertical frames)、纵向基准线 (vertical alignment)、切换区域 (rotating regions)、标签栏 (tab books) 等。合理利用布局管理器可以实现图形用户界面的简洁化、层次化设计。ABAQUS 内核与图形用户界面的交互通过机制 (Mode) 来完成。Mode 是从 GUI 界面读取数据并进行相应处理后,向内核发布命令的一种机制,它通过数据读取—校验从而实现交互循环。

表 7.1　GUI Toolkit 工具包中的组件介绍

名称	用途	名称	用途
Frame	存放组件的容器	Label	显示文本或图表
Entry	接受用户单行输入	Text	接受用户多行输入
Button	单击触发事件	Checkbutton	复选按钮
Radiobutton	单选按钮	Menubutton	下拉菜单
Scale	滑动条	Listbox	文本选项列表

基于上述技术手段,开发了加筋圆柱壳建模及分析模板以及曲筋结构建模及分析软件。

7.2.1 加筋圆柱壳建模及分析模板

为了更好地满足工程师对加筋圆柱壳精细化建模及缺陷敏感性分析的需求，作者针对多种加筋形式，将加筋圆柱壳后屈曲载荷非线性显式动力学方法和有限元模型节点坐标修改法作为内核程序，开发了典型加筋圆柱壳建模模板。典型加筋圆柱壳建模模板界面如图 7.1 所示。用户可依照软件标签栏的顺序，依次完成 8 个模块参数的键入，分别为材料模块、主参数模块、开口模块、边界条件模块、分析类型模块、单元划分模块、几何缺陷模块和界面参数保存读取模块，点击 OK 或 Apply 键即可实现对加筋圆柱壳结构的快速建模和稳定性分析。下面依次介绍每个模块的使用说明。

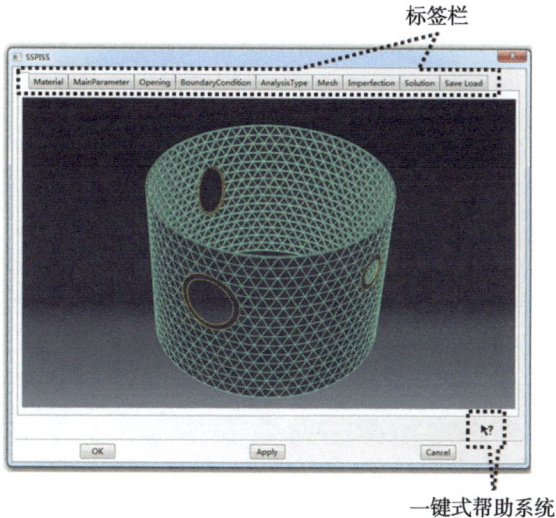

图 7.1　典型工程加筋圆柱壳建模模板界面

材料模块 (Material) 用于完成加筋圆柱壳及弹性边界材料属性的定义，如图 7.2 所示。界面上 10 行 7 列的表即为材料性能数据表，每行表示一种材料，每列的含义分别为：Name 为材料名称；E 为弹性模量，单位为 MPa；Nu 为泊松比；Sigmab 为材料屈服强度，单位为 MPa；Sigmas 为材料极限强度，单位为 MPa；Delta 为延伸率；Density 为材料密度，单位为 t/mm^3。用户可以对材料性能表中的数据进行复制、剪切和粘贴，也可以根据需要为数据表插入或删除行。完成材料性能的键入后，需要勾选对应行的勾选框，否则输入数据将不计入软件内核。

主参数模块 (MainParameter) 用于完成加筋圆柱壳结构主参数的定义。其中主要分为主体结构尺寸、材料名称和筋条类型，各参数含义见图 7.3。在 SkinParameter 框中，用户首先需要定义结构基本几何信息：R 为结构的半径，代表蒙皮内表面到结构中轴线的距离；L 表示结构的轴向高度，需要注意的是，当加筋类型为正置正交时，L 即为结构高度，当加筋类型为等三角加筋和角格栅加筋时，由于需要保证轴向和环向的加筋为整数个，因此结构的高度由轴向和环向加筋数 VN 和 HN 共同决定，不再等于 L；ts 为蒙皮厚度；MatName 为加筋圆柱壳结构材料名称，可从材料模块中定义的材料中进行选择。

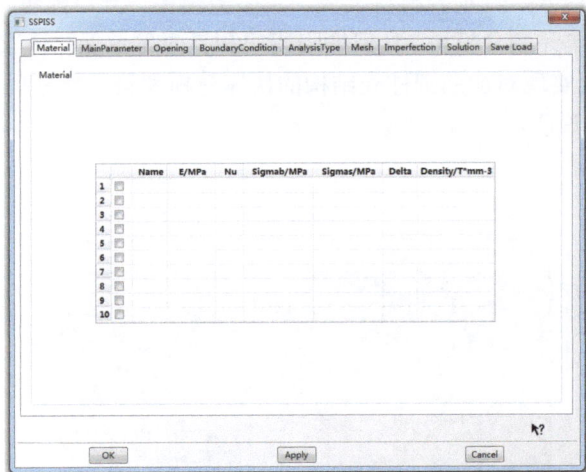

图 7.2　材料模块

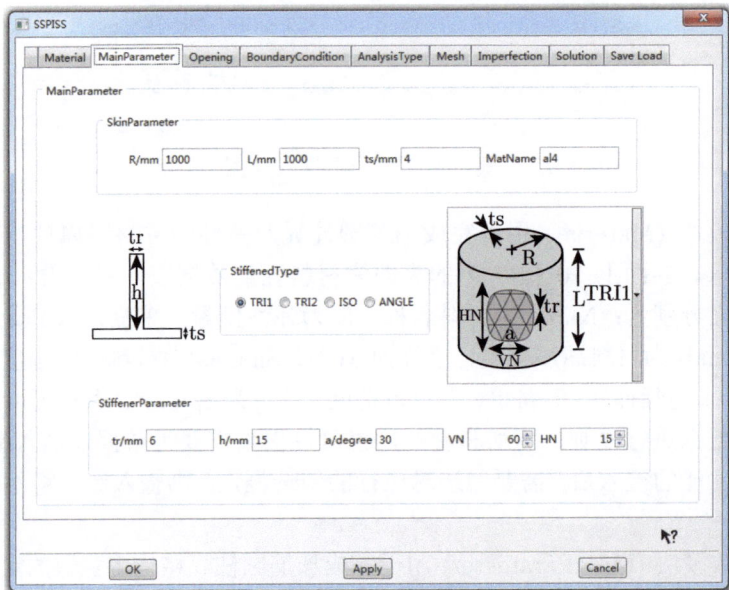

图 7.3　主参数模块

完成结构基本几何信息的录入后，用户需要在 StiffenedType 框中选择加筋圆柱壳的加筋类型，包括 TRI1 等三角加筋、TRI2 等三角加筋、正置正交加筋和 ANGLE 角格栅加筋，各类型加筋的示意图如图 7.4 所示，用户也可在软件界面上点击图片进行查看。在 StiffenerParameter 框中，用户需要定义筋条参数，包括：筋条宽度 tr；筋条高度 h，自筋条顶端到蒙皮内表面，如软件界面左侧的示意图所示；筋条与铅垂线间的夹角 a，如软件界面右侧的示意图所示；HN 为环向筋条的个数；VN 为轴向筋条的个数。

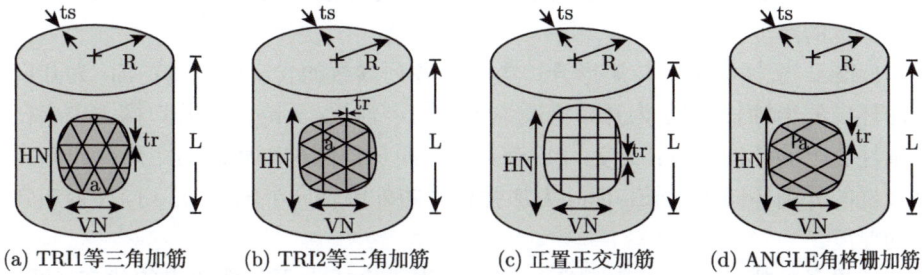

(a) TRI1等三角加筋   (b) TRI2等三角加筋   (c) 正置正交加筋   (d) ANGLE角格栅加筋

图 7.4　四种加筋类型的参数示意图

开口模块 (Opening) 用于建立加筋圆柱壳的结构性开口，为可选标签。该标签可为结构建立圆形、矩形和椭圆形的开口，并在开口处自动建立口框进行局部补强 (可选)，如图 7.5 所示。三个子标签 Circle、Rectangle 和 Ellipse 分别为圆形、矩形和椭圆形开口数据表。

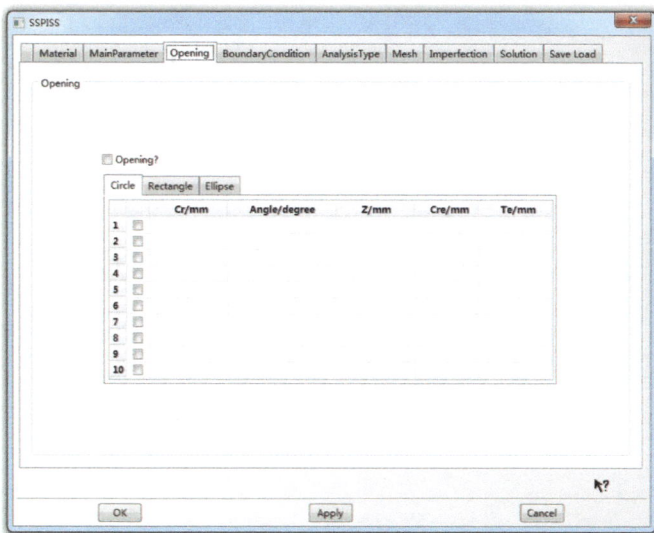

图 7.5　开口模块

Circle 子标签中，每列参数的含义分别为：Cr 为开口圆的半径；Angle 为开口圆心在加筋圆柱壳上的环向角度，0 度为 X 轴正方向，逆时针为角度正向；Z 为开口圆心距加筋圆柱壳底面的距离；Cre 为加强口框的外半径，如不考虑口框则该列置空；Te 为加强口框的厚度，如不考虑口框则该列也置空。

Rectangle 子标签中，各列参数的含义分别为：Rb 为开口矩形沿环向的宽度；Rh 为开口矩形沿轴向的高度；Angle 为开口矩形中心在加筋圆柱壳上的环向角度，0 度为 X 轴正方向，逆时针为角度正向；Z 为开口矩形中心距加筋圆柱壳底面的距离；Rbe 为加强口框的外围宽度；Rhe 为加强口框的外围高度；Te 同样为加强口框的厚度。

Ellipse 子标签中，与矩形开口类似，各列参数的含义分别为：Eb 为开口椭圆沿环向的半轴长；Eh 为开口椭圆沿轴向的半轴长；Angle 为开口椭圆中心在加筋圆柱壳上的环向角度；Z 为开口椭圆中心距加筋圆柱壳底面的距离；Ebe 为加强口框的外围环向半轴长；Ehe 为加强口框的外围轴向半轴长；Te 同样为加强口框的厚度。

边界条件模块 (BoundaryCondition) 用于完成上下弹性边界的建立 (可选)，以及边界约束条件的确定，如图 7.6 所示。用户可在 ElasticBoundary 框中输入对应参数来建立弹性边界，包括上弹性边界 (TopBoundary) 和下弹性边界 (BottomBoundary)。其中 MatName 为弹性边界的材料名称，须为在 Material 标签定义过的名称；Ht 和 Hb 分别为上下弹性边界的高度；Tt 和 Tb 分别为上下弹性边界的厚度。是否需要建立弹性边界，要根据模型的实际物理情况。此外，用户需要在 TopBoundaryCondition 和 BottomBoundaryCondition 框中指定上下

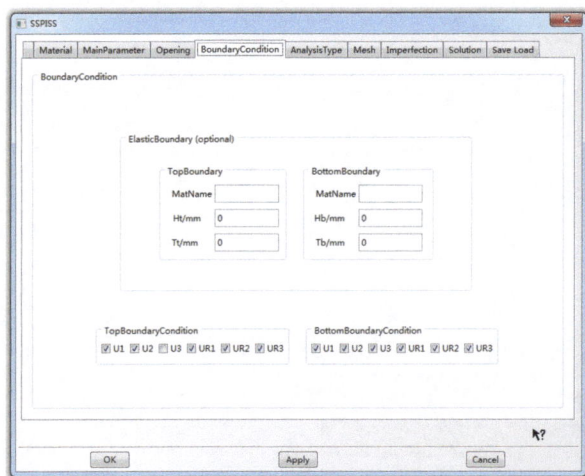

图 7.6　边界条件模块

边界条件的自由度约束情况，U1—U3 为平动自由度，UR1—UR3 为转动自由度。

分析类型模块 (AnalysisType) 中提供了加筋圆柱壳的两种分析类型，即静强度分析和轴压稳定性分析，以及对应的载荷定义，如图 7.7 所示。用户如需进行静强度分析，则选中 Static 单选按钮，此时 AxialBuckle 框中的参数输入全部置灰，可防止用户误操作。Static 框中的参数含义分别为：FX—FZ 为三个方向的力，单位为 N；MX—MZ 为三个方向的力矩，单位为 N·mm；PRES 为压力值，作用于加筋圆柱壳壳体，方向垂直于壳面，正值为内压，负值为外压。

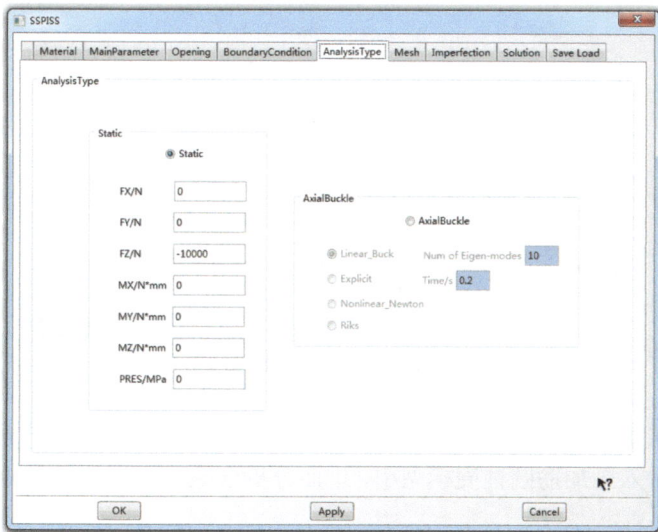

图 7.7   分析类型模块

用户如需进行轴压稳定性分析，则选中 AxialBuckle 单选按钮，此时 Static 框中的参数输入全部置灰。软件提供了四种稳定性分析方法：特征值屈曲分析 (Linear_Buck)，该方法计算耗时少，但不能考虑材料非线性，常用于加筋圆柱壳的初步设计，Num of Eigen-modes 为用户需要得到的特征值屈曲载荷系数及模态的阶数；非线性显式分析 (Explicit)，采用动力学方法来模拟准静态的轴压稳定性问题，由于该算法稳健、计算不存在收敛问题，常被用于加筋圆柱壳的后屈曲优化设计中，但显式计算中的加载时间不宜过短，否则会影响计算精度；牛顿法 (Nonlinear_Newton)，是典型的后屈曲隐式计算方法，可以取得较好的计算精度，但计算容易出现不收敛；弧长法 (Riks)，较为成熟的后屈曲隐式计算方法，但同样可能存在收敛性问题。

网格模块 (Mesh) 中提供了分区划网格的功能，用户可在该标签下对加筋圆柱壳的不同部段进行分区分密度划分网格，如图 7.8 所示。其中的四个文本框分别代表四个部段或区域的单元尺寸：Skin 为蒙皮单元尺寸；Stiffener 为筋条单元尺寸，为保证分析精度，建议在筋条的高度方向至少划分两个单元；Reinforcement 为加强口框单元尺寸，建议与蒙皮采用相同的大小；ElasticBoundary 表示弹性边界的单元尺寸，该处单元可以相对稀疏一些。

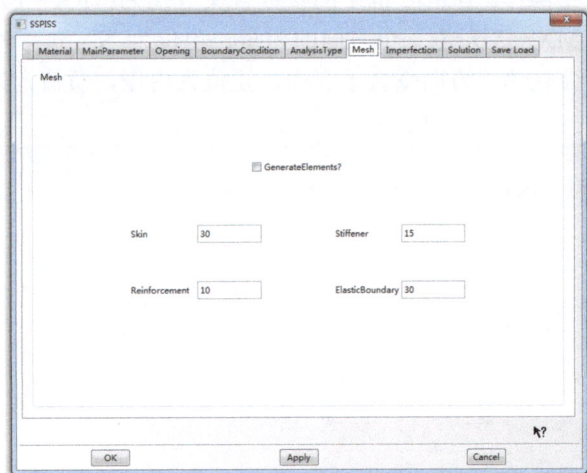

图 7.8　　网格模块

几何缺陷模块 (Imperfection) 中提供了缺陷映射的功能，用户可在该标签下将几何缺陷引入至加筋圆柱壳模型中，进而分析含缺陷结构的承载能力，如图 7.9 所示。

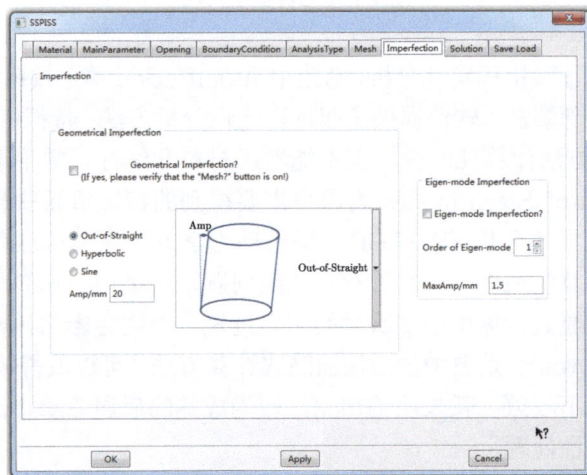

图 7.9　　几何缺陷模块

本模块下包含两类缺陷类型：典型几何缺陷 (Geometrical Imperfection) 和特征值屈曲模态缺陷 (Eigen-mode Imperfection)。软件内置了三种常见的几何缺陷形式：非直缺陷 (Out-of-Straight)，即结构母线的倾斜，这是结构加工时容易出现的缺陷；双曲型缺陷 (Hyperbolic)，结构在承受内压或外压时较易出现的缺陷形式；正弦波形缺陷 (Sine)，较为简单的缺陷形式。Amp 表示各种缺陷的最大幅值，如图 7.10 所示为正，反之为负，单位为 mm。特征值屈曲模态缺陷框中，选中 Eigen-mode Imperfection 复选框表示需要为加筋圆柱壳模型引入特征值屈曲模态缺陷；反之，将不考虑该类缺陷。Order of Eigen-mode 表示需要引入的特征值屈曲模态的阶数，默认为 1，表示引入第一阶特征值屈曲模态缺陷；MaxAmp 表示引入缺陷的最大幅值，单位为 mm。该功能在运行后，首先进行特征值屈曲分析，得到结构的屈曲模态矢量，再将缺陷矢量映射至有限元模型，再对含缺陷模型进行相应的轴压稳定性或静强度分析。

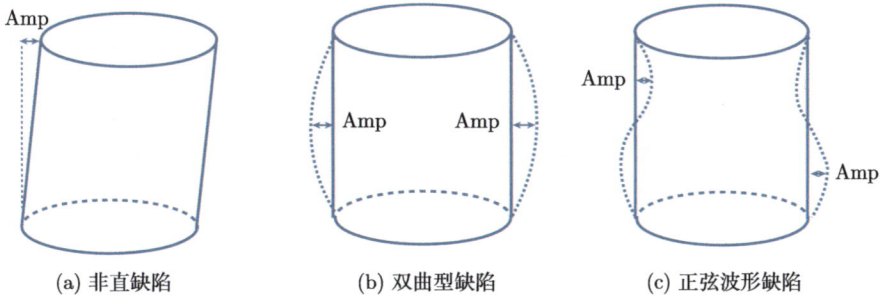

(a) 非直缺陷   (b) 双曲型缺陷   (c) 正弦波形缺陷

图 7.10   三种几何缺陷类型

计算参数模块 (Solution) 中提供了计算参数的配置功能以及关键全局参数的定义功能，如图 7.11 所示。其中，CPUNum 表示软件在静强度或轴压稳定性计算时调用的 CPU 核心数 (注：特征值屈曲分析 (Linear_Buck) 不支持多核运算)。ModelName 为模型名称，默认为 Model-1。JobName 为作业名称，程序会自动生成该名的作业任务，并生成该名的结果文件 (.odb) 和后处理文件，默认为 job1。另外，软件为用户提供了三个层次的计算需求，分别为：仅建立有限元模型 (CreateModel)，可用于检查模型参数，节约程序运行时间；建立模型后，输出 inp 计算文件，但不提交运算 (WriteINP)，可用于对 inp 的手动或脚本修改，从而实现模型的二次开发；建立模型后直接提交运算，并进行相应分析类型的后处理 (Calculate)。

界面参数保存模块 (Save Load) 中提供了界面设置参数的一键保存和一键恢复功能，用户可在下次启动 ABAQUS 时，直接读入之前设置好的界面参数，如图 7.12 所示。保存参数时，用户可首先点击 SAVE 行最右侧的图标，定义写入文件的名称和路径，默认为 ABAQUS 的工作文件夹，然后点击 SAVE 按钮即可一键保存参数。恢复参数时，首先点击 LOAD 行最右侧的图标，找到之前保存的文件，然后点击 LOAD 按钮即可一键恢复参数。

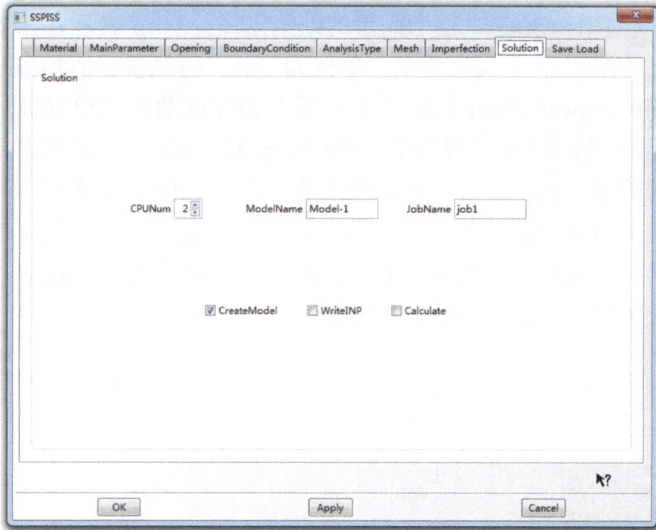

图 7.11　计算参数模块

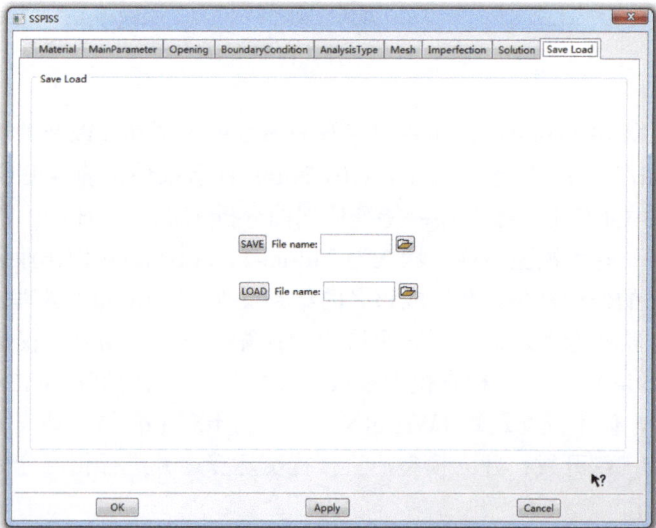

图 7.12　界面参数保存读取模块

所有界面参数设置好后，点击 OK 或 Apply 按钮即可运行程序。

对于静强度分析，计算完成后软件会将模型中的最大位移和 von Mises 应力输出到屏幕和名为 maxf- + JobName+ .txt 的文档中。为了方便优化程序的调用，软件还将模型中每个部段的名称、最大 von Mises 应力及其屈服应力写入名为 maxmises- + JobName + .txt 的文档中。另外，软件会自动调整视角，捕捉最大位移和 von Mises 应力发生的位置，分别输出名为 JobName + -u.png 和 JobName + -mises.png 的图片。

对于轴压稳定性分析，计算完成后软件会将加筋圆柱壳模型的极限承载力输出到屏幕和名为 maxf- + JobName + .txt 的文档中。同时软件还会将加载全程的位移载荷值输出至名为 output- + JobName + .txt 的文档中。

7.2.2 曲筋结构建模及分析模板

曲筋结构建模及分析模板 (SSACSP) 是在加筋圆柱壳建模及分析模板的基础上，增加了 NURBS 曲筋加强建模功能。该模板提供了三种近口区曲筋补强模式，用户可以自主设计补强曲筋的数目、形状和位置，以实现曲筋加强型开口薄壳结构的快速建模、参数优选，有利于固化分析经验，为结构设计提供更加直观快捷的设计工具，大幅缩短设计周期。软件界面如图 7.13 所示。

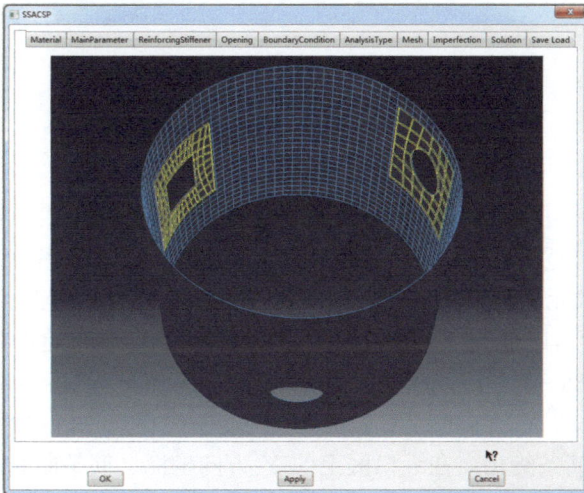

图 7.13　曲筋结构建模及分析模板 (SSACSP) 启动界面

用户可依照软件标签栏的顺序，依次完成材料模块、主参数模块、曲筋类型模块、开口模块、边界条件模块、分析类型模块、单元划分模块、几何缺陷模块、计算参数模块和界面参数保存读取模块等 10 个模块的参数输入，点击 OK 或 Apply 键即可实现对 NURBS 曲筋加强型开口薄壳结构的稳定性分析。其中，材料和主要参数等模块的操作流程可参照 7.2.1 节内容。在新增模块 ReinforcingStiffener 标签下，用户需要完成补强筋条控制点坐标的定义，三个子标签 Mode1、Mode2 和 Mode3 分别代表三种补强筋条铺放模式，由用户自主定义，如图 7.14 所示。

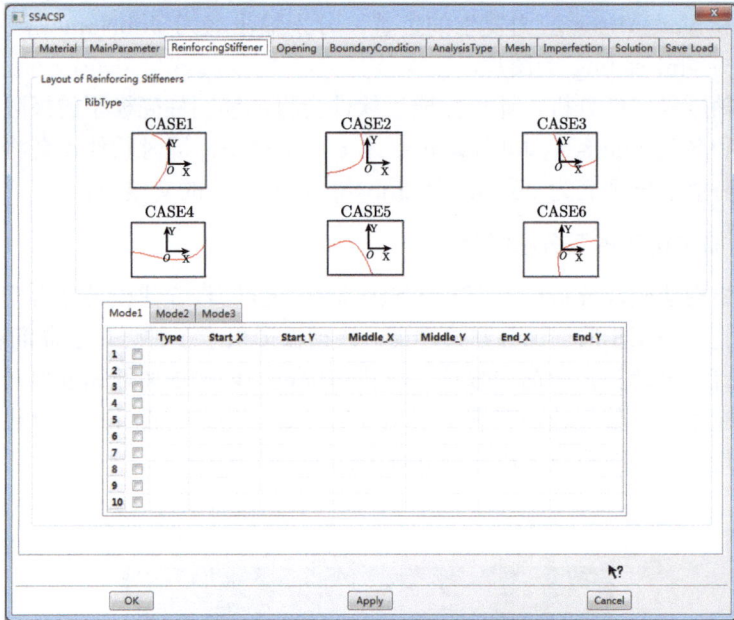

图 7.14　近口区补强筋条参数标签

　　每个子标签界面里 10 行 6 列的表即为筋条控制点坐标表，每行表示一根筋条，每列的含义分别为：Type 为筋条类型，与界面上方的图片相对应，只需输入数字 1～6 即可表示对应的加筋模式；在近口区中心建立直角坐标系，Start_X 为筋条起始点在近口区上的 X 方向坐标；Start_Y 为筋条起始点在近口区上的 Y 方向坐标；Middle_X 为筋条中点在近口区上的 X 方向坐标；Middle_Y 为筋条中点在近口区上的 Y 方向坐标；End_X 为筋条终止点在近口区上的 X 方向坐标；End_Y 为筋条终止点在近口区上的 Y 方向坐标。筋条曲线形状和位置由起始点、中点、终止点确定，需要注意的是，这里筋条各控制点坐标表示相对近口区域的位置，各坐标范围为 [−0.5, 0.5]，筋条的起始点、终止点只能在近口区的四条边界上，与加筋模式相对应的起始点、终止点已确定的 X 坐标或 Y 坐标可以不填。

　　用户可以对筋条控制点坐标表中的数据进行复制、剪切和粘贴，也可以根据需要为坐标数据表插入行。需要注意的是，用户完成筋条控制点坐标的键入后，需在对应行的第一列方框中打钩，否则输入数据不计入软件内核。

7.3 典型工程薄壳屈曲优化软件

为了进一步满足工程师对加筋圆柱壳承载力快速分析及优化设计的需求，作者针对四种加筋形式，将加筋圆柱壳线性屈曲载荷快速数值预测方法和加筋圆柱壳快速优化方法作为内核，开发了典型工程薄壳屈曲优化软件。

软件中等边三角形网格加筋圆柱壳的操作界面与正置正交加筋圆柱壳操作界面类似，本节以正置正交加筋圆柱壳的操作界面为例，对典型工程薄壳屈曲优化软件进行介绍。软件分为分析模块和优化模块两个主程序模块，单击"分析模块"则可进入操作界面进行单次分析，单击"优化模块"则进入优化模块进行优化设计。模块中等边三角形加筋圆柱壳的操作界面与正置正交加筋圆柱壳操作界面类似，本节以正置正交加筋圆柱壳操作界面为例，对加筋圆柱壳承载力分析与优化模块进行介绍。

进入单次分析模块，加筋类型选择界面如图 7.15 所示，共可选择 3 种加筋类型，分别为正置正交网格、横等边三角形网格、竖等边三角形网格，点击即可进行单次加筋圆柱壳线性屈曲载荷快速数值预测方法分析。

图 7.15 单次分析模块圆柱壳的网格加筋类型选择界面

图 7.16 为正置正交网格加筋圆柱壳优化设计界面。界面包括材料属性输入、结构参数、设计工况、剩余强度系数要求和优化参数等输入参数，具体参数如表 7.2 所示。设计工况又包括最大设计内压工况、最大轴压设计工况、相关系数等输入参数。设计工况又包括最大设计内压工况、最大轴压设计工况、相关系数等输入参数。

正置正交加筋优化

材料属性
弹性模量(MPa)
泊松比
强度极限(MPa)
焊缝强度极限(MPa)
密度(kg/m3)

结构参数
筒壳直径(mm)　　　　壁板高度(mm)
筒壳高度(mm)　　　　蒙皮厚度(mm)
筋条圆角(mm)　　　　横筋宽度(mm)
筋条底角(mm)　　　　竖筋宽度(mm)
纵向焊缝宽度(mm)　　竖筋间距(mm)
环向焊缝宽度(mm)　　横筋间距(mm)
环向壁板数目　　　　焊接边厚度(mm)
单元尺寸(mm)

剩余强度系数要求
总体稳定性系数(η1);
蒙皮局部稳定性(η2);
筋条局部稳定性(η3);
蒙皮内压剩余系数(η4);
焊缝内压剩余系数(η5);
焊缝局部稳定性(η6);

设计工况
最大内压设计工况
使用弯矩载荷(kN*m)
使用轴向载荷(kN)
增压下限(MPa)
蒙皮设计内压(MPa)
焊缝设计内压(MPa)

最大轴压设计工况
设计轴压(kN)
增压下限(MPa)

相关系数
实验修正系数

优化参数
初始样本数目
最大迭代步数

[默认]　[清除]
[提交]　[暂停优化]
[上一步]　[退出]

航天结构强度分析中心

优化结果

	Ts	H	Tw_heng	Tw_shu	Bs_shu	Bs_heng	Th	Tlj	Mass	Tlj/Mass	η1	η2	η3	η4	η5	η6
1																
2																
3																
4																

排序
[Tlj]　[Mass]　[Tlj/Mass]　[η1]　[η2]　[η3]　[η4]　[η5]　[η6]

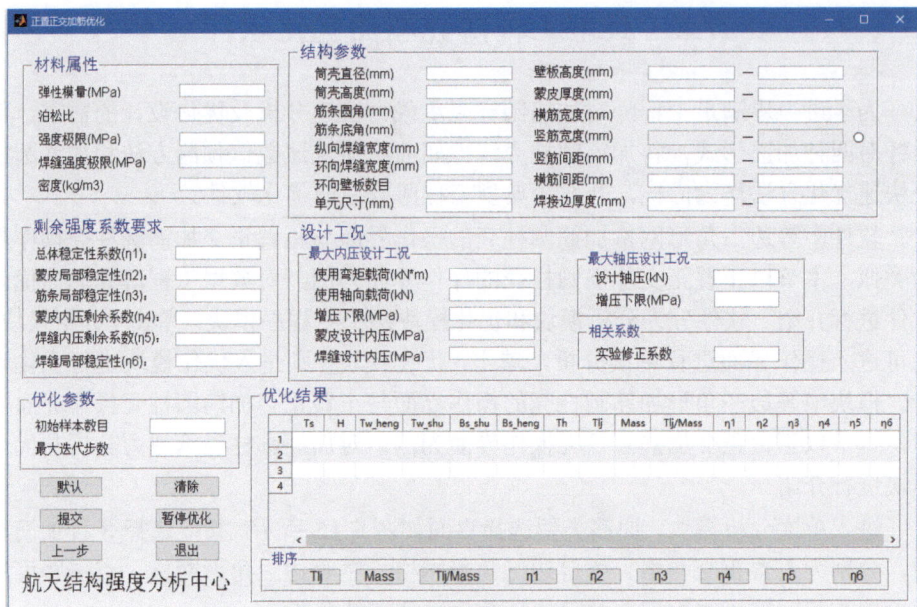

图 7.16　正置正交网格加筋圆柱壳优化设计界面

表 7.2　正置正交网格加筋圆柱壳输入参数类别表

材料属性参数	结构参数(单位：mm)	设计工况参数	相关系数	剩余强度系数	优化参数
弹性模量(MPa)	薄壳直径	使用弯矩工况(kN·m)	蒙皮局部稳定性系数	总体稳定性系数 (η_1)	初始样本数目
泊松比	薄壳高度	使用轴向载荷(kN)	筋条稳定性系数	蒙皮局部稳定性(η_2)	最大迭代步数
强度极限(MPa)	筋条底角	增压下限(MPa)	实验修正系数	筋条局部稳定性(η_3)	
焊缝强度极限(MPa)	筋条圆角	蒙皮设计内压(MPa)		蒙皮内压剩余系数 (η_4)	
密度(t/mm^3)	纵向焊缝宽度	焊缝设计内压(MPa)		焊缝内压剩余系数 (η_5)	
	环向焊缝宽度	轴压设计(kN)		焊缝局部稳定性(η_6)	
	环向壁板数目	增压下限(MPa)			
	单元尺寸				
	壁板高度				
	蒙皮厚度				
	横筋宽度				
	斜筋宽度				
	横筋间距				
	焊接边厚度				

输入各种参数后点击提交即可进行优化设计，右下角为计算结果，包括蒙皮厚度 Ts、横筋间距 Bs_heng、竖筋间距 Bs_shu、竖筋宽度 Tw_shu、横筋宽度 Tw_heng、壁板高度 H、结构质量 Mass、承载力 TIj、承载效率 TIj/Mass、总体稳定性系数 (η_1)、蒙皮局部稳定性 (η_2)、筋条局部稳定性 (η_3)、蒙皮内压剩余系数 (η_4)、焊缝内压剩余系数 (η_5)、焊缝局部稳定性 (η_6)。点击上一步即进入加筋类型选择界面；单击退出即可退出横等边三角优化设计模块。优化结果中只显示满足约束的所有样本，并且点击 "排序" 中任一按钮，所有样本则会基于所选参数进行排序，便于工程师查看优化结果。

图 7.17 为横等边三角网格加筋圆柱壳优化设计界面。界面包括材料属性输入、结构参数、设计工况、剩余强度系数要求和优化参数等输入参数，具体参数如表 7.3 所示。设计工况又包括最大设计内压工况、最大轴压设计工况、相关系数等输入参数。设计工况又包括最大设计内压工况、最大轴压设计工况、相关系数等输入参数。

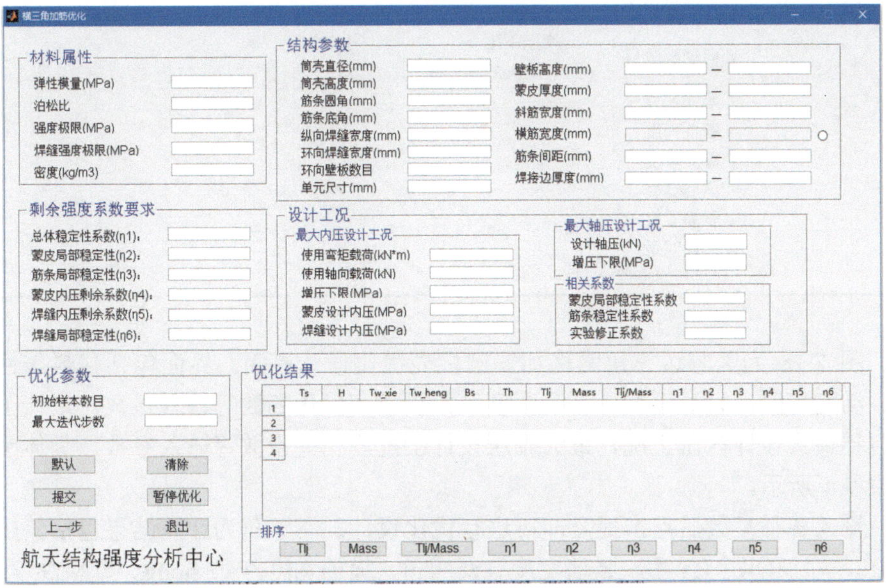

图 7.17 横等边三角网格加筋圆柱壳优化设计界面

输入各种参数后点击提交即可进行优化设计，右下角为计算结果，包括蒙皮厚度 Ts、横筋间距 Bs、竖筋宽度 Tw_shu、斜筋宽度 Tw_xie、壁板高度 H、结构质量 Mass、承载力 TIj、承载效率 TIj/Mass、总体稳定性系数 (η_1)、蒙皮局部稳定性 (η_2)、筋条局部稳定性 (η_3)、蒙皮内压剩余系数 (η_4)、焊缝内压剩余系数 (η_5)、焊缝局部稳定性 (η_6)。点击上一步即进入加筋类型选择界面；单击退出即可退出横等边三角优化设计模块。优化结果中只显示满足约束的所有样本，并且点击"排序"中任一按钮，所有样本则会基于所选参数进行排序，便于工程师查看优化结果。

表 7.3　横等边三角网格加筋圆柱壳输入参数类别表

材料属性参数	结构参数（单位：mm）	设计工况参数	相关系数	剩余强度系数	优化参数
弹性模量（MPa）	薄壳直径	使用弯矩工况（kN·m）	蒙皮局部稳定性系数	总体稳定性系数 (η_1)	初始样本数目
泊松比	薄壳高度	使用轴向载荷（kN）	筋条稳定性系数	蒙皮局部稳定性（η_2）	最大迭代步数
强度极限（MPa）	筋条底角	增压下限（MPa）	实验修正系数	筋条局部稳定性（η_3）	
焊缝强度极限（MPa）	筋条圆角	蒙皮设计内压（MPa）		蒙皮内压剩余系数 (η_4)	
密度（t/mm³）	纵向焊缝宽度	焊缝设计内压（MPa）		焊缝内压剩余系数 (η_5)	
	环向焊缝宽度	轴压设计（kN）		焊缝局部稳定性（η_6）	
	环向壁板数目	增压下限（MPa）			
	单元尺寸				
	壁板高度				
	蒙皮厚度				
	横筋宽度				
	斜筋宽度				
	横筋间距				
	焊接边厚度				

图 7.18 为竖等边三角网格加筋圆柱壳优化设计界面。界面包括材料属性输入、结构参数、设计工况、剩余强度系数要求和优化参数等输入参数，设计工况又包括最大设计内压工况、最大轴压设计工况、相关系数等输入参数，具体参数如表 7.4 所示。

输入各种参数后点击提交即可进行优化设计，右下角为计算结果包括蒙皮厚度 Ts、横筋间距 Bs_h、竖筋宽度 Tw_shu、横筋宽度 Tw_heng、壁板高度 H、结构质量 Mass、承载力 TIj、承载效率 TIj/Mass、总体稳定性系数 (η_1)、蒙皮局部稳定性 (η_2)、筋条局部稳定性 (η_3)、蒙皮内压剩余系数 (η_4)、焊缝内压剩余系数 (η_5)、焊缝局部稳定性 (η_6)。点击上一步即进入加筋类型选择界面；单击退出即可退出竖等边三角优化设计模块。优化结果中仅显示满足约束的所有样本，并且点击"排序"中任一按钮，所有样本则会基于所选参数进行排序，便于工程师查看优化结果。

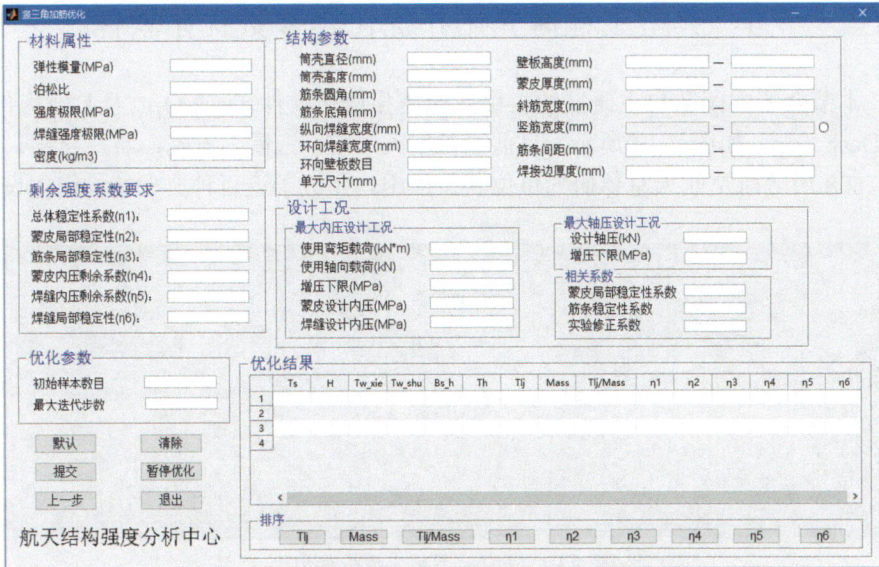

图 7.18　竖等边三角网格加筋圆柱壳优化设计界面

表 7.4　竖等边三角网格加筋圆柱壳输入参数类别表

材料属性参数	结构参数 (单位：mm)	设计工况参数	相关系数	剩余强度系数	优化参数
弹性模量 (MPa)	薄壳直径	使用弯矩工况 (kN·m)	蒙皮局部稳定 性系数	总体稳定性 系数 (η_1)	初始样本数目
泊松比	薄壳高度	使用轴向载荷 (kN)	筋条稳定性系数	蒙皮局部稳定性 (η_2)	最大迭代步数
强度极限 (MPa)	筋条底角	增压下限 (MPa)	实验修正系数	筋条局部稳定性 (η_3)	
焊缝强度极限 (MPa)	筋条圆角	蒙皮设计内压 (MPa)		蒙皮内压剩余 系数 (η_4)	
密度 (t/mm³)	纵向焊缝宽度	焊缝设计内压 (MPa)		焊缝内压剩余 系数 (η_5)	
	环向焊缝宽度	轴压设计 (kN)		焊缝局部稳定性 (η_6)	
	环向壁板数目	增压下限 (MPa)			
	单元尺寸				
	壁板高度				
	蒙皮厚度				
	横筋宽度				
	斜筋宽度				
	横筋间距				
	焊接边厚度				

7.4　典型工程薄壳拓扑优化及参数优化软件

本节介绍本团队自主研发的工程薄壳拓扑优化软件 Desk.Opt 及参数优化软件 Desk.Top, 如图 7.19 所示, 目前已在航天一院、三院、五院, 航发商发、606 所、608 所等航空航天总体研究单位获得应用, 完成了近百种典型结构优化设计。

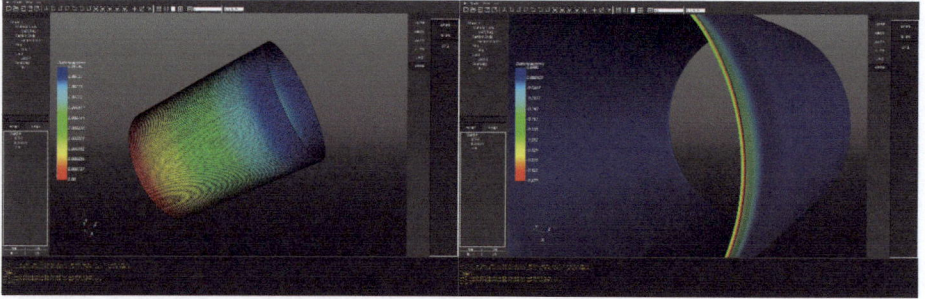

图 7.19　Desk 系列工程软件界面

Desk.Opt 软件具备结构参数化敏感性分析技术、实验设计采样和近似建模技术。软件具备全局优化和梯度优化算法, 可基于参数化模型脚本实现典型工程薄壳的一般性参数优化设计和形状优化设计。软件的核心优化算法具有较好的准确性和鲁棒性; 软件具有可以移植性, 可在 Windows7 以上以及 Linux 系统上运行; 软件具有友好的交互界面, 操作简单方便。

(1) 参数敏感性分析功能: 采用多参数敏感度分析方法对典型工程薄壳的几何参数进行全局敏感度分析, 获得结构几何参数对模型力学性能的影响程度。

(2) 参数优化功能: 针对典型工程薄壳开发了多种优化算法, 包括梯度优化算法、全局优化算法等。全局优化算法包括 GA、蚁群算法等; 梯度优化算法包括序列线性规划算法 (sequential linear programming, SLP)、序列二次规划算法 (SQP)、移动渐近线方法 (MMA), 提高优化问题求解效率。

(3) 采样算法和代理模型: 基于拉丁超立方、正交采样、MCSR 等编制实验设计部分的程序。为进一步提升拟合精度, 在采样完成后, 基于 CV-Voronoi 方法, 分割设计空间, 根据目标函数在局部区域的精度信息, 在拟合精度较差的区域添加采样点; 开发克里金 (Kriging)、径向基函数 (RBF) 等代理模型算法。

软件 GUI 用户界面包括接口界面模块、输入输出界面模块、算法界面模块、求解界面模块、后处理界面模块。其中接口界面模块包含 CAD 和 CAE 软件接口。Desk.Opt 针对不同的有限元分析模块提供基于 Python 开发的接口程序, Desk.Opt 通过迭代不断调用接口程序, 调用有限元分析模块进行结构力学分析, 实现结构参数优化。该模块已集成 UG-ABAQUS 接口, ANSYS Workbench 接口,如图 7.20 所示。

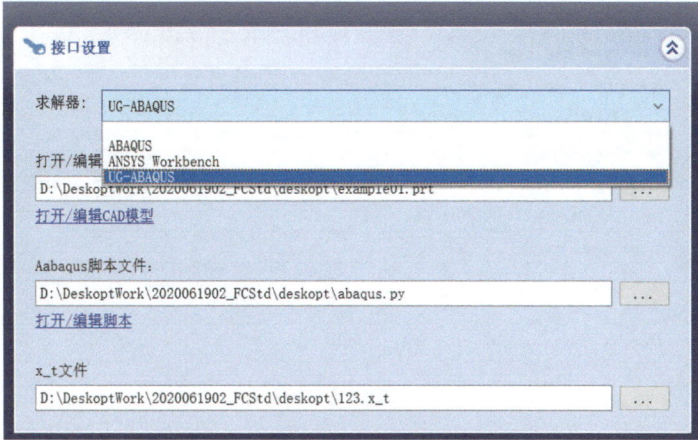

图 7.20　Desk.Opt 软件接口模块界面

　　输入输出界面模块应用正则表达式智能匹配技术,从参数文件中提取变量名、变量值和存储位置,优化器可以在优化过程中,自动替换参数文件中的变量值,或者从参数文件中动态读取性能函数值,实现参数传递和优化结果判定,界面如图 7.21 所示。

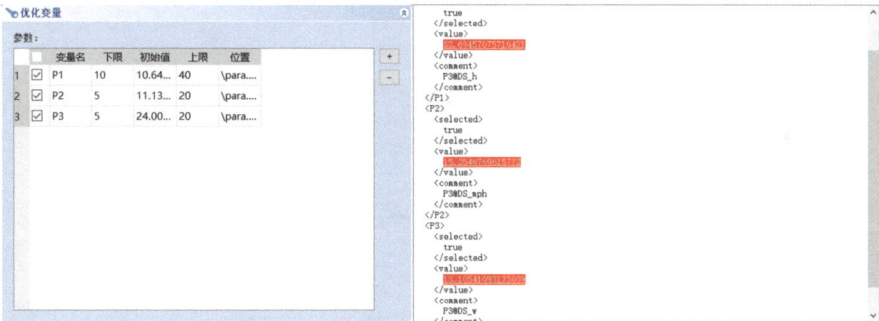

图 7.21　Desk.Opt 软件输入输出界面模块

　　算法界面模块集成了单目标遗传算法、多目标遗传算法等优化算法,可以针对具体优化问题进行合理选择,同时通过配置合适的优化参数,实现高效优化,界面如图 7.22 所示。
　　求解界面模块将自动配置好优化的工作目录以及 in 文件,点击运行即开始执行优化,实现自动化的参数优化过程,界面如图 7.23 所示。

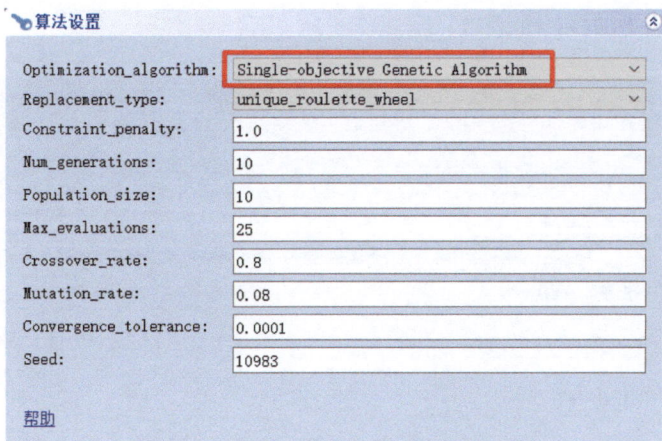

图 7.22　Desk.Opt 软件算法界面模块

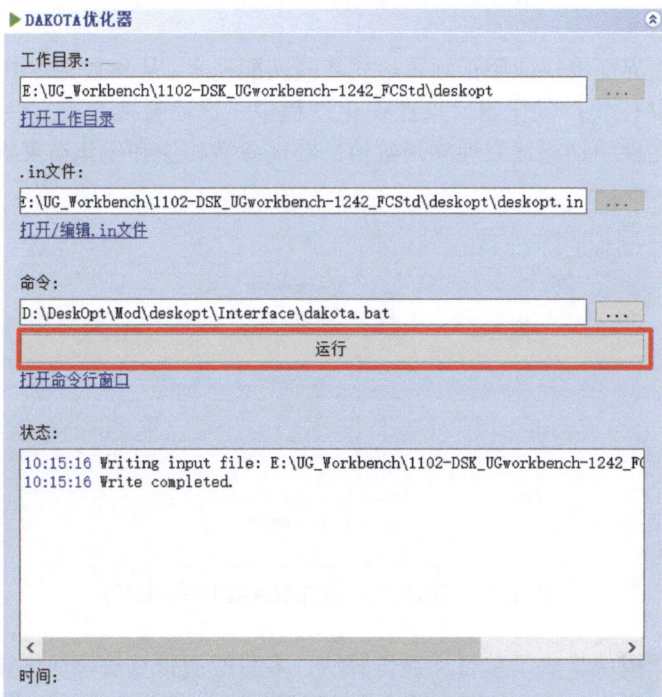

图 7.23　Desk.Opt 软件求解界面模块

　　后处理界面模块可以根据优化历程生成设计变量、目标函数以及约束函数的迭代曲线，该模块可提供 2D 折线图以及 3D 曲线图的绘制，实现优化过程及结果的直观体现，界面如图 7.24 所示。

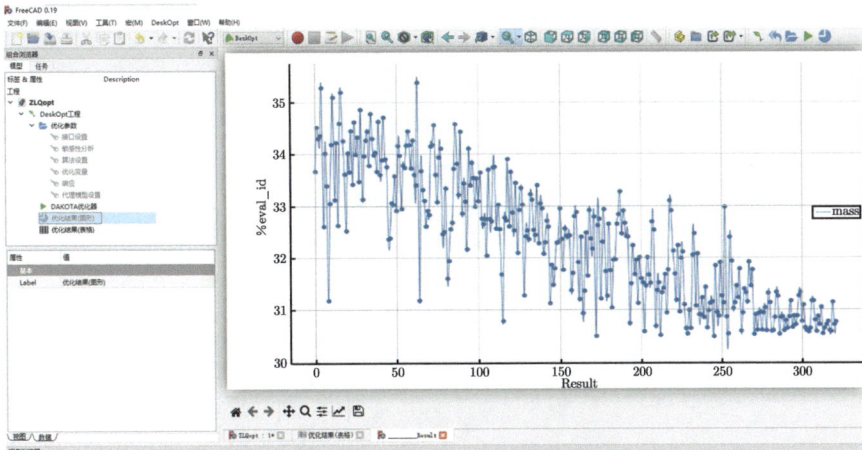

图 7.24　Desk.Opt 软件后处理界面模块

Desk.Top 软件针对各种典型部件结构形成了具有特定载荷边界形式的拓扑优化模块，软件具有有限元分析功能、材料插值模型功能、函数灵敏度分析功能、过滤技术、特征控制功能和梯度优化算法求解功能，可以实现典型工程装备的一般性拓扑优化设计。软件的核心优化算法具有较好的准确性和鲁棒性；软件具有可以移植性，可在 Windows7 以上以及 Linux 系统上运行；软件具有友好的交互界面，操作简单方便，如图 7.25 所示。

(1) 有限元分析功能：支持实体、壳体等多种单元类型，支持静力学、动力学频率分析、谐响应分析求解，具备多工况和子结构计算功能，可以获得结构复杂场景下的力学性能指标。

(2) 材料插值模型：SIMP 插值、RAMP 插值、MSIMP 插值。

(3) 灵敏度分析功能：基于伴随法的对柔度、体分比、米塞斯应力、动柔顺性、动应力、自由振动频率等函数对设计变量的灵敏度推导。

(4) 过滤功能：线性过滤方法包括敏度过滤、密度过滤和基于亥姆霍兹方程的密度过滤，非线性过滤包括基于 Heaviside 映射的密度过滤、保体积密度过滤和等体积密度过滤。

(5) 特征控制功能：设计域的变量连接技术、基于亥姆霍兹方程的各向异性过滤技术 (其中各向异性过滤类型包括平面、柱面、球面、环向、热扩散五种类型)、最大尺寸控制技术和设计变量的对称控制技术。

(6) 优化求解功能：移动渐近线方法 (MMA)。

软件 GUI 用户界面包括部件类型模块、预处理模型、有限元模块、优化设置模块、求解界面模块、后处理界面模块和特征提取模块。

图 7.25　Desk.Top 软件界面目录树

　　Desk.Top 针对不同的部件类型模块提供基于 MATLAB 开发的接口程序, 如图 7.26 所示。根据部件类型, 调用对应的接口程序, 以实现多种结构的有限元分析和拓扑优化设计。该模块已集成尾喷管、轮盘、进气道、安装节、承力机匣、薄壁支架结构等专用部件。预处理界面模块包含 CAD 和 CAE 软件接口, 可以调用商软 Abaqus 等划分网格, 读取 inp 文件信息, 设置材料的截面信息。有限元分析步可以选择静力分析、谐响应分析和频率分析, 并设置相应的有限元参数。

　　有限元模型模块可以赋予各区域材料属性, 设置载荷与边界条件和相互作用条件, 如图 7.27 所示。位移边界条件的设置界面, 可以实现结构边界条件的定义, 主要通过对边界的节点集合和约束方向进行定义。载荷条件的设置界面, 可以实现结构载荷条件的定义, 主要通过对载荷的节点集合、约束方向和载荷数值进行定义。相互作用条件设置界面, 可以设置节点和集合之间的运动耦合关系。

　　优化设置模块界面如图 7.28 所示, 可以设置拓扑优化问题, 选择设计域, 过滤器配置可以选择各向同性/异性过滤方式, 其中各向异性过滤可以选择具体的过滤类型。尺寸控制配置可以选择是否开启, 以调用最大尺寸控制约束函数, 优化器配置可以设置优化迭代步数和罚因子等参数。

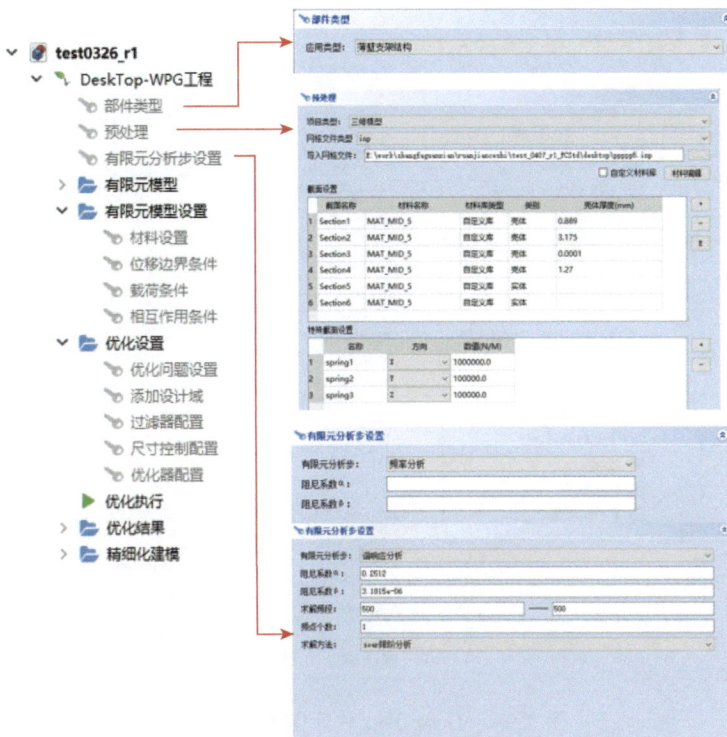

图 7.26 Desk.Top 部件类型、预处理及有限元分析步界面

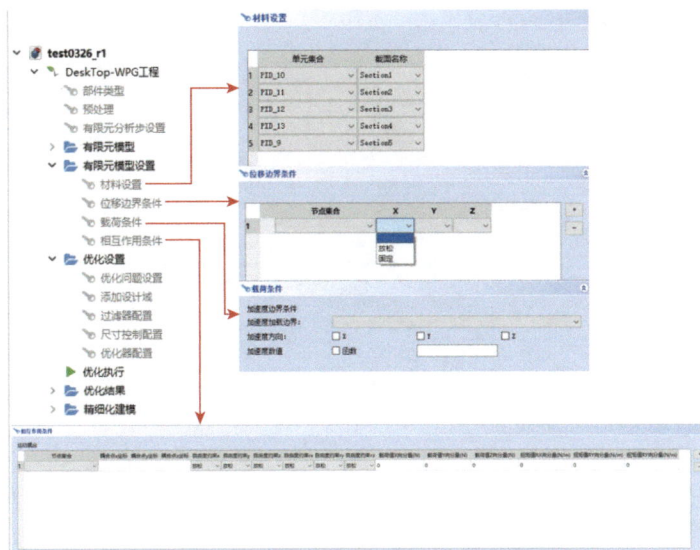

图 7.27 Desk.Top 软件有限元模型设置界面

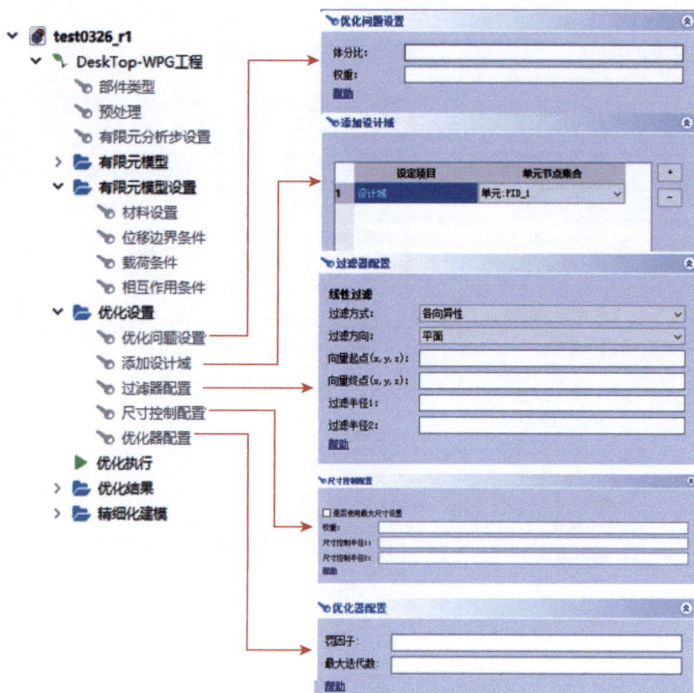

图 7.28 Desk.Top 软件优化设置界面

求解模块的界面如图 7.29 所示，根据具体的部件类型，调用 MATLAB 程序对当前问题进行求解。

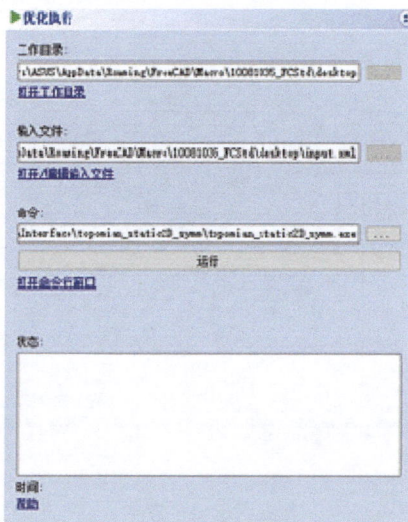

图 7.29 Desk.Top 软件优化求解界面

后处理模块界面如图 7.30 所示，可以调用 paraview 对优化结果进行查看。

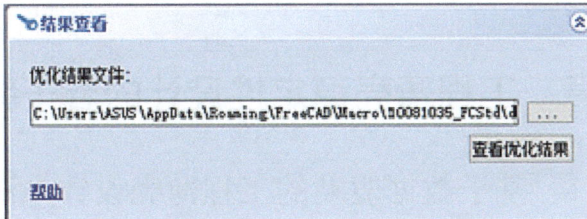

图 7.30　Desk.Top 软件后处理界面

特征提取模块的界面如图 7.31 所示，可以将优化结果的 vtk 文件转化为 ug 可读的 wrl 格式，并调用外部软件 ug。

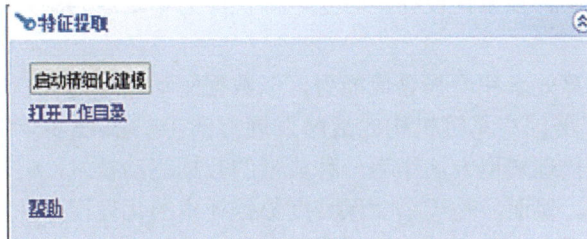

图 7.31　Desk.Top 软件特征提取界面

参 考 文 献

[1] Bushnell D. PANDA2—program for minimum weight design of stiffened, composite, locally buckled panels[J]. Computers & Structures, 1987, 25(4): 469-605.

[2] Bushnell D, Bushnell W D. Minimum-weight design of a stiffened panel via PANDA2 and evaluation of the optimized panel via STAGS[J]. Computers & Structures, 1994, 50(4): 569-602.

[3] Bushnell D. Recent enhancements to PANDA2[C]//37th Structure, Structural Dynamics and Materials Conference, 1996: 1337.

[4] Collier C, Yarrington P, Pickenheim M, et al. Design optimization using hyperSizerä[C]// Collier Research Corporation the 1998 MSC Americas Users Conference, Universal City, CA, Oct5-8, 1998.

[5] Collier C, Yarrington P, Van West B. Composite, grid-stiffened panel design for post buckling using hypersizer[C]//43rd AIAA/ASME/ASCE/AHS/ASC Structures, Structural Dynamics, and Materials Conference, 2002: 1222.

[6] Bednarcyk B, Yarrington P, Collier C, et al. Progressive failure analysis of composite stiffened panels[C]//47th AIAA/ASME/ASCE/AHS/ASC Structures, Structural Dynamics, and Materials Conference 14th AIAA/ASME/AHS Adaptive Structures Conference 7th, 2006: 1643.

第 8 章　工程薄壳稳定性设计的若干新进展

8.1　基于数据驱动的工程薄壳设计方法

8.1.1　引言

为了节约研制成本、提升有效载荷探测能力，航空航天装备往往追求极致的轻量化。但受限于严苛的载荷工况条件、装备大型化和复杂化的发展趋势以及较短的研发周期，结构轻量化设计耗时长、寻优能力不足成为制约航空航天装备设计的难题。

为了提升计算效率和增强寻优能力，以数据驱动技术为核心的智能设计技术已成为 NASA、美国空军等机构的战略发展方向 [1]，并在多个航空航天项目中得到实际应用。代理模型方法作为一种典型的数据驱动技术，近年来受到了研究人员的广泛关注。然而，基于单一保真度数据样本的代理模型在置信度水平及计算效率等方面仍存在不足，因此以多源数据为驱动的变保真度代理模型 (VFSM) 及优化技术近年来发展迅速，有助于提升结构精细化设计效率。VFSM 通过结合 HFM 的高精度优势和 LFM 的低成本优势，可在有限计算资源的前提下实现高效高精度预测，在航空航天、船舶、汽车和加工制造等领域均得到了广泛的应用 [2]。NASA 在 *CFD Vision 2030 Study*[3] 发展规划中，也将 VFSM 及优化技术列为革命性的计算科学技术之一，认为其可有效降低航空航天器设计风险及耗时，并且可能在 2030 年以后仍是活跃的研究方向。

针对 VFSM 构建技术，目前最常用的方法 [4] 包括桥函数法和 Co-Kriging 法。桥函数法主要包括加法桥函数 [5]、乘法桥函数 [6] 和混合桥函数 [7]。Co-Kriging[8,9] 为 Kriging 模型的扩展，通过引入 LFM 样本数据辅助预测 HFM。Han 等 [10-12] 提出了基于梯度增强型 Kriging 的 VFSM、基于分层 Kriging 的 VFSM 以及基于 Co-Kriging 的 VFSM。宋保维等 [13] 基于样本点更新策略结合交叉算子方法建立了 VFSM，能够精确地预测自主水下航行器的流体动力参数。Tian 等 [14] 指出对于后屈曲分析及优化这类高度非线性问题，桥函数法容易造成 VFSM 的精度不稳定。郑君 [4] 指出 Co-Kriging 构建过程复杂且构造成本较高。根据文献调研，现有的 VFSM 普遍基于代理模型技术建立，虽然在一些低维算例上取得了较好的预测精度和效率，但是对于复杂工程薄壳结构屈曲、后屈曲等力学性能预测这类高维、强非线性拟合问题，仍需要开展大量研究工作。尤其是将 VFSM 与具有优异训练能力的机器学习模型结合, 是 VFSM 领域具有潜力的研究方向。因此, 结合最新的机器学习技术, 构建高精度、鲁棒的 HFM 和 LFM 的 VFSM 构建方法是 VFSM 领域具有潜力的研究方向。

针对 VFSM 优化技术, Han 等 [11] 提出了基于分层 Kriging 和 Co-Kriging 的 VFSM, 并应用于飞行器设计和气动优化领域。Zhou 等 [15] 提出了一种基于主动学习的 VFSM 构造方法, 可在模型建立过程中进行自适应加点以提高精度。为了进一步提高算法对高维、多峰、长耗时复杂问题的优化效果, 将 VFSM 与智能优化算法相结合可充分利用其高效性和全局寻优能力, 是一个新兴的研究方向。研究人员提出了 VFSM 辅助的进化算法 [16]、和声搜索算法 [17]、多目标进化算法 [18] 等, 均取得了优异的优化结果。自适应协方差矩阵进化策略 (covariance matrix adaptation evolution strategy, CMA-ES) 是性能最好的黑箱优化算法之一 [19,20], 但随着优化问题维度和复杂度的增加 [21,22], 工程优化问题中 CMA-ES 的计算耗时和寻优能力也逐渐变得具有挑战 [23]。因此, 建立 VFSM 辅助的 CMA-ES 求解方法对提高其全局寻优能力和优化效率有重要作用, 是值得深入研究的课题。同时, 数据挖掘技术作为一种新兴的机器学习方法, 在复杂优化问题中有较大研究潜力, 亟待开展与代理模型优化算法相结合的相关研究。

综上所述, 针对 VFSM 存在的研究瓶颈与挑战, 本节首先建立了基于迁移学习的变保真度设计技术, 通过结合 VFSM 和迁移学习的思想, 利用了深度学习的强非线性拟合优势, 有效提高了模型预测精度。然后, 基于模糊聚类技术开展数据挖掘, 建立了基于 VFSM 辅助的 CMA-ES 全局优化算法, 有效提升了对复杂问题的寻优效率和全局寻优能力。

8.1.2 基于迁移学习的薄壳稳定性变保真度设计技术

1. 面向高效分析的变保真度迁移学习模型构建方法

深度神经网络 (deep neural network, DNN) 作为一种具有强非线性拟合能力的机器学习模型, 也被广泛应用于工程结构优化中 [24,25], 可解决传统 VFSM 对非线性问题预测精度不足的问题。但传统 DNN 只能进行高保真度数据的拟合, 而对于计算耗时工程问题往往难以获得足够多的高保真度样本点, 其应用范围受到限制。本节借助迁移学习的思想, 建立了变保真度迁移学习代理模型 (transfer learning based variable-fidelity surrogate model, TL-VFSM)。其基本思想如图 8.1 所示, 迁移学习是一种新颖的机器学习方法, 被广泛应用于目标检测、图像识别和语音识别等领域 [26], 其目的是将某个领域或任务上学习到的知识或模式应用到不同但相似的领域或任务中。对于给定的源域 D_s 和源任务 T_s、目标域 D_t 和目标任务 T_t, 且有 $D_s \neq D_t$ 或 $T_s \neq T_t$, 迁移学习可以充分利用 D_s 和 T_s 的信息, 从而高效地完成在 D_t 中对于 T_t 的训练。通常来说, 源域 D_s 是已经完成训练、有大量数据标注的领域，即为待迁移的对象。而目标域 D_t 是最终要进行标注的对象。迁移学习的核心是利用了源域和目标域的相似性，当知识从源域传递到了目标域，就完成了迁移学习。更详尽的迁移学习内容可参考 Pan 和 Yang[26] 的综述文章。

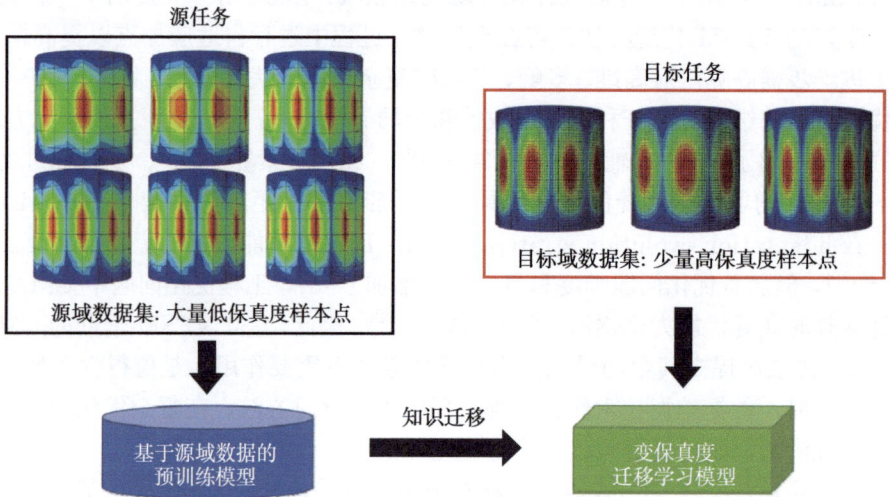

图 8.1　迁移学习基本思想

首先，介绍 DNN 的基本原理。对于一个含 n 个隐层的神经网络，其模型参数主要包括权值 W 和阈值 b，DNN 的第 j 层的输出可表示为

$$z^{(j)} = f\left(W^{(j)}z^{(j-1)} + b^{(j)}\right), \quad \forall j \in \{1, 2, \cdots, n\} \tag{8-1}$$

式中，$z^{(j)}$ 表示第 j 层的输出，$z^{(j-1)}$ 表示第 $(j-1)$ 层的输出，f 表示激活函数。本节使用的是 ReLU 激活函数。W 和 b 可统一用参数 $\boldsymbol{\theta} = \left\{W^{(j)}, b^{(j)}\right\}_{j=1}^{n+1}$ 表示，$\boldsymbol{\theta}$ 可以通过优化使得下式最小得到：

$$L(\boldsymbol{\theta}) = \frac{1}{N}\sum_{i=1}^{N}L_i = \frac{1}{N}\sum_{i=1}^{N}\left(y_i - \hat{f}\left(\boldsymbol{x}_i; \boldsymbol{\theta}\right)\right)^2 \tag{8-2}$$

式中，$L(\boldsymbol{\theta})$ 表示模型参数为 $\boldsymbol{\theta}$ 时的损失函数；(x, y) 为训练数据；$\hat{f}(\boldsymbol{x}_i; \boldsymbol{\theta})$ 为 DNN 的预测结果；N 为样本点总数。进而，采用自适应矩估计 (adaptive moment estimation，Adam) 算法 [28] 进行 DNN 的训练，以得到 DNN 的权值和阈值。

然后，介绍 TL-VFSM 的构建方法。受迁移学习思想的启发，结合 VFSM 的构建原理，本节利用 HFM 和 LFM 的相关性，以 LFM 样本数据作为源域，HFM 样本数据作为目标域，可以高效地完成从 LFM 到 HFM 的信息迁移。其构建过程如图 8.2 所示，主要包括以下两个步骤：

步骤 1：首先，根据问题属性、结构特征和分析方法，建立合适的 HFM 和 LFM，且 LFM 能反映 HFM 的大致变化趋势[29]。基于 LHS 方法得到 m 个 LFM 样本点和 n 个 HFM 样本点，并分别将其作为源域数据集和目标域数据集；然后，基于贝叶斯优化方法[30]，将目标域数据集作为验证集进行超参数优化，获得合适的预训练模型超参数，贝叶斯优化的采集函数可选择期望改进 (EI) 准则、概率改进 (PI) 准则及下置信界 (lower confidence bound，LCB) 准则等，超参数优化的迭代步数可根据实际情况进行设置；最后，基于源域数据集对给定超参数下的 DNN 进行训练，得到预训练模型。

步骤 2：对于预训练模型，DNN 的前若干层学习到的都是通用的特征，随着网络层次的加深，后面的网络更偏重于任务特定的特征，且越靠近输出层，任务特定特征越高级[31,32]。良好的层次结构使得 DNN 具备可迁移性，本节基于微调 (fine-tuning) 开展迁移学习。首先，保留预训练模型的浅层网络，并替换最后一层神经网络，即初始化其阈值和权值；其次，以 n 个 HFM 样本点作为目标域数据集，对最后一层网络进行 Fine-tuning，即通过少量的 HFM 样本点和较小的学习率对预训练模型神经网络的模型参数进行重新训练；最后，训练完毕即可得到 TL-VFSM。

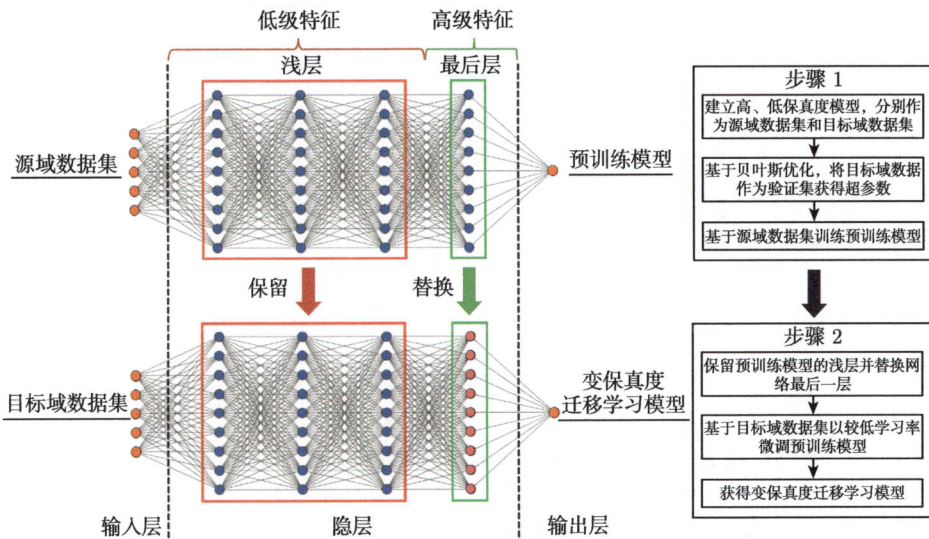

图 8.2　TL-VFSM 构建方法

2. 多级加筋圆柱壳算例验证

本节以多级加筋圆柱壳结构后屈曲极限承载力预测算例来进一步验证 TL-VFSM 的有效性。多级加筋圆柱壳结构的 HFM 为精细有限元模型，与《分析卷》3.2.2 节中的模型参数保持一致，单次计算耗时约 90 min；以基于《分析卷》4.2.1 节中的自适应等效分析方法建立的等效模型作为 LFM，单次计算耗时约 4.8 min。

　　基于 LHS 方法在设计空间内进行采样，得到 3 个 HFM 样本点与 200 个 LFM 样本点，并基于 8.1.2 节中的方法建立 TL-VFSM，贝叶斯超参数优化的上下界及优化结果如表 8.1 所示，采集函数选择 EI 准则，超参数优化设置为 50 步迭代，迭代曲线如图 8.3 所示。为了对比所提出 TL-VFSM 的预测效果，如图 8.4 所示，将其与传统 VFSM 方法进行对比。由表 8.2 中各 VFSM 精度对比结果可以发现，所提出方法的 RRMSE 预测误差比 Kriging-VFSM、RBF-VFSM 和 RSM-VFSM 分别下降了 25%、15% 和 51%，验证了所提出方法在同等数据条件下具有高精度优势。另一方面，仅使用 HFM 样本点时，模型预测精度随着样本点数量的增加而提升。同时可以发现，伴随着精度增加，计算耗时也激增，精度和耗时的结果如表 8.3 所示。从表中可以发现，采用 30HFM+200LFM 的数据融合模型的精度 (RRMSE=0.223) 与 80 个 HFM 样本点的模型精度 (RRMSE=0.220) 较接近，但总计算耗时 (3660 min) 与 80 个 HFM 样本点 (7200 min) 相比减少了 49.2%，验证了所提出方法的高效率优势。

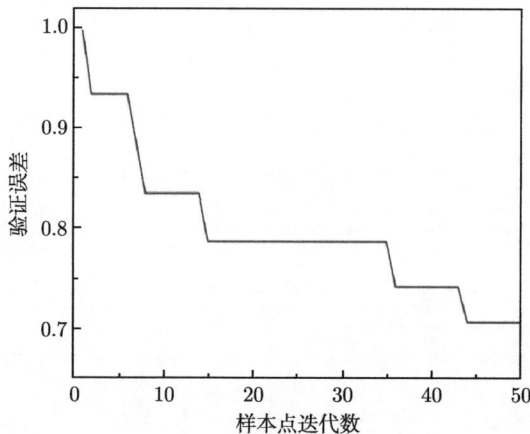

图 8.3　多级加筋圆柱壳算例贝叶斯超参数优化迭代图

表 8.1　多级加筋圆柱壳算例预训练模型超参数优化结果

超参数名称	优化下限	优化结果	优化上限
每层的神经元数目	20	179	200
总层数	2	10	15
学习率	1×10^{-4}	2.311×10^{-4}	0.1
Batch size 值	32	64	128
L_2 正则值	1×10^{-10}	4.211×10^{-10}	1×10^{-2}

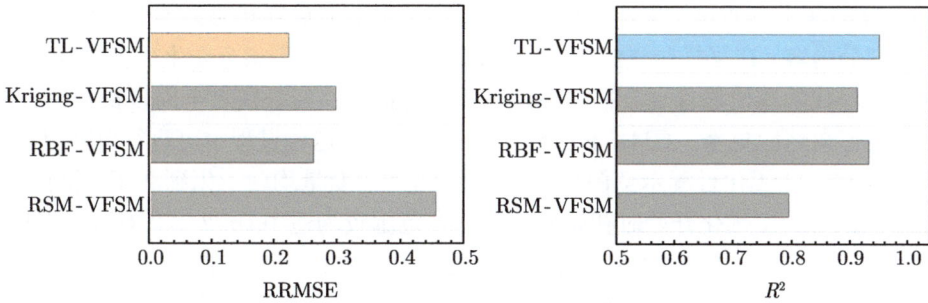

图 8.4 多级加筋圆柱壳算例 RRMSE 和 R^2 精度对比结果 (3HFM+200LFM)

表 8.2 变刚度复合材料圆柱壳算例各 VFSM 预测精度对比结果 (3HFM+200LFM)

	RSM-VFSM	RBF-VFSM	Kriging-VFSM	TLVFSM
RRMSE	0.455	0.262	0.297	**0.223**
R^2	0.794	0.932	0.912	**0.950**

表 8.3 多级加筋圆柱壳算例预测精度、计算耗时与样本点数量的关系

	10HFM	20HFM	30HFM	40HFM	60HFM	80HFM
RRMSE	0.515	0.335	0.302	0.274	0.247	0.220
R^2	0.733	0.887	0.909	0.925	0.936	0.951
耗时/min	900	1800	2700	3600	5400	7200

8.1.3 面向薄壳稳定性优化的竞争性变保真度进化算法

1. 协方差矩阵自适应进化策略

工程薄壳优化中需要考虑结构和材料的非线性响应, 以及更精细复杂的结构细节、工艺约束和载荷工况, 因此普遍采用参数优化方法进行优化设计, 主要的设计变量包括蒙皮厚度、筋条数目、筋条高度、筋条厚度、铺层方向等。常用的参数优化算法包括梯度优化算法和智能优化算法。梯度优化算法包括序列二次规划法、共轭梯度法、牛顿法等, 其收敛速度较快, 但容易陷入局部最优解, 难以应用于复杂优化问题。智能优化算法包括进化算法、粒子群算法、遗传算法等, 由于其具有启发特性, 常用于解决复杂、强非线性的黑箱优化问题。作为进化算法的一种变体, CMA-ES 是一种面向连续空间中复杂优化问题 (非凸、病态、多峰、崎岖、含噪声) 的智能优化算法 [33], 被认为是最成功的连续问题黑箱优化算法之一 [19,20]。由于考虑了样本点不同维度之间的相关性, CMA-ES 可使得样本更新空间朝着最优样本点的方向高效行进 [34]。CMA-ES 以其较强的寻优能力, 已成功应用于复杂工程优化问题中, 如拓扑优化 [35]、经济调度问题 [36] 和大规模优化 [37] 等实际工程问题等。

CMA-ES 主要包括采样与重组、全局步长自适应更新和协方差矩阵自适应更新三部分内容。在采样与重组步骤，CMA-ES 基于多元正态分布生成新的样本点，并对下一代的均值进行更新；然后，基于共轭进化路径分别对全局步长和协方差矩阵进行自适应更新。CMA-ES 的主要参数在优化迭代过程中可进行自动更新。

CMA-ES 优化过程示意图如图 8.5 所示 (所有变量均归一化到 [0,1] 区间)，如图 8.5 (a) 所示，优化开始时初始采样的搜索范围较为适中 ($\sigma^{(0)} = 0.3$)；随着迭代的进行 [图 8.5(b)]，CMA-ES 全局步长自适应地变大 ($\sigma^{(5)} = 0.7$)，并且后代种群沿着搜索方向在更大的空间中采样；最后，优化搜索范围自适应缩小 ($\sigma^{(20)} = 0.05$)，聚集在最优解附近 [图 8.5(c)]。Hansen[38] 指出 CMA-ES 中全局步长 σ 的自适应变化可以提高收敛速度和全局寻优能力。从图 8.5 中的变化过程也可以发现，当 σ 的值较大时，优化以全局勘探为主，σ 较小时，优化转为局部开采。也就是说，步长 σ 的值可在一定程度上作为衡量 CMA-ES 优化进展程度的指标。

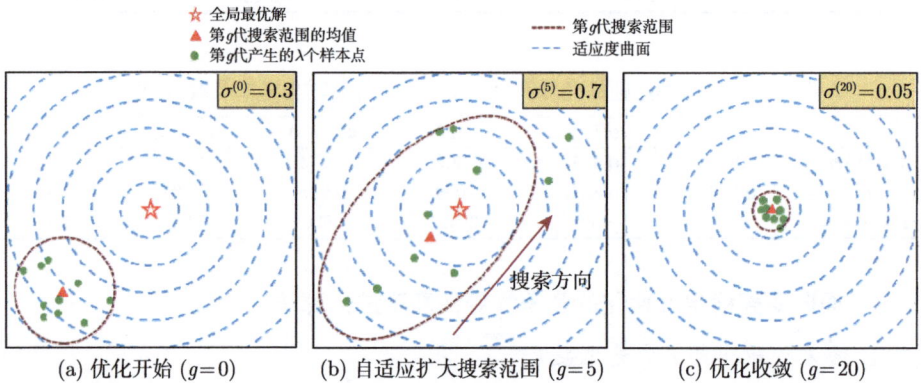

图 8.5　CMA-ES 优化过程示意图

2. 模糊 C 均值聚类算法

聚类分析是一种典型的无监督学习方法，同时也是数据挖掘领域的一种重要算法。将物理或抽象对象的集合分成由类似的对象组成的多个类或簇的过程被称为聚类。聚类算法将数据集分成多个类或簇，使得各个类之间的数据差别尽可能大，类内之间的数据差别尽可能小。模糊 C-均值 (fuzzy C-means, FCM) 聚类算法是由 Bezdek[39] 最初引入的一种模糊聚类算法，是对传统的硬聚类算法的改进，是基于目标函数的模糊聚类算法理论中最为完善、应用最为广泛的一种算法[40]。FCM 算法通过隶属度来确定每个数据点属于某个聚类程度，并且通过优化目标函数得到每个样本点对所有类中心的隶属度，从而确定样本点的类属，以达到自动对样本数据进行分类的目的。

假定数据集为 $X = (x_1, x_2, \cdots, x_n)$，考虑将数据划分为 c 类，则对应有 c 个

聚类中心,FCM 聚类方法主要包括以下三个步骤:

步骤 1:初始化参数 c、m (定义簇的模糊性参数) 和停止准则,停止准则可以表示为

$$\max_{ij}\left\{\left|u_{ij}^{T+1}-u_{ij}^T\right|\right\}<\varepsilon,\quad \varepsilon\in[0,1] \tag{8-3}$$

式中,T 为迭代次数,u_{ij} 表示第 j 个向量与第 i 簇的隶属值。

步骤 2:初始化聚类中心 $C=\{c_1,c_2,\cdots,c_c\}$,其中 c_i $(i=1,2,\cdots,c)$ 可表示为

$$c_i=\frac{\sum_{j=1}^{n}(u_{ij})^m x_j}{\sum_{j=1}^{n}(u_{ij})^m} \tag{8-4}$$

步骤 3:通过聚类目标函数计算隶属度矩阵 $\boldsymbol{U}$,更新聚类中心 $\boldsymbol{C}$:

$$J(\boldsymbol{U},\boldsymbol{C})=\sum_{i=1}^{c}\sum_{j=1}^{n}u_{ij}^m(d_{ij})^2 \tag{8-5}$$

$$d_{ij}=\|x_j-c_i\| \tag{8-6}$$

式中,d_{ij} 是代表 x_j 到聚类中心 c_i 的欧氏距离,重复此步骤直至满足收敛准则;当 FCM 算法迭代停止时,可以获得每个向量的最终聚类中心和隶属度,进而可以得到向量 $\boldsymbol{X}$ 的模糊聚类结果。

3. 竞争性变保真度代理模型辅助的进化优化算法

对于经典 CMA-ES 算法,Molina 等 [41] 指出当算法种群规模较小时,CMA-ES 易陷入局部最优解。而种群规模增大会导致样本点评估数量增加,限制了算法对长耗优化时间问题的适用性 [23]。为了提升对工程薄壳稳定性分析的优化效率和全局寻优能力,本节提出了竞争性 VFSM 辅助的 CMA-ES 优化算法 (competitive variable-fidelity surrogate-assisted CMA-ES,CVFS-CMA-ES) 算法,旨在将低保真度数据引入 CMA-ES 优化中,并结合数据挖掘算法获取竞争性样本点,进一步提升其对工程薄壳稳定性优化问题的适用性。

CVFS-CMA-ES 的核心内容为两次数据挖掘,在第一次数据挖掘中,基于 FCM 算法获取竞争性样本点,并进一步建立竞争性 VFSM;在第二次数据挖掘中,基于变保真度 ILCB 方法进行 CMA-ES 种群样本点筛选和排序,并根据其潜力值判断由 HFM 或 LFM 进行响应计算。CVFS-CMA-ES 的流程图如图 8.6 所示,详细步骤如下:

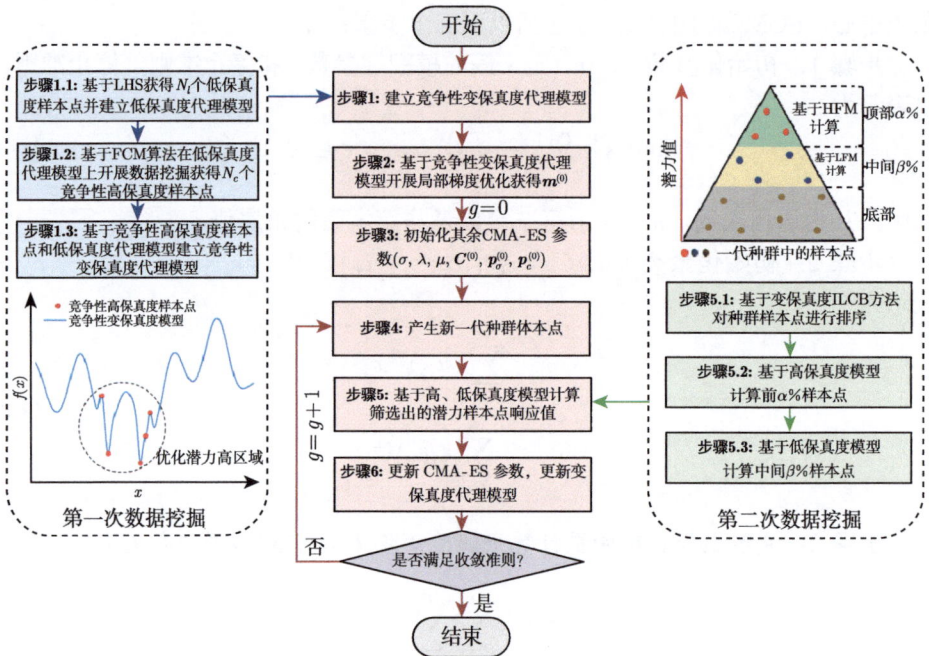

图 8.6　竞争性 VFSM 辅助的 CMA-ES 优化算法

步骤 1.1：基于 LHS 抽样在空间中获得 N_l 个 LFM 样本点，基于 GP 模型构建低保真度代理模型；

步骤 1.2：基于 FCM 聚类算法在 LFSM 上开展数据挖掘。首先基于 LFSM 在空间中进行大量采样，获得 N_l 个样本点；然后，根据 LFSM 响应值对样本点进行排序，挑选其中最优的 N_n 个样本放入集合 S_c 中；进而，基于 FCM 聚类算法对 S_c 中的样本点进行分类，并只保留最优的一类，其余样本点移出集合 S_c；最后，重复上述步骤直至满足收敛准则。挑选最终集合 S_c 中响应值最优的前 N_c 个样本点作为竞争性样本点，并基于 HFM 计算其响应值；

步骤 1.3：基于 LFSM 和 N_c 个竞争性 HFM 样本点，通过桥函数的方式建立竞争性 VFSM，可以表示为

$$\hat{y}_{\mathrm{VFM}}(x) = \rho\hat{y}_{\mathrm{LFSM}}(x) + \hat{\delta}(x) \tag{8-7}$$

式中，$\hat{y}_{\mathrm{VFM}}(x)$ 表示竞争性 VFSM，$\hat{y}_{\mathrm{LFSM}}$ 表示由 LFM 样本点建立的 LFSM，$\hat{\delta}(x)$ 表示基于 HFM 和 LFSM 在 HFM 样本点之间建立的桥函数模型，可以表示为

$$\hat{\delta}(x) = y_{\text{HFM}}(x_{\text{HFM}}) - \rho\hat{y}_{\text{LFSM}}(x_{\text{HFM}}) \tag{8-8}$$

式中，$y_{\text{HFM}}(x_{\text{HFM}})$ 代表 HFM 样本点 x_{HFM} 的响应，ρ 为用于缩小 $y_{\text{HFM}}(x_{\text{HFM}})$ 和 $\hat{y}_{\text{LFSM}}(x_{\text{HFM}})$ 的常数，可由下式得到：

$$
\begin{aligned}
&\text{find}\quad \rho\\
&\min\ \sum_{i=1}^{n_{\text{H}}}\left[\rho\hat{y}_{\text{LFSM}}\left(x_{\text{HFM}}^{i}\right) - y_{\text{HFM}}\left(x_{\text{HFM}}^{i}\right)\right]^{2}
\end{aligned}
\tag{8-9}
$$

式中，n_{H} 表示 HFM 样本点的总数。

步骤 2：以当前最优的 HFM 样本点为起始点，基于 SQP 算法对竞争性 VFSM 进行局部梯度优化，得到 CMA-ES 初始均值 $\boldsymbol{m}^{(0)}$。由于优化是基于代理模型进行的，且只执行局部搜索，因此计算耗时可以忽略不计。

步骤 3：初始化 CMA-ES 的其他参数，包括 $\sigma^{(0)}, \lambda, \mu, \boldsymbol{C}^{(0)}, \boldsymbol{p}_{\sigma}^{(0)}, \boldsymbol{p}_{c}^{(0)}$。

步骤 4：根据当前 $\boldsymbol{m}^{(g)}$ 和 $\sigma^{(g)}$，生成下一代 CMA-ES 的种群样本点。

步骤 5.1：建立改进下置信界 (improved lower confidence bound, ILCB) 准则。传统 LCB 方法的表达式如下：

$$\text{LCB}(x) = \hat{y}(x) - b\hat{\sigma}(x) \tag{8-10}$$

式中，$\hat{\sigma}(x)$ 为 GP 模型在样本点 x 处的误差值；$\hat{y}(x)$ 为代理模型在变量 x 上的预测值。在上式中引入 CMA-ES 的全局步长，则 ILCB 方法可以表示为

$$\text{ILCB}_{\text{VFM}}(x) = \hat{y}(x) - \sigma^{(g)}B\hat{\sigma}_{\text{VFM}}(x) \tag{8-11}$$

式中，B 是常数项，用于调整不确定项 $\hat{\sigma}_{\text{VFM}}(x)$ 的基准值，$\hat{\sigma}_{\text{VFM}}(x)$ 为竞争性 VFSM 的预测误差，其表达式为

$$\hat{\sigma}_{\text{VFM}}(x) = \sqrt{\rho^{2}\sigma_{\text{LFSM}}(x) + \sigma_{\delta}^{2}(x)} \tag{8-12}$$

式中，$\sigma_{\text{LFSM}}(x)$ 和 $\sigma_{\delta}(x)$ 分别代表 LFSM 和桥函数 $\hat{\delta}(x)$ 的预测误差。基于变保真度 ILCB 表达式计算迭代过程中样本点的响应并排序，将样本点分为三类，前 $\alpha\%$ 为第一类，中间 $\beta\%$ 为第二类，剩余样本点为第三类。

步骤 5.2：基于 HFM 模型计算第一类样本点响应。

步骤 5.3：基于 LFM 模型计算第二类样本点响应。α 和 β 满足以下关系：

$$(\alpha\% + \beta\%)\lambda = \mu \tag{8-13}$$

式中，μ 代表父代样本点数目，λ 代表一代种群样本点数量，即选择当前种群的 $(\alpha\%+\beta\%)$ 个样本点作为父代来确定下一代。在 CMA-ES 中，排序靠前的样本点会被分配到更大的权重，即下一代的新样本点会更接近排序靠前的样本点。第三类样本点由于不作为父代，因此无需计算响应，以节省计算资源。

步骤 6：将步骤 5 中获得的新 HFM 样本点和新 LFM 样本点放入原样本点集，更新 CMA-ES 中的全局步长和协方差矩阵，更新竞争性 VFSM。

然后，检查是否满足收敛准则。如果满足，则输出当前最优解，否则返回步骤 4 并重复循环。

4. 变刚度复合材料圆柱壳算例验证

本节基于变刚度复合材料圆柱壳线性屈曲载荷值优化算例对所提出方法进行验证，本算例中的变刚度复合材料圆柱壳结构如图 8.7 所示，基于参考文献 [42] 给出的变刚度复合材料圆柱壳模型参数和材料属性进行建模。使用多点约束将非约束端的自由度约束到其中心点位置，并施加一个 $F = 5$ kN 的集中力和一个 $T = 1$ kN·m 的扭矩。总铺层数量为 16 层，本算例中变刚度铺层序列定为 $[\theta_1/\theta_2/\theta_3/\theta_4/\theta_4/\theta_3/\theta_2/\theta_1]_s$，其中铺层角度沿圆周方向变化。将圆柱壳均匀划分为 8 份，考虑曲线纤维在圆周上对称，纤维的轨迹由 5 个设计变量 T_i $(i = 1, 2, \cdots, 5)$ 确定，故本优化算例的维度数为 20。纤维角度变化的表达式为

$$\theta(\alpha) = T_i + \frac{T_{i+1} - T_i}{\alpha_{i+1} - \alpha_i} (\alpha - \alpha_i) \tag{8-14}$$

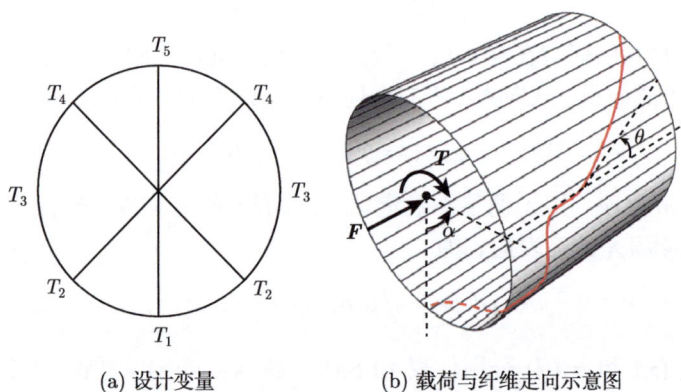

(a) 设计变量　　　　　(b) 载荷与纤维走向示意图

图 8.7　变刚度复合材料圆柱壳示意图

优化目标是寻找变刚度复合材料圆柱壳的最优铺层路径，使屈曲载荷因子 F_{cr} 最大。本算例的优化问题可以表述为

$$\begin{aligned} &\text{Minimize:} \quad 1/F_{cr} \\ &\text{Subjected to:} \quad 0 \leqslant T_i \leqslant 90, \quad i = 1, 2, \cdots, 20 \end{aligned} \tag{8-15}$$

式中，T_i 是每层中的纤维角度，变化范围为 $[0°，90°]$。

在 ABAQUS 中进行变刚度复合材料圆柱壳的有限元建模，使用 S8R5 (8 节点，每个节点 5 个自由度) 的壳单元类型，采用的计算机配置为 Intel Xeon Gold

6246R @ 3.39GHz、128G RAM。根据有限元网格的疏密程度确定模型的保真度是一种有效的变刚度复合材料圆柱壳 HFM 和 LFM 建立方法[43]。如图 8.8 所示，本节选取网格数量为 6000 的有限元模型作为 HFM (单次计算耗时为 190 s)，选取网格数量为 600 的有限元模型作为 LFM (单次计算耗时为 28 s)。由图 8.8 可以发现，LFM 网格较为稀疏、纤维路径变化相对粗糙，而 HFM 的网格较密、纤维路径变化较为光滑。

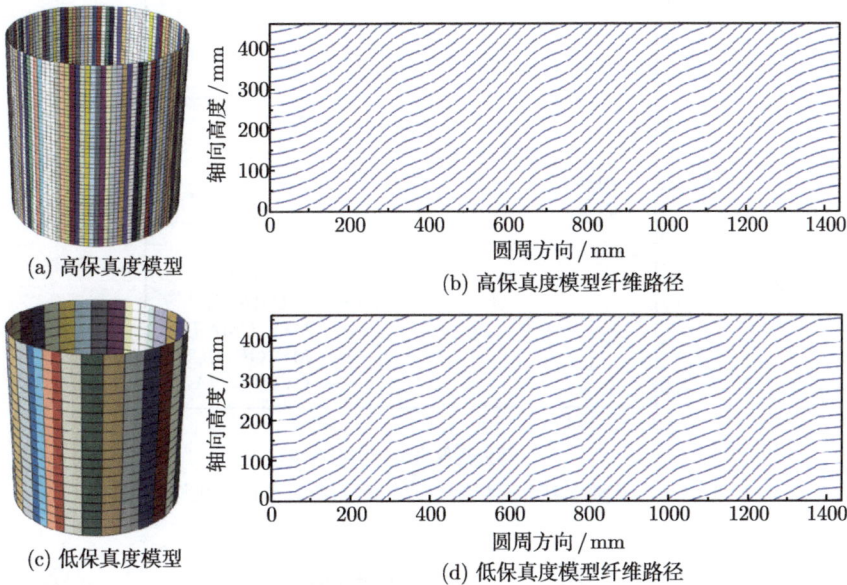

(a) 高保真度模型   (b) 高保真度模型纤维路径

(c) 低保真度模型   (d) 低保真度模型纤维路径

图 8.8 变刚度复合材料圆柱壳 HFM 与 LFM 示意图

将所提出的 CVFS-CMA-ES 算法应用于上述优化问题，相关参数设置为：$\lambda = 4 + [3\ln D]$，$\sigma^{(0)} = 0.25$，$B = 10$，$N_l = 10000$，$N_c = 30$，$\alpha = 30$，$\beta = 20$。并与经典的 CMA-ES[33]、S-CMA-ES[44]、DTS-CMA-ES[45] 和 MF-GP-UCB[46] 进行比较来验证其有效性，算法参数设置与文献中保持一致。在本算例中，收敛准则为优化迭代过程中等效 HFM 样本点数量达到 600。CVFS-CMA-ES 和 MF-GP-UCB 初始 HFM、LFM 样本点的数量分别设置为 30 和 300。将上述优化算法重复执行 5 次，优化结果统计数据如表 8.4 所示，结果包含平均值、标准差、最好值、最坏值和 Wilcoxon 秩和检验 (Wilcoxon rank sum test, W-test) 结果[47]，其中 W-test 用于检验两组数据是否存在显著性差异，通常显著性水平取 5%[48]，在检验结果中，"+" 表示所提出方法显著优于对比方法，"−" 表示所提出方法显著劣于对比方法，"≈" 表示所提出方法与对比方法结果相似。各算法的平均迭代曲线如图 8.9 所示，各算法得到的变刚度复合材料圆柱壳最优结果的屈曲模态如图 8.10 所示。由图 8.9 可以发现，CVFS-CMA-ES 的优化起始点比

表 8.4　变刚度复合材料圆柱壳算例屈曲载荷值各算法优化结果

	CMA-ES	S-CMA-ES	DTS-CMA-ES	MF-GP-UCB	CVFS-CMA-ES
平均值	35.06	35.14	34.86	30.75	**39.91**
标准差	0.69	1.84	2.05	**0.32**	0.41
最好值	35.74	37.54	37.94	31.11	**40.55**
最坏值	34.10	33.19	31.92	30.23	**39.38**
W-test	+	+	+	+	

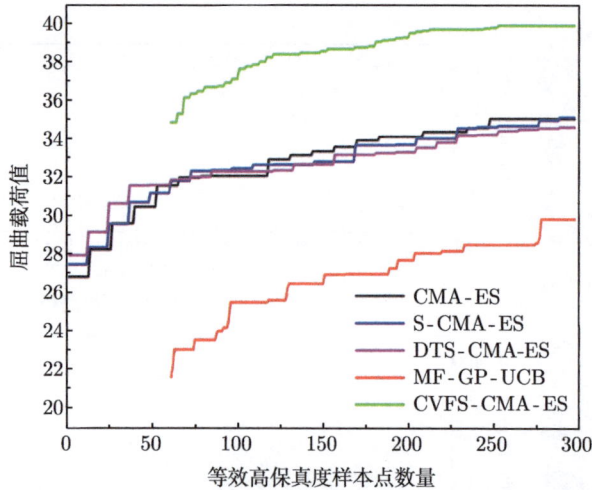

图 8.9　变刚度复合材料圆柱壳算例屈曲载荷值优化迭代图

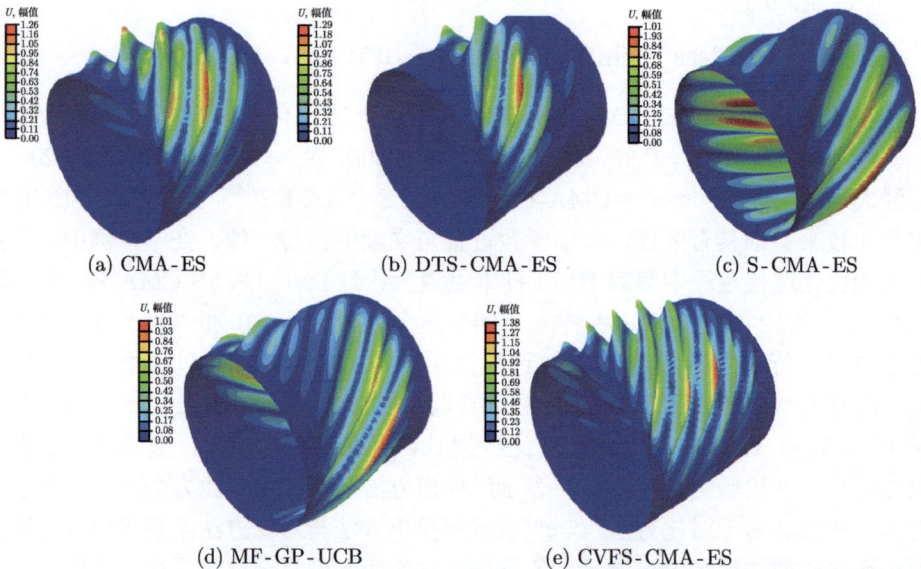

(a) CMA-ES　　(b) DTS-CMA-ES　　(c) S-CMA-ES

(d) MF-GP-UCB　　(e) CVFS-CMA-ES

图 8.10　变刚度复合材料圆柱壳算例各优化算法最优结果屈曲模态图

其他算法更高, 说明了竞争性 VFSM 能获得较好的优化初始解。此外, CVFS-CMA-ES 的最终优化解为 39.91, 比 CMA-ES、DTS-CMA-ES、S-CMA-ES 和 MF-GP-UCB 分别提高了 13.8%、14.5%、13.6% 和 29.8%。从表 8.4 可以看出, CVFS-CMA-ES 的标准差排名第二且其值与排名第一的 MF-GP-UCB 非常接近, 并在其他指标上 CVFS-CMA-ES 获得了最好的结果。同时, 根据 W-test 结果可以看出, CVFS-CMA-ES 的优化结果显著优于其他四种对比的优化算法。综上所述, 通过本节的变刚度复合材料圆柱壳算例, 说明了 CVFS-CMA-ES 对工程薄壳结构稳定性优化具有较高的效率和较强的全局寻优能力。

8.2 工程薄壳结构等几何分析与设计

8.2.1 引言

随着工程薄壳结构朝着大型化和复杂化发展, 其数值模型分析耗时激增, 限制了其在初始设计及大规模结构优化中的应用。对于典型工业级结构设计, 有限元分析建模操作 (实体模型生成与编辑、几何前处理、画网格、网格操作等) 时间占比达到 80%, 如图 8.11 所示。CAD 文件在进行 CAE 分析之前需要进行大量的模型前处理工作, 即便是对于经验丰富的仿真工程师, 这仍然是一项具有挑战性的工作[49]。对于工程薄壳结构分析与设计来讲, 通用有限元技术已经多年未得到明显的进展, 同时有限元分析的弊端也严重制约了基于数值仿真的结构优化设计。

1. 等几何分析

结构分析是结构优化的基础, 高效的结构优化通常要求高效高精度的结构分析。对于简单且规则的结构, 解析理论可作为高效精准的结构分析方法, 然而工程结构伴随着复杂的几何形状、材料性质甚至装配关系, 高效精确的解析理论难以推导。直到 20 世纪 60 年代初期, 基于有限单元思想的数值计算方法——有限元分析 (finite element analysis, FEA) 首次问世, 高精度地预测了复杂结构力学响应的近似解。随后, 无网格法、瑞利-里茨法、有限条法和一系列改良版有限元分析方法相继出现, 致力于提高结构的力学性能预测精度和计算效率。然而预测精度与计算效率通常难以兼顾, 尤其针对过于复杂的分析模型, 为了达到令人满意的预测精度, 其计算效率往往难以接受, 特别是针对结构优化设计问题, 优化过程中需大量调取分析程序计算目标响应, 高昂的计算成本更是阻碍结构优化的最大障碍之一。

基于这一瓶颈问题, 国际计算力学专家、美国得克萨斯大学奥斯汀分校 Thomas J. R. Hughes 教授[51] 于 2005 年提出了一种全新的数值方法——等几何分析 (isogeomtric analysis, IGA) 方法 (图 8.12), 其在有限元思想的基础上,

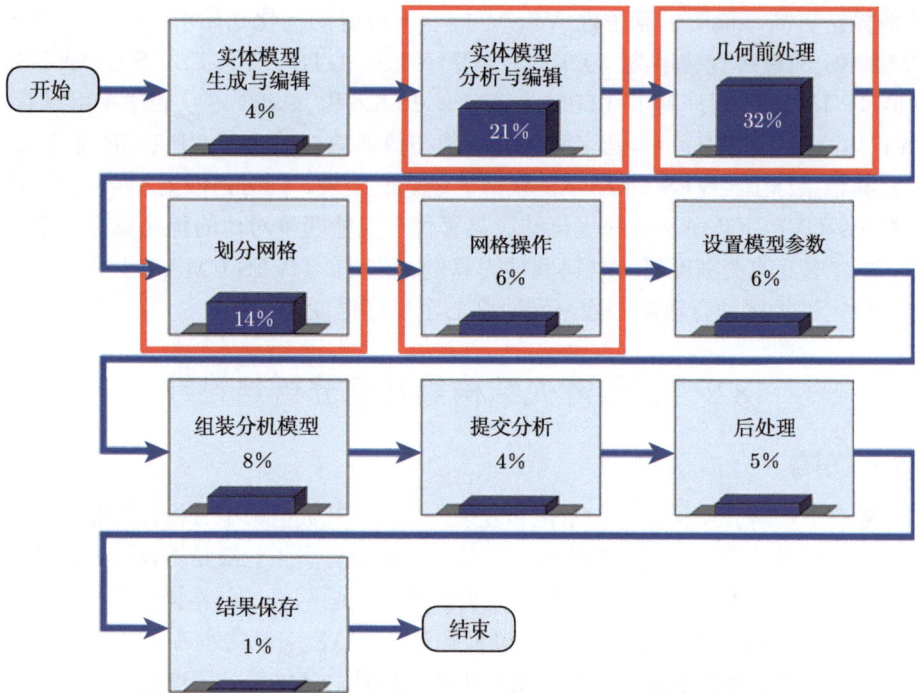

图 8.11　美国桑迪亚国家实验室模型生成和分析过程中各部分的相对时间成本估计。值得注意的是构建模型的过程完全支配了执行分析所花费的时间 (由桑迪亚国家实验室 Michael Hardwick 和 Robert Clay 提供)[49]

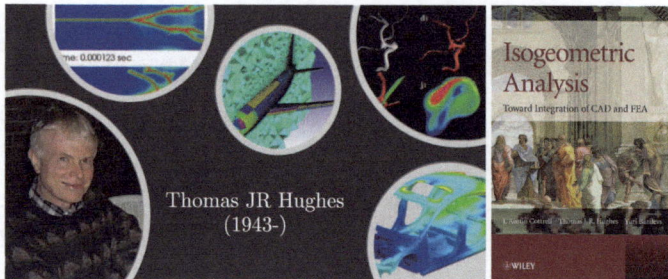

图 8.12　国际计算力学专家 Thomas JR Hughes[50] 与等几何分析领域首部专著 [49]

采用等参变换原理，将描述几何形状的 NURBS 基函数替代传统有限元分析中 Lagrange 多项式基函数来描述物理场，统一了用于模型设计的几何模型和用于结构分析的分析模型，避免了网格离散所带来的几何误差，因此，较少的模型自由度在保证计算精度的同时提高了结构分析效率。在壳体分析中，高斯积分点处的中面法向量求解是力学响应精准预测的关键，在传统有限元分析中，高斯积分点的法向量只能通过插值来近似获得，然而，等几何分析可以解析地求解壳体中面任意位置的法向量[52]，Dornisch[53] 等发展了精确计算法向量的公式，在有限几何结点的情况下，极大地提高了计算精度。

2. 等几何优化

基于有限元方法的结构优化设计通常需要繁琐的参数化过程和耗时的网格重划分操作，而且有限元节点坐标作为设计变量会引起变量过多以及不现实设计等问题。通常，有限元方法的优化结果需要一些额外的光滑化过程对边界的形状进行后处理以适合于实际工程应用。然而，这些后处理过程会对优化解的精度和可信性造成明显的影响，不符合高精度和高性能的结构设计需求。等几何分析方法由于紧密结合几何模型的信息，与结构的几何边界可以建立起直接的联系。在精确几何分析的框架下开展连续体结构的形状、尺寸和拓扑优化设计，可以充分发挥 IGA 的优势，同时有利于克服和解决传统优化过程中存在的求解困难。目前，大量的研究是关于等几何形状优化设计 (图 8.13) 和等几何拓扑优化设计 (图 8.14) 的。NURBS 控制点处的信息 (位置、材料密度等) 作为设计变量不需要进一步地设计参数化，且能保证优化结果的光滑性。

图 8.13　等几何形状优化设计[54]

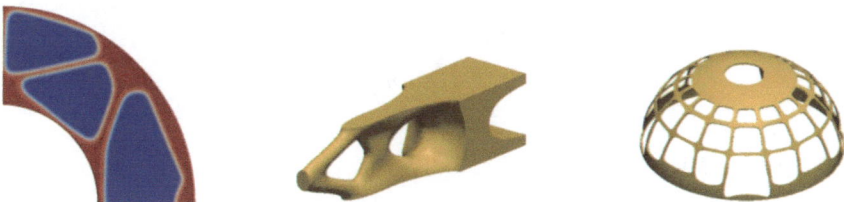

图 8.14　等几何拓扑优化设计[54]

综上所述，基于等几何分析的结构优化设计具有以下优势：

(1) 几何近似引入的误差在源头上被消除，结构响应分析的精度更高；

(2) 避免依赖网格的形状优化设计存在的繁琐参数化和网格操作过程；

(3) 可有效消除拓扑优化中常见的棋盘格模式和孤岛现象等数值不稳定问题;

(4) 可方便处理一些对连续性要求较高的优化问题,并提供解析的灵敏度信息;

(5) 结构优化设计更加便于和 CAD 系统直接联系。

8.2.2　复杂变刚度复合材料结构的快速屈曲分析方法

1. NURBS 曲线和曲面

Ω^d 维物理空间中的非均匀有理 B 样条 (NURBS) 曲线,是由 Ω^{d+1} 维齐次坐标空间中的 B 样条曲线投影变换得到的。定义 Ω^{d+1} 维齐次坐标空间中的带权控制点:

$$\boldsymbol{P}_i^w = w_i \left\{ \begin{array}{c} \boldsymbol{P}_i \\ 1 \end{array} \right\} = \left\{ \begin{array}{c} w_i x_i \\ w_i y_i \\ w_i \end{array} \right\}, \quad i = 0, 1, \cdots, n \tag{8-16}$$

从而可得到 Ω^{d+1} 维空间中的非有理 (即多项式) B 样条曲线:

$$\boldsymbol{C}^w(\xi) = \sum_{i=1}^n N_{i,p}(\xi) \boldsymbol{P}_i^w \tag{8-17}$$

式中,$N_{i,p}(\xi)$ 是非有理 (即多项式) B 样条基函数。将 $\boldsymbol{C}^w(\xi)$ 投影到 Ω^d 维空间中便得到了有理 B 样条曲线,即 NURBS 曲线:

$$\boldsymbol{C}(\xi) = \frac{\displaystyle\sum_{i=1}^n N_{i,p}(\xi) w_i \boldsymbol{P}_i}{\displaystyle\sum_{j=1}^n N_{j,p}(\xi) w_j} = \sum_{i=1}^n R_{i,p}(\xi) \boldsymbol{P}_i \tag{8-18}$$

式中,$R_{i,p}(\xi)$ 为 NURBS 基函数,表达式为

$$R_{i,p}(\xi) = \frac{w_i N_{i,p}(\xi)}{\displaystyle\sum_{j=1}^n w_j N_{j,p}(\xi)} \tag{8-19}$$

NURBS 曲面的定义式为

$$\boldsymbol{S}(\xi, \eta) = \sum_{i=1}^n \sum_{j=1}^m R_{i,j}^{p,q}(\xi, \eta) \boldsymbol{B}_{i,j} = \frac{\displaystyle\sum_{i=1}^n \sum_{j=1}^m N_{i,p}(\xi) N_{j,q}(\eta) w_{i,j} \boldsymbol{B}_{i,j}}{\displaystyle\sum_{\hat{i}=1}^n \sum_{\hat{j}=1}^m N_{\hat{i},p}(\xi) N_{\hat{j},q}(\eta) w_{\hat{i},\hat{j}}} \tag{8-20}$$

其中,

$$R_{i,j}^{n,m}(\xi,\eta) = \frac{N_{i,p}(\xi)N_{j,q}(\eta)w_{i,j}}{\sum\limits_{\widehat{i}=1}^{n}\sum\limits_{\widehat{j}=1}^{m}N_{\widehat{i},p}(\xi)N_{\widehat{j},q}(\eta)w_{\widehat{i},\widehat{j}}} \tag{8-21}$$

NURBS 基函数具有如下性质:

(1) 非负性: $R_{i,p}(\xi) \geqslant 0, \forall \xi \in \Omega$;

(2) 单位分解: $\sum\limits_{i=1}^{n} R_{i,p}(\xi) = 1, \forall \xi \in \Omega$;

(3) 端点性质: $R_{1,p}(0) = R_{n,p}(1) = 1$;

(4) 局部支撑性: $N_{i,p}(\xi)\begin{cases} \geqslant 0, & \xi \in [\xi_i, \xi_{i+p}] \\ = 0, & \text{其他} \end{cases}$;

(5) 连续性与可微性: 在节点处, $R_{i,p}(\xi)$ 具有至少 $(p-1)$ 阶连续导数。在节点区间内部 $R_{i,p}(\xi)$ 是无限次连续可微的,运用莱布尼茨 (Leibniz) 连续变分法则,可得到 $R_{i,p}(\xi)$ 关于参数坐标 ξ 的 k 阶导数:

$$\begin{aligned}
R_{i,p}^{(k)}(\xi) &= \frac{\partial^k R_{i,p}(\xi)}{\partial \xi^k} \\
&= \frac{1}{\sum\limits_{j=1}^{n} N_{j,p}(\xi)w_j}\left\{ N_{i,p}^{(k)}(\xi)w_i - \sum_{l=1}^{k}\begin{pmatrix} k \\ l \end{pmatrix} R_{i,p}^{(l)}(\xi)\sum_{j=1}^{n}N_{j,p}^{(k-l)}(\xi)w_j \right\}
\end{aligned}$$
$$\tag{8-22}$$

NURBS 曲线具有如下性质:

(1) 端点性质: $C(0) = P_0, C(1) = P_1$,这可由 NURBS 基函数的端点性质得到;

(2) 强凸包性;

(3) 变差递减性;

(4) 仿射不变性;

(5) 连续性与可微性: 在节点处,NURBS 曲线具有至少 $(p-1)$ 阶连续导数。NURBS 曲线在节点区间内部是无限次可微的,NURBS 曲线关于参数坐标 ξ 的 k 阶导数如下:

$$\boldsymbol{C}^{(k)}(\xi) = \frac{\partial^k \boldsymbol{C}(\xi)}{\partial \xi^k} = \sum_{i=1}^{n} R_{i,p}^{(k)}(\xi)\boldsymbol{P}_i \tag{8-23}$$

NURBS 曲线同时对控制点坐标 P_i 和参数坐标 ξ 的 k 阶导数如下:

$$\frac{\partial^k}{\partial \xi^k} \frac{\partial r^q(\xi)}{\partial P_i^s} = \begin{cases} R_{i,p}^{(k)}(\xi), & \text{若} q = s \\ 0, & \text{若} q \neq s \end{cases} \tag{8-24}$$

NURBS 曲线同时对权系数 w_i 和参数坐标 ξ 的 k 阶导数如下：

$$\frac{\partial^k}{\partial \xi^k} \frac{\partial \boldsymbol{C}}{\partial w_i} = \frac{1}{w_i} \left\{ [\boldsymbol{P}_i - \boldsymbol{C}(\xi)] R_{i,p}^{(k)}(\xi) - \sum_{l=1}^{k} \begin{pmatrix} k \\ l \end{pmatrix} \boldsymbol{C}^{(l)}(\xi) R_{i,p}^{(k-l)}(\xi) \right\} \tag{8-25}$$

NURBS 曲线是 B 样条基函数组成的分段多项式曲线的推广，是 B 样条曲线的一般化。通过投影变换而得的 NURBS 曲线可以精确描述所有常见的形状，尤其是圆、椭圆等圆锥曲线。图 8.15(a) 展示了由 Ω^3 空间中的分段二次 B 样条曲线，映射到 Ω^2 空间中 NURBS 曲线所构成的圆。将 B 样条曲线 $C^w(\xi)$ 通过原点投影映射到平面 $z = 1$ 上，就得到了由 NURBS 曲线表示的平面圆 $C(\xi)$。对该 B 样条曲线的控制点 $\boldsymbol{B}_i^w$ 进行相同的投影变换，即可得到 NURBS 曲线的控制点 $\boldsymbol{B}_i$，其中权因子 w_i 为 $\boldsymbol{B}_i^w$ 在 z 方向上的值，如图 8.15(b) 所示。但需要注意的是，不同于 B 样条曲线，NURBS 曲线不再具有变差递减的特性。

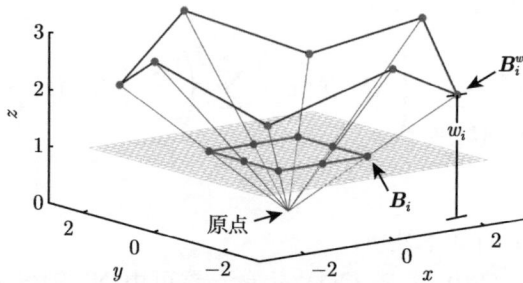

(a) 相应的控制多边形[49]

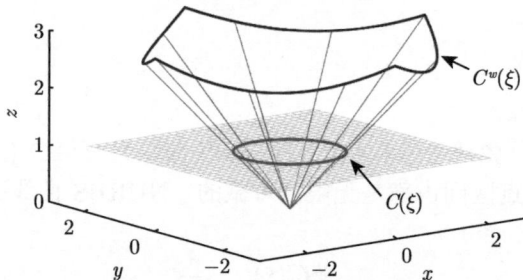

(b) B 样条曲线及 NURBS 曲线[49]

图 8.15　三维空间中的 B 样条曲线映射成二维空间中的 NURBS 曲线

2. 基于 NURBS 基函数的退化实体壳单元理论

在有限元分析中，壳单元理论主要分为 Kirchhoff-Love 理论和 Reissner-Mindlin 理论两部分，相比较 Kirchhoff-Love 理论，Reissner-Mindlin 理论在基于第一阶剪切变形理论的基础上考虑了横向剪切变形，并且转动边界条件可以直接施加。随着壳体复杂度的增加，局部壳面曲率变化十分剧烈以至于在厚度方向的剪切变形不可忽略，为了准确地预测力学响应，使用基于 Reissner-Mindlin 的退化实体壳理论，下面对该理论做简单介绍。

图 8.16 是有限元中典型的退化实体壳单元，由上下底面和四个环面构成，单元的几何形状可以由 18 个节点精确控制，ξ、η 是中面上的曲线坐标，ζ 是厚度方向的线性坐标，因此，单元内的任意一点坐标可以由下列公式插值表示：

$$\left\{\begin{array}{c} x \\ y \\ z \end{array}\right\} = \sum_{i=1}^{9} R_i(\xi,\eta)\frac{1+\zeta}{2}\left\{\begin{array}{c} x_i \\ y_i \\ z_i \end{array}\right\}_{\text{top}} + \sum_{i=1}^{9} R_i(\xi,\eta)\frac{1-\zeta}{2}\left\{\begin{array}{c} x_i \\ y_i \\ z_i \end{array}\right\}_{\text{bot}} \tag{8-26}$$

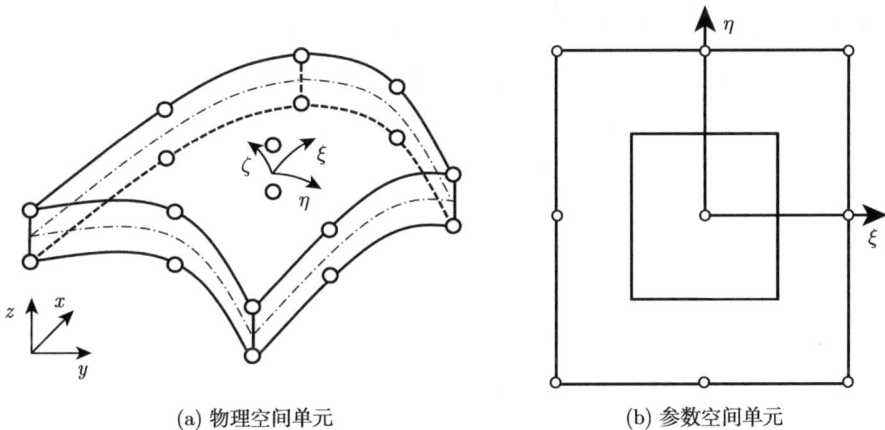

(a) 物理空间单元　　　　　　　　(b) 参数空间单元

图 8.16　18 节点退化实体壳单元

公式 (8-26) 也可以写成如下形式：

$$\left\{\begin{array}{c} x \\ y \\ z \end{array}\right\} = \sum_{i=1}^{9} R_i(\xi,\eta)\left(\left\{\begin{array}{c} x_i \\ y_i \\ z_i \end{array}\right\}_{\text{mid}} + \frac{h_i\zeta}{2}\boldsymbol{v}_{ni}\right) \tag{8-27}$$

式中，

$$\left\{\begin{array}{c} x_i \\ y_i \\ z_i \end{array}\right\}_{\mathrm{mid}} = \frac{1}{2}\left(\left\{\begin{array}{c} x_i \\ y_i \\ z_i \end{array}\right\}_{\mathrm{top}} + \left\{\begin{array}{c} x_i \\ y_i \\ z_i \end{array}\right\}_{\mathrm{bot}}\right) \tag{8-28}$$

$$\boldsymbol{v}_{ni} = \frac{1}{h_i}\left(\left\{\begin{array}{c} x_i \\ y_i \\ z_i \end{array}\right\}_{\mathrm{top}} - \left\{\begin{array}{c} x_i \\ y_i \\ z_i \end{array}\right\}_{\mathrm{bot}}\right) \tag{8-29}$$

式中，h_i 是第 i 个控制点处的壳体厚度，$\boldsymbol{v}_{ni}$ 是第 i 个控制点在壳面上投影点处的单位法向量。

单元中任意一点位移可以由 x、y、z 三个方向的位移以及单位法向量绕两个正交方向的转角所表示，单元中任意一点位移可由下列公式表示：

$$\boldsymbol{U} = \left\{\begin{array}{c} u \\ v \\ w \end{array}\right\} = \sum_{i=1}^{9} R_i(\xi,\eta)\left(\left\{\begin{array}{c} u_i \\ v_i \\ w_i \end{array}\right\} + \frac{\zeta t_i}{2}[\boldsymbol{v}_{1i}, -\boldsymbol{v}_{2i}]\left\{\begin{array}{c} \alpha_i \\ \beta_i \end{array}\right\}\right) \tag{8-30}$$

式中，$\boldsymbol{v}_{1i} = \dfrac{\boldsymbol{I} \times \boldsymbol{v}_{3i}}{|\boldsymbol{I} \times \boldsymbol{v}_{3i}|}$，$\boldsymbol{v}_{2i} = \dfrac{\boldsymbol{v}_{3i} \times \boldsymbol{v}_{1i}}{|\boldsymbol{v}_{3i} \times \boldsymbol{v}_{1i}|}$，$\boldsymbol{I}$ 是沿 x 轴方向的单位向量。然而，如果 $\boldsymbol{v}_{3i}$ 平行于 x 轴，采用平行于 y 轴的单位向量 $\boldsymbol{J}$ 替代 $\boldsymbol{I}$。

根据 Reissner-Mindlin 理论的假定，沿壳面法向的应变为 0，因此，采用定义局部坐标系的方式来构建有限元方程。

在局部坐标系下，应变位移关系如下：

$$\boldsymbol{\varepsilon}' = \boldsymbol{L}'\boldsymbol{U}' \tag{8-31}$$

其中，

$$\boldsymbol{L}' = \begin{bmatrix} \dfrac{\partial}{\partial x'} & 0 & 0 \\[2mm] 0 & \dfrac{\partial}{\partial y'} & 0 \\[2mm] \dfrac{\partial}{\partial y'} & \dfrac{\partial}{\partial x'} & 0 \\[2mm] 0 & \dfrac{\partial}{\partial z'} & \dfrac{\partial}{\partial y'} \\[2mm] \dfrac{\partial}{\partial z'} & 0 & \dfrac{\partial}{\partial x'} \end{bmatrix} \tag{8-32}$$

局部位移与全局位移的关系如下：

$$\boldsymbol{U}' = \boldsymbol{\theta}^{\mathrm{T}}\boldsymbol{U} \tag{8-33}$$

式中，$\boldsymbol{\theta} = [\varpi_1, \varpi_2, \varpi_3]$ 是张量转换矩阵。

将式 (8-33) 与式 (8-32) 代入式 (8-31) 可得

$$\boldsymbol{\varepsilon}' = \sum_{i=1}^{9} \boldsymbol{L}' \left(\boldsymbol{\theta}^{\mathrm{T}} R_i \right) \boldsymbol{\delta}_i = \sum_{i=1}^{9} \boldsymbol{B}_i' \boldsymbol{\delta}_i \tag{8-34}$$

式中，$\boldsymbol{\delta}_i = [\nu_i, \varpi_i, \omega_i, \alpha_i, \beta_i]^{\mathrm{T}}$ 是全局坐标系下第 i 个控制点的位移分量。

因此，应变矩阵可以定义为

$$\boldsymbol{B}_i' = \boldsymbol{L}' \left(\boldsymbol{\theta}^{\mathrm{T}} R_i \right) = \boldsymbol{L}' \left(\boldsymbol{\theta}^{\mathrm{T}} R_i \left[\boldsymbol{I}, \boldsymbol{\zeta} \varphi_i \right] \right) = \left[\boldsymbol{L}' \left(R_i \right) \boldsymbol{\theta}^{\mathrm{T}}, \left(\boldsymbol{\zeta} \boldsymbol{L}' \left(R_i \right) + R_i \boldsymbol{L}' \left(\boldsymbol{\zeta} \right) \right) \boldsymbol{\theta}^{\mathrm{T}} \varphi_i \right] \tag{8-35}$$

全局刚度阵可以定义为

$$\boldsymbol{K} = \sum \boldsymbol{K}^e = \sum \left(\sum_{i=1}^{4} \boldsymbol{B}'^{\mathrm{T}} \bar{\boldsymbol{Q}}' \boldsymbol{B}' \left| \boldsymbol{J}_1 \right| \left| \boldsymbol{J}_2 \right| w_{1i} w_{2i} w_{3i} \right) \tag{8-36}$$

式中，

$$\bar{\boldsymbol{Q}}' = \boldsymbol{T} \boldsymbol{Q}' \boldsymbol{T}^{\mathrm{T}} \tag{8-37}$$

$$\boldsymbol{Q}' = \begin{bmatrix} \dfrac{E_1}{1 - \nu_{12}\nu_{21}} & \dfrac{\nu_{12}E_1}{1 - \nu_{12}\nu_{21}} & 0 & 0 & 0 \\[2mm] \dfrac{\nu_{21}E_2}{1 - \nu_{12}\nu_{21}} & \dfrac{E_2}{1 - \nu_{12}\nu_{21}} & 0 & 0 & 0 \\[2mm] 0 & 0 & G_{12} & 0 & 0 \\ 0 & 0 & 0 & kG_{23} & 0 \\ 0 & 0 & 0 & 0 & kG_{13} \end{bmatrix} \tag{8-38}$$

$$\boldsymbol{T} = \begin{bmatrix} \cos^2\theta & \sin^2\theta & -\sin 2\theta & 0 & 0 \\ \sin^2\theta & \cos^2\theta & \sin 2\theta & 0 & 0 \\ \sin\theta\cos\theta & -\sin\theta\cos\theta & \cos^2\theta - \sin^2\theta & 0 & 0 \\ 0 & 0 & 0 & \cos\theta & \sin\theta \\ 0 & 0 & 0 & -\sin\theta & \cos\theta \end{bmatrix} \tag{8-39}$$

式中，$k = 5/6$ 为横向剪切刚度修正系数，θ 为纤维角。

由初始应力引起的应变能可以写成如下表达式，忽略了位移梯度中具有三次幂和更高次幂项可得

$$U = \int_V \boldsymbol{\sigma}^{\mathrm{T}} \boldsymbol{\varepsilon}^L \mathrm{d}V \tag{8-40}$$

式中，

$$
\varepsilon^L = \left\{
\begin{array}{c}
\dfrac{1}{2}\left(\dfrac{\partial u}{\partial x}\right)^2 + \dfrac{1}{2}\left(\dfrac{\partial v}{\partial x}\right)^2 + \dfrac{1}{2}\left(\dfrac{\partial w}{\partial x}\right)^2 \\[3mm]
\dfrac{1}{2}\left(\dfrac{\partial u}{\partial y}\right)^2 + \dfrac{1}{2}\left(\dfrac{\partial v}{\partial y}\right)^2 + \dfrac{1}{2}\left(\dfrac{\partial w}{\partial y}\right)^2 \\[3mm]
\left(\dfrac{\partial u}{\partial x}\dfrac{\partial u}{\partial y} + \dfrac{\partial v}{\partial x}\dfrac{\partial v}{\partial y} + \dfrac{\partial w}{\partial x}\dfrac{\partial w}{\partial y}\right) \\[3mm]
\left(\dfrac{\partial u}{\partial x}\dfrac{\partial u}{\partial z} + \dfrac{\partial v}{\partial x}\dfrac{\partial v}{\partial z} + \dfrac{\partial w}{\partial x}\dfrac{\partial w}{\partial z}\right) \\[3mm]
\left(\dfrac{\partial u}{\partial z}\dfrac{\partial u}{\partial y} + \dfrac{\partial v}{\partial z}\dfrac{\partial v}{\partial y} + \dfrac{\partial w}{\partial z}\dfrac{\partial w}{\partial y}\right)
\end{array}
\right\} \tag{8-41}
$$

$$
\boldsymbol{\sigma} = \left[
\begin{array}{c}
\sigma_{xx}, \sigma_{yx}, \sigma_{zx} \\[2mm]
\sigma_{xy}, \sigma_{yy}, \sigma_{zy} \\[2mm]
\sigma_{xz}, \sigma_{yz}, \sigma_{zz}
\end{array}
\right] \tag{8-42}
$$

应变能可分为三部分在局部坐标系 $(O' - x'y'z')$ 中进行积分，如下所示：

$$
\int_V \boldsymbol{\sigma}'^{\mathrm{T}} \boldsymbol{\varepsilon}^{L'} \mathrm{d}V = \frac{1}{2}\int_V
\left[\begin{array}{c}\dfrac{\partial u'}{\partial x'}\\[2mm]\dfrac{\partial u'}{\partial y'}\\[2mm]\dfrac{\partial u'}{\partial z'}\end{array}\right]^{\mathrm{T}}
\boldsymbol{\sigma}'
\left[\begin{array}{c}\dfrac{\partial u'}{\partial x'}\\[2mm]\dfrac{\partial u'}{\partial y'}\\[2mm]\dfrac{\partial u'}{\partial z'}\end{array}\right] \mathrm{d}V
$$

$$
+ \frac{1}{2}\int_V
\left[\begin{array}{c}\dfrac{\partial v'}{\partial x'}\\[2mm]\dfrac{\partial v'}{\partial y'}\\[2mm]\dfrac{\partial v'}{\partial z'}\end{array}\right]^{\mathrm{T}}
\boldsymbol{\sigma}'
\left[\begin{array}{c}\dfrac{\partial v'}{\partial x'}\\[2mm]\dfrac{\partial v'}{\partial y'}\\[2mm]\dfrac{\partial v'}{\partial z'}\end{array}\right] \mathrm{d}V
+ \frac{1}{2}\int_V
\left[\begin{array}{c}\dfrac{\partial w'}{\partial x'}\\[2mm]\dfrac{\partial w'}{\partial y'}\\[2mm]\dfrac{\partial w'}{\partial z'}\end{array}\right]^{\mathrm{T}}
\boldsymbol{\sigma}'
\left[\begin{array}{c}\dfrac{\partial w'}{\partial x'}\\[2mm]\dfrac{\partial w'}{\partial y'}\\[2mm]\dfrac{\partial w'}{\partial z'}\end{array}\right] \mathrm{d}V
$$

$$
\tag{8-43}
$$

因此，几何刚度阵可以定义如下：

$$
\boldsymbol{K}_G = \sum \boldsymbol{K}_G^e = \sum
\left(
\begin{array}{l}
\displaystyle\sum_{i=1}^{4} \boldsymbol{G}_u'^{\mathrm{T}} \boldsymbol{\sigma}' \boldsymbol{G}_u' \, |\boldsymbol{J}_1| \, |\boldsymbol{J}_2| \, w_{1i} w_{2i} w_{3i} \\[3mm]
+ \displaystyle\sum_{i=1}^{4} \boldsymbol{G}_v'^{\mathrm{T}} \boldsymbol{\sigma}' \boldsymbol{G}_v' \, |\boldsymbol{J}_1| \, |\boldsymbol{J}_2| \, w_{1i} w_{2i} w_{3i} \\[3mm]
+ \displaystyle\sum_{i=1}^{4} \boldsymbol{G}_w'^{\mathrm{T}} \boldsymbol{\sigma}' \boldsymbol{G}_w' \, |\boldsymbol{J}_1| \, |\boldsymbol{J}_2| \, w_{1i} w_{2i} w_{3i}
\end{array}
\right) \tag{8-44}
$$

式中，

$$\boldsymbol{G}'_{mi} = \left[\boldsymbol{F}'_m \left(R_i \right) \boldsymbol{\theta}^{\mathrm{T}}, \left(\zeta \boldsymbol{F}'_m \left(R_i \right) + R_i \boldsymbol{F}'_m \left(\zeta \right) \right) \boldsymbol{\theta}^{\mathrm{T}} \boldsymbol{\varphi}_i \right], \quad m = u, v, w \tag{8-45}$$

式中，

$$\boldsymbol{F}'_u = \begin{bmatrix} \dfrac{\partial}{\partial x'}, 0, 0 \\ \dfrac{\partial}{\partial y'}, 0, 0 \\ \dfrac{\partial}{\partial z'}, 0, 0 \end{bmatrix}, \quad \boldsymbol{F}'_v = \begin{bmatrix} 0, \dfrac{\partial}{\partial x'}, 0 \\ 0, \dfrac{\partial}{\partial y'}, 0 \\ 0, \dfrac{\partial}{\partial z'}, 0 \end{bmatrix}, \quad \boldsymbol{F}'_w = \begin{bmatrix} 0, 0, \dfrac{\partial}{\partial x'} \\ 0, 0, \dfrac{\partial}{\partial y'} \\ 0, 0, \dfrac{\partial}{\partial z'} \end{bmatrix} \tag{8-46}$$

一般来说，线性屈曲问题的控制方程可以表示为

$$\left(\boldsymbol{K} - \lambda \boldsymbol{K}_G \right) \boldsymbol{a}_i = 0, \quad i = 1, 2, \cdots, r \tag{8-47}$$

式中，$\boldsymbol{K}$ 是全局刚度矩阵，$\boldsymbol{K}_G$ 是几何刚度矩阵，λ 是一个常数，其必须乘以面内荷载才能导致屈曲。矢量 $\boldsymbol{a}_i$ 是第 i 阶屈曲模态，r 是自由度 (DOF) 的总数。

8.2.3 考虑制造工艺约束的变刚度复合材料结构设计方法

本节在考虑纤维制造约束的基础上，结合各模型以及优化算法的特点，提出了一系列结构优化设计框架。针对平板问题，提出了变刚度复合材料增强优化框架；考虑到铺层参数的引入可将优化问题转化为优化效率极高的凸优化问题，进而提出了基于铺层参数的变刚度平板多水平优化框架；以上优化框架均大幅度提高了结构的承载能力。

1. 纤维铺层制造约束

正如前文提到的，自动铺丝技术 (automated fiber placement, AFP) 和自动铺带技术 (automated tape laying, ATL) 可制造出比直线纤维路径更灵活的纤维路径，这显著地增加了复合材料构件的承载潜力和设计空间。但需要注意的是，一旦优化后的设计使得纤维路径内侧的弯曲变得太严重，将导致复合材料铺层出现分层破坏，也可能导致纤维出现富集和堆叠的现象，压缩侧会表现出局部屈曲或褶皱模式，如图 8.17 所示。这将导致自动制造技术难以满足这种变刚度层合板的设计要求，并会伴随性能损失或缺陷的出现。因此，在变刚度板的制造过程中，需要预先设置一定的约束条件整合在设计优化中，以保证优化结果的可制造性和准确性。因此本节提出了考虑制造约束的变刚度板双层优化框架。在这一节中，将对 AFP 过程中典型的制造约束进行介绍。

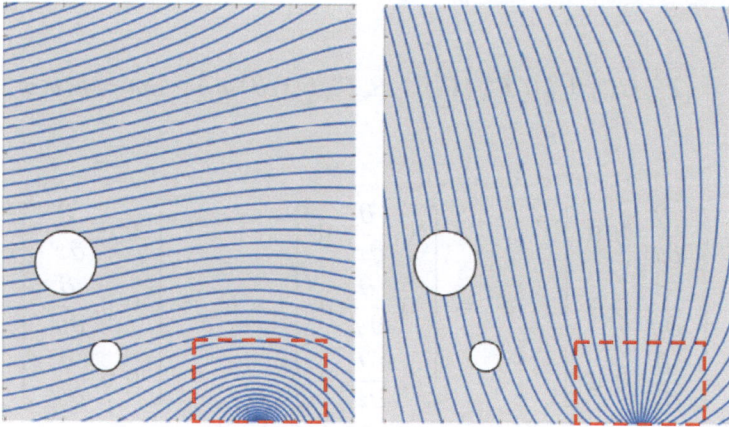

(a) 未考虑制造约束

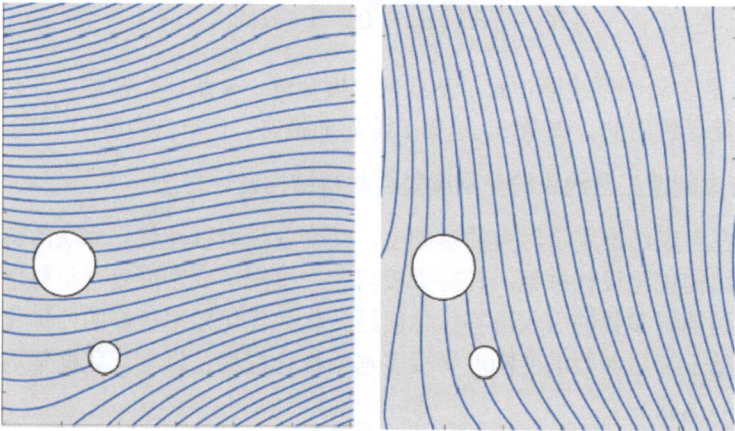

(b) 考虑制造约束

图 8.17　制造约束对纤维铺层形式的影响

如果将纤维路径函数定义为

$$z = f(x, y) \tag{8-48}$$

通过任意点 (x_0, y_0) 的纤维路径可以表示为

$$f(x, y) = f(x_0, y_0) \tag{8-49}$$

因此，纤维路径的方程可以定义为

$$F(x, y) = f(x, y) - f(x_0, y_0) = 0 \tag{8-50}$$

将 y 定义为

$$y' = -\frac{F_x(x,y)}{F_y(x,y)} \tag{8-51}$$

式中，下标 x 和 y 表示相应偏导数。

则对于变刚度板，任意点处的纤维路径曲率可以表示为

$$\kappa(x,y) = \frac{|y''|}{|1+y'^2|^{\frac{3}{2}}} \tag{8-52}$$

式中 y' 可由式 (8-51) 得到，而 y'' 是 y' 对 x 的导数。

曲率约束的定义如图 8.18 所示。r 是曲率半径，位于 P 点处的曲率为曲率半径 r 的倒数，即 $\kappa(x,y) = 1/r(x,y)$。

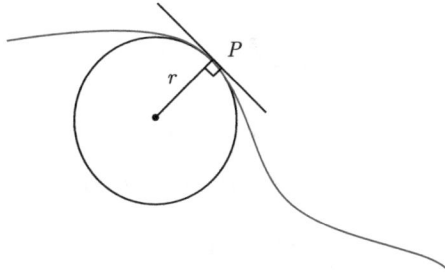

图 8.18　纤维曲率约束的定义

2. 基于全解析灵敏度的变刚度复合材料板的等几何优化框架

等几何分析是以具有高阶连续性的 NURBS 基函数为基础发展而来的分析方法，这使得等几何分析方法在变刚度复合材料板壳结构中能够准确地描述曲线纤维路径，从而构建高效的等几何变刚度板壳结构参数化模型。等几何方法还可以提供梯度类优化算法中所需的全解析灵敏度。与计算简便的梯度获取方式有限差分法相比，解析灵敏度可以为复杂工程问题提供更为有效和精确的梯度信息。具体而言，向前差分法作为一种典型的有限差分方法，一般需要 n 次分析来计算结构响应对 n 个控制变量的梯度。对于中心差分法，所需的分析次数增加到 $2n$。而当变量的数目较多时，差分法的函数调用次数会随之增加，计算成本也会逐渐增大。因此，解析灵敏度可以有效地减少优化中的目标函数计算量，节约计算成本。另外，准确的灵敏度信息可以获得更高的优化收敛速度。本研究中利用移动渐近线的全局收敛法 (globally convergent method of moving asymptotes, GCMMA) 对所提出的问题进行优化。本节给出了分析灵敏度的推导过程。

变刚度层合板屈曲分析的特征方程前文已给出。在优化过程中，目标函数 λ 将随控制变量 T_i 的变化而变化。目标函数和变量之间的这种关系一般表示为灵敏度，具体可以表示为

$$\frac{\partial \lambda}{\partial T_i} = \frac{1}{\boldsymbol{d}^{\mathrm{T}} \boldsymbol{K}_G \boldsymbol{d}} \left[\boldsymbol{d}^{\mathrm{T}} \frac{\partial \boldsymbol{K}}{\partial T_i} \boldsymbol{d} - \lambda \boldsymbol{d}^{\mathrm{T}} \frac{\partial \boldsymbol{K}_G}{\partial T_i} \boldsymbol{d} \right] \tag{8-53}$$

式中，$\boldsymbol{d}$ 是位移向量，而 $\dfrac{\partial \boldsymbol{K}}{\partial T_i}$ 和 $\dfrac{\partial \boldsymbol{K}_G}{\partial T_i}$ 可进一步定义。

整体刚度矩阵 $\boldsymbol{K}$ 可进一步定义如下：

$$\boldsymbol{K} = \sum_{n=1}^{ne} \boldsymbol{k}_n \tag{8-54}$$

式中，ne 是单元总编号，$\boldsymbol{k}_n$ 是单元刚度矩阵。

单元刚度矩阵 $\boldsymbol{k}_n$ 是通过遍历高斯积分点积分得到的，具体可表示如下：

$$\boldsymbol{k}_n = \sum_{m=1}^{ng} \boldsymbol{B}^{\mathrm{T}} \bar{\boldsymbol{Q}} \boldsymbol{B} w_1 w_2 |\boldsymbol{J}| \tag{8-55}$$

式中，ng 是高斯点总数，$|\boldsymbol{J}|$ 是雅可比 (Jacobian) 矩阵，w_1 和 w_2 为各自方向上加权系数，$\boldsymbol{B}$ 是应变转换矩阵，而 $\bar{\boldsymbol{Q}}$ 是整体应力刚度矩阵，具体可如下定义：

$$\bar{\boldsymbol{Q}} = \boldsymbol{T} \boldsymbol{Q} \boldsymbol{T}^{\mathrm{T}} \tag{8-56}$$

式中，

$$\boldsymbol{T} = \begin{bmatrix} \cos^2\theta & \sin^2\theta & -\sin 2\theta & 0 & 0 \\ \sin^2\theta & \cos^2\theta & \sin 2\theta & 0 & 0 \\ \sin\theta\cos\theta & -\sin\theta\cos\theta & \cos^2\theta - \sin^2\theta & 0 & 0 \\ 0 & 0 & 0 & \cos\theta & \sin\theta \\ 0 & 0 & 0 & -\sin\theta & \cos\theta \end{bmatrix} \tag{8-57}$$

所以单元刚度矩阵 $\boldsymbol{k}_n$ 对变刚度板控制变量 T_i 的导数可表示为

$$\frac{\partial \boldsymbol{k}_n}{\partial T_i} = \sum_{m=1}^{ng} \boldsymbol{B}^{\mathrm{T}} \frac{\partial \bar{\boldsymbol{Q}}}{\partial T_i} \boldsymbol{B} w_1 w_2 |\boldsymbol{J}| \tag{8-58}$$

而 $\dfrac{\partial \boldsymbol{k}_n}{\partial T_i}$ 可进一步依据链式求导法定义为

$$\frac{\partial \boldsymbol{k}_n}{\partial T_i} = \sum_{m=1}^{ng} \boldsymbol{B}^{\mathrm{T}} \left[\left(\frac{\partial \boldsymbol{T}}{\partial T_i} \right) \boldsymbol{Q} \boldsymbol{T}^{\mathrm{T}} + \boldsymbol{T} \boldsymbol{Q} \left(\frac{\partial \boldsymbol{T}}{\partial T_i} \right)^{\mathrm{T}} \right] \boldsymbol{B} w_1 w_2 |\boldsymbol{J}| \tag{8-59}$$

式中，

$$\frac{\partial \boldsymbol{T}}{\partial T_i} = \frac{\partial \boldsymbol{T}}{\partial \theta}\frac{\partial \theta}{\partial T_i} = \begin{bmatrix} -\sin 2\theta & \sin 2\theta & -2\cos 2\theta & 0 & 0 \\ \sin 2\theta & -\sin 2\theta & 2\cos 2\theta & 0 & 0 \\ \cos 2\theta & -\cos 2\theta & -2\sin 2\theta & 0 & 0 \\ 0 & 0 & 0 & -\sin\theta & \cos\theta \\ 0 & 0 & 0 & -\cos\theta & -\sin\theta \end{bmatrix}\frac{\partial \theta}{\partial T_i} \tag{8-60}$$

与单元刚度矩阵 $\boldsymbol{k}_n$ 对变量 T_i 求导过程相同，几何刚度阵 $\boldsymbol{k}_{gn}$ 对变刚度板控制变量 T_i 求导可定义如下：

$$\boldsymbol{k}_{gn} = \sum_{m=1}^{ng} \boldsymbol{G}^{\mathrm{T}}[\boldsymbol{\sigma}]\boldsymbol{G}hw_1w_2|\boldsymbol{J}| \tag{8-61}$$

式中，$[\boldsymbol{\sigma}]$ 是初始应力矩阵，具体可如下定义：

$$[\boldsymbol{\sigma}] = \begin{bmatrix} \sigma_x & \sigma_{xy} \\ \sigma_{yx} & \sigma_y \end{bmatrix} \tag{8-62}$$

值得注意的是，此处的推导过程中，仅 $[\boldsymbol{\sigma}]$ 与变量 T_i 有关，因此几何刚度阵 $\boldsymbol{k}_{gn}$ 对变量 T_i 的导数为

$$\frac{\partial \boldsymbol{k}_{gn}}{\partial T_i} = \sum_{m=1}^{ng} \boldsymbol{G}^{\mathrm{T}}\frac{\partial [\boldsymbol{\sigma}]}{\partial T_i}\boldsymbol{G}hw_1w_2|\boldsymbol{J}| \tag{8-63}$$

式中，

$$\boldsymbol{\sigma} = \boldsymbol{D}\boldsymbol{B}\boldsymbol{u}^e \tag{8-64}$$

式中矩阵 $\boldsymbol{D}$ 是与材料相关的弹性矩阵，其定义为

$$\boldsymbol{D} = \boldsymbol{T}\boldsymbol{A}\boldsymbol{T}^{\mathrm{T}} \tag{8-65}$$

则 $\dfrac{\partial \boldsymbol{\sigma}}{\partial T_i}$ 可依据链式求导法则进一步定义为

$$\frac{\partial \boldsymbol{\sigma}}{\partial T_i} = \frac{\partial \boldsymbol{D}}{\partial T_i}\boldsymbol{B}\boldsymbol{u}^e + \boldsymbol{D}\boldsymbol{B}\frac{\partial \boldsymbol{u}^e}{\partial T_i} = \left[\left(\frac{\partial \boldsymbol{T}}{\partial T_i}\right)\boldsymbol{A}\boldsymbol{T}^{\mathrm{T}} + \boldsymbol{T}\boldsymbol{A}\left(\frac{\partial \boldsymbol{T}}{\partial T_i}\right)^{\mathrm{T}}\right]\boldsymbol{B}\boldsymbol{u}^e + \boldsymbol{D}\boldsymbol{B}\frac{\partial \boldsymbol{u}^e}{\partial T_i} \tag{8-66}$$

式中,

$$\frac{\partial \boldsymbol{T}}{\partial T_i} = \frac{\partial \boldsymbol{T}}{\partial \theta}\frac{\partial \theta}{\partial T_i} = \begin{bmatrix} -\sin 2\theta & \sin 2\theta & -2\cos 2\theta \\ \sin 2\theta & -\sin 2\theta & 2\cos 2\theta \\ \cos 2\theta & -\cos 2\theta & -2\sin 2\theta \end{bmatrix} \frac{\partial \theta}{\partial T_i} \tag{8-67}$$

而式 (8-67) 中的 $\frac{\partial \boldsymbol{u}^e}{\partial T_i}$ 项可通过平衡方程 $\boldsymbol{Ku} = \boldsymbol{p}$ 对变量 T_i 求微分得到, 具体可表示为

$$\frac{\partial \boldsymbol{K}}{\partial T_i}\boldsymbol{u} + \boldsymbol{K}\frac{\partial \boldsymbol{u}}{\partial T_i} = 0 \tag{8-68}$$

对式 (8-68) 整理后, 可得到具体表达形式如下:

$$\frac{\partial \boldsymbol{u}}{\partial T_i} = -\boldsymbol{K}^{-1}\frac{\partial \boldsymbol{K}}{\partial T_i}\boldsymbol{u} \tag{8-69}$$

由此可以得到等几何方法中变刚度层合板的解析灵敏度, 从而可以提高计算精度和优化效率, 进而得到可靠的优化结果。

在统计学领域中, 为了解决实际的非线性回归问题, 核函数通过适当的正定函数代替内积来建立, 隐式地将输入数据的非线性映射到高维特征空间中。本报告利用了经典的 K-Means 方法, 使用核函数对一组均匀采样进行聚类。

一般来说, K-Means 方法是一种经典的聚类算法。$D = \{x_i\}_{i=1}^l$ 其中 $x_i \in \mathrm{IR}^N$。同时建立 $W = \{x_k\}_{k=1}^K$ 其中 $w_k \in \mathrm{IR}^N$, $K \ll l$。IR^N 是所有向量 w_k 的集合, w_k 是距离区域 k 的核心最近的向量。关系式如下:

$$R_k = \left\{ x \in \mathrm{IR}^N \,\middle|\, k = \arg\min_{j=1,\cdots,K}\|x - w_j\| \right\} \tag{8-70}$$

$$V_k = \left\{ x_i \in D \,\middle|\, k = \arg\min_{j=1,\cdots,K}\|x - w_j\| \right\} \tag{8-71}$$

同时建立权函数形式:

$$E_D(W) = \frac{1}{21}\sum_{k=1}^K\sum_{x_i \in V_k}\|x_i - w_k\|^2 \tag{8-72}$$

其中距离因子表示如下:

$$w_k = \frac{1}{|V_k|}\sum_{x_i \in V_k} x_i \tag{8-73}$$

在均匀抽取的样本点中划分出若干区域，每个区域选取一个核心点作为区域代表点，这样可以有效地减少梯度优化的初始点，并且保证了空间涵盖了全局最优解，大大提高了优化效率。

在梯度算法优化过程中，对实际问题的精确描述需要更多的约束函数，这将导致迭代过程的振荡和计算量的增加。因此，在保证实际设计要求的同时，使用较少的约束函数是至关重要的。为了应对这个问题，将约束聚集方法 (K-S 函数) 应用到这个研究中来。作为一种最常用的方法，K-S 函数的标准形式表示为

$$\mathrm{KS}\left(\boldsymbol{g}\left(\boldsymbol{x}\right)\right) = \frac{1}{\mu} \ln \sum_{m=1}^{N_g} \exp\left(\mu g_m\left(\boldsymbol{x}\right)\right) \tag{8-74}$$

式中，N_g 代表约束的数目，μ 是聚合参数。一般来说，约束应该被归一化到相同的规模，这将有助于约束聚合，特别是当约束大小不同时。

通常，用合理的等效形式来避免数值奇异：

$$\mathrm{KS}\left(\boldsymbol{g}\left(\boldsymbol{x}\right)\right) = g_{\max}\left(\boldsymbol{x}\right) + \frac{1}{\mu} \ln \sum_{m=1}^{N_g} \exp\left[\mu\left(g_m\left(\boldsymbol{x}\right) - g_{\max}\left(\boldsymbol{x}\right)\right)\right] \tag{8-75}$$

式中，$g_{\max}$ 代表所有约束的最大值。同时有

$$g_{\max}\left(\boldsymbol{x}\right) < \mathrm{KS}\left(\boldsymbol{g}\left(\boldsymbol{x}\right)\right) < g_{\max}\left(\boldsymbol{x}\right) + \frac{1}{\mu} \ln\left(N_g\right)$$
$$\lim_{\mu \to +\infty} \mathrm{KS}\left(\boldsymbol{g}\left(\boldsymbol{x}\right)\right) = g_{\max}\left(\boldsymbol{x}\right) \tag{8-76}$$

在上述方程中，$\mathrm{KS}(\boldsymbol{g}(\boldsymbol{x}))$ 取值范围最小值是 $g_{\max}(\boldsymbol{x})$，即确定 K-S 函数与约束最大值之间的差异。当 μ 趋于无穷大，K-S 函数变得接近于 $g_{\max}$，即所有约束的最大值。总指数和因素 μ 确保 K-S 函数的值是由 $\boldsymbol{g}$ 给定。

对于非均匀边缘载荷，变刚度结构对屈曲的影响得以凸显。显然，在这种情况下，变刚度板壳结构的设计是非常具有挑战性的。针对多个局部最优解的固有特性，提出了一种基于梯度的多初值设计框架，提高了算法的收敛速度。优化流程如图 8.19 所示。

对于变刚度板的优化设计，所涉及的设计变量为 $\boldsymbol{\theta}$, $\boldsymbol{k}$, $\boldsymbol{X}$，其中 $\boldsymbol{\theta} = \{\theta_1, \theta_2, \cdots, \theta_n\}$ 为第 n 层均匀流方向，$\boldsymbol{k} = \{k_1, k_2, \cdots, k_n\}$ 为第 n 层的点涡强度，$\boldsymbol{X} = \{(x,y)_1, (x,y)_2, \cdots, (x,y)_{2n}\}$ 表示第 n 层的点涡坐标。考虑到分层的对称性假设，可以进一步减少主动设计变量的数目。优化公式可以表示为

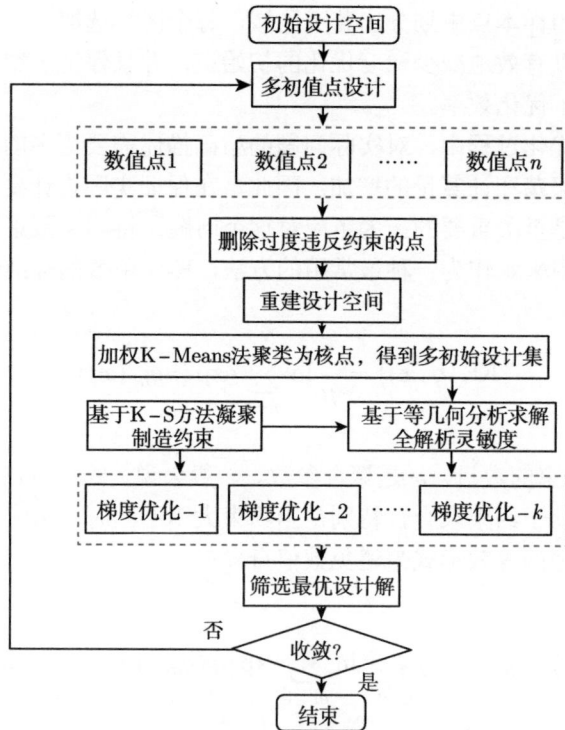

图 8.19　改进的等几何变刚度板壳结构优化框架流程

$$\min_{\theta,k,X} \quad 1/P_{\mathrm{cr}}$$

$$\text{s.t.} \quad \mathrm{KS}\left(g_\kappa\left(\boldsymbol{\theta},\boldsymbol{k},\boldsymbol{X}\right)\right) \leqslant 0$$

$$\mathrm{KS}\left(g_p\left(\boldsymbol{\theta},\boldsymbol{k},\boldsymbol{X}\right)\right) \leqslant 0$$

$$0 \leqslant \{\theta_1,\theta_2,\cdots,\theta_n\} \leqslant \frac{\pi}{2}$$

$$0 \leqslant \{k_1,k_2,\cdots,k_n\} \leqslant k_m$$

$$\boldsymbol{X}_{\min} \leqslant \{(x,y)_1,(x,y)_2,\cdots,(x,y)_{2n}\} \leqslant \boldsymbol{X}_{\max}$$

$$\text{where} \quad g_\kappa\left(\boldsymbol{\theta},\boldsymbol{k},\boldsymbol{X}\right) = \kappa - c_m = \frac{|y''|}{|1+y'^2|^{\frac{3}{2}}} - c_m \leqslant 0$$

$$g_p\left(\boldsymbol{\theta},\boldsymbol{k},\boldsymbol{X}\right) = \left|\frac{\partial\theta}{\partial\boldsymbol{n}}\right| - p_m = \left|\frac{1}{1+y'^2}\left(\frac{\partial y'}{\partial x}n_1 + \frac{\partial y'}{\partial y}n_2\right)\right| - p_m \leqslant 0$$

$$\text{with} \quad \boldsymbol{\theta} = \{\theta_1,\theta_2,\cdots,\theta_n\}$$

$$\boldsymbol{k} = \{k_1,k_2,\cdots,k_n\}$$

$$\boldsymbol{X} = \{(x,y)_1,(x,y)_2,\cdots,(x,y)_{2n}\}$$

$$(8\text{-}77)$$

式中，P_{cr} 表示变刚度板的屈曲载荷，θ 表示单元主方向与纤维方向的夹角，K 表示铺层路径曲率，$\left|\dfrac{\partial \theta}{\partial \boldsymbol{n}}\right|$ 表示铺层路径的平行性参数。

当一条纤维的最内部的两条线的曲率发生突变时，受压的一侧就会出现局部的屈曲或起皱。为了保证曲线纤维路的可制造性，应约束任意域的曲线纤维的最大曲率。最大曲率 c_m 阈值设定为 0.01。此外曲线纤维路径的平行性被认为是另一个制造约束，为了消除纤维富集现象，p_m 被设定为 0.5236。设计空间的取值范围如表 8.5 所示。

表 8.5 优化中各设计变量的设计空间

类型	初始值	下限	上限
$\theta_1/\theta_2/\theta_3/\theta_4$	$30°$	$0°$	$90°$
$k_1/k_2/k_3/k_4$	80	0	200
$x_{11}/x_{21}/x_{31}/x_{41}$	0	-254	254
$y_{11}/y_{21}/y_{31}/y_{41}$	-177.8	-127	-800
$x_{12}/x_{22}/x_{32}/x_{42}$	0	-254	254
$y_{12}/y_{22}/y_{32}/y_{42}$	177.8	127	800

在表 8.5 中，x_{ij} 表示第 i 层的第 j 个点涡的 x 坐标，y_{ij} 表示第 i 层的第 j 个点涡的 y 坐标。此外样本点抽取使用 LHS 方法，其大致效果如图 8.20 所示。

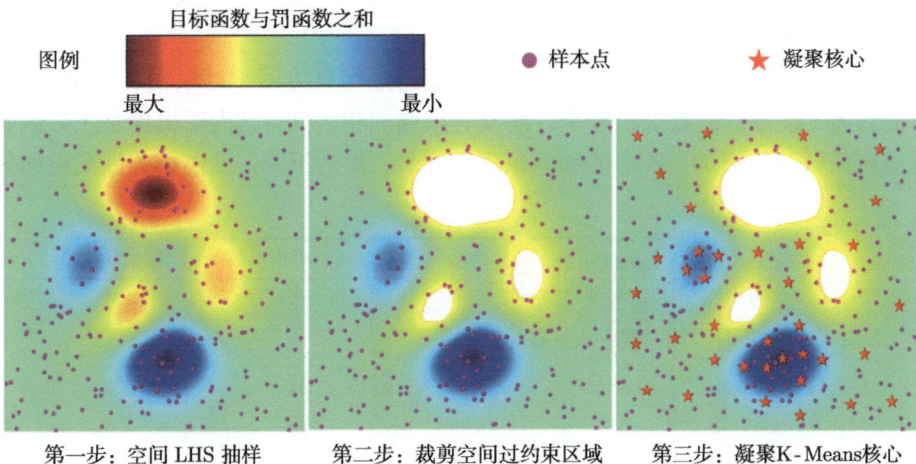

图 8.20 LHS 方法

在本节算例中，材料常数分别取 $E_1 = 181$ GPa，$E_2 = 10.270$ GPa，$G_{12} = G_{13} = 7.170$ GPa，$G_{23} = 3.780$ GPa，$v_{12} = 0.28$，单层厚度 0.15 mm，共 20 层，板长 $a = 508$ mm，板宽 $b = 254$ mm。边界条件是对边固支对边自由 (CCFF)，并且左右边施加非均匀的载荷 $N_x = 1 + 2\sin(\pi y/b - \pi/3)$，如图 8.21 所示。

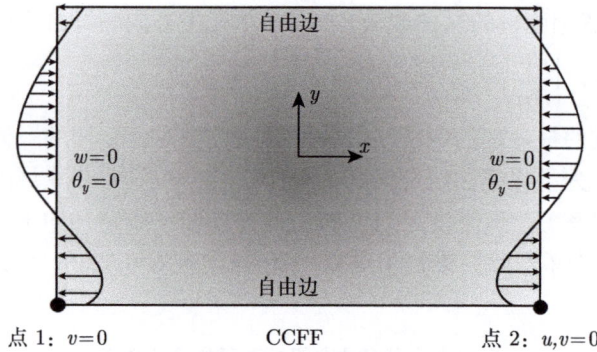

图 8.21　非均匀载荷作用下矩形板 (CCFF)

首先，设置了 200 个采样点，其生成是对整个设计空间使用 LHS 方法得到。然后，可以得到每个样本的目标函数和惩罚函数。之后，把这些样本中过于违反约束的点去掉，剩下 176 个样本点保持在初始设计中。在下一步中，采用加权 K-Means 函数确定一系列有代表性的点：

$$W = \exp\left[p(Y_{\max} - c_y)/(Y_{\max} - Y_{\min})\right] \tag{8-78}$$

式中，$Y_{\max}$、$Y_{\min}$ 和 c_y 分别表示所分子区域中目标函数最大、最小和均值的样本点坐标。p 是权系数因子。一般来说，一个较大的加权系数意味着更多的核心点将集中在最小目标值的区域周围。

图 8.22 为不同数量核心点优化目标值的频率直方图。可以发现，对于小的屈曲载荷，核心点的数量和频率之间没有很强的相关性，因为随机性是主导因素。随着屈曲载荷的增加，各组的频率也随之增长，然后下降，上述相关性变得明显。

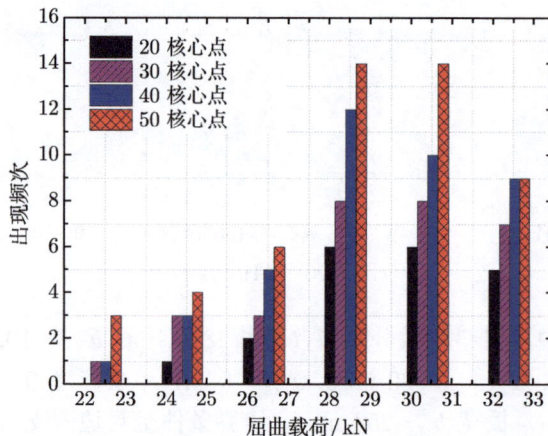

图 8.22　不同数量核心点优化目标值的频率直方图

对于最高的屈曲载荷区间 (即 32 kN 左右)，可以观察到，随着优化目标值的增长，不同核心点数量出现频率的差异可以忽略不计，同时 30 和 50 内核的点是一致的，呈现收敛态势。

此外，最优的屈曲荷载不同核心点数量在 20 ∼ 50 范围绘制在图 8.23 上。显然，当核心点不充分时，很难得到全局最优设计，所得到的优化设计依赖于初始设计的有限数量。此外，可以发现，基于 18 个核心点的结果是图 8.23 中整个曲线的转折点。此后，随着核心数增加，屈曲载荷几乎不增加。

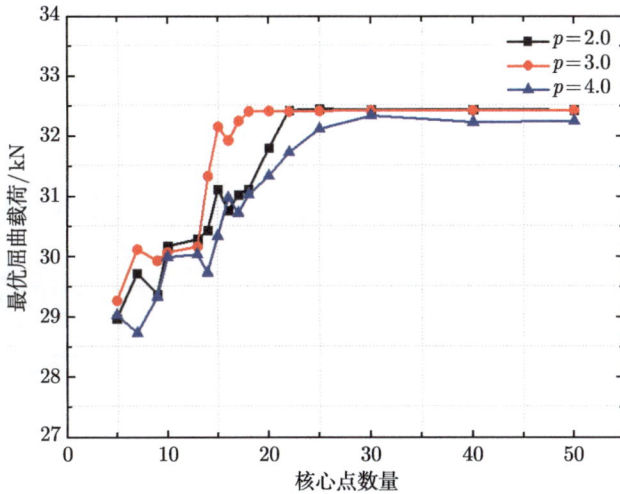

图 8.23　不同权系数下不同核心点数获得的最优屈曲载荷

在 20 个核心点的情况下，最佳的优化设计的屈曲载荷为 32.4 kN，而最差的优化设计仅为 25.3 kN，平均值为 28.6 kN，铺层形式如表 8.6 所示。结果表明，优化结果依赖于初始设计的选择，所提出的框架可以提供基于并行梯度优化的最有前途的优化设计，这意味着几乎不需要额外的计算成本。最佳优化设计的迭代历程如图 8.24 所示。可以发现，由于约束凝聚的影响，曲线中没有明显的振荡，屈曲载荷增加了 62.6%。

为了进一步说明所提出的增强型优化框架的合理性及可行性，将其与几种传统方法进行了对比，包括遗传算法 (GA)、非 K-S 凝聚函数的梯度优化、差分求解灵敏度优化等。所有方法的优化结果及计算耗时列于表 8.7 中，重点比较了最优屈曲载荷、总体函数调用次数以及总体 CPU 耗时。结果显而易见，参数 $p = 3.0$ 的情况下，保留 20 个核心点开展的多初值梯度优化所能得到的最优屈曲载荷能达到 32.4 kN，而其函数调用次数和总体 CPU 耗时可以控制在一个可接受的范围内，可以认为对于这个优化问题这一参数设置下既能保证优化结果的性能，又能节约大量的计算成本。

表 8.6　最佳优化设计的纤维铺层形式

最优设计变量	最优纤维路径
$\theta_1 = 33.6°$ $k_1 = 77.54$ $x_{11} = -34.23, y_{11} = -209.18$ $x_{12} = -73.46, y_{12} = 244.80$	Ply 3+Ply 4
$\theta_2 = 28.5°$ $k_2 = 82.65$ $x_{21} = -46.35, y_{21} = -261.63$ $x_{22} = 92.98, y_{22} = 141.24$	Ply 5+Ply 6
$\theta_3 = 26.0°$ $k_3 = 81.44$ $x_{31} = 57.66, y_{31} = -361.16$ $x_{32} = -83.37, y_{32} = 501.40$	Ply 7+Ply 8
$\theta_4 = 25.1°$ $k_4 = 74.54$ $x_{41} = 163.87, y_{41} = -302.12$ $x_{42} = -177.45, y_{42} = 185.45$	Ply 9+Ply 10

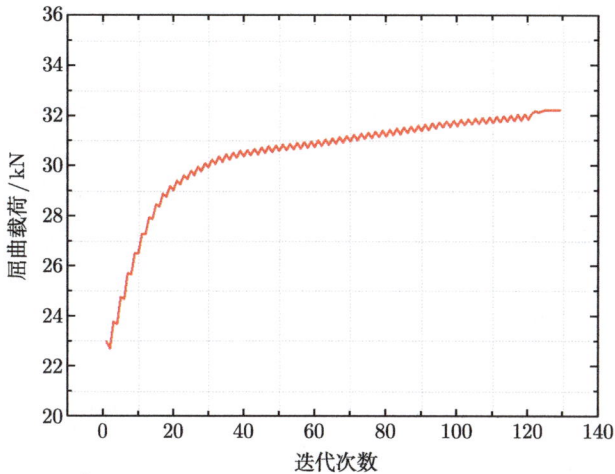

图 8.24　基于 $p = 3.0$ 的 20 个核心点最优迭代的迭代历程

表 8.7　各种不同优化方法结果及计算耗时对比

类型	最优屈曲载荷 /kN	IGA 调用总数	CPU 计算时间/min
GA	31.71243	20001	50025
GA 与梯度优化	32.74595	20001+17	50025+196
代理模型优化	29.71562	87	218
采用差分灵敏度的梯度优化	31.65799	3250	8125
无凝聚约束的梯度优化	32.21512	124	310
5 k-ps 的梯度优化 ($p = 3.0$)	29.25175	127	318
10 k-ps 的梯度优化 ($p = 3.0$)	30.05416	125	313
20 k-ps 的梯度优化 ($p = 3.0$)	**32.40154**	**126**	**315**
30 k-ps 的梯度优化 ($p = 3.0$)	32.41153	124×2	310×2
40 k-ps 的梯度优化 ($p = 3.0$)	32.41317	121×2	303×2
50 k-ps 的梯度优化 ($p = 3.0$)	32.41227	129×3	323×3
20 k-ps 的梯度优化 ($p = 2.0$)	31.78521	119	298
20 k-ps 的梯度优化 ($p = 4.0$)	31.32154	120	300

GA 作为一种常用的启发式优化算法，一般可直接用于全局优化设计。算法参数设置如下：种群数 200，岛数 4 和代数 20。屈曲载荷的迭代历程如图 8.25 所示。经过 20 代后，屈曲载荷从 19.5 kN 提高到 31.7 kN。优化过程中，IGA 总调用次数为 40000，这将需要大约 50025 min。

基于 GA 的最优设计，进一步开展了梯度的优化。基于 SQP 算法其屈曲载荷迭代历程如图 8.26 所示。可以看出，屈曲载荷经过 17 次迭代后从约 31.7 kN 增加到约 32.7 kN，计算耗时为 196 min。最后优化结果略优于所提出的优化框架得到的结果，但总体计算耗时远远高于本节提出的方法。

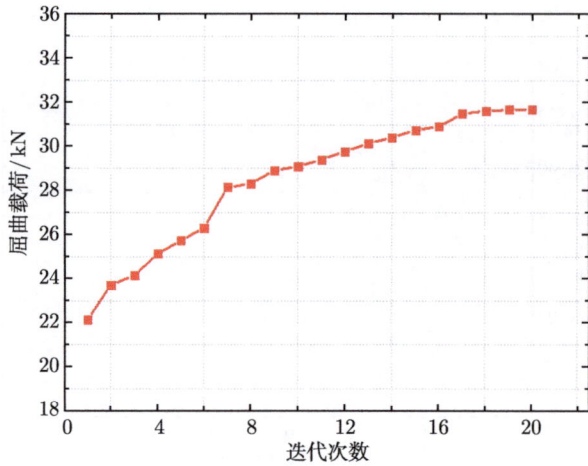

图 8.25   遗传算法优化迭代历程

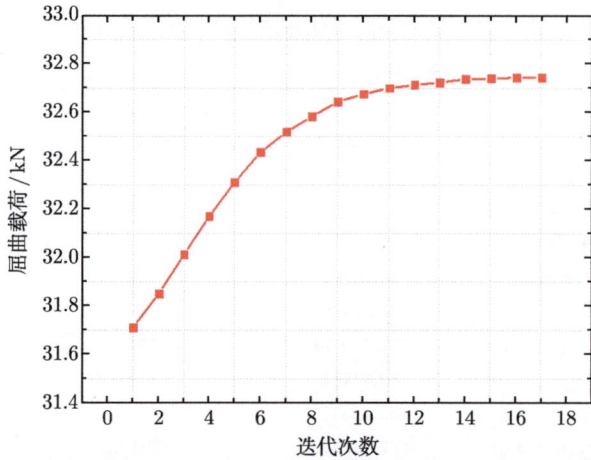

图 8.26   基于 GA 的梯度优化迭代历程

　　此外，基于代理模型的优化算法也作为对比。首先，初始训练集由均匀分布在整个设计空间中的 200 个采样点组成。在此基础上，建立了基于训练集的 Kriging 模型。基于代理模型的优化流程包括内部优化和外部更新。内部的优化是完全基于代理模型，收敛条件是代理模型预测值与 IGA 计算值的相对误差小于 0.1%。图 8.27 给出了外部更新的迭代历史。正如预期的那样，虽然在优化过程中总的 IGA 调用数仅为 87，但其 CPU 时间为 218 min，优化后的屈曲载荷仅增加到 29.7 kN，远远低于所提出的方法。这是因为传统的代理模型由于预测精度低，难以处理这样一个多变量优化问题，因此无法保证全局优化能力。

　　为了比较，基于差分法也进行了基于梯度的优化。采用前向差分法，步长为

0.01。屈曲载荷的迭代过程如图 8.28 所示，表现出严重的振荡。优化后屈曲载荷最终提高到 31.7 kN，比该方法低。除了优化设计的性能外，本节提出方法的计算效率提升也十分显著，见表 8.7。

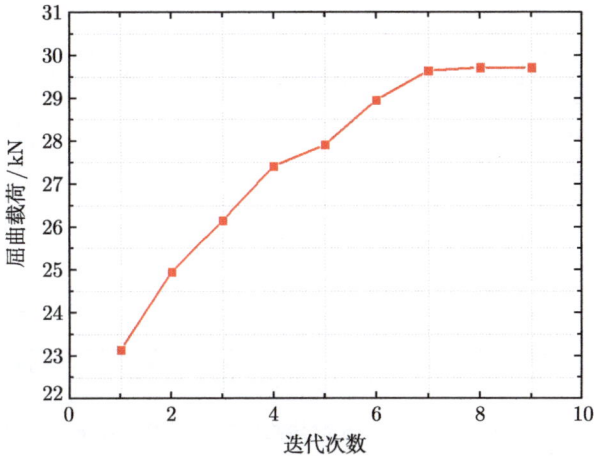

图 8.27　基于代理模型的优化迭代历程

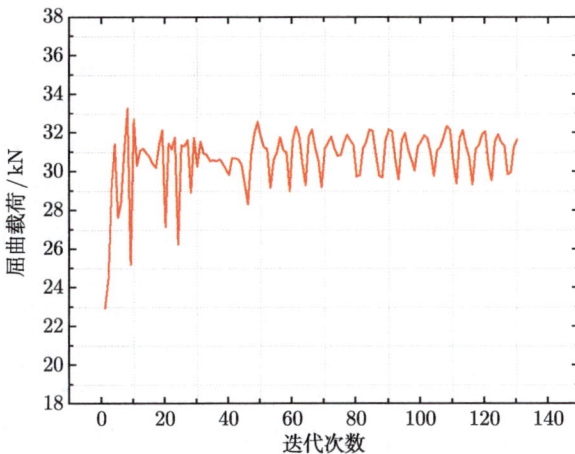

图 8.28　差分计算灵敏度的梯度优化迭代历程

此外，K-S 函数对收敛速度的提升效果将在本节中说明。前面的步骤与 20 核心点的梯度优化执行过程相同，而不是采用 K-S 函数约束聚集。在 20 个并行的优化中，选择了最佳优化设计，如图 8.29 所示的屈曲载荷的迭代历程。相比于图 8.24 中的 K-S 函数优化的迭代过程，在非 K-S 函数的梯度优化过程中，如图 8.29 所示，曲线表现出剧烈振荡。优化设计的屈曲载荷仅为 32.2 kN。结果表明，对多约束函数进行凝聚处理能够有效地抑制振荡现象，提高基于梯度的优化算法的收敛速度。

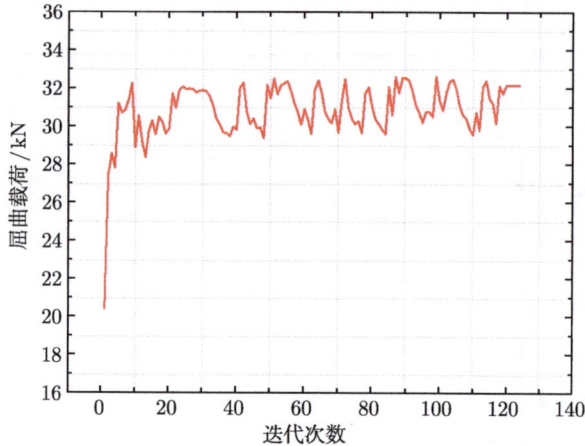

图 8.29　非 K-S 凝聚约束的梯度优化历程

8.2.4　基于等几何刚度扩散法的低体分比加筋板布局优化方法

加筋板布局优化设计中需要考虑筋条位置、筋条方向和筋条截面面积等参数对结构力学性能的影响。传统设计方法多基于设计经验和设计手册，难以充分挖掘结构的设计潜能。采用连续体拓扑优化方法是一种有效的技术手段，以单元的厚度或密度为设计变量，将加筋板布局优化问题转化为结构的材料分布问题，通过不断改变材料的分布或板结构的厚度，优化获得加筋的位置、方向和截面尺寸。对于工程加筋板的拓扑优化设计，受限于低体分比的需求及严格的尺寸约束，往往需要划分足够多的网格才能够得到清晰的加筋布局结果，分析自由度和设计变量数的急剧增多导致加筋板布局优化面临着计算效率低和寻优能力不足的挑战。与连续体拓扑优化相比，基结构方法[55-57]作为代表性的离散体拓扑优化方法，其基于梁壳耦合模型来模拟加筋板模型，通过尺寸优化来实现加筋板的布局优化，能够显式地控制筋条的尺寸，且加筋布局结果清晰。但是受限于初始基结构的选择，其设计空间相对较小。因此，为提高加筋板的力学性能，在设计变量中引入筋条节点坐标，开展筋条尺寸和形状的协同优化，从而更好地改善加筋板的刚度分布，是获得更优异加筋形式的有效策略。基结构方法更多地应用于桁架结构和梁结构布局优化问题[58-60]，对于加筋板布局优化问题的研究相对较少。同时，由于有限元形函数的分片性，筋条节点的敏度场是不连续的，易导致基于梯度类优化算法的加筋板布局优化设计陷入一个较差的局部解，极大地限制了加筋板布局优化方法的寻优能力。

针对上述挑战，本节建立了基于等几何刚度扩散法的加筋板布局优化方法，能够协同考虑筋条的尺寸和形状，充分挖掘设计空间，提升加筋板的力学性能，具有计算效率高、寻优能力强、后处理简单等优点，尤其适用于低体分比优化问题。

1. 基于梁壳耦合的加筋板模型

在有限元分析中，梁壳耦合模型因为具有较高的分析精度和可靠性，通常用来模拟加筋板模型[61-63]。为了获得连续且光滑的筋条节点敏度场，本节应用等几何退化壳单元替代传统的 C^0 连续壳单元来模拟平板结构。本节采用 Timoshenko 梁单元对直线型筋条进行模拟，在保证加筋板模型精度的同时也方便建立梁壳耦合关系。

本节应用 Timoshenko 梁单元来模拟各向同性的筋条。加筋板构型如图 8.30 所示。在局部坐标系下，筋条的位移场 $\boldsymbol{u}'$ 包含 5 个自由度，分别为 3 个平动自由度 u'、v' 和 w' 以及两个转动自由度 $\theta_{x'}$ 和 $\theta_{y'}$。

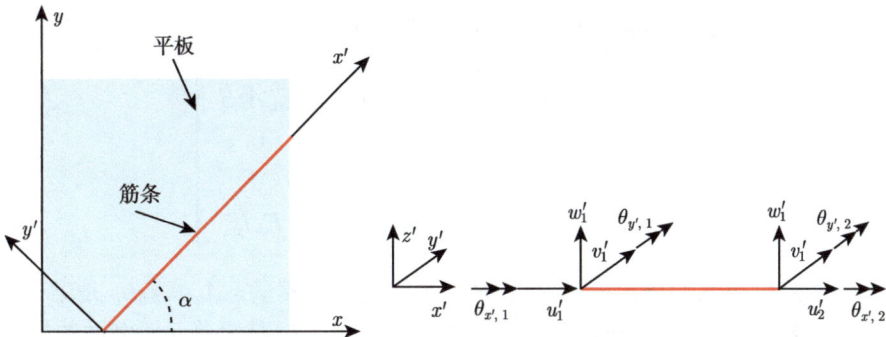

图 8.30 Timoshenko 梁单元示意图

梁单元应变 $\boldsymbol{\varepsilon}_b$ 表达形式如下：

$$\boldsymbol{\varepsilon}_b = \begin{bmatrix} \varepsilon_x \\ \varphi \\ \gamma_y \\ \kappa_y \end{bmatrix} = \begin{bmatrix} \dfrac{\partial u'}{\partial x'} \\ \dfrac{\partial \theta'_x}{\partial x'} \\ \dfrac{\partial w'}{\partial x'} + \theta'_y \\ \dfrac{\partial \theta'_y}{\partial x'} \end{bmatrix} = \boldsymbol{B}_b \boldsymbol{u}' \tag{8-79}$$

式中，应变矩阵 $\boldsymbol{B}_b^i$ 的表达形式如下：

$$
\boldsymbol{B}_b^i = \begin{bmatrix} \dfrac{\partial N_i}{\partial x'} & 0 & 0 & 0 & 0 \\[2mm] 0 & 0 & 0 & \dfrac{\partial N_i}{\partial x'} & 0 \\[2mm] 0 & 0 & \dfrac{\partial N_i}{\partial x'} & 0 & N_i \\[2mm] 0 & 0 & 0 & 0 & \dfrac{\partial N_i}{\partial x'} \end{bmatrix}, \quad i = 1, 2 \tag{8-80}
$$

梁单元形函数的表达形式如下：

$$
N_1 = \frac{1}{2}\left(1 - \xi\right), \quad N_2 = \frac{1}{2}\left(1 + \xi\right) \tag{8-81}
$$

$$
\xi = \frac{2\left(x' - x_c\right)}{l}, \quad x_c = \frac{x'_1 + x'_2}{2} \tag{8-82}
$$

式中，x'_1 和 x'_2 是局部坐标系下梁单元的节点坐标，x' 是局部坐标系下梁单元上任意一点的坐标。

在局部坐标系下，弹性矩阵 D_b 表达形式如下：

$$
D_b = \begin{bmatrix} E_b A_b & 0 & 0 & E_b A_b \bar{S} \\ 0 & G_b J_b & 0 & 0 \\ 0 & 0 & G_b A_b \kappa_b & 0 \\ E_b A_b \bar{S} & 0 & 0 & E_b I_b \end{bmatrix} \tag{8-83}
$$

式中，E_b 是梁单元的杨氏模量，G_b 是梁单元的剪切模量。$A_b = t_b h_b$ 是梁单元的横截面面积，t_b 和 h_b 分别为梁单元的宽度和高度，I_b 是梁单元横截面的惯性矩，J_b 是梁单元的扭转模量，κ_b 是剪切修正系数，$\bar{S}$ 是筋条到壳中面的偏心距离。本节考虑两种加筋类型，分别为中心加筋和偏置加筋。

在局部坐标系下，筋条的单元刚度矩阵 $\boldsymbol{K}_b^{e'}$ 的表达形式如下：

$$
\boldsymbol{K}_b^{e'} = \int_{\Omega_e} \boldsymbol{B}_b^{\mathrm{T}} \boldsymbol{D} \boldsymbol{B}_b \, |\boldsymbol{J}| \mathrm{d}\bar{\Omega}_e \tag{8-84}
$$

式中，单元刚度矩阵求解过程中剪切部分选择为 1×1 减缩积分格式，其余部分选择为 2×2 积分格式。

在全局坐标系下，梁单元刚度矩阵的表达形式如下：

$$
\boldsymbol{K}_b^e = \boldsymbol{T}_b^{\mathrm{T}} \boldsymbol{K}_b^{e'} \boldsymbol{T}_b, \quad \text{where } \boldsymbol{T}_b = \begin{bmatrix} \boldsymbol{T} & \\ & \boldsymbol{T} \end{bmatrix} \tag{8-85}
$$

式中，局部坐标系到全局坐标系的转换矩阵 $\boldsymbol{T}$ 表达形式如下：

$$\boldsymbol{T} = \begin{bmatrix} \cos\alpha & \sin\alpha & 0 & 0 & 0 \\ -\sin\alpha & \cos\alpha & 0 & 0 & 0 \\ 0 & 0 & 1 & 0 & 0 \\ 0 & 0 & 0 & \cos\alpha & \sin\alpha \\ 0 & 0 & 0 & -\sin\alpha & \cos\alpha \end{bmatrix} \tag{8-86}$$

式中，α 为筋条与平板结构 x 方向的夹角。

不同加筋类型可以通过梁单元的偏置来实现。为了保证筋条刚度计算的准确性，适当的网格细化是必要的。在本节中，筋条仅被划分为一个单元来说明梁壳耦合关系的建立。如图 8.31 所示，筋条节点的位移由筋条节点所在等几何退化壳单元控制点的位移插值获得。筋条的刚度矩阵通过壳单元的形函数扩散到平板结构的刚度矩阵中。筋条的刚度扩散矩阵 $\boldsymbol{K}_s^+$ 的表达形式如下：

$$\boldsymbol{K}_s^+ = \boldsymbol{N}^{\mathrm{T}} \boldsymbol{K}_b \boldsymbol{N} \tag{8-87}$$

式中，$\boldsymbol{N}$ 为等几何退化壳单元形函数形成的转换矩阵，由等几何退化壳单元的参数坐标确定，通过牛顿-拉弗森 (Newton-Raphson) 算法可以很容易获得筋条节点坐标对应的壳单元参数坐标。

由于等几何退化壳单元的高阶连续性，等几何刚度扩散法能够解析得到连续且光滑的筋条节点坐标敏度场，因此可以基于梯度类的优化算法实现加筋板布局优化。

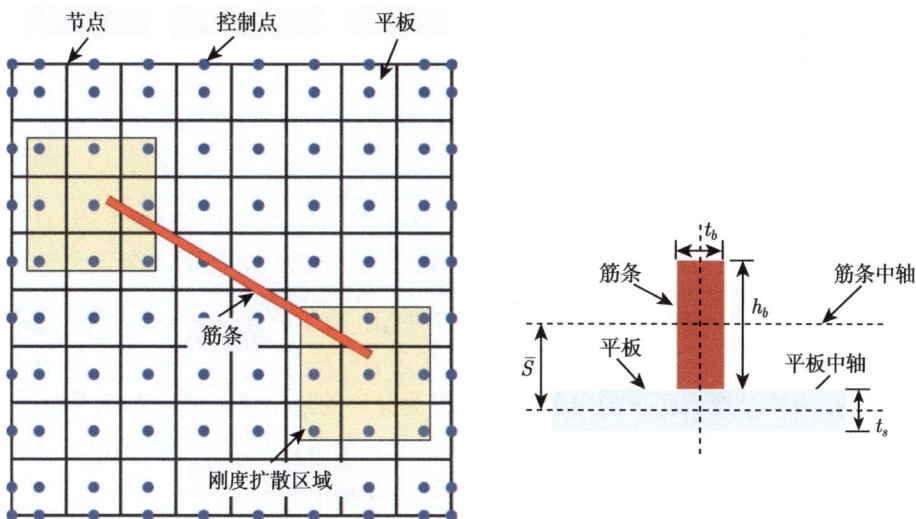

图 8.31 加筋板的离散示意图

2. 基结构选择和几何控制策略

梁单元需要考虑轴向刚度、弯曲刚度和扭转刚度，同时其在等几何背景网格内独立移动容易造成材料的堆积，难以获得清晰的布局优化结果，导致优化求解困难。因此，本节应用基结构来建立筋条初始布局，以确保筋条间的连接性。在加筋板布局优化中，本节同时考虑了筋条节点坐标和筋条厚度两种设计变量。文献 [60] 中针对梁结构布局优化问题，给出了两种不同连接类型的基结构，如图 8.32 所示。与桁架布局优化问题相比，梁结构布局优化问题不允许梁单元发生重叠。因此文献中选择图 8.32(b) 所示的基结构作为优化的初始布局。与文献 [60] 相比，基于等几何刚度扩散法的加筋板布局优化方法将梁单元的刚度扩散到了壳单元上，重叠的梁单元可以认为在重叠点处是连接的，从而自然地解决了在优化过程中梁单元间可能发生重叠的问题。与图 8.32 (a) 所示的基结构相比，图 8.32 (b) 的基结构中局部节点的增加可以更好地挖掘结构设计空间。因此，本节也选择了图 8.32 (b) 所示的基结构作为加筋板布局优化的初始布局。

筋条在优化过程中可能发生交叉现象，如图 8.33(a) 和 (b) 所示。v_1、v_2 和 v_3 代表基结构中一个三角形的三个顶点。在优化过程中，如果顶点 v_3 移动到边 $v_1 - v_2$ 的另一侧，则筋条发生交叉现象，导致加筋板布局优化问题求解困难。本节将文献 [64] 提出的局部几何控制策略应用于加筋布局优化方法中，通过约束基结构中三角形的最小内半径来避免优化过程中筋条可能发生的交叉现象，如图 8.33(c) 所示。最小内半径约束作用于基结构的每个三角形，其表达形式如下：

$$R_j \geqslant R_{\min}, \quad j = 1, \cdots, m$$

$$R_j = \frac{2S_j}{P_j}$$

$$S_j = \frac{1}{2} \det \begin{bmatrix} 1 & 1 & 1 \\ x_1 & x_2 & x_3 \\ y_1 & y_2 & y_3 \end{bmatrix} = \frac{1}{2} \left(x_2 y_3 + x_3 y_1 + x_1 y_2 - x_1 y_3 - x_2 y_1 - y_2 x_3 \right)$$

$$P_j = \sqrt{(x_2 - x_1)^2 + (y_2 - y_1)^2} + \sqrt{(x_3 - x_2)^2 + (y_3 - y_2)^2} + \sqrt{(x_1 - x_3)^2 + (y_1 - y_3)^2}$$

$$\tag{8-88}$$

式中，R_j 为第 j 个三角形的内半径，$R_{\min}$ 为允许的最小内半径，S_j 为第 j 个三角形的面积，P_j 为第 j 个三角形的周长。采用 p-范数函数来凝聚内半径约束。凝聚的内半径约束 g_r 和相应敏度 $\dfrac{\mathrm{d} g_r}{\mathrm{d} R_j}$ 的表达形式如下：

$$g_r = \left(\sum_j^m \left(\frac{R_{\min}}{R_j} \right)^p \right)^{\frac{1}{p}} - 1$$

$$\frac{\mathrm{d}g_r}{\mathrm{d}R_j} = -\frac{1}{R_j} \left(\sum_j^m \left(\frac{R_{\min}}{R_j} \right)^p \right)^{\frac{1}{p}-1} \left(\frac{R_{\min}}{R_j} \right)^p$$

(8-89)

式中，m 为内半径约束的总数，本节取系数 p 为 16。

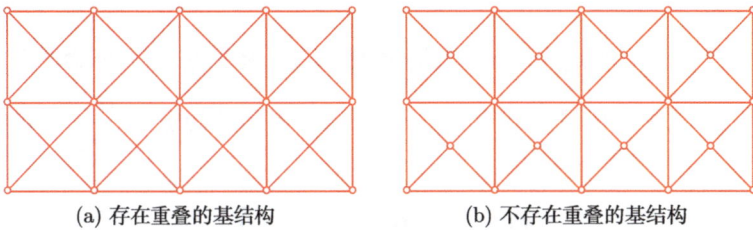

(a) 存在重叠的基结构　　　　　　　　(b) 不存在重叠的基结构

图 8.32　节点数为 5×3 的基结构

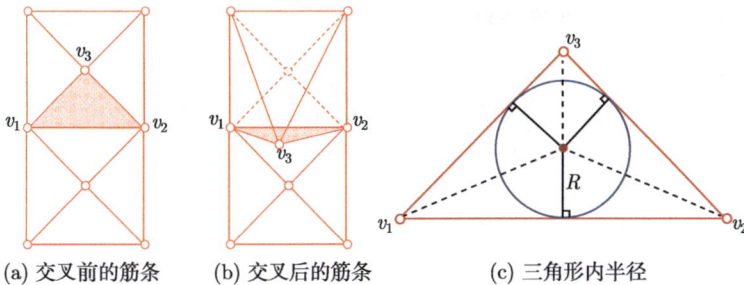

(a) 交叉前的筋条　　　(b) 交叉后的筋条　　　(c) 三角形内半径

图 8.33　节点数 2×3 的基结构中筋条交叉示意图

3. 基于等几何刚度扩散法的低体分比加筋板布局优化框架

综上，本节考虑最小柔顺性问题来开展加筋板的布局优化设计，其优化列式的表达形式如下：

$$
\begin{aligned}
\min_{\boldsymbol{b}, \boldsymbol{x}, \boldsymbol{y}} \quad & C = \boldsymbol{F}^{\mathrm{T}} \boldsymbol{u} \\
\text{s.t.} \quad & \boldsymbol{Ku} = \boldsymbol{F} \\
& C = \sum_j^n b_j h l_j \leqslant V_{\max} \\
& g_r = \left(\sum_j^m \left(\frac{R_{\min}}{R_j} \right)^p \right)^{\frac{1}{p}} - 1 \leqslant 0 \\
& x_{\min} \leqslant x_i \leqslant x_{\max} \\
& y_{\min} \leqslant y_i \leqslant y_{\max}, \quad i = 1, 2, \cdots, 2n
\end{aligned}
$$

(8-90)

式中，b 为筋条厚度，h 为筋条高度，l 为筋条高度，x 和 y 为筋条节点坐标，n 是筋条的总数。目标函数 C 为柔顺性，$V_{\max}$ 为筋条总体积的上限，$\boldsymbol{K}$ 为全局刚度矩阵，$\boldsymbol{u}$ 为位移向量，$\boldsymbol{F}$ 为载荷向量。

加筋板柔顺性的表达形式如下：

$$C = \boldsymbol{u}^{\mathrm{T}} \left(\boldsymbol{K}_s + \sum_j^n \bar{\boldsymbol{K}}_{sj}^+ \right) \boldsymbol{u} \tag{8-91}$$

式中，$\boldsymbol{K}_s$ 是板的刚度矩阵，$\boldsymbol{u}$ 是板的位移向量，$\bar{\boldsymbol{K}}_{sj}^+$ 是第 j 个梁单元的刚度扩散矩阵，它通过组装刚度扩散矩阵 $\boldsymbol{K}_{sj}^+$ 获得。柔顺性的敏度 $\dfrac{\partial C}{\partial s_i}$ 通过伴随法推导获得

$$\frac{\partial C}{\partial s_i} = \boldsymbol{u}^{\mathrm{T}} \frac{\partial \bar{\boldsymbol{K}}_{sj}^+}{\partial s_i} \boldsymbol{u} - \boldsymbol{\lambda}^{\mathrm{T}} \frac{\partial \bar{\boldsymbol{K}}_{sj}^+}{\partial s_i} \tag{8-92}$$

式中，伴随向量通过伴随方程获得

$$\left(\boldsymbol{K}_s + \sum_j^n \bar{\boldsymbol{K}}_{sj}^+ \right) \boldsymbol{\lambda} = 2 \left(\boldsymbol{K}_s + \sum_j^n \bar{\boldsymbol{K}}_{sj}^+ \right) \boldsymbol{u} \tag{8-93}$$

加筋板柔顺性的敏度 $\dfrac{\partial C}{\partial s_i}$ 可以改写为如下形式：

$$\frac{\partial C}{\partial s_i} = -\boldsymbol{u}^{\mathrm{T}} \frac{\partial \bar{\boldsymbol{K}}_{sj}^+}{\partial s_i} \boldsymbol{u} \tag{8-94}$$

加筋板柔顺性的敏度 $\dfrac{\partial C}{\partial s_i}$ 可以进一步简化为如下形式：

$$\frac{\partial C}{\partial s_i} = -\boldsymbol{u}_{se}^{\mathrm{T}} \frac{\partial \boldsymbol{K}_{sj}^+}{\partial s_i} \boldsymbol{u}_{se} \tag{8-95}$$

式中，$\boldsymbol{u}_{se}$ 为梁单元刚度扩散矩阵对应等几何退化壳单元的控制点位移。

考虑到书写方便，后续省略了下标 i 和 j，梁单元刚度扩散矩阵的敏度 $\dfrac{\partial \boldsymbol{K}_s^+}{\partial s}$ 的表达形式如下：

$$\frac{\partial \boldsymbol{K}_s^+}{\partial s} = \frac{\partial \boldsymbol{N}^{\mathrm{T}}}{\partial s} \boldsymbol{K}_b^e \boldsymbol{N} + \boldsymbol{N}^{\mathrm{T}} \frac{\partial \boldsymbol{K}_b^e}{\partial s} \boldsymbol{N} + \boldsymbol{N}^{\mathrm{T}} \boldsymbol{K}_b^e \frac{\partial \boldsymbol{N}^{\mathrm{T}}}{\partial s} \tag{8-96}$$

梁单元刚度矩阵的敏度 $\dfrac{\partial \boldsymbol{K}_b^e}{\partial s}$ 的表达形式如下：

$$\frac{\partial \boldsymbol{K}_b^e}{\partial s} = \frac{\partial \boldsymbol{T}_b^{\mathrm{T}}}{\partial s}\boldsymbol{K}_b^{e'}\boldsymbol{T}_b + \boldsymbol{T}_b^{\mathrm{T}}\frac{\partial \boldsymbol{K}_b^{e'}}{\partial s}\boldsymbol{T}_b + \boldsymbol{T}_b^{\mathrm{T}}\boldsymbol{K}_b^{e'}\frac{\partial \boldsymbol{T}_b^{\mathrm{T}}}{\partial s} \tag{8-97}$$

转换矩阵的敏度 $\dfrac{\mathrm{d}\boldsymbol{T}}{\mathrm{d}s}$ 的表达形式如下：

$$\frac{\mathrm{d}\boldsymbol{T}}{\mathrm{d}s} = \begin{bmatrix} \dfrac{\mathrm{d}\cos\alpha}{\mathrm{d}s} & \dfrac{\mathrm{d}\sin\alpha}{\mathrm{d}s} & 0 & 0 & 0 \\[2mm] -\dfrac{\mathrm{d}\sin\alpha}{\mathrm{d}s} & \dfrac{\mathrm{d}\cos\alpha}{\mathrm{d}s} & 0 & 0 & 0 \\[2mm] 0 & 0 & 0 & 0 & 0 \\[2mm] 0 & 0 & 0 & \dfrac{\mathrm{d}\cos\alpha}{\mathrm{d}s} & \dfrac{\mathrm{d}\sin\alpha}{\mathrm{d}s} \\[2mm] 0 & 0 & 0 & -\dfrac{\mathrm{d}\sin\alpha}{\mathrm{d}s} & \dfrac{\mathrm{d}\cos\alpha}{\mathrm{d}s} \end{bmatrix} \tag{8-98}$$

敏度 $\dfrac{\mathrm{d}\cos\alpha}{\mathrm{d}s}$ 和 $\dfrac{\mathrm{d}\sin\alpha}{\mathrm{d}s}$ 的表达形式如下：

$$\cos\alpha = \frac{x_2 - x_1}{l}, \quad \sin\alpha = \frac{y_2 - y_1}{l}$$
$$l = \sqrt{(x_2 - x_1)^2 + (y_2 - y_1)^2} \tag{8-99}$$

$$\frac{\mathrm{d}\cos\alpha}{\mathrm{d}x_1} = -\frac{(y_1 - y_2)^2}{l^3}, \quad \frac{\mathrm{d}\cos\alpha}{\mathrm{d}y_1} = -\frac{(x_1 - x_2)^2}{l^3}$$
$$\frac{\mathrm{d}\cos\alpha}{\mathrm{d}x_2} = \frac{(y_1 - y_2)^2}{l^3}, \quad \frac{\mathrm{d}\cos\alpha}{\mathrm{d}y_2} = \frac{(x_1 - x_2)^2}{l^3} \tag{8-100}$$

$$\frac{\mathrm{d}\sin\alpha}{\mathrm{d}x_1} = \frac{x_2 - x_1}{l^3}, \quad \frac{\mathrm{d}\sin\alpha}{\mathrm{d}y_1} = \frac{y_2 - y_1}{l^3}$$
$$\frac{\mathrm{d}\sin\alpha}{\mathrm{d}x_2} = -\frac{x_2 - x_1}{l^3}, \quad \frac{\mathrm{d}\sin\alpha}{\mathrm{d}y_2} = -\frac{y_2 - y_1}{l^3} \tag{8-101}$$

式中，设计变量 s 包括梁单元的节点坐标 x_1、y_1、x_2 和 y_2。

在局部坐标系下梁单元刚度矩阵的敏度 $\dfrac{\mathrm{d}\boldsymbol{K}_b^{e'}}{\mathrm{d}s}$ 的表达形式如下：

$$\frac{\mathrm{d}\boldsymbol{K}_b^{e'}}{\mathrm{d}s} = \int_{\Omega_e}\left(\frac{\mathrm{d}\boldsymbol{B}_b^{\mathrm{T}}}{\mathrm{d}s}\boldsymbol{D}\boldsymbol{B}_b\,|\boldsymbol{J}| + \boldsymbol{B}_b^{\mathrm{T}}\boldsymbol{D}\frac{\mathrm{d}\boldsymbol{B}_b}{\mathrm{d}s}\,|\boldsymbol{J}| + \boldsymbol{B}_b^{\mathrm{T}}\frac{\mathrm{d}\boldsymbol{D}}{\mathrm{d}s}\boldsymbol{B}_b\,|\boldsymbol{J}| + \frac{\mathrm{d}\boldsymbol{B}_b^{\mathrm{T}}}{\mathrm{d}s}\boldsymbol{D}\boldsymbol{B}_b\frac{\mathrm{d}\,|\boldsymbol{J}|}{\mathrm{d}s}\right)\mathrm{d}\Omega_e \tag{8-102}$$

在局部坐标系下梁单元的形函数相对节点坐标 x' 的敏度 $\dfrac{\partial N_i}{\partial x'}$ 表达形式如下：

$$\frac{\partial N_i}{\partial x'} = \frac{\partial N_i}{\partial \xi} \frac{\partial \xi}{\partial x'} = \frac{2}{l} \frac{\partial N_i}{\partial \xi} \tag{8-103}$$

梁单元的 Jacobian 矩阵的行列式的值 $|\boldsymbol{J}|$ 及其相对梁单元长度 l 的敏度 $\dfrac{\mathrm{d}|\boldsymbol{J}|}{\mathrm{d}l}$ 表达形式如下：

$$|\boldsymbol{J}| = \frac{l}{2}, \quad \frac{\mathrm{d}|\boldsymbol{J}|}{\mathrm{d}l} = \frac{1}{2} \tag{8-104}$$

基于上述的公式，敏度 $\dfrac{\mathrm{d}|\boldsymbol{J}|}{\mathrm{d}s}$、$\dfrac{\mathrm{d}\boldsymbol{B}_b}{\mathrm{d}s}$ 和 $\dfrac{\mathrm{d}\boldsymbol{K}_b^{e'}}{\mathrm{d}s}$ 可以通过链式法则解析获得。此外，梁单元的尺寸根据优化问题进行适当的选择。单一筋条采用均匀单元尺寸划分策略，全局坐标系下筋条上梁单元的节点坐标的表达形式如下：

$$x_{12}^i = \frac{x_2^s - x_1^s}{n_b} \times (i-1) + x_1^s$$
$$y_{12}^i = \frac{y_2^s - y_1^s}{n_b} \times (i-1) + y_1^s \tag{8-105}$$

式中，x_1^s、x_2^s、y_1^s 和 y_2^s 为筋条两个端点的坐标，n_b 是筋条划分的单元数。任意节点坐标相对端点坐标敏度的表达形式如下：

$$\frac{\mathrm{d}x_{12}^i}{\mathrm{d}x_1^s} = -\frac{1}{n_b} \times (i-1) + 1, \quad \frac{\mathrm{d}x_{12}^i}{\mathrm{d}x_2^s} = \frac{1}{n_b} \times (i-1)$$
$$\frac{\mathrm{d}y_{12}^i}{\mathrm{d}y_1^s} = -\frac{1}{n_b} \times (i-1) + 1, \quad \frac{\mathrm{d}y_{12}^i}{\mathrm{d}y_2^s} = \frac{1}{n_b} \times (i-1) \tag{8-106}$$

最后，基结构节点的敏度通过各个筋条相对节点坐标的敏度相加获得。基于等几何刚度扩散法的低体分比加筋板布局优化流程如图 8.34 所示，具体步骤如下：

步骤 1：初始化设计变量，包括筋条节点坐标和筋条厚度。计算并存储板结构的全局刚度矩阵。

步骤 2：应用等几何刚度扩散法获得筋条的刚度扩散矩阵，通过板控制点编号进行组装。计算加筋板柔顺性 C 和柔顺性 C 对设计变量的敏度。

步骤 3：计算筋条的总体积 V 以及总体积 V 对设计变量敏度。计算基结构三角形内半径约束和内半径约束对设计变量的敏度。

步骤 4：采用内点法开展加筋布局优化设计并更新设计变量，直至达到最大迭代次数或满足收敛准则。

步骤 5：在后处理过程中删除厚度小于最小允许厚度 $t_{b\,\min}$ 的筋条，进而得到清晰的布局优化结果。

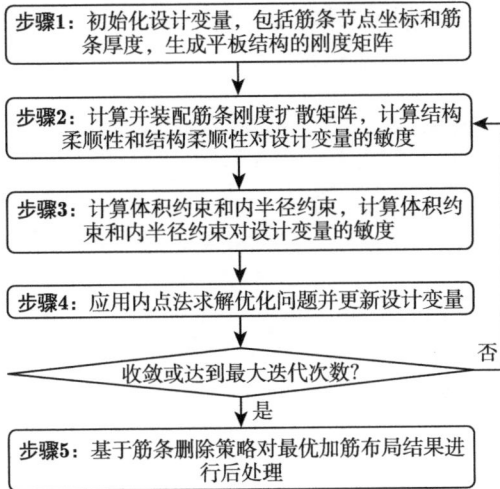

步骤1：初始化设计变量，包括筋条节点坐标和筋条厚度，生成平板结构的刚度矩阵

步骤2：计算并装配筋条刚度扩散矩阵，计算结构柔顺性和结构柔顺性对设计变量的敏度

步骤3：计算体积约束和内半径约束，计算体积约束和内半径约束对设计变量的敏度

步骤4：应用内点法求解优化问题并更新设计变量

收敛或达到最大迭代次数？ 否

是

步骤5：基于筋条删除策略对最优加筋布局结果进行后处理

图 8.34　基于等几何刚度扩散法的低体分比加筋板布局优化框架

4. 基于等几何刚度扩散法的低体分比加筋板布局优化算例

本节通过三个数值算例来验证本节方法对低体分比约束下加筋板布局优化的适用性和高效性。为了获得清晰的布局优化结果，在后处理时将筋条厚度小于最大厚度 0.05 倍的筋条删除。

首先，本节以悬臂梁优化问题为例来验证本节方法对于梁结构布局优化的有效性，如图 8.35 所示。本节采用无量纲的材料和几何参数。平板的杨氏模量 E_s 和泊松比 μ_s 分别为 0.001 和 0.3。筋条的杨氏模量 E_b 和泊松比 μ_b 分别为 1 和 0.3。平板的杨氏模量 E_s 远远小于筋条的杨氏模量 E_b，因此可以把平板作为弱材料背景网格，加筋布局优化问题转换为连续体内梁的布局优化问题。平板的左端固定，在平板右端中点处施加一个垂直向下的集中力 F 为 1。平板的长度 L 为 30，平板的宽度 D 为 20，平板的厚度 t_s 为 1。梁单元高度 h_b 固定为 1，梁设置为中面偏置。设计域为 $20 \times 10 \times 1$，设计域体分比约束 v_f 为 0.3。最大迭代次数选择为 100。设计域离散为 20×10 的等几何退化壳单元，如图 8.36 所示。梁单元网格尺寸选择为 1.2。初始布局选择为 5×3 节点的基结构，如图 8.37 所示。梁单元的最大尺寸约束 $b_{\max}$ 分别选择为 1.0、0.8、0.6 和 0.4。同时为避免梁单元的交叉，最小内半径约束选择为 0.75。

布局优化结果和目标函数值如图 8.38 所示。随着最大尺寸约束的减小，目标函数值逐渐增大。由于采用了局部几何控制策略，梁单元不会发生重叠现象，能够获得清晰的布局优化结果。图 8.39 给出了 $b_{\max}$ 为 1.0 时，柔顺性、体积的优化迭代曲线以及优化过程中的梁结构的布局变化。可以看到梁结构的柔顺性逐步下降，在第 87 次迭代步时收敛。优化结果表明，基于本节方法可以很容易实现最大尺寸约束，且与传统基结构方法相比，由于背景网格弱材料的存在，初始布局的布置无需考虑边界条件和载荷位置影响。

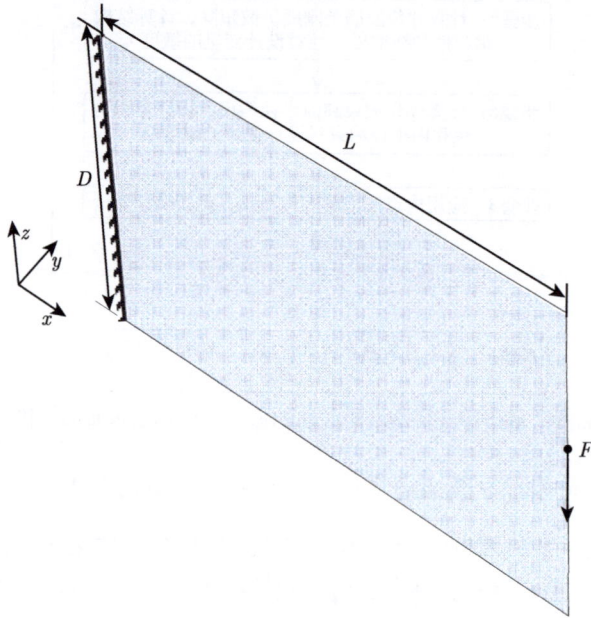

图 8.35　集中载荷作用下的悬臂梁结构示意图

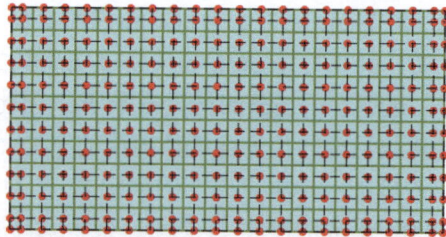

图 8.36　集中载荷作用下的悬臂梁网格划分示意图

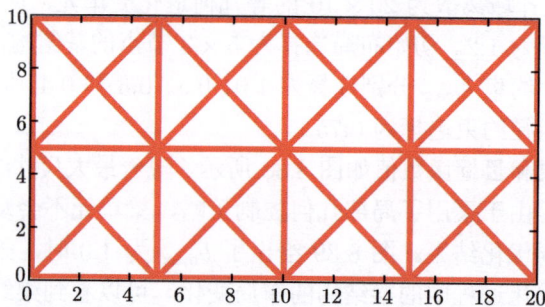

图 8.37　集中载荷作用下的悬臂梁初始布局 (节点数为 5 × 3 的基结构)

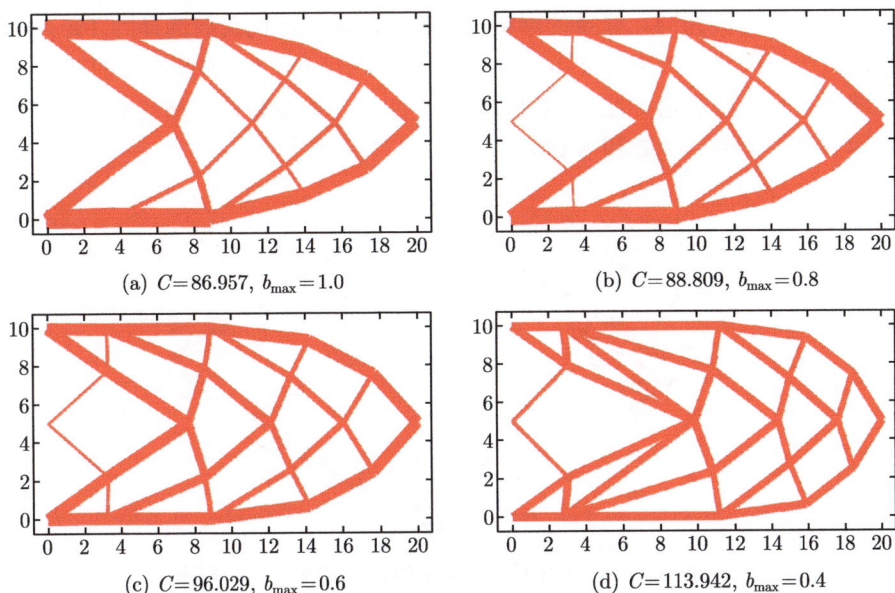

(a) $C=86.957$, $b_{\max}=1.0$

(b) $C=88.809$, $b_{\max}=0.8$

(c) $C=96.029$, $b_{\max}=0.6$

(d) $C=113.942$, $b_{\max}=0.4$

图 8.38　集中载荷作用下的悬臂梁布局优化结果

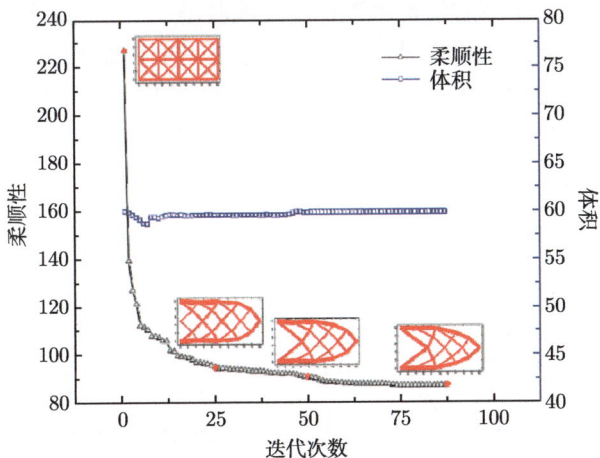

图 8.39　集中载荷作用下的悬臂梁布局优化迭代曲线

　　本节以四边固支的正方形加筋板优化问题为例，在低体分比约束下，研究初始布局对加筋布局优化结果的影响，如图 8.40 所示。本节采用无量纲的材料和几何参数。在正方形板表面施加 5 个垂直板的集中载荷，每个集中荷载 F 为 1。板的厚度 t_s 为 0.1，板的边长 L 为 100，筋条高度 h_b 固定为 1。筋条类型为外偏置加筋。将板离散为 40×40 的等几何退化壳单元。设计域为 $100\times100\times1$，设计域体分比约束 v_f 为 0.1。正方形板的杨氏模量 E_s 和泊松比 μ_s 分别为 1 和 0.3。

筋条材料属性与板相同，筋条的网格尺寸为 3，最大迭代次数选择为 100。此外，筋条厚度的最大尺寸约束为 4.0，内半径的最小约束为 2.5。加筋布局的初始布局、优化结果及目标函数值如图 8.41 和图 8.42 所示。筋条初始布局的基结构节点数分别为 5×5、6×6、7×7 和 8×8。

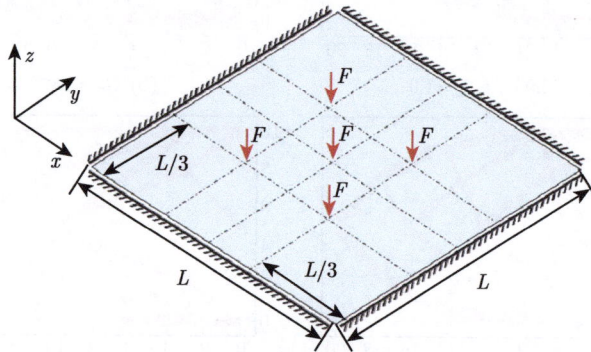

图 8.40　5 个集中载荷作用下的正方形板结构示意图

　　四种初始布局对应的加筋布局优化结果十分相似，目标函数也比较接近。对于不同的初始布局，本节方法都可以很容易地获得一个较优的结果，适用于低体分比约束下的加筋板布局优化设计。此外，适当增加初始布局的基结构模型节点数有助于获得更优的加筋布局优化结果。图 8.42 给出了基结构节点数为 8×8 的初始布局下，柔顺性、体积的优化迭代曲线以及优化过程中加筋结构的布局变化。可以看到结构的柔顺性逐步下降，在第 100 次迭代步收敛。

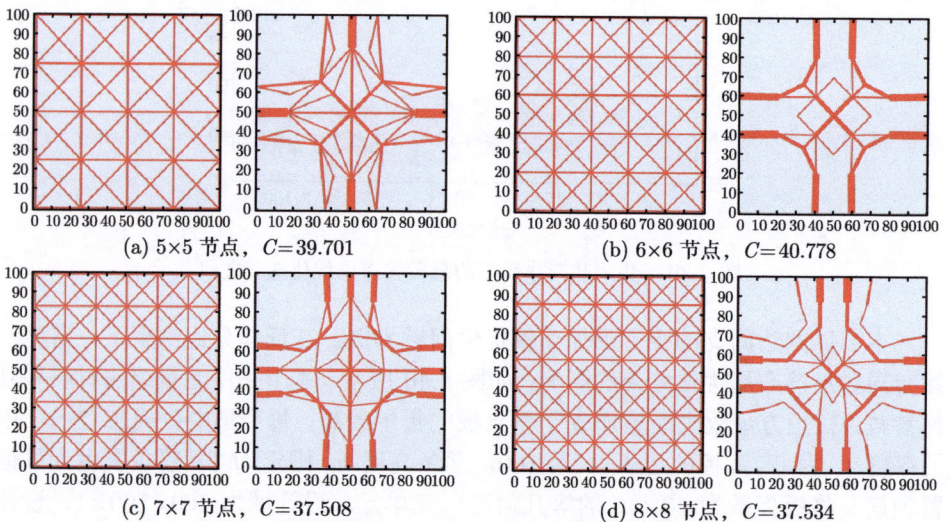

(a) 5×5 节点，C=39.701　　　　　　(b) 6×6 节点，C=40.778

(c) 7×7 节点，C=37.508　　　　　　(d) 8×8 节点，C=37.534

图 8.41　5 个集中载荷作用下的正方形板加筋布局优化结果

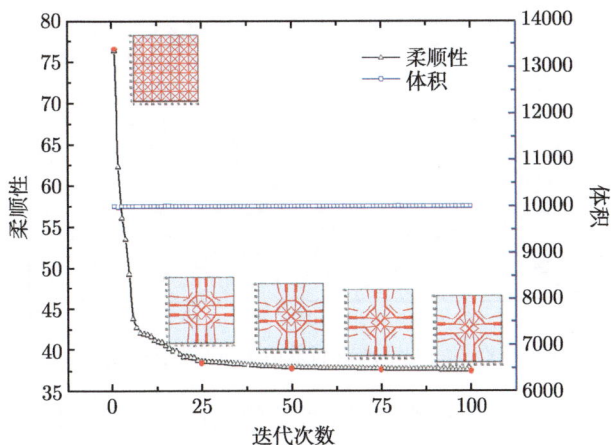

图 8.42 基结构节点数为 8×8 的初始布局下正方形板的加筋布局优化迭代曲线

接下来本节以外压荷载作用下的简支矩形加筋板优化问题为例，研究不同体分比约束和不同尺寸约束对加筋布局优化结果的影响。压力载荷 p 为.001，如图 8.43 所示。本节采用无量纲的材料和几何参数。板的长度 L 为 100，宽度 D 为 50，厚度 t_s 为 1。将板离散为 40×20 的等几何退化壳单元。板的杨氏模量 E_s 为 1，泊松比 μ_s 为 0.3。边界条件为经典的四边简支边界，即约束板四边 z 方向自由度、底边左端节点 x 和 y 方向的自由度和底边右端点 y 方向的自由度。筋条材料属性与板相同。加筋的高度 h_b 固定为 10，筋条的网格尺寸为 3。筋条类型为外偏置加筋。设计域为 $100 \times 50 \times 10$，设计域体分比约束 v_f 分别选择为 0.4、0.3 和 0.2。筋条初始布局采用 9×5 节点的基结构，如图 8.44 所示。最大迭代次数选择为 100。筋条最大尺寸约束 b_{max} 分别选择为 1.0 和 3.0。最小内半径约束选择为 2.5。算例在 Intel i7-8700K @3.7Hz CPU 16GB RAM 的计算机上统计优化时间。

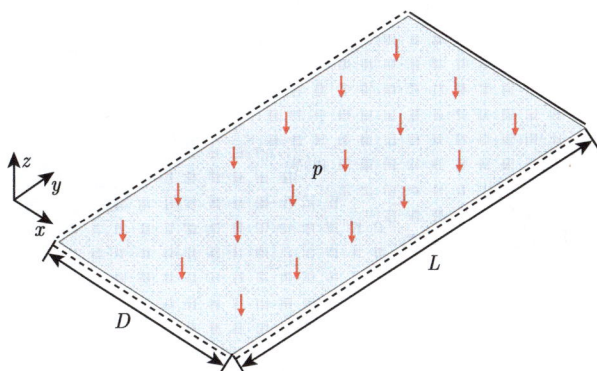

图 8.43 外压载荷作用下的矩形板结构示意图

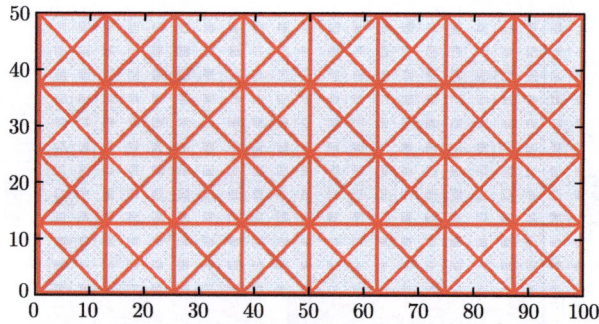

图 8.44　外压载荷作用下的矩形板筋条初始布局 (节点数为 9×5 的基结构)

不同体分比和不同最大尺寸约束条件下的优化时间、优化结果和目标函数值如图 8.45(a)~(f) 所示。在优化过程中，筋条节点坐标和筋条厚度发生了显著的变化，且由于施加了最大尺寸约束和局部几何控制，非均匀分布的筋条几乎填满了整个矩形板。因此，本节方法可看作一种有效的填充结构优化策略。随着筋条体分比的减小，目标函数值逐渐增大，筋条节点坐标对目标函数的影响变小。最大尺寸约束越大，体分比越小，筋条节点坐标的变化越不明显，如图 8.45(f) 所示，筋条的节点坐标基本没有发生变化。对于体分比 v_f 为 0.4 和 b_{max} 为 3 的情况，

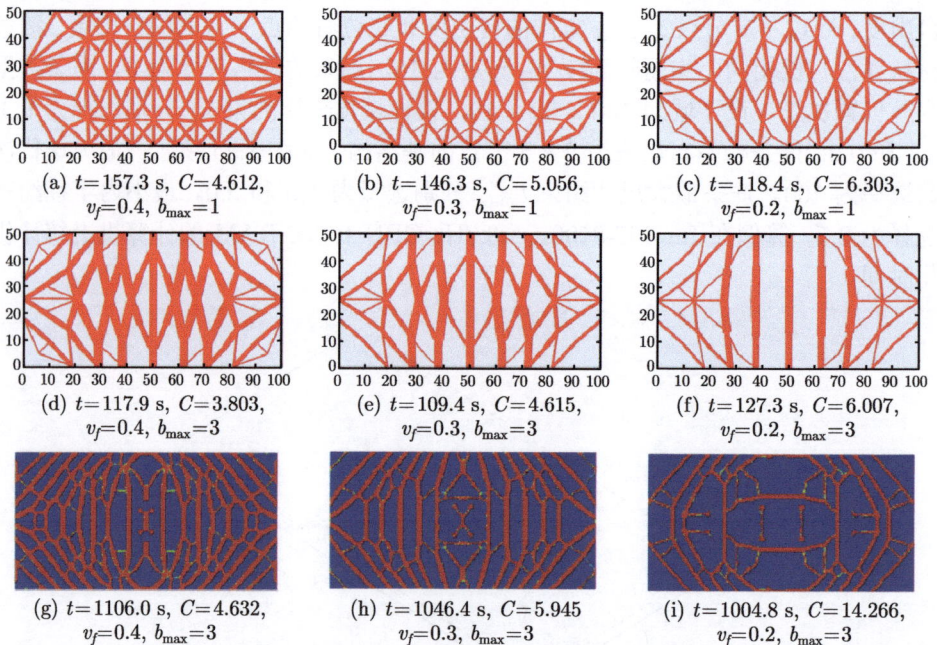

(a) t=157.3 s, C=4.612,
v_f=0.4, b_{max}=1

(b) t=146.3 s, C=5.056,
v_f=0.3, b_{max}=1

(c) t=118.4 s, C=6.303,
v_f=0.2, b_{max}=1

(d) t=117.9 s, C=3.803,
v_f=0.4, b_{max}=3

(e) t=109.4 s, C=4.615,
v_f=0.3, b_{max}=3

(f) t=127.3 s, C=6.007,
v_f=0.2, b_{max}=3

(g) t=1106.0 s, C=4.632,
v_f=0.4, b_{max}=3

(h) t=1046.4 s, C=5.945,
v_f=0.3, b_{max}=3

(i) t=1004.8 s, C=14.266,
v_f=0.2, b_{max}=3

图 8.45　本节方法 (a~f) 和 Abaqus/Tosca(g~i) 在不同体分分数下的矩形板加筋布局优化结果

图 8.46 给出了柔顺性、体积的迭代曲线以及优化过程中的加筋布局结果。结构的柔顺性逐步下降，最后趋于收敛。综上，在不同体分比和最大尺寸约束下，本节方法均可以获得清晰的加筋布局优化结果。

采用有限元软件 Abaqus/Tosca 中连续体拓扑优化方法求解相同的优化问题，来进一步验证本节方法的有效性，优化过程中采用并行计算，核数为 6。单元类型选择为六面体实体单元 C3D8，网格尺寸固定为 0.5。在厚度方向上，板结构区域划分 2 层单元，加筋区域划分 5 层单元。有限元模型单元数为 140000，节点数为 162408。筋条最大尺寸约束选择为 3，优化结果如图 8.45 (g)~(i) 所示，本节方法与 Abaqus/Tosca 的优化时间和目标函数值的比较如表 8.8 和表 8.9 所示。实际上很难对两种方法进行直接的优化效率比较，仅能近似地估算其优化耗时。算例结果表明，本节方法的计算时间仅为 Abaqus/Tosca 的 15% 左右，其优化效率显著提升。此外，对于更小的最大尺寸约束，网格尺寸的限制导致 Abaqus/Tosca 优化失败，需要进一步细化网格才能将最大尺寸控制在 1 以下，这将进一步增加计算成本，比较而言，本节方法筋条的厚度变化不受限于网格尺寸，筋条厚度的变化对计算精度和计算效率没有影响。两种方法分析自由度数和设计变量数如表 8.10 所示，Abaqus/Tosca 连续体拓扑优化方法的自由度数和设计变量数分别为 487224 和 100000。比较而言，本节方法的计算自由度数和设计变量数大幅减小，分别为 4620 和 358。对于同一优化问题，本节方法优化得到的目标函数值比 Abaqus/Tosca 方法的目标函数值明显要小，且随着体分比的减小，两种方法的目标函数值差异也越来越大。Abaqus/Tosca 中的连续体拓扑优化方法采用罚函数法来定义实体单元的密度，由于存在许多中间密度，加筋板的刚度计算是不准确的。比较而言，等几何刚度扩散法是一种相对准确的加筋板分析方法，且加筋布局优化结果不需要复杂的特征提取和额外的精细模型建模，可以直接应用。

表 8.8 本节方法和 Abaqus/Tosca 优化时间的比较

体分比	$v_f = 0.4$	$v_f = 0.3$	$v_f = 0.2$
本节方法 ($b_{max} = 1$)	157.3 s	146.3 s	118.4 s
本节方法 ($b_{max} = 3$)	117.9 s	109.4 s	127.3 s
Abaqus/Tosca ($b_{max} = 3$)	1106.0 s	1046.4 s	1004.8 s

表 8.9 本节方法和 Abaqus/Tosca 目标函数的比较

体分比	$v_f = 0.4$	$v_f = 0.3$	$v_f = 0.2$
本节方法 ($b_{max} = 1$)	4.612	5.056	6.303
本节方法 ($b_{max} = 3$)	3.803	4.615	6.007
Abaqus/Tosca ($b_{max} = 3$)	4.632	5.945	14.266

表 8.10　本节方法和 Abaqus/Tosca 方法自由度数和设计变量数的比较

	自由度数	设计变量数
本节方法 ($b_{\max} = 1$)	4620	358
本节方法 ($b_{\max} = 3$)	4620	358
Abaqus/Tosca 方法 ($b_{\max} = 3$)	487224	100000

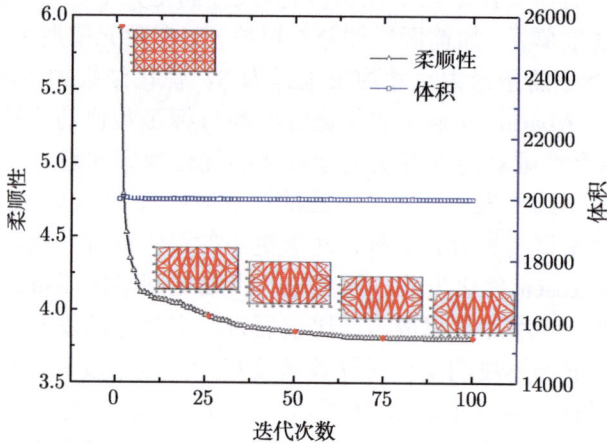

图 8.46　外压载荷作用下的矩形板加筋布局优化迭代曲线 (v_f 为 0.4, $b_{\max}$ 为 3)

参 考 文 献

[1] Shafto M, Conroy M, Doyle R, et al. Modeling, simulation, information technology & processing roadmap[R]. National Aeronautics and Space Administration, Washington, USA, 2012: 1-38.

[2] 周奇, 杨扬, 宋学官, 等. 变可信度近似模型及其在复杂装备优化设计中的应用研究进展 [J]. 机械工程学报, 2020, 56(24): 219-245.

[3] Slotnick J P, Khodadoust A, Alonso J, et al. CFD vision 2030 study: A path to revolutionary computational aerosciences[R]. NASA Langley Research Center, Hampton, VA, 2013: 1-73.

[4] 郑君. 基于变可信度近似的设计优化关键技术研究 [D]. 武汉: 华中科技大学, 2014.

[5] Choi S, Alonso J J, Kroo I M. Two-level multi-fidelity design optimization studies for supersonic jets[J]. Journal of Aircraft, 2009, 46(3): 776-790.

[6] Haftka R T. Combining global and local approximations [J]. AIAA Journal, 1991, 29(9): 1523-1525.

[7] Giselle Fernández-Godino M, Park C, Kim N H, et al. Issues in deciding whether to use multi-fidelity surrogates[J]. AIAA Journal, 2019, 57(5): 1-16.

[8] Han Z H, Zimmermann R, Goretz S. A new co-Kriging method for variable-fidelity surrogate modeling of aerodynamic data[C]// 48th AIAA Aerospace Sciences Meeting Including the New Horizons Forum and Aerospace Exposition, 2010: 1225.

[9] 韩忠华. Kriging 模型及代理优化算法研究进展 [J]. 航空学报, 2016, 37(11): 3197-3225.

[10] Han Z H, Görtz S, Zimmermann R. Improving variable-fidelity surrogate modeling via gradient-enhanced Kriging and a generalized hybrid bridge function[J]. Aerospace Science and Technology, 2013, 25(1): 177-189.

[11] Han Z H, Görtz S. Hierarchical Kriging model for variable-fidelity surrogate modeling[J]. AIAA Journal, 2012, 50(9): 1885-1896.

[12] Han Z H, Zimmerman R, Görtz S. Alternative co-Kriging method for variable-fidelity surrogate modeling[J]. AIAA Journal, 2012, 50(5): 1205-1210.

[13] 宋保维, 王新晶, 王鹏. 基于变保真度模型的 AUV 流体动力参数预测 [J]. 机械工程学报, 2017, 53(18): 176-182.

[14] Tian K, Li Z, Ma X, et al. Toward the robust establishment of variable-fidelity surrogate models for hierarchical stiffened shells by two-step adaptive updating approach [J]. Structural and Multidisciplinary Optimization, 2020, 61: 1515-1528.

[15] Zhou Q, Shao X, Jiang P, et al. An active learning metamodeling approach by sequentially exploiting difference information from variable-fidelity models[J]. Advanced Engineering Informatics, 2016, 30(3): 283-297.

[16] Liu B, Koziel S, Zhang Q. A multi-fidelity surrogate-model-assisted evolutionary algorithm for computationally expensive optimization problems[J]. Journal of Computational Science, 2016, 12: 28-37.

[17] Yi J, Gao L, Li X, et al. An on-line variable-fidelity surrogate-assisted harmony search algorithm with multi-level screening strategy for expensive engineering design optimization[J]. Knowledge-Based Systems, 2019, 170: 1-19.

[18] Habib A, Singh H K, Ray T. A multiple surrogate assisted multi/many-objective multifidelity evolutionary algorithm[J]. Information Sciences, 2019, 502: 537-557.

[19] Pitra Z, Bajer L, Repický J, et al. Overview of surrogate-model versions of covariance matrix adaptation evolution strategy[C]// Proceedings of the Genetic and Evolutionary Computation Conference Companion, 2017: 1622-1629.

[20] Bajer L, Pitra Z, Repický J, et al. Gaussian process surrogate models for the CMA evolution strategy[J]. Evolutionary Computation, 2019, 27(4): 665-697.

[21] Han Z H, Chenzhou X U, Zhang L, et al. Efficient aerodynamic shape optimization using variable-fidelity surrogate models and multilevel computational grids[J]. Chinese Journal of Aeronautics, 2020, 33(1): 31-47.

[22] Zhou Q, Wang Y, Choi S K, et al. A sequential multi-fidelity metamodeling approach for data regression[J]. Knowledge-Based Systems, 2017, 134: 199-212.

[23] Bouzarkouna Z, Auger A, Ding D Y. Investigating the local-meta-model CMA-ES for large population sizes[C]// European Conference on the Applications of Evolutionary Computation. Springer, Berlin, Heidelberg, 2010, 6024: 402-411.

[24] Singh K, Kapania R K. Accelerated optimization of curvilinearly stiffened panels using deep learning[J]. Thin-Walled Structures, 2021, 161: 107418.

[25] Tao J, Sun G. Application of deep learning based multi-fidelity surrogate model to

robust aerodynamic design optimization[J]. Aerospace Science and Technology, 2019, 92: 722-737.

[26] Pan S J, Yang Q. A survey on transfer learning[J]. IEEE Transactions on Knowledge and Data Engineering, 2009, 22(10): 1345-1359.

[27] Zou D, Cao Y, Zhou D, et al. Gradient descent optimizes over-parameterized deep ReLU networks[J]. Machine Learning, 2019, 109(6): 1-26.

[28] Courbariaux M, Bengio Y, David J P. Binaryconnect: Training deep neural networks with binary weights during propagations[J]. Advances in Neural Information Processing Systems, 2015: 3123-3131.

[29] Tian K, Li Z, Huang L, et al. Enhanced variable-fidelity surrogate-based optimization framework by Gaussian process regression and fuzzy clustering[J]. Computer Methods in Applied Mechanics and Engineering, 2020, 366: 113045.

[30] Mockus J, Tiesis V, Zilinskas A. The application of Bayesian methods for seeking the extremum[J]. Towards Global Optimization, 1978, 2: 117-129.

[31] Lu J, Behbood V, Hao P, et al. Transfer learning using computational intelligence: A survey[J]. Knowledge-Based Systems, 2015, 80: 14-23.

[32] Jang H, Plis S M, Calhoun V D, et al. Task-specific feature extraction and classification of fMRI volumes using a deep neural network initialized with a deep belief network: Evaluation using sensorimotor tasks[J]. NeuroImage, 2017, 145: 314-328.

[33] Hansen N. The CMA evolution strategy: A tutorial[J]. arXiv preprint arXiv, 2016, 1604.00772.

[34] 赵俊哲. 基于代理模型的 CMA-ES 算法研究及其在复合材料设计中的应用 [D]. 长沙: 湖南大学, 2018.

[35] Fujii G, Akimoto Y, Takahashi M. Exploring optimal topology of thermal cloaks by CMA-ES[J]. Applied Physics Letters, 2018, 112(6): 061108.

[36] Reddy S S, Panigrahi B K, Kundu R, et al. Energy and spinning reserve scheduling for a wind-thermal power system using CMA-ES with mean learning technique[J]. International Journal of Electrical Power & Energy Systems, 2013, 53: 113-122.

[37] Loshchilov I. A computationally efficient limited memory CMA-ES for large scale optimization[J]. Proceedings of the 2014 Annual Conference on Genetic and Evolutionary Computation, 2014: 397-404.

[38] Hansen N. The CMA evolution strategy: a comparing review[J]. Towards a New Evolutionary Computation, 2006, 192: 75-102.

[39] Bezdek, J C. Pattern recognition with fuzzy objective function algorithms[J]. Advanced Applications in Pattern Recognition, 1981, 22(1171): 203-239.

[40] Nayak J, Naik B, Behera H S. Fuzzy C-means (FCM) clustering algorithm: a decade review from 2000 to 2014[C]// Computational Intelligence in Data Mining-Volume 2. Springer, New Delhi, 2015: 133-149.

[41] Molina D, Lozano M, García-Martínez C, et al. Memetic algorithms for continuous optimization based on local search chains[J]. Evolutionary Computation, 2010, 18(1):

27-63.

[42] Rouhi M, Ghayoor H, Hoa S V, et al. Effect of structural parameters on design of variable-stiffness composite cylinders made by fiber steering[J]. Composite Structures, 2014, 118(1): 472-481.

[43] Fernández-godino M G, Park C, Kim N H, et al. Review of multi-fidelity models [J]. arXiv preprint arXiv, 2016, 1609.07196.

[44] Bajer L, Pitra Z, Holeňa M. Benchmarking Gaussian processes and random forests surrogate models on the BBOB noiseless testbed[C]// Proceedings of the Companion Publication of the 2015 Annual Conference on Genetic and Evolutionary Computation, 2015: 1143-1150.

[45] Pitra Z, Bajer L, Holeňa M. Doubly trained evolution control for the surrogate CMA-ES[C]// International Conference on Parallel Problem Solving from Nature. Springer, Cham, 2016, 9921: 59-68.

[46] Kandasamy K, Dasarathy G, Oliva J B, et al. Gaussian process bandit optimisation with multi-fidelity evaluations[J]. Advances in Neural Information Processing Systems, 2016: 992-1000.

[47] Carrasco J, García S, Rueda M M, et al. Recent trends in the use of statistical tests for comparing swarm and evolutionary computing algorithms: Practical guidelines and a critical review[J]. Swarm and Evolutionary Computation, 2020, 54: 100665.

[48] Li Z C, Gao T, Tian K, et al. Elite-driven surrogate-assisted CMA-ES algorithm by improved lower confidence bound method[J]. Engineering with Computers, 2022: 1-21

[49] Cottrell J A, Hughes T J R, Bazilevs Y. Isogeometric analysis: toward integration of CAD and FEA[M]. John Wiley & Sons, 2009.

[50] Liu W K, Li S, Park H S. Eighty years of the finite element method: Birth, evolution, and future[J]. Archives of Computational Methods in Engineering, 2022: 1-23.

[51] Hughes T J R, Cottrell J A, Bazilevs Y. Isogeometric analysis: CAD, finite elements, NURBS, exact geometry and mesh refinement[J]. Computer Methods in Applied Mechanics and Engineering, 2005, 194(39-41): 4135-4195.

[52] Guo Y, Do H, Ruess M. Isogeometric stability analysis of thin shells: From simple geometries to engineering models[J]. International Journal for Numerical Methods in Engineering, 2019, 118(8): 433-458.

[53] Dornisch W. Interpolation of Rotations and Coupling of Patches in Isogeometric Reissner-Mindlin Shell Analysis[M]. Schriftenreihe des Lehrstuhls für Baustatik und Baudynamik der RWTH Aachen, 2015.

[54] Wang Y, Wang Z, Xia Z, et al. Structural design optimization using isogeometric analysis: a comprehensive review[J]. Computer Modeling in Engineering & Sciences, 2018, 117(3): 455-507.

[55] Dorn W S, Gomory R E, Greenberg H J. Automatic design of optimal structures [J]. Journal de Mécanique. 1964, 3: 25-52.

[56] Bental A, Bendsøe M P. A new method for optimal truss topology design [J]. Siam

Journal on Optimization, 1993, 3(2): 322-358.

[57] Bendsøe M P, Bental A, Zowe J, et al. Optimization methods for truss geometry and topology design [J]. Structural Optimization, 1994, 7(3): 141-159.

[58] Zegard T, Paulino G H. GRAND-Ground structure based topology optimization for arbitrary 2D domains using MATLAB [J]. Structural and Multidisciplinary Optimization, 2014, 50(5):861-882.

[59] Zegard T, Paulino G H. GRAND3-Ground structure based topology optimization for arbitrary 3D domains using MATLAB [J]. Structural and Multidisciplinary Optimization, 2014, 52(6): 1161-1184.

[60] Amir E, Amir O. Topology optimization for the computationally poor: efficient high resolution procedures using beam modeling [J]. Structural and Multidisciplinary Optimization, 2019, 59(1): 165-184.

[61] Bathe K, Bolourchi S. A geometric and material nonlinear plate and shell element [J]. Computers & Structures, 1980, 11(1-2): 23-48.

[62] Dornisch W, Klinkel S, Simeon B. Isogeometric Reissner-Mindlin shell analysis with exactly calculated director vectors [J]. Computer Methods in Applied Mechanics and Engineering, 2013, 253: 491-504.

[63] Hao P, Wang Y, Wu Z, et al. Progressive optimization of complex shells with cutouts using a smart design domain method [J]. Computer Methods in Applied Mechanics and Engineering, 2020, 362: 112814.

[64] Liu J, Ma Y. Truss-like structure design with local geometry control [J]. Computer-Aided Design and Applications, 2017, 14(3): 324-330.